粉末冶金难熔金属

曲选辉　章　林　著

科 学 出 版 社
北　京

内 容 简 介

本书围绕钨、钼和铼三种典型的难熔金属，结合典型难熔金属制品的制备及组织性能调控，介绍难熔金属的性能及主要应用、粉末制备及成形技术、烧结致密化及组织性能调控，以及钨、钼和铼的形变加工。全书共六章，首先概述三种难熔金属的基本性质与应用，以及难熔金属制品的制备工艺。其次介绍难熔金属粉末制备方法、粉末掺杂方法、粉末预处理方法，分析成形技术的特点及其应用；阐述难熔金属的烧结致密化及其组织性能调控方法，重点介绍无压两步烧结技术和大尺寸制品的烧结致密化及收缩变形控制方法。最后重点介绍难熔金属钨、钼和铼在形变和热处理过程中的组织性能的演变规律、杂质元素作用规律、组织均匀性控制。

本书既可供粉末冶金、材料及机械等相关工程专业本科生和研究生参考，也可供相关领域工程技术人员参考。

图书在版编目(CIP)数据

粉末冶金难熔金属 / 曲选辉，章林著. -- 北京 ：科学出版社，2024. 11.

ISBN 978-7-03-079304-1

Ⅰ. TF12；TG146.4

中国国家版本馆CIP数据核字第2024UH1341号

责任编辑：牛宇锋 / 责任校对：任苗苗

责任印制：吴兆东 / 封面设计：蓝　正

科 学 出 版 社 出版

北京东黄城根北街 16 号

邮政编码: 100717

http://www.sciencep.com

涿州市般润文化传播有限公司印刷

科学出版社发行　各地新华书店经销

*

2024 年 11 月第　一　版　开本：720 × 1000　1/16

2025 年 1 月第二次印刷　印张：21 3/4

字数：438 000

定价：198.00 元

（如有印装质量问题，我社负责调换）

前　言

难熔金属具有大密度、高熔点、耐高温、抗蠕变等特殊性能，是一类极为重要的战略金属。难熔金属在航空航天、核工业、微电子、半导体等领域有着不可替代的作用。例如，大尺寸钨管是高纯石英连熔炉的核心部件，很大程度上决定了所制备的石英的规格、纯净度和成本；钨坩埚是大单重蓝宝石晶体生长炉的耐高温核心部件，高致密度、组织均匀、高温抗变形能力好的钨坩埚是保证蓝宝石晶体质量的关键；钨/钼难熔金属板材用作大型高温炉的热场组件；高纯铼用作半导体高端装备金属有机化学气相沉积装置的发热体；超高纯钨靶材用于高端磁控溅射；超细晶难熔金属在提升强韧性、辐照性能等方面具有重要作用，在聚变装置的第一壁和偏滤器等构件中有重要的应用。这些产品是难熔金属产业的高端产品，是国际上以新材料推动难熔金属高端应用、推动难熔金属产业高质量发展的重要产业方向。本书围绕上述应用，选取钨(W)、钼(Mo)、铼(Re)及其合金(W-Re、Mo-Re)，重点介绍难熔金属粉末冶金及塑性加工制备过程中相关原理及方法、关键技术及调控方法。

粉末冶金是制备难熔金属制品最重要的途径，主要包括粉体制备、成形、高温烧结及塑性加工几个关键步骤，难熔金属的致密度、晶粒尺寸及其均匀性、织构类型及晶界性质是直接影响难熔金属性能的关键因素。由于难熔金属密度大、熔点高、韧脆转变温度高、加工硬化率高等原因，烧结和塑性加工过程中的形状尺寸及组织性能调控难度大。例如，难熔金属烧结温度高，高温下晶界迁移加快，晶粒会发生快速长大，如何在获得高致密度的同时控制晶粒尺寸是难熔金属行业的一项重大挑战；对于高纯度的难熔金属制品，杂质元素对位错和晶界迁移的拖拽作用减小，材料烧结、塑性变形和再结晶行为发生显著变化，组织性能的调控难度更大；对于大尺寸制品，成形坯不同部位的弹性后效和内应力差异大且不均匀，容易导致成形坯在脱模和烧结过程中出现变形和开裂；对于难熔金属板材，由于韧脆转变温度高或加工硬化率高等原因，轧制过程中易出现开裂、褶皱、板形翘曲等问题。针对上述共性难题，本书从粉末制备与改性处理、成形技术、烧结致密化、形变加工几个方面进行阐述，旨在让读者了解烧结难熔金属及塑性加工难熔金属两类产品的制备工艺及其工艺关键。

航空航天、原子能等高技术领域的发展必将对难熔金属提出更高及新的需求，其中高温强度、高强韧性、高温抗氧化防护、难熔金属的合金化/复合化/纯净化/

轻量化是不可回避的新挑战。难熔金属的发现及其应用技术的发展可追溯到在二百多年前，时至今日，难熔金属粉末冶金技术仍然是国内外粉末冶金领域的研究前沿和技术热点，仍然是材料科学界最为活跃的研究领域之一。新的制备技术及新的组织结构调控方法不断涌现，成为驱动难熔金属产业升级和产品提质的最有效的途径。

本书相关研究工作得到了国家重点研发计划重点专项（项目编号：2017YFB0305600，2017YFB0306000，2022YFB3705400），国家自然科学基金（国家杰出青年科学基金项目编号：50025412；重点项目编号：50634010，52130407，52131307；面上项目编号：51574031，52071013），863 计划（项目编号：2001AA337050，2012AA03A700），973 计划（项目编号：TG200067200，2006CB605200，2016YFB0700500）的支持，项目组成员为完成各项目相关研究工作做出了贡献。北京科技大学魏子晨、阙忠游、郭晨光、梅恩、胡博耀、李昕东、梁元辰、刘俊明等在难熔金属数据收集和整理、书稿校对等方面承担了部分工作，秦明礼、张鹏、吴茂、吴昊阳、贾宝瑞、陈刚、张百成等老师对本书提出了宝贵意见和建议，安泰科技股份有限公司周武平、王铁军、熊宁、董帝、王广达等在烧结和轧制实验等方面给予了大力支持，在此一并表示衷心的感谢。本书作者团队聚焦致密度与晶粒尺寸的协同调控、大尺寸制品的致密化与收缩变形控制、难熔金属塑性加工过程组织演变规律，以及杂质元素对烧结致密化及形变行为的作用规律、组织均匀性控制等关键科学和技术问题，开展了难熔金属钨、钼、铼粉末冶金制备过程相关基础和应用研究。本书是在作者团队研究成果的基础上经总结和整理而写成的，对于进一步探索提升难熔金属性能的新途径具有重要的参考价值。

全书共 6 章，其中第 1、2 章由曲选辉执笔，第 3 章由章林执笔，第 4、5、6 章由李星宇执笔，曲选辉负责全书的统稿和校订。第 1 章简述三种难熔金属的物理性质、晶体结构、韧脆转变和断裂行为等基本性质，简要介绍难熔金属在航空航天、微电子、半导体等领域的典型应用；第 2 章介绍难熔金属粉末的制备方法、粉末掺杂方法、粉末预处理方法，分析冷等静压成形、注射成形及增材制造（3D 打印）等成形工艺的特点及其在制备钨管、钨坩埚、钨板坯等难熔金属制品方面的应用；第 3 章详细阐述难熔金属的烧结致密化及其组织性能调控方法，揭示难熔金属晶界迁移激活的转变规律，重点介绍无压两步烧结技术及其机理、大尺寸制品的烧结致密化及收缩变形控制方法，为难熔金属的高致密细晶化及大尺寸均匀性控制指明方向；第 4～6 章系统介绍难熔金属钨、钼和铼在形变和热处理过程中的组织性能的演变规律，阐述杂质元素、形变方式及形变工艺参数、退火工艺参数对难熔金属显微组织、再结晶温度、组织均匀性的影响规律，为难熔金属塑性加工过程的组织性能调控奠定理论和技术基础。

书中所引文字资料都尽力注明了出处，以便读者检索与查阅，但为了编写体例需要，部分做了取舍、补充和变动，而对于没有说明之处，望原作者或原资料提供者谅解。作者对书中直接或间接引用资料的原作者们表示诚挚的感谢。

由于作者水平有限，书中表达不当之处，希望能得到专家、老师、读者的指正，我们将根据最近研究进展及读者的宝贵意见及时修订，使之不断完善。

曲选辉

2023 年 11 月 17 日

目　　录

第 1 章　概　　述

难熔金属一般是指熔点高于 1650℃，并有一定储量的金属(如 W、Ta、Mo、Nb、Hf、Cr、V、Zr、Ti)，也有将熔点高于锆熔点(1852℃)的金属称为难熔金属，还有将难熔金属局限于熔点在 2000℃左右或熔点更高的金属。但从国际权威刊物 *International Journal of Refractory Metals & Hard Materials* 发表论文涉及的材料来看，当前新的技术发展已使难熔金属的内涵有了进一步的扩大和延伸，实际已包括以下金属及其合金：Zr、Hf、V、Nb、Ta、Cr、Mo、W、Re、Os、Rh 和 Ir。不过，一般制造耐 1100℃以上的高温结构材料所使用的难熔金属主要仍是 W、Mo、Ta 和 Nb 及其合金，本书只涉及 W、Mo 和 Re 三种。

难熔金属具有一系列共同的性质，如熔点高、硬度大、高温强度高、耐腐蚀性强等，同时，不同的难熔金属各有其独特的性质。钨在所有金属中熔点最高，密度大，其强度也是难熔金属中最高的。此外，钨的弹性模量高、膨胀系数小、蒸气压低、导电性好。钼的熔点比钨低，但其密度小、弹性模量高、膨胀系数小，具有优异的高温抗蠕变性能，其合金可以进行焊接，且焊缝强度和塑性都满足要求，工艺性能比钨好。铼的熔点仅次于钨，室温和高温力学性能优异，没有韧脆转变温度，加工硬化率高，比其他过渡金属的电阻率高，在高温和极冷极热条件下均有很好的抗蠕变性能，具有优异的机械稳定性和刚度，高温耐热冲击性良好，适用于超高温和强热震工作环境，在 2200℃时仍有 48MPa 的强度。各种难熔金属具有不同的性质，如钨的高熔点、钨和钼的本征脆性、铼的高加工硬化率等，决定了不同难熔金属制备加工过程将面临不同的问题及难点。

本章主要介绍难熔金属钨、钼、铼的物理化学性质、晶体结构、塑性变形行为和断裂特征等基本性质，并简要介绍难熔金属在航空航天、微电子、半导体、核工业等国防及民用领域的典型应用及相关制品的制备工艺。

1.1　钨、钼的性质

难熔金属钨、钼由瑞典化学家卡尔·威尔海姆·舍勒(Carl Wilhelm Scheele)分别于 1778 年和 1781 年发现，1781 年彼得·雅各布·耶尔姆(Peter Jocob Hjelm)使用碳还原 MoO_3 得到纯金属钼(Molybdenum，Mo)，1783 年西班牙兄弟胡安·何塞·德卢亚尔(Juan José de Elhuyar)和福斯托·费尔明·德卢亚尔(Fausto Fermín de Elhuyar)使用碳还原氧化物分离出纯金属钨(Tungsten，W)[1]。自从钨、钼被发现以来，其物理性质、变形机制、韧化机理、不同温度下的力学性能行为及机理的研究便不断开展。钨、钼具有非常类似的特性，如高熔点、高弹性模量、高热导率、低热膨胀系数等，因而在航空航天、国防装备、先进能源、核工业等领域得到了广泛应用[2,3]。本节将对钨、钼的性质进行合并介绍。

1.1.1　物理性质

金属钨是一种银白色稀有高熔点金属，是所有金属中熔点和沸点最高的金属，熔点为(3410±20)℃，沸点为(5700±200)℃，同时其还具有所有金属中最低的蒸气压。钨在室温下密度约为19.25g/cm^3，是钢的约2.5倍，与黄金密度相近，高密度带给钨优异的耐磨性和耐腐蚀性。金属钨还具有其他金属无法比拟的硬度、抗拉强度和抗蠕变强度，在高温下表现出优异的机械性能。这些优异的性能使钨及钨合金成为现代国防和工业技术中的重要原材料。钨的主要物理性质如表1-1所示[4-6]。

表1-1　钨的主要物理性质[4-6]

名称		数值
原子序数		74
原子量		183.85
稳定同位素及其在天然钨中的含量/%		180(0.14)；182(26.41)；183(14.41)；184(30.64)；186(28.41)
外层电子结构		$5d^4 6s^2$
晶体结构		α-W，体心立方，a=0.316524nm β-W，立方晶格，a=0.505nm γ-W，面心立方，a=0.413nm
密度(25℃)/(g/cm^3)		α-W，19.246±0.003 β-W，18.9～19.1 γ-W，15.8
熔点/℃		3410±20
沸点/℃		5700±200
蒸气压/kPa		$\lg P = -\dfrac{44000}{T} + 0.5\lg T + 7.884$ (温度范围298～3673K)
熔化潜热/(kJ/mol)		46±4
升华热(25%)/(kJ/mol)		858.9±4.6
蒸发热(沸点)/(kJ/mol)		823.85±20.9
标准熵 $S_{298}^{\ominus}$ /(J/(mol·K))		33.45±0.84
比热容/(J/(g·K))	与温度的关系式	$C_p = 24.85 - 1.194\times10^5 T^{-2} + 1.669\times10^{-3} T + 4.234\times10^{-3} T^3$ (温度范围298～3298K)
	25℃	0.13

续表

名称		数值
比热容/(J/(g·K))	727℃	0.15
	1727℃	0.16
线膨胀系数/K^{-1}	300℃	4.28×10^{-6}
	600℃	4.41×10^{-6}
	1000℃	4.57×10^{-6}
电阻率/(Ω·mm^2/m)	227℃	0.11
	527℃	0.19
	727℃	0.25
电子逸出功/eV		4.5
热中子俘获截面/m^2		18×10^{-28}

钼在元素周期表中位于第五周期第ⅥB 族，原子序数为 42，原子量为 95.95，原子半径为 0.1363nm。一般钼金属表面呈现银灰色光泽，粉末呈暗灰色。钼与钨一样是典型的难熔金属，其熔点高达 2622℃，沸点约为 4800℃，能够满足绝大多数极端高温环境的应用。同时钼具有很低的热膨胀系数，钼在常温下线膨胀系数为 $5.1\times10^{-6}K^{-1}$，大约为大部分钢及高温合金的 30%；同时，钼具有高的热导率，室温下，其热导率相当于 GH30 和 GH40 合金的 10 倍，但只有铜的 36%。对钼的一般物理性质总结见表 1-2 所示，钨、钼的基本物理特性随着温度的变化而变化，见图 1-1 所示。

表 1-2 钼的基本物理性质[7-10]

名称	数值
原子序数	42
原子量	95.95
原子半径/nm	0.1363
密度(25℃)/(g/cm^3)	10.2
熔点/℃	2622
熔化潜热/(kJ/mol)	27.59
沸点/℃	～4800
蒸发热/(kJ/mol)	593.8
升华热(25℃)/(kJ/mol)	658.7

续表

名称		数值
比热容(25℃)/(J/(g·K))		0.25
热导率(25℃)/(W/(m·K))		142
线膨胀系数/K^{-1}	25℃	5.1×10^{-6}
	500℃	5.5×10^{-6}
	1000℃	5.9×10^{-6}
电阻率/($\Omega\cdot mm^2/m$)	多晶工业钼(25℃)	0.057
	99.99%单晶钼(−268.8℃)	0.054
弹性模量/GPa	25℃	326
	870℃	270
剪切模量/GPa	25℃	122
	870℃	106
泊松比	25℃	0.324
	870℃	0.321

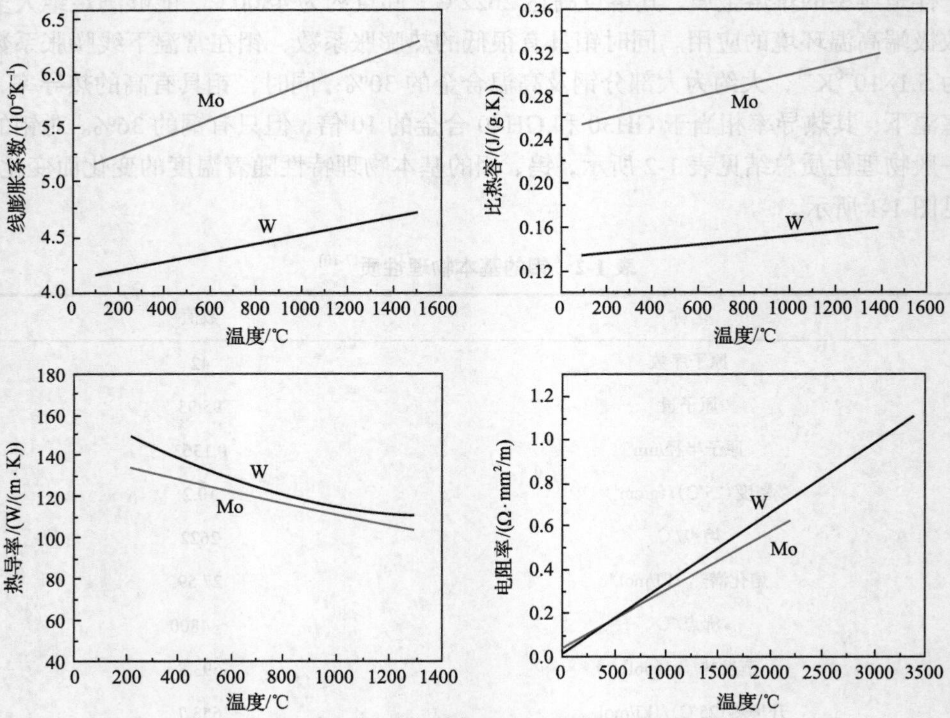

图 1-1 钨、钼的物理性质随温度变化曲线

1.1.2　晶体结构

钨具有三种同素异构体(α-W、β-W、γ-W)，其中 α-W 是唯一的稳定相，β-W 与 γ-W 是亚稳相，在一定条件下会转变为 α-W。β-W 具有 A15 型晶体结构，空间群为 O_h^3(Pm3n)，晶格常数为 0.505nm，β-W 在低温下氢气还原钨氧化物、仲钨酸铵等化合物时形成，一般在 600～700℃以上转变为稳定的 α-W，P、As、Al、K 等元素的加入将会促进 β-W 的形成，并使其在更高的温度下保持稳定。γ-W 具有 A1 型面心立方(face-centered cubic，FCC)结构，晶格常数为 0.413nm。γ-W 一般在溅射开始时的非晶钨薄膜中发现，温度加热到 700℃以上时会转变成稳定的 α-W。

α-W 和 Mo 均属于 A2 型体心立方(body-centered cubic，BCC)结构，Pearson 符号为 cI2，空间群为 O_h^9(Im3m)。钨的晶格常数为 0.316524nm，钼的晶格常数为 0.314nm，其中钼加热直到熔化都未发现存在同素异构转变[7]。图 1-2 是体心立方晶胞示意图，一个晶胞中包含有两个原子，原子坐标分别为(0,0,0)和(1/2,1/2,1/2)。BCC 结构中不存在像 FCC 结构中{111}那样的密排面，BCC 结构中相对密排面为{110}，次密排面为{112}和{123}，密排方向为〈111〉。原子在(110)面堆垛，每隔一层就会重复，将这两层标记为 α 和 β，原子在{110}面按照……αβαβαβα……顺序堆垛。其中，每个原子有 8 个最近邻原子和 6 个次近邻原子，所以配位数为 8，原子堆垛致密度为 0.688。

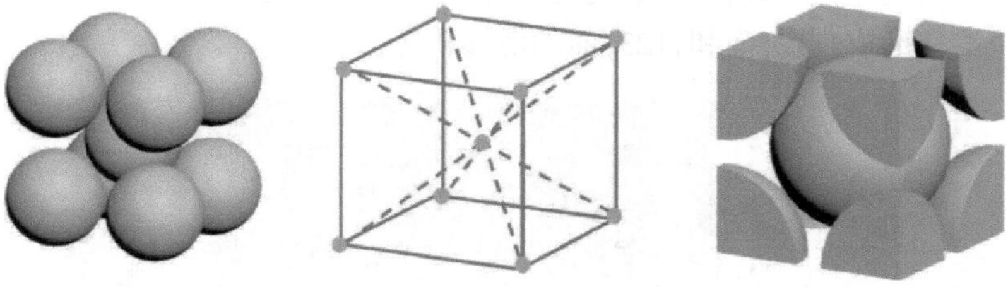

(a)　　(b)　　(c)

图 1-2　体心立方晶胞的结构[11]

(a)与晶胞有关的 9 个原子的实球模型；(b)原子中心位置的点模型；
(c)包含在一个晶胞内的每个原子所占分数的部分实球模型

1.1.3　塑性变形机制

钨、钼同属于 BCC 结构，具有不同于 FCC 结构和密排六方(hexagonal close-packed，HCP)结构的塑性变形机制。钨、钼的塑性行为与常规金属不同，违背了一般金属变形所具有的特点。例如，大多数金属和合金在加工变形过大的情况下会表现出较低的失效应变，但钨、钼在冷加工后能够表现出更好的延展性；大多数纯金属在合金化后可以增强材料强度，降低塑性变形能力，但某些元素添加剂的使用在低温下能够软化钨、钼，提升其塑性变形能力；同时，钨、钼还表现出明显违反施密特定律的行为。基于钨、钼所具有的上述特征，对晶体结构、位错结构与滑移机制，以及孪晶结构与孪生机制的细微差别进行详细的描述，进一步阐明钨、钼塑性变形的机制。

1. 晶体结构对塑性变形的影响

钨、钼相较于其他金属在塑性方面的特殊性是由 BCC 结构及其特有的晶格缺陷所导致的[12]。这些异常特征包括“异常滑移”（即在不表现出最大分切应力的平面上滑移）、对滑移方向的不对称应力响应(即“孪晶-反孪晶不对称”)和滑移对垂直于滑移平面应力的依赖，上述每一个特征都违反了施密特定律。同时，钨、钼的超高模量和熔点等特性加剧了 BCC 结构金属中与塑性变形机制相关的许多特征，表现为随温度降低，其流变应力急剧增加和应变速率敏感性变强。

BCC 金属中初级滑移系统的建立对于理解材料的变形行为至关重要。BCC 结构中原子沿⟨111⟩方向紧密堆积，滑移的最小伯格斯矢量为 1/2⟨111⟩。BCC 晶格中没有像 FCC 晶格和 HCP 晶格一样的最密排面，密度相对较高的是{110}和{112}面，如图 1-3 所示。对于钨、钼，滑移痕迹通常是波浪形的，主滑移发生在最接近的{110}面上，但在更高的温度下，有可能在更高阶平面上激活滑移。这些高阶滑移面可以通过不同{110}面上的螺型位错的协调交叉滑移来调节，同时{110}面上的配位滑移形成{112}面和{123}面的滑移轨迹。

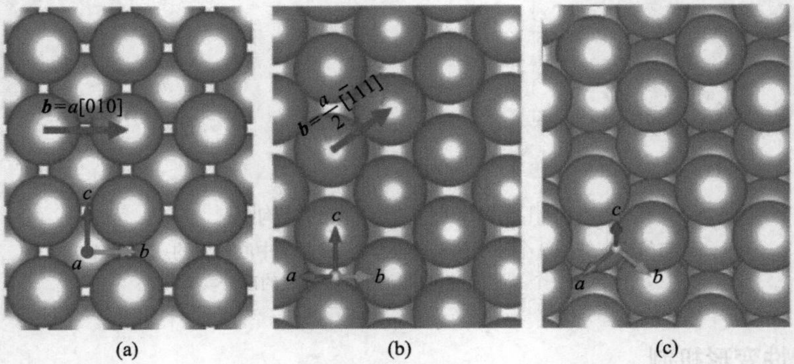

图 1-3 体心立方晶格中的密排面[12]

(a) {100}主要断裂面，伯格斯矢量 $\boldsymbol{b}=a[010]$，a 为钨的晶格常数；

(b) {110}主要滑移面，伯格斯矢量 $\boldsymbol{b}=\frac{a}{2}[\bar{1}11]$；(c) {112}孪晶面

根据冯·米泽斯(von Mises)原理，多晶材料的塑性变形至少需要 5 个独立的滑移系统才能适应任意应变场，因为这种条件对于在多晶变形过程中保持晶粒之

间的连续性至关重要。即使滑移仅限于{110}面，也会有总共 12 个独特的{110}⟨111⟩滑移系统存在，这为 5 个独立系统提供了 384 种组合，以适应任意应变场。因此，只要这些基本滑移系统完全激活，BCC 金属就没有表现出较差延展性的晶体学原因。难熔金属室温下不具备优异延展性的原因及从韧性到脆性行为的转变可以基于位错结构与滑移机制、孪晶结构与孪生机制来解释。

2. 位错结构与滑移机制对塑性变形的影响

BCC 金属中位错沿密排方向⟨111⟩滑移是确定的，但滑移总是在剪切应力投影分量最大的面上发生，然而这个面不全是一个严格的晶体学平面[13]。BCC 金属的各个滑移系间存在复杂的竞争关系，这种竞争受材料体系、杂质含量、应力状态、变形温度等内外因素的影响，使得 BCC 金属在塑性变形过程中所启动的位错滑移系并不具有唯一性[14]。BCC 晶体的滑移系分布如图 1-4 所示。低温和中等应变速率下，BCC 金属的滑移面主要由{110}构成，随着温度的升高或应变速率的增大，{112}面，甚至{123}面的滑移将成为位错运动的主要方式[15]。此时，滑移面的启动取决于⟨111⟩晶带轴中分切应力的分布，最大分切应力所对应的晶面即为主导滑移面。由此可见，BCC 金属的宏观力学性能具有较强的温度和应变速率敏感性。

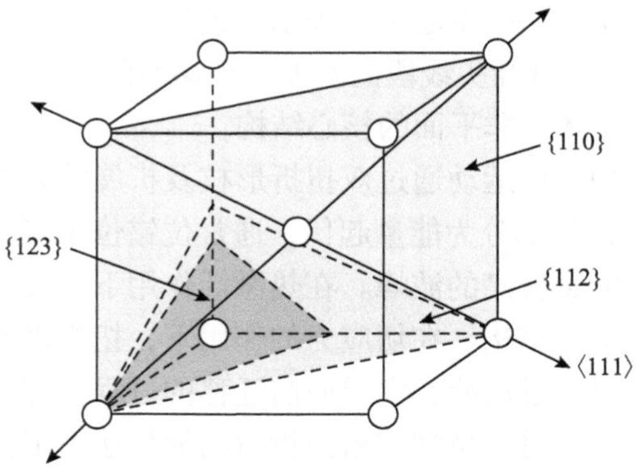

图 1-4 BCC 晶体中{110}⟨111⟩、{112}⟨111⟩和{123}⟨111⟩滑移系

BCC 金属中位错的核心结构对材料的塑性变形行为具有重要影响。伯格斯矢量平行于位错线的螺型位错的几何形状导致紧凑且固有的非平面位错核心结构，如图 1-5 所示。刃型位错和混合型位错具有较高的迁移速度，而螺型位错的运动则十分困难，说明螺型位错滑移过程中需要克服更大的点阵阻力。进一步的理论计算结果指出，螺型位错的派-纳力比刃型位错或混合型位错高近两个数量级。

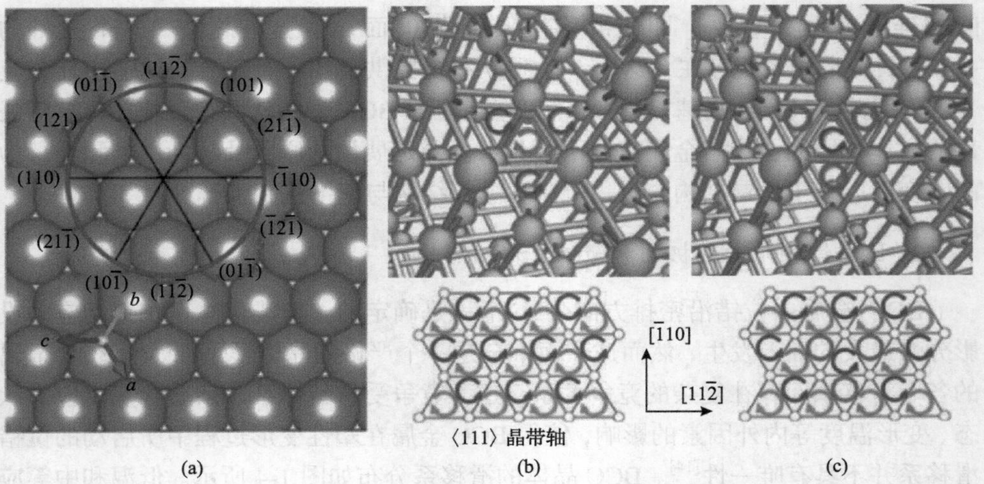

图 1-5　$a/2\langle111\rangle$螺型位错核心结构[12]

(a)钨中滑移面相对于⟨111⟩晶带轴的方位图；(b)具有交替手性的一系列“螺旋楼梯”描述的⟨111⟩晶带轴的三维性质；(c) $\frac{a}{2}[010]$螺型位错引起的位移导致向上指向的三角形单元的手性反转

通常用标准微分位移图来表示 BCC 结构中位错的核心结构[16]，以反映由位错引入的近邻原子间的相对位移，如图 1-6 所示。沿螺型位错伯格斯矢量⟨111⟩方向为周期进行投影，图中每一个空心圆点表示一列原子，箭头表示相邻两列原子垂直于纸面方向的位移差，且箭头线段的长度与位移差的大小成正比，可见 BCC 金属螺型位错具有三维立体、非平面的核心结构。

通常情况下，螺型位错运动通过双扭折形核及扩展的方式实现滑移，其过程如图 1-7 所示。图中扭折部分为能量起伏，通常位错位于能量较低的波谷，而螺型位错运动需要跨过能量较高的波峰。在热激活作用下，部分位错段优先跳跃到相邻波谷，形成双扭折对结构。在切应力的作用下，扭折沿着位错线方向不断扩展，最终使得整根位错跨过波峰，完成向前迁移的过程。螺型位错的运动速率与温度密切相关，温度较低时，螺型位错扭折对的形核速率很低，其运动速率远小于刃型位错；随着温度升高，螺型位错的运动速率逐渐增加，到达某个温度时，螺型位错与刃型位错运动速率接近相等，这一温度通常被称为临界温度 T_c。BCC 金属中特殊的三维螺型位错核心结构导致其形核及运动都很困难，只能靠热激活形成扭折对的运动来实现滑移。

3. 孪晶结构与孪生机制对塑性变形的影响

相对于位错滑移机制，孪生变形常常被认为是滑移受阻时的补充机制，为金属材料低温和高应变速率的塑性变形提供额外的变形载体[17]。通常情况下，孪晶

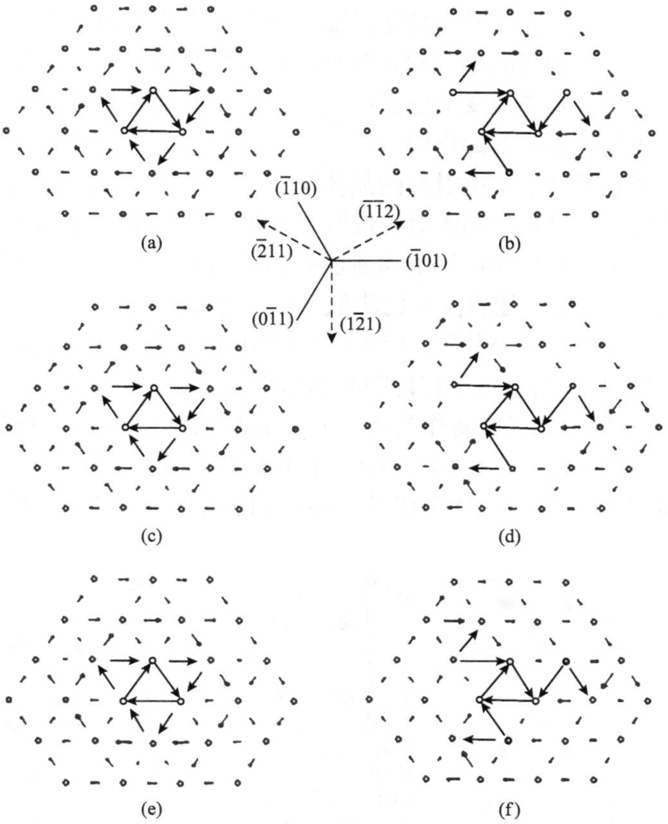

图 1-6　BCC 金属螺型位错核心结构[16]

(a) V；(b) Cr；(c) Nb；(d) Mo；(e) Ta；(f) W

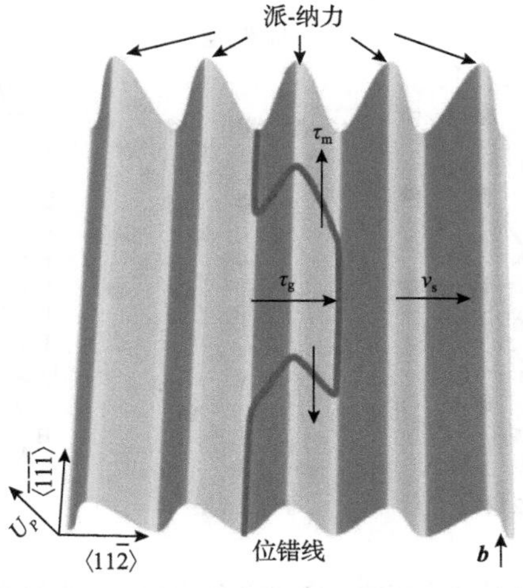

图 1-7　热激活条件下螺型位错的迁移[12]

的产生被描述为一部分晶体沿着特定晶面和方向发生均匀切变的过程，这个特定的晶面称为孪晶面，切变的方向称为孪晶方向。孪晶按其形成的方式可以分为退火孪晶和变形孪晶。其中，变形孪晶作为塑性变形的重要载体之一，在材料力学性能的调控中起着非常关键的作用。

孪晶具有明显区别于位错滑移的晶体学特征，表现出严格的镜面对称关系，且孪生的发生与否与材料的晶体对称性密切相关。对于 BCC 金属而言，低温或高速变形过程中，孪晶形核和位错滑移所需要的应力水平相当，使得两者之间形成强烈的竞争关系。因此，随着温度的降低或应变速率的增大，BCC 金属逐渐表现出孪生主导的塑性变形行为[18,19]。然而，由于 BCC 结构中不存在严格的层错[20]，所以 BCC 金属中的孪晶结构具有特殊的晶体学特征。

BCC 金属中的孪晶可被看作是由 $a/6\langle 111\rangle$位错在相邻$\{112\}$面连续滑移后形成的多层堆垛层错结构，如图 1-8 所示。当 BCC 晶体发生孪生时，从某一层$\{112\}$面开始，后面的每一层$\{112\}$面切动 $a/6\langle 111\rangle$矢量，相对应的形成一个堆垛

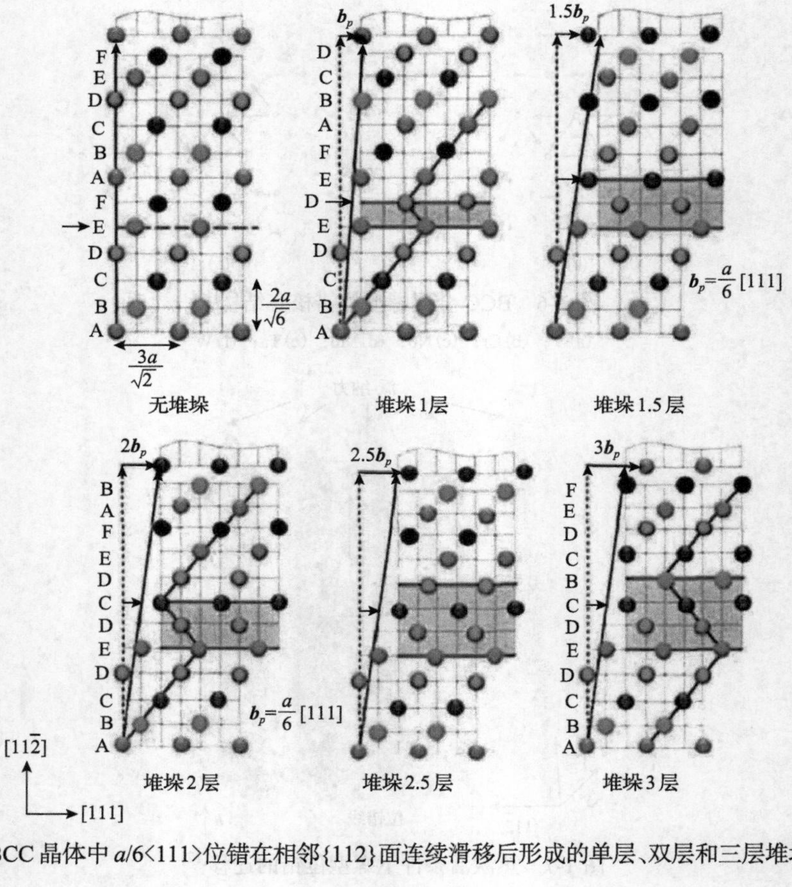

图 1-8　BCC 晶体中 $a/6\langle 111\rangle$位错在相邻$\{112\}$面连续滑移后形成的单层、双层和三层堆垛层错[20]

层错；随着相邻{112}面逐层发生相对切变，完整的 BCC 晶格中渐渐形成双层、三层的堆垛层错结构，即孪晶核。由于 BCC 金属中第 3 层以后的单个层错的形成能不再发生变化，所以随着第 4 层{112}切变的发生，孪晶界不断迁移孪晶逐层长大。值得注意的是，对于完整的 BCC 晶体，其{112}面初始堆垛顺序为……ABCDEFABCDEF……，即 BCC 结构由 6 层{112}面原子重复堆叠而成。沿着孪生面，D 层以上的晶面同时发生 $a/6\langle 111\rangle$切变，F 面则转变为 D 面，但是当晶体切变方向由 $a/6\langle 111\rangle$转变为 $a/6\langle\bar{1}\bar{1}\bar{1}\rangle$，F 面将转变为 B 面，形成与之前完全不同的堆垛结构，这种结构的形成需要克服更高的能垒。将沿低能方向发生的切变称为孪生，而将沿高能量方向发生的切变称为反孪生。BCC 金属中孪生变形的启动更依赖于苛刻的变形条件。

1.1.4　韧脆转变

1. 韧脆转变机制

在 BCC 金属及合金中，由于位错运动是一个热激活过程，当温度过低时，材料塑性变形所需的应力将高于材料解离强度进而转变为脆性合金，此时的温度称为韧脆转变温度(ductile-brittle transition temperature，DBTT)。在 DBTT 以上，材料呈现韧性状态，具有良好的塑性变形能力；在 DBTT 以下，材料断裂失效过程中几乎丧失全部塑性变形能力，发生脆性断裂。

一般认为，材料的断裂过程与裂纹的形核及扩展有关。对于裂纹的形核过程，材料中的裂纹可能是原来就存在的，也可能是材料在变形过程中产生的。材料发生形变时，位错在运动过程中遇到障碍，形成位错塞积，产生高应力，造成裂纹萌生。在ⅥB 族金属中，包括钼在内，由于{001}面的表面能最低，一般穿晶解理断裂发生在{001}面，Cottrell 在 1958 年曾提出基于滑移塑性变形的位错反应模型来解释{001}面解理裂纹的形核，即位于两个{110}面上的 $a/2\langle 111\rangle$位错在两个晶面的交线处发生位错反应产生$\langle 001\rangle$位错，大量的$\langle 001\rangle$位错在{001}面产生塞积，形成微裂纹，如图 1-9 所示[21,22]。

材料的韧性断裂与脆性断裂的区别主要在裂纹的扩展阶段。韧性断裂发生时，由于塑性流动的发生，裂纹尖端产生应力松弛，裂纹扩展受限；对于脆性断裂，裂纹在附加载荷作用下扩展，裂纹尖端弹性能对应力集中的松弛作用有限，裂纹发生快速扩展。BCC 金属的韧脆转变与裂纹尖端附近的位错激活有关，裂纹扩展前沿发生塑性变形，能够有效释放裂纹尖端的应力集中，阻碍裂纹扩展前进。而裂纹前沿塑性变形的发生与裂纹尖端的位错形核与滑移有关。所以，在 BCC 金属中，材料的 DBTT 与 $a/2\langle 111\rangle$螺型位错的形核及滑移有关，BCC 金属中螺型位错具有解离的三维核心结构，在材料晶格中具有三重对称性[23]，使得位错及位错源

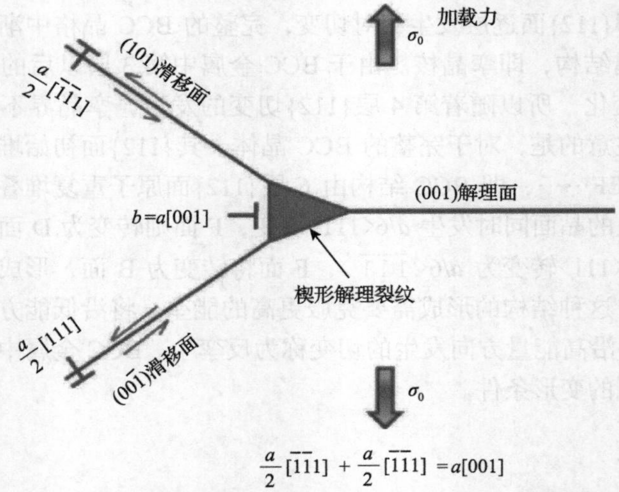

图 1-9　BBC 金属中解理裂纹源(Cottrell 模型)[21,22]

的形成在低温下变得困难。位错滑移需要克服晶格之间的派尔斯(Peierls)应力，所以对于 DBTT 是由位错的形核过程还是滑移过程控制一直存在争议。有研究表明，材料韧脆转变的激活能与位错滑移中存在的扭折对的形成能相近，这表明 DBTT 由螺型位错的迁移速度控制[24]。

关于螺型位错的迁移速度变化对 DBTT 的影响的微观机制，研究人员认为，螺型位错(迁移速度 v_s)与刃型位错(迁移速度 v_e)的相对迁移率($\alpha_{DBTT}=v_s/v_e$)的变化引起了有效的弗兰克-里德(Frank-Read)位错源(简称 F-R 源)的启动，导致材料中韧性与脆性的突变[25]。如图 1-10(a)所示，当 $v_e \gg v_s$ 时，位错源只能产生一次位错，位错源启动效率很低；当 $v_s=v_e$ 时，刃型位错与螺型位错滑移能够形成高效的 F-R 源。但是在大多数金属中由位错核心结构决定了 $v_s>v_e$，在极端情况下 $v_s=0$，如图 1-10(c)所示，位错滑移形成椭圆环，但是不存在螺型分量，抑制了 F-R 源的重复启动。在图 1-10(d)中，A_{edge} 代表刃型位错扫过的面积，A_{screw} 代表螺型位错扫过的面积，只有当螺型位错滑移扫过的面积大于刃型位错扫过的面积，即 $A_{screw}>A_{edge}$，弯曲的部分才能演化成 F-R 源。对于有效的 F-R 源，要求 $0<x<r$，这将使得

$$\alpha_{DBTT}=\frac{v_s}{v_e}=\frac{y}{x}=\frac{r}{r+x}\geqslant 0.5 \tag{1-1}$$

式中，r 表示位错源半径；x 表示位错向前滑移位移；y 表示侧滑移位移。

可以认为，当 $\alpha_{DBTT}<0.5$，金属表现为脆性；当 $\alpha_{DBTT}\geqslant 0.5$ 时，材料转变为韧性，如图 1-10(e)所示。在 BCC 金属中，螺型位错具有更高的滑移速度，能够

提升 F-R 源的启动效率，因此能够更好地协调裂纹扩展前沿的应力集中区，使裂纹尖端钝化。

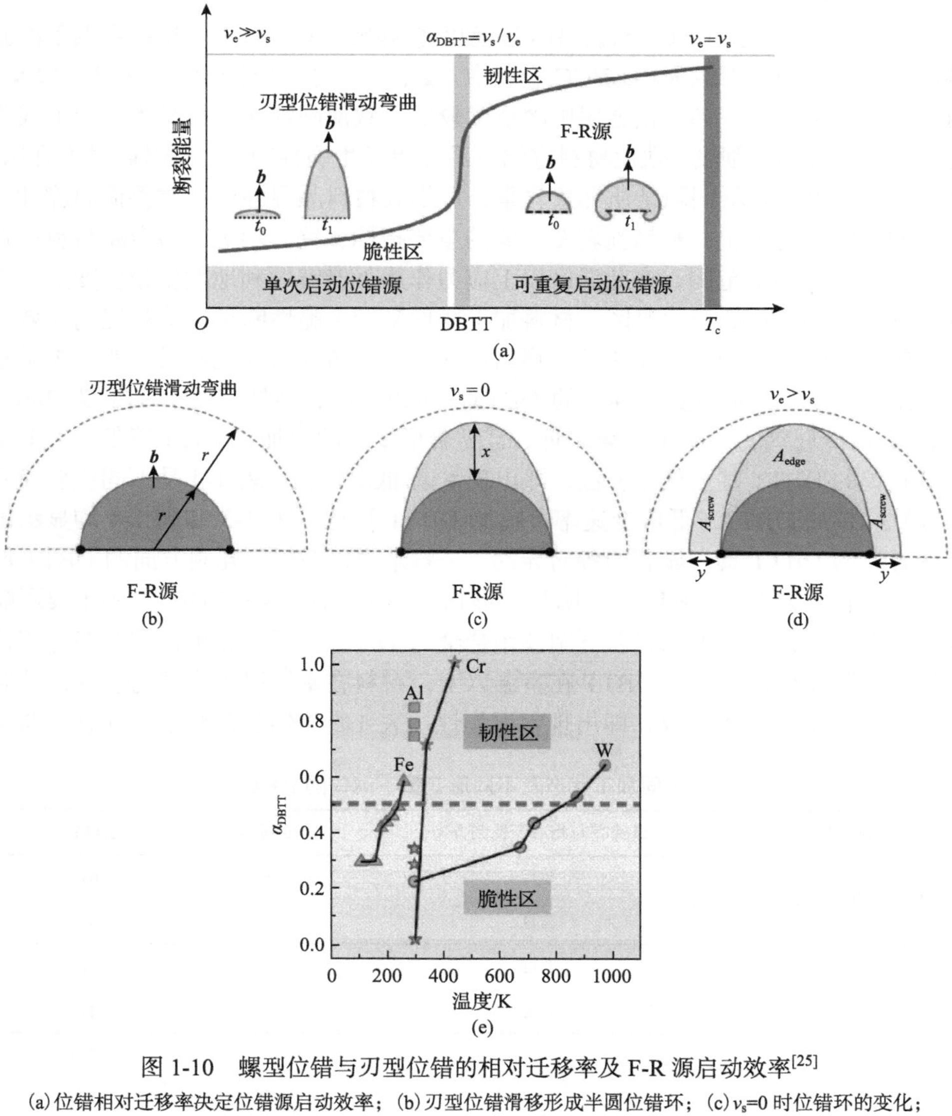

图 1-10　螺型位错与刃型位错的相对迁移率及 F-R 源启动效率[25]

(a) 位错相对迁移率决定位错源启动效率；(b) 刃型位错滑移形成半圆位错环；(c) v_s=0 时位错环的变化；(d) 带侧滑移的位错环变化；(e) Cr、Al、W、Fe 等金属 α_{DBTT} 随温度变化

BCC 金属的韧脆转变随着温度的降低表现出三个区段，先是塑性区，中间是塑性急剧下降的转变区，低温下进入脆性区，一般定义塑性下降 50%的点为转变点，即韧脆转变温度(DBTT)，在很窄的转变区内塑性急剧下降，材料屈服应力急剧上升，材料表现脆性失效。

2. 脆性行为

1) 室温脆性

金属钨、钼作为 BCC 金属，具有典型的韧脆转变现象。钨、钼在室温下的脆性断裂主要有两方面原因：①BCC 金属中 1/2〈111〉螺型位错的低迁移率；②碳、氮、氧等间隙元素在钨、钼金属中溶解度较低，致使间隙元素在晶界偏聚形成脆化膜降低晶界结合强度，致使材料室温下沿晶界发生脆性断裂。所以通过提升钨、钼金属的纯度，降低间隙杂质元素含量，可提高材料晶界强度，改善低温脆性。材料的 DBTT 是评价材料韧脆转变现象的重要指标，钨、钼等难熔金属材料存在一个较高的 DBTT 范围，在此温区以上应力作用下能够顺利地发生塑性变形，表现出良好的韧性；低于此温区，材料加工变形易产生脆性断裂，材料提前失效。纯金属的 DBTT 与材料加工工艺、微观组织、试验方法等密切相关。表 1-3 是不同加工状态及不同形变量下纯钨的 DBTT。可以看出，热轧钨的 DBTT 为 300～500℃，而冷轧钨的 DBTT 显著降低，且随着形变量的增加，DBTT 降低，大形变量冷轧钨的 DBTT 甚至低于室温，即出现室温/低温韧性。表 1-4 是不同应变速率下冷轧纯钨的 DBTT，低应变速率下钨的 DBTT 更低。表 1-3 和表 1-4 均显示出形变态钨的 DBTT 具有显著的各向异性，一般来说，平行于轧制方向的 DBTT 低于垂直于轧制方向的 DBTT，说明晶粒形状、择优取向等是钨 DBTT 的重要影响因素。表 1-5 是不同加工状态下钼及钼合金的 DBTT。可以看出，烧结态纯钼及氧化镧弥散强化钼合金的 DBTT 在室温以上，材料在室温以上表现为脆性，轧制态钼的 DBTT 均低于室温，即出现室温韧性。表 1-6 为钼及钼合金在动态弯曲和

表 1-3　不同加工状态及不同形变量下纯钨的 DBTT[26,27]

处理状态	试验方向相对于轧制方向	形变量/%	DBTT/℃
热轧+1800℃/1h 退火	平行	—	675
	垂直	—	675
热轧	平行	—	375
	垂直	—	475
冷轧	平行	—	223
		83.55	115
		91.8	85
		95	75
		96.7	60
		98.3	–65
	垂直	83.5	250

表 1-4　不同应变速率下冷轧纯钨的 DBTT[28]

应变速率/s^{-1}	轧制方向	DBTT/℃
10^{-5}	RD	156
	TD	169
	ND	170
10^{-4}	RD	199
	TD	211
	ND	220
10^{-3}	RD	250
	TD	274
	ND	280

注：RD 表示平行于轧制方向，TD 表示垂直于轧制方向，ND 表示轧制面的法向。余同。

表 1-5　不同加工状态下钼及钼合金的 DBTT[29-32]

合金	试验方向	DBTT/℃	
		弯曲试验	拉伸试验
纯钼/烧结态	—	150	25
氧化镧弥散强化钼合金/烧结态	—	250	100
氧化镧弥散强化钼合金/轧制态	RD	＜–150	–10
	TD	20	25
氧化镧弥散强化钼合金/退火态	RD	＜25	—
	TD	200	—
钼钛锆合金(TZM)/轧制态	RD	100	–50
	TD	150	–50
真空电弧熔炼低碳钼(LCAC)/轧制态	RD	150	25
	TD	200	25

表 1-6　钼及钼合金在动态弯曲和静态弯曲试验下的 DBTT[33]

实验样品	热处理状态	DBTT/℃	
		动态弯曲试验(5m/s)	静态弯曲试验(1.7×10^{-5}m/s)
纯钼	1800℃/1h 退火	102	–73
纯钼	1800℃/1h 退火+1500℃/1h 渗碳	–13	–103
钼钛锆合金(TZM)	1800℃/1h 退火	17	–103
掺杂钼	1800℃/1h 退火	2	–118
掺杂钼	1800℃/1h 退火+1500℃/1h 渗碳	–33	–168

静态弯曲试验下的 DBTT。类似于钨，钼的 DBTT 也具有应变速率敏感性，动态弯曲试验的 DBTT 比静态弯曲试验的 DBTT 高 90～175℃。

2) 再结晶脆性

FCC 结构金属在发生静态再结晶后，材料的塑性得到较大改善，而 BCC 结构的纯钨、钼金属组织发生再结晶后，微量的杂质元素富集在再结晶晶界上，局部浓度超出组织对元素的固溶度，甚至在再结晶形核初期，纯钨、钼金属就会发生明显的脆性断裂。纯钨的再结晶温度约为 1200～1400℃，纯钼一般在 800℃开始再结晶，在对难熔金属进行塑性加工时，加工上限温度不应超过再结晶温度。

3) 辐照脆性

钨、钼在经过高热负荷、高能粒子轰击及高通量氢(H)/氦(He)等离子体辐照后，其微观结构将会产生变化(如位移损伤、气泡、绒毛状结构、辐照裂纹等)并产生一系列嬗变产物(如辐照产生的肿胀、沉淀物、偏析等)，这些缺陷的产生将导致钨、钼金属性能的恶化，其 DBTT 也相应地升高，低温脆性增大。一般材料抗高热负荷和等离子体辐照的能力与材料微观组织和力学性能密切相关，通常抗拉强度和断裂韧性越好，材料的抗辐照能力越强。

4) 热脆性

一般金属钼在温度超过 DBTT 时，表现良好的塑性，但在低应变速率下，温度高于 $0.5T_m$(T_m 表示熔点)以上的某个温度区间内塑性出现极小值，断口呈现晶间断裂，表现为高温热脆性[34]。热脆性的出现与碳化物沿晶界析出有关，在热脆性出现的温度范围内晶界滑移是塑性变形发生的主要因素，Mo_2C 粒子在晶界的出现会抑制晶界滑移，导致晶界不能发生协调材料的宏观变形，所以导致沿晶失效。在高于热脆性的温区，由于碳在基体中溶解度的增大，晶界处碳化物的析出急剧降低，材料塑性增大[34]。

钼作为高温结构材料使用时，其热脆现象在实际生产应用中的重要性不言而喻，高温下材料塑性的降低将会严重影响材料的服役性能和服役寿命。在实际使用过程中可以通过提高材料纯度、时效处理等方法避免碳化物沿晶界析出，避免高温下钼材料热脆现象的发生。

1.1.5　断裂行为

1. 体心立方结构金属中裂纹成核机制

材料的时效以产生断裂而告终，而金属的整体破坏正是内部裂纹发展的结果，所以裂缝理论的研究是很有必要的[4]。

1) 格里菲斯断口理论

一个完整晶体在正应力作用下沿某一原子面被拉断时，其断裂强度称为理论强度（$\sigma_{理}$），其值可以用下式计算：

$$\sigma_{理}=\left(\frac{Ev}{a}\right)^2 \tag{1-2}$$

式中，E 是弹性模量；v 是单位面积的表面能；a 是原子面间距。

实际材料的断裂强度要比 $\sigma_{理}$ 低得多，只有 $\sigma_{理}$ 的 1/1000～1/100，这是由于实际金属中存在缺陷。为了解释实际断裂强度与理论强度的差异，格里菲斯提出这样的设想，即材料中有微裂纹存在，微裂纹引起应力集中，使断裂强度大幅度降低。对于一定尺寸的裂口，有一临界应力值 σ_c。当外加应力低于 σ_c 时，裂口不能扩大；当外加应力超过 σ_c 时，裂口迅速扩大，并导致断裂。格里菲斯模型见图 1-11。

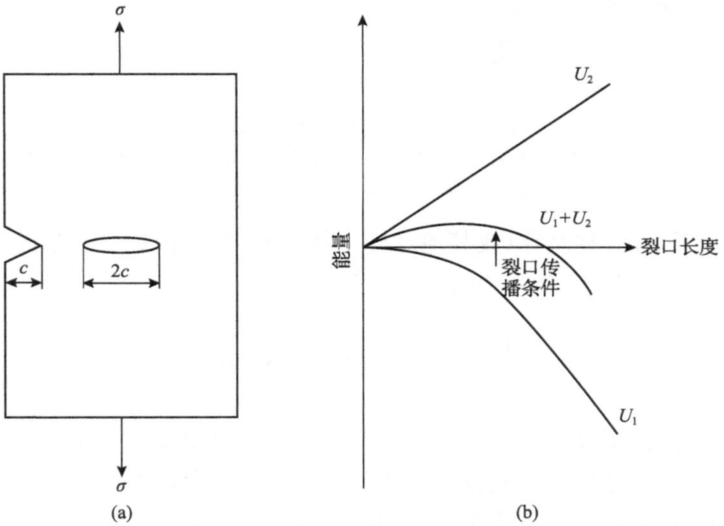

图 1-11　格里菲斯模型[4]

(a)格里菲斯裂口；(b)裂口长度与能量的关系

奥罗万指出，裂口引起的塑性变形限于裂口附近的薄层物质内，因而塑性变形能和裂口表面积成正比，他对格里菲斯的公式进行了修正，使破坏前的有限塑性变形能与此理论相适应。其方法是用有效表面能 v_p 代替格里菲斯公式中的 v，得到

$$\sigma_c=\left(\frac{2Ev_p}{\pi c}\right)^2 \tag{1-3}$$

式中，c 表示裂纹长度。

2）裂口成核

塑性变形促使裂口成核的具体机理见图 1-12。

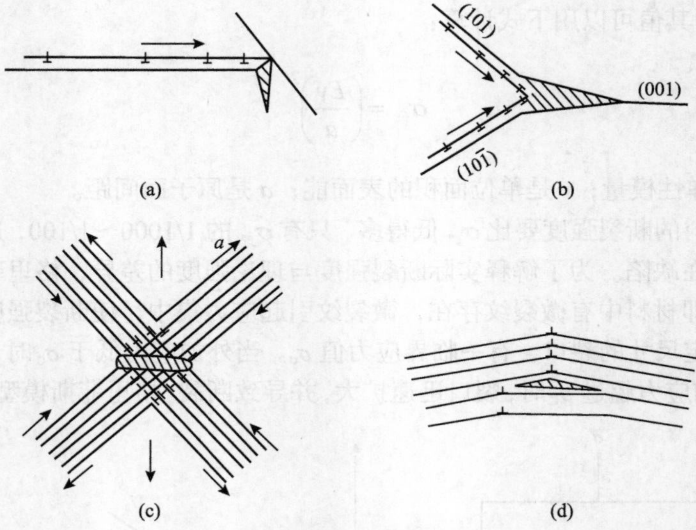

图 1-12　滑移过程形成的裂口[4]

(a) 滑移带的塞积；(b) 两个滑移带中位错的会合；(c) 两个滑移带相交处应力集中引起裂口成核；(d) 位错墙的侧移引起滑移面的弯折而使裂口成核

滑移(或孪生带)被晶界(或其他障碍)所阻挡，塞积位错所引起的应力集中，促使裂口成核。在 BCC 晶体中的发生位错反应：

$$\frac{1}{2}[\bar{1}\bar{1}1]+\frac{1}{2}[111]\longrightarrow[001] \tag{1-4}$$

两滑移带位错交互作用的结果是可以在解理面上形成不易滑移的[001]刃型位错。这些位错的合并，形成裂口的胚芽。滑移带相交处所形成的不完整的位错墙，因应力集中而促使裂口成核。刃型位错墙的一部分发生侧移，也会形成裂口，裂口面同滑移面重合。

3) 裂纹的扩展与传播

金属材料受到外力后，一般认为有三种临界状态：①达到屈服并发生塑性变形；②促进微裂纹口的形成；③使裂纹长大。从能量上来考虑，微裂口形成所需要的应力要小于裂纹扩展所需的外力，因为在塑性金属中裂口的扩展将在其周围伴随有大的塑性变形，使裂口增加新表面，裂纹扩展时需要增加能量。可见裂纹的扩展与传播是有条件的。

2. 钨的断裂行为

1) 晶间断裂

晶间断裂又称沿晶断裂，是多晶体沿晶粒界面的彼此分离。晶间断裂最基本的微观特征是呈现有晶界刻面的冰糖状形貌，如图 1-13 所示。

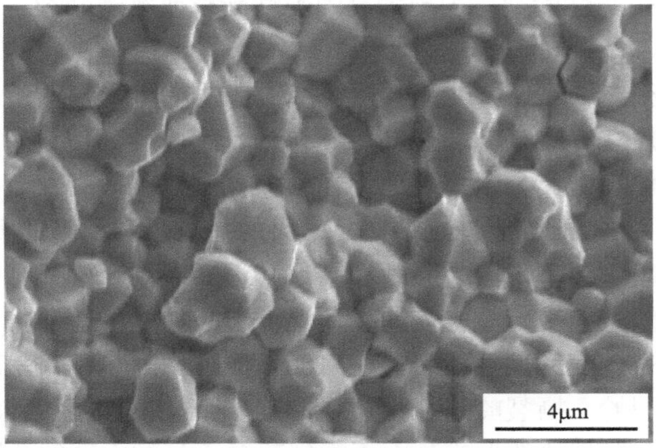

图 1-13 纯金属钨的沿晶断口

2)穿晶解理断裂

金属在应力作用下，由于原子间结合键的破坏而造成的穿晶断裂，通常沿一定的、严格的晶面(即解理面)进行，有时也可以沿滑移面或孪生界解理发生。

解理断裂指的是断裂过程中的一种机理。通常，解理断裂为脆性断裂，但并不是脆性断裂的同义词，有时解理断裂可伴随有很大的延性。最容易发生解理断裂的金属为 BCC 结构，其次是某些六方晶系结构的晶体。解理断裂具有以下特征：①河流状花样；②解理台阶。金属钨的穿晶解理断口见图 1-14。

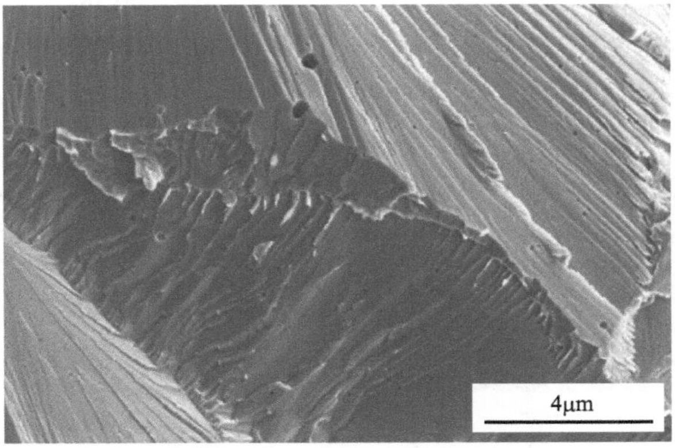

图 1-14 金属钨的穿晶解理断口

3. 钼的断裂行为

钼的断裂类型一般分为两种：①温度高于 DBTT 时，发生韧性断裂，表现为不规则穿晶断裂或韧窝状断裂，断口表面能够观察到明显塑性变形区；②温度低于 DBTT 时，发生脆性断裂，表现为晶间脆性断裂或解理断裂，断口表面无明显塑性变形区。

图 1-15 为烧结态纯钼金属在不同温度下的拉伸断口形貌。烧结态纯钼在拉伸试验中得到的 DBTT 为 25℃。在–50℃下拉伸发生脆性断裂，断口形貌呈现沿晶断裂和少量穿晶解理破坏。断口表面存在很多孔洞，一般裂纹萌生在晶界或孔洞处，断口表面的沿晶特征可能是烧结样品中大的晶粒尺寸及高的氧含量所导致的。室温下，断口形貌主要呈现沿晶断裂和穿晶解理断裂混合模式，但是在断口表面能够观察到局部塑性应变区域，表明在此温度下晶粒已经能够发生塑性变形，材料开始从脆性断裂转变为韧性断裂。在 100℃测试中材料断口呈现塑性韧窝状断口，并有大量撕裂岭，撕裂岭是孔洞边缘的连接带被拉伸撕裂破坏造成的，这种粗大似孔的形貌及撕裂岭的形成是由于断裂起源于晶粒内部的孔隙。

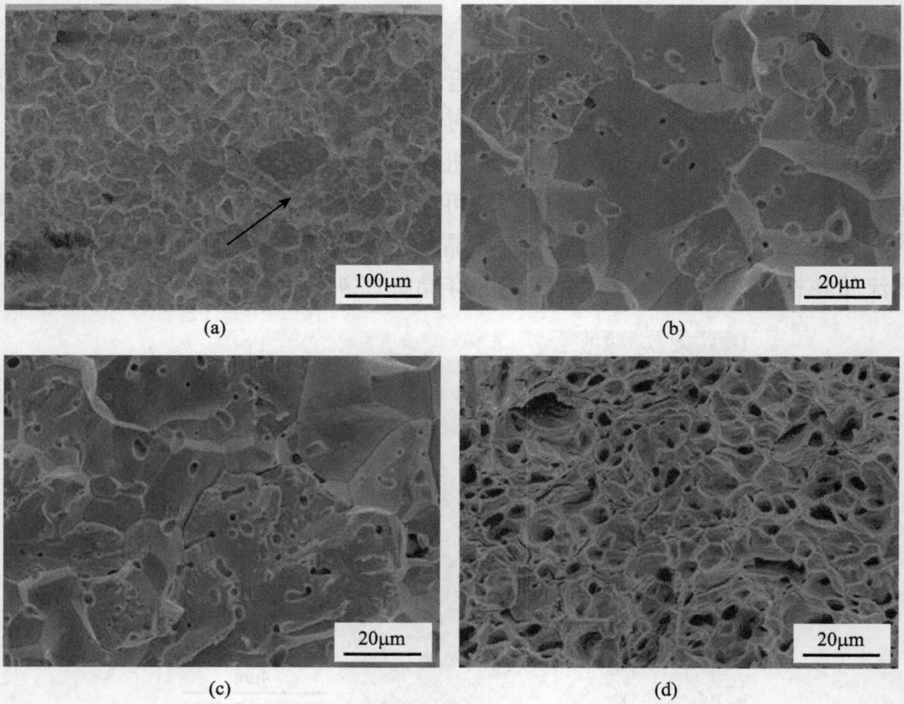

图 1-15　烧结态纯钼金属在不同温度下拉伸断口形貌
（黑色箭头所指的地方为可能的裂纹萌生处）[32]
(a)(b)–50℃；(c)25℃；(d)100℃

图 1-16 为真空电弧熔炼低碳未合金化钼板在经过轧制加工变形后沿轧制方向在不同温度下拉伸试验，钼变形一般都呈现纵向排列的细长的扁平状晶粒。拉伸

试验中材料 DBTT 为 25℃，在–50℃下拉伸，材料呈现脆性断裂，断口表现为穿晶解理断裂。在室温下拉伸，断口呈现穿晶解理断裂，能够观察到明显的河流状花样，同时能够观察到明显的延性层状特征(图中白色箭头所示)，说明变形钼在室温下能够发生塑性变形。此外，从图中还能观察到图中存在明显的分层现象。

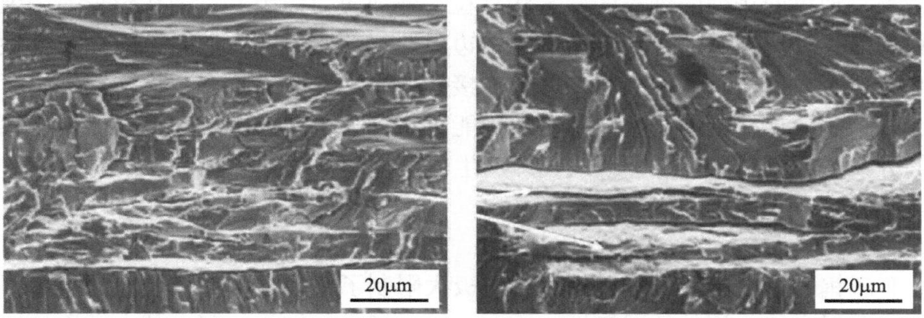

(a) (b)

图 1-16　轧制变形真空电弧熔炼低碳未合金化钼板不同温度下拉伸断口(白色箭头所指位置为延性层状特征)[30]

(a)–50℃；(b)25℃

当温度低于 DBTT 时，烧结态钼的断裂主要呈现沿晶断裂，变形钼的断裂主要呈现为穿晶解理断裂，说明晶粒组织发生变化，晶界得到强化。当温度高于 DBTT 时，烧结态与变形态样品断口表面都能观察到大量的塑性变形，由于晶粒结构不同，烧结态与加工变形的断口形貌存在较大区别。图 1-17 所示为金属钼烧结态与加工变形态在 DBTT 以上的断裂示意图。烧结态钼在晶粒内部、晶粒边界、第二相粒子等位置形成细小的裂纹，或者原有的孔洞发生扩展和变形。这些将会

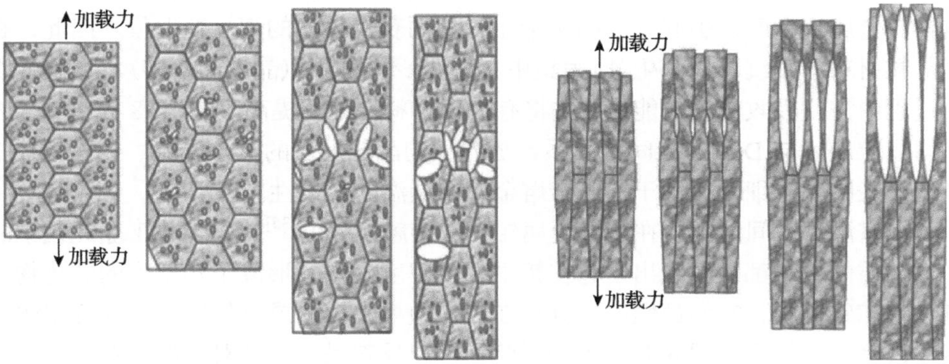

(a) (b)

图 1-17　金属钼烧结态与加工变形态在 DBTT 以上的断裂示意图[30,32]

(a)烧结态；(b)加工变形态

导致不受约束的连接带的形成，外加应力作用下，塑性变形进一步发生，孔洞间晶界处的连接带或晶粒内部的连接带在低约束状态下发生塑性变形，孔隙间连接带塑性变形后具有较大伸长率，材料内部孔洞聚集长大，同时由于烧结态的晶粒形状近似等轴晶，所以连接带拉伸使得断口表面出现大韧窝形状。钼变形加工后一般都呈现纵向排列的细长的扁平状晶粒，外加应力作用下，钼在拉长的纤维状晶粒的晶界处产生裂纹，裂纹沿着晶粒边界在三向应力区内扩展，即在裂纹尖端的高应变区扩展，越过似板状的晶粒连接带，在平面应力状态下将连接带拉断，造成每个晶粒连接带的局部显微组织中能够看到大量塑性变形，呈现出似板状结构的分叉造成塑性层状破坏模式，即产生薄板韧化。

1.1.6 韧化方法

金属钨、钼由于低温脆性的存在，极大限制了其在结构材料领域的应用。因此，为了提高钨、钼的低温韧性，需要对钨、钼进行韧化处理，其中常用的韧化机制包括细晶韧化、加工韧化、合金化处理等方法。下面主要对纯钨、钼金属的韧化方法进行阐述。

1. 细晶韧化

细化晶粒在提高材料强度的同时，也能够改善材料的韧性。因为晶粒越细，在单位体积内的晶粒数目越多，在同样的变形量下，变形可在更多的晶粒内进行，使得变形分布均匀，位错塞积程度低，应力集中引起的开裂机会减少。因此材料在断裂之前可以承受较大的变形量，使该材料在具有高强度的同时还具有较高的延展性。晶粒细小而数目众多，在相同外力作用下，处于滑移有利方位的晶粒数量也会增多，使众多的晶粒参与滑移。滑移量分散在各个晶粒中，应力集中小，这样在金属变形时，引起开裂的机会小，从而获得较大的塑性变形量。因此，在细晶粒材料中裂纹不易萌生(应力集中小)，也不易传播(晶界曲折多)，导致在断裂过程中需要吸收较多的能量，这将有助于材料韧性的提高。图 1-18 为钨、钼的平均晶粒尺寸与 DBTT 之间的关系，随着平均晶粒尺寸的减小，钨、钼的 DBTT 降低，表明晶粒细化有助于提升难熔金属的低温断裂韧性。

在室温下，间隙杂质在难熔金属钼中的溶解度极低[35]，大多数工业纯钼中的间隙杂质的含量都已经超出了它在钼中的溶解度极限，形成了一系列的氧化物、氮化物和碳化物，它们都倾向于分布在晶粒边界上，造成晶界的结合强度很弱，塑性很差。晶粒度对钼的 DBTT 的影响不单单反映晶粒尺寸对它的影响，还反映夹杂物对它的影响，在晶粒尺寸变大或变小时，晶界面积相应变大或变小，单位晶界面积的夹杂物浓度也跟着变化。实际观察发现，钼的纯度较低时，晶粒尺寸对 DBTT 的影响更确切。

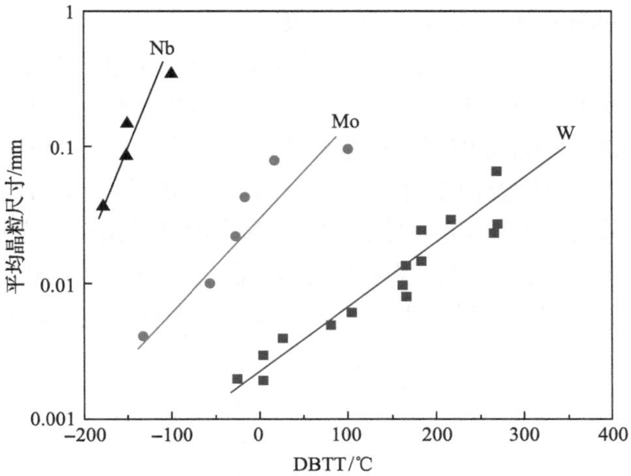

图 1-18　难熔金属的 DBTT 与平均晶粒尺寸的关系[7]

除此之外，钼的晶粒尺寸降低能够改变钼加工变形过程中位错的响应[36]。图 1-19 所示为不同晶粒尺寸钼的位错响应机制。随着晶粒尺寸的降低，刃型位错与混合型位错的密度增大，螺型位错密度降低。在 BCC 金属中，由于螺型位错所具有的三位核心结构，导致螺型位错的滑移速率低于刃型位错和混合型位错，刃型位错与混合型位错的启动有助于促进钼的塑性变形的发生。刃型位错与螺型位错的启动有助于裂纹尖端的塑性应变区的启动，能够有效释放裂纹尖端的应力集中，抑制裂纹的失稳扩展，提升材料的断裂韧性。

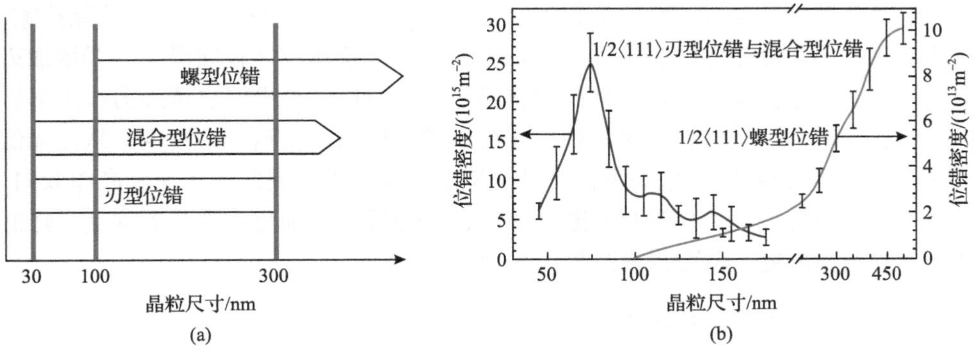

图 1-19　不同晶粒尺寸钼的位错响应机制[36]

(a) 位错类型与晶粒尺寸的关系；(b) 不同类型位错密度与晶粒尺寸关系

2. 加工韧化

一般金属材料在塑性变形后位错密度增大，产生加工硬化，材料强度增大、塑性降低。但钨、钼等难熔金属表现出完全不同的性质，经过加工变形后钨、钼的 DBTT 降低，塑性增大，表现为加工韧化。

图 1-20 所示为钼的变形量对 DBTT 的影响，可以看出，随着变形量的增大，材料的 DBTT 总体呈降低趋势。钨、钼等难熔金属随着变形程度的增加，细纤维组织的形成，DBTT 会逐渐降低。一般纤维状加工态组织是指多晶体冷加工的宏观变形组织，是金属在低温加工过程中，各个晶粒、亚晶粒、内部杂质缺陷(气孔、坯锭的烧结孔隙等)沿主变形方向伸长、宽展形成的纤维组织及带状结构。深加工的难熔金属材料在变形过程中，严格控制形变温度、形变量及热处理工艺，调控材料微观结构，能够得到纤维加工态组织，实现低温良好的韧性状态。

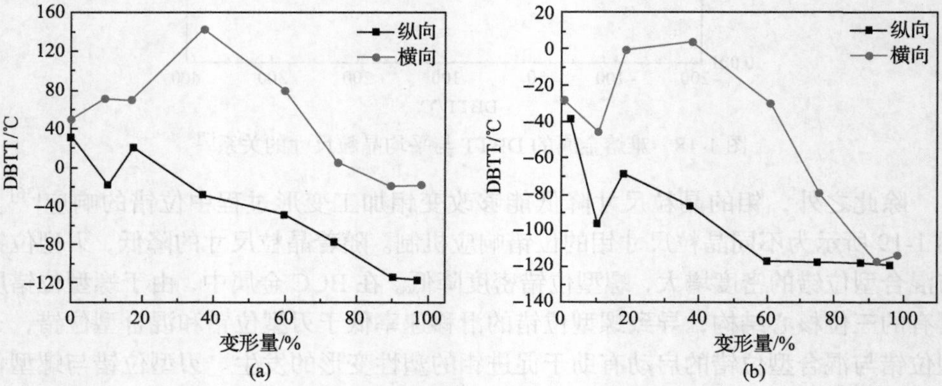

图 1-20　钼的变形量与 DBTT 之间的关系[7]

(a) 弯曲试验；(b) 拉伸试验

塑性变形提高材料塑性的机制可以概括为：①增加钨合金的密度，消除孔隙；②产生具有小角度晶界的织构和层状结构，有利于位错在晶粒间滑移；③增加刃型位错和混合型位错的占比，更高的位错迁移率可以提高更好协调外力作用下材料的宏观变形，降低材料低温脆性；④可以增加位错和位错源的密度，从而降低位错迁移所需的能量；⑤微观织构有助于控制裂纹前沿扩展的解理面和晶体取向；⑥减小平均晶粒尺寸，提升材料断裂韧性；⑦通过晶粒细化提高晶界密度，降低晶界处的杂质浓度，从而提高晶界内聚力。

3. 合金化处理(以铼为例)

向难熔金属中添加 Re，能够大幅度降低难熔合金的 DBTT，改善塑性，减弱各向异性，提高难熔合金的加工性能、焊接性能、再结晶温度、高温强度等，该现象被称为“铼效应”。

一般 Re 合金化对 W、Mo 的韧化作用主要来源于以下几个方面[37]：①可以吸附捕获杂质元素(尤其是氧元素)，避免晶界偏析，提高晶界的结合强度；②可以提高碳和氧在难熔金属中的溶解度，使得碳化物、氧化物难以析出，从而防止这些杂质元素在晶界处偏聚；③改变难熔金属的变形方式；④改变难熔金属的电子结构，降低原子键的方向性，降低堆垛层错能，提高剪切模量；⑤可以改变 BCC 金属中的位错核心的对成性，促进螺型位错的形核及扩展。

Re 合金化可以显著提高 W、Mo 合金的抗高温再结晶性能，降低其晶粒长大速率。Re 合金化提高 W、Mo 抗高温再结晶性能主要表现为以下几个方面：①可以使 W、Mo 合金的晶界能量增加，从而提高晶界的稳定性，抑制晶界迁移；②在高温下，W、Mo 合金的晶界易发生迁移，导致晶粒长大，而 Re 合金化可以阻碍晶界的迁移，从而降低晶粒长大速率；③可以促进 W、Mo 合金的晶粒细化和均匀化，使晶粒分布更加均匀，从而提高材料的稳定性和耐高温性能。

Re 合金化是提高 W、Mo 合金高温蠕变性能的有效方法。通过在 W、Mo 晶格中引入少量的 Re 原子，形成 W-Re 或 Mo-Re 固溶体，可以显著提高 W、Mo 合金的晶格稳定性，减少材料在高温下的塑性变形，从而提高材料的高温蠕变强度。Re 合金化可以优化 W、Mo 合金的微观组织，使得 W、Mo 合金中晶界的角度增加，从而阻碍位错的运动。

Re 合金化可以显著提高 W、Mo 合金的高温抗氧化性能。这是因为 Re 具有的高熔点使其在高温下能够保持稳定的物理和化学性质，防止 W、Mo 合金在高温下被氧化；同时，Re 的形态和分布在 W 合金中均匀分布，可以防止 W、Mo 合金在高温下出现点蚀、裂纹等缺陷。通过调控氧化层中 W、Mo 和 Re 的相对位置，减少 W、Mo 的氧化，可保护 W、Mo 不被氧化。

图 1-21 和图 1-22 分别为 W-Re、Mo-Re 体系相图，可以看出，Re 在 W 和 Mo 中的溶解度是有限的，当 Re 含量过高时，便会出现硬脆相 σ 相。实际应用过

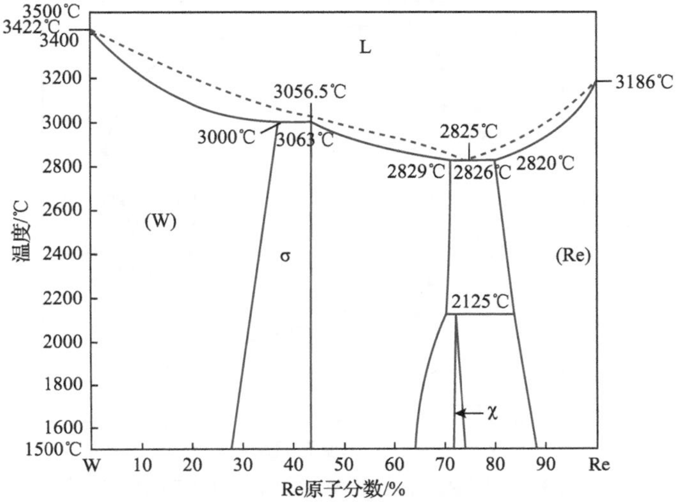

图 1-21　W-Re 体系相图[38]

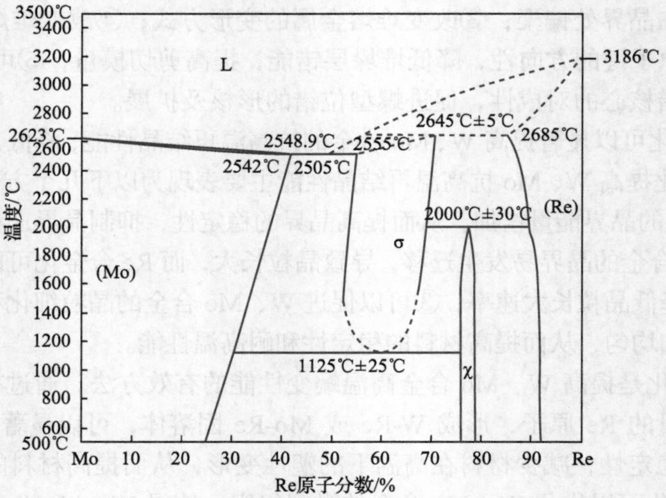

图 1-22　Mo-Re 体系相图[39]

程中，在 W-Re 合金中 Re 含量达到 27%时出现 σ 相，Mo-Re 合金中 Re 含量达到 47%时出现 σ 相。

图 1-23 所示为不同 Re 含量对 W、Mo 的 DBTT 的影响。对于再结晶态 W 合金，Re 含量增加对其有一定的软化作用，但是在高 Re 含量下，再结晶态 W-Re 合金的 DBTT 基本无变化。对于加工态 W 合金，随着 Re 含量增大，DBTT 降低，Re 元素对 W 的韧化作用显著。对于 Mo 合金，无论是再结晶态还是加工态，随着 Re 含量的增大，DBTT 逐渐降低。

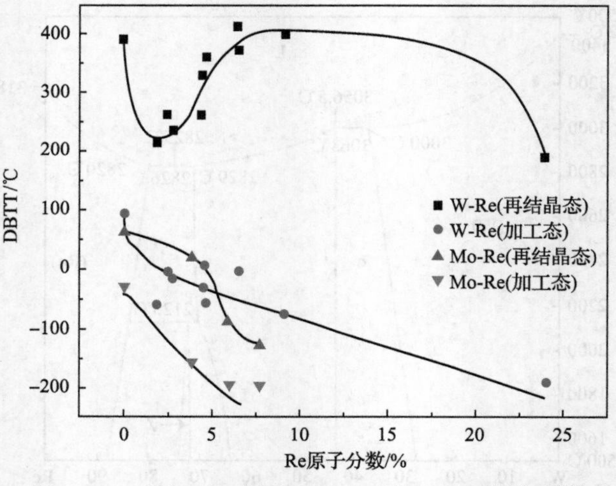

图 1-23　不同 Re 含量对 W、Mo 的 DBTT 的影响[40]

W-Re 合金是一种固溶体合金，从 W-Re 二元相图可知，高温时 Re 在 W 中生

成 α-固溶体，在 3000℃时最大溶解度为 37%(原子分数)，在 1600℃时最小溶解度为 28%(原子分数)，Re 在 W 中的高温时的固溶范围为 28%～37%，实际生产中 Re 含量一般不超过 25%，当超过时合金中生成 W_2Re_3 相。实际使用的典型 Re 含量为：1%、3%、5%、10%、20%、25%和 26%等。室温下 W-Re 合金的屈服强度在 7%Re 时最小，断裂韧性最大，随着 Re 含量增加，高温断裂韧性增强，韧脆转变温度降低。掺杂少量 Re 会增加 W 穿晶断裂面积，这可能是因为 Re 改变沿晶界的氧化物形态，提高了室温下的晶间强度。Re 可以细化 W 的晶粒，随着 Re 含量的增加，晶粒逐渐细化，W-10Re 合金中晶粒细化尤为明显，Re 原子的引入会导致晶格常数的降低和晶粒细化。随着 Re 含量的增加，晶粒逐渐细化，在提高材料的强度同时也使材料具有良好的塑性和韧性，细晶 W-Re 合金抗热冲击性能优于大尺寸晶粒 W-Re 合金。较高的 Re 含量使合金具有更高的高温力学性能，因此作为结构材料时 Re 含量通常选择大于 20%。实际上，加入的 Re 越多合金的塑性就越好，因此 W-Re 合金在 Re 含量溶解度极限值处有最好的室温塑性。当 Re 含量为 18%～32%时，合金具有较好的加工性能。W-27Re 合金较好的加工性能使得其成为空间核反应堆热离子能转换系统的重要材料。

Mo-Re 合金按照 Re 在 Mo 中的含量，可分为低 Mo-Re 合金(Re 质量分数 20%以内)、中 Mo-Re 合金(Re 质量分数 20%～30%)、高 Mo-Re 合金(Re 质量分数 30%～50%)。Re 含量对 Mo-Re 合金的性能有显著的影响，在固溶度范围内，一般都是随着 Re 含量的增加综合性能提升。随着 Re 含量的增加，固溶强化作用增强，Mo-Re 合金的再结晶温度逐渐升高，韧脆转变温度逐渐降低，屈服强度和抗拉强度逐渐升高，应力因子和硬化指数均升高，各向异性逐渐减弱。Re 含量大于 10%时，Mo-Re 合金的再结晶温度可以提高到 1200℃。经挤压和旋锻加工后的 Mo-14%Re 合金在室温下就具有良好的强韧性，室温抗拉强度可达 896MPa。当 Re 含量达到 50%时，Mo-Re 合金韧脆转变温度达到–254℃左右，表现为各向同性，在不同方向上的弹性常数相同。Re 含量对 Mo-Re 合金焊接性能有显著影响，当铼含量在 25%以上时，Mo-Re 合金焊接件具有良好的力学性能。Mo-41%Re 合金室温下强度可达 900MPa，而 1100℃下强度仅为 275MPa。Mo-44.5%Re 合金中没有σ相产生，同时具有优异的低温塑性、力学性能、成形性、易加工性等，即具有非常好的综合性能。高 Mo-Re 合金中，由于堆垛层位错能的降低，降低了位错运动的晶界阻抗，位错迁移率增加，造成 Mo-Re 合金的固溶软化。Re 合金的 Re 含量不应超过 51%，因为当 Re 含量超过 51%时，会形成大量硬脆σ相，导致合金性能变差。Re 元素还影响 Mo-Re 合金的热物理性质，随着 Re 含量的增加，Mo-Re 合金的热膨胀系数呈现出增加趋势，而热导率则逐渐下降。美国铼合金公司研制的 Mo-Re 合金，在 Re 含量 13%时，热导率约 80W/(m·K)，当 Re 含量达到 45%以上时，热导率可控制在 40W/(m·K)以下。

1.1.7 力学性能

1. 钨的力学性能

钨的力学性能与其纯度、生产方法和制备工艺有密切的关系。不同状态下钨的力学性能各不相同。不同轧制方向、轧制温度下纯钨板材的室温力学性能如表 1-7 所示；不同变形量下纯钨棒材室温及高温的力学性能如表 1-8 所示；掺杂钨丝材的性能比较如表 1-9 所示。

表 1-7 不同轧制方向、轧制温度下纯钨板材的室温力学性能[41]

轧制方向	温度/℃	极限抗拉强度/MPa	总伸长率/%	截面收缩率/%
RD	100	1213	24	16
	300	725	31	61
	500	623	14	73
	700	567	12	77
	900	495	13	—
	1100	447	16	91
TD	100	942	0	0
	300	735	19	32
	500	638	12	63
	700	608	11	74
	900	513	12	—
	1100	175	14	81
ND	300	602	0	0
	500	582	2	0
	700	521	12	68
	900	485	12	—
	1100	401	15	73

表 1-8 不同变形量下纯钨棒材室温及高温的力学性能[42]

变形量/%	温度/℃	抗拉强度/MPa	伸长率/%
30	25	566	0
	1100	288	11
	1200	256	12
	1300	239	15
	1400	233	16
	1500	176	18

续表

变形量/%	温度/℃	抗拉强度/MPa	伸长率/%
40	25	646	0
	1100	297	15
	1200	280	16
	1300	256	14
	1400	244	18
	1500	180	20
50	25	671	0
	1100	310	16
	1200	305	17
	1300	263	18
	1400	251	22
	1500	211	25
60	25	755	0
	1100	322	24
	1200	306	26
	1300	276	27
	1400	255	29
	1500	211	30
70	25	883	0
	1100	345	26
	1200	313	27
	1300	288	29
	1400	256	32
	1500	226	34

表 1-9　掺杂钨丝材的性能比较[10]

工艺与参数		性能				
		W	W31	W36	W71	W100
掺杂剂名称和加入量/%	Al_2O_3	0	0.03	0.10	0.10	0.10
	SiO_2	0	0.40	0.40	0.40	0.40
	K_2O	0	0.55	0.55	0.55	0.55
	Co	0	0	0	0.01～0.03	0.01～0.03
	Sn	0	0	0	0	0.01～0.03
	Fe_2O_3	0	0	0.01～0.03	0	0

续表

工艺与参数		性能				
		W	W31	W36	W71	W100
下垂值/mm		35	8.35	7.75	7.5	8
晶粒长宽比(*L/W*)		1	18	24	4～18	20.5
再结晶丝材弯曲角/(°)		5	22	85	94	65.9
抗拉强度/MPa	1200℃退火	185～190	175	195	190	170
	1400℃退火	170～175	173	181	185	165
	1600℃退火	165～170	170	172	180	160
伸长率/%	1200℃退火	1.5	2.0	4.0	6.0	14.5
	1400℃退火	1.5	2.0	5.5	10.0	21.0
	1600℃退火	1.5	1.8	8.0	13.5	13.0
	1800℃退火	1.5	1.5	1.0	2.0	3.5

2. 钼的力学性能

钼的力学性能与其纯度、生产方法和制备工艺有密切关系，不同状态下钼的力学性能各不相同。表 1-10 为未合金化烧结纯钼的拉伸性能；表 1-11 为热处理对室温和高温金属钼拉伸性能的影响；表 1-12 为试验方向对室温抗性能的影响；表 1-13 为钼和掺杂钼棒材规格和性能；表 1-14 为常见钼合金力学性能。图 1-24 为常见钼及钼合金力学性能随温度变化曲线。

表 1-10 未合金化烧结钼的拉伸性能[32]

试验温度/℃	屈服强度/MPa	抗拉强度/MPa	均匀伸长率/%	断面收缩率/%
–50	—	499.2	—	2
24	398.5	475.8	10	13
103	190.3	375.8	25	43
202	120.7	328.2	38	52
304	108.3	290.3	32	61
604	93.1	224.1	32	63
1001	56.5	152.4	26	67

表 1-11 热处理对室温和高温金属钼拉伸性能的影响[8]

热处理	试验温度/℃	抗拉强度/MPa	屈服强度/MPa	伸长率/%	断面收缩率/%
加工态	27.2	705.18	543.72	40	61.1
	400	547.17	368.46	20	82.4

续表

热处理	试验温度/℃	抗拉强度/MPa	屈服强度/MPa	伸长率/%	断面收缩率/%
加工态	650	480.24	343.62	18	84.2
	760	358.80	255.30	24	88.6
消除应力（980℃/1h）	27.2	670.68	572.01	42	69.0
	400	430.56	394.68	20	81.2
	650	449.88	331.89	22	86.1
	760	361.56	230.46	24	88.6
再结晶（1150℃/1h）	27.2	470.58	385.71	42	37.8
	400	270.48	144.90	60	84.7
	650	231.84	75.90	57	84.8
	760	173.19	52.44	60	84.6

表 1-12 试验方向对室温抗性能的影响[8]

试验方向相对于轧制方向	热处理	抗拉强度/MPa	屈服强度/MPa	伸长率/%
平行	消除应力	629.97～727.95	549.93～626.52	20～27
垂直		631.35～732.78	570.63～661.02	16～24
平行	再结晶	429.18～458.85	313.95～422.97	40～53
垂直		401.58～455.40	301.53～403.65	16～57

表 1-13 钼和掺杂钼棒材规格和性能[10]

直径/mm	硬度/HV_{10}	σ_b/MPa	$\sigma_{0.2}$/MPa	δ/%
0.5～1.5	230～300	735	635	25
>1.5～4.0	230～300	685	590	25
>4.0～6.5	225～280	685	590	25
>6.5～15.0	225～280	635	540	20
>15.0～20.0	220～260	635	540	20
>20.0～25.0	220～260	590	490	20

表 1-14 常见钼合金力学性能

合金成分	试验温度/℃	抗拉强度/MPa	屈服强度/MPa	总伸长率/%	参考文献
Mo	室温（约25℃）	493	424	33.8	[43]
	1000	276	—	20.2	
	1100	247	—	22.5	
	1200	221	—	22.8	

续表

合金成分	试验温度/℃	抗拉强度/MPa	屈服强度/MPa	总伸长率/%	参考文献
Mo-ZrC	–80	1334	—	14.5	[43]
	室温(约 25℃)	928	920	34.4	
	1000	562	—	23.5	
	1100	501	—	22.1	
	1200	483	—	20.9	
$Mo-La_2O_3$	室温(约 25℃)	865	813	37.5	[44]
	1050	368	—	10.7	
	1200	224	—	28.8	
	1300	211	—	25.4	
	1400	185	—	22.7	
LCAC-Mo(试验方向平行于轧制方向，应力释放态)	–100	1003	1001	0.8	[30]
	–50	882	877	6.6	
	0	690	690	9.0	
	室温(约 25℃)	653	642	9.5	
	100	539	489	10.7	
	200	455	405	4.5	
	300	422	387	3.8	
	600	388	371	2.7	
	800	351	344	2.8	
	1000	260	253	3.1	
TZM(试验方向平行于轧制方向，应力释放态)	–100	1232	1224	1.9	[30]
	–50	1041	1033	8.1	
	室温(约 25℃)	808	730	16.3	
	100	756	650	12.3	
	200	674	577	9.0	
	300	669	600	8.0	
	400	673	615	7.0	
	600	628	572	4.8	

续表

合金成分	试验温度/℃	抗拉强度/MPa	屈服强度/MPa	总伸长率/%	参考文献
TZM（试验方向平行于轧制方向，应力释放态）	800	539	497	4.0	[30]
	1000	524	489	3.6	
	1201	414	402	7	
	1406	172	107	30	
$Mo-La_2O_3$（试验方向平行于轧制方向，应力释放态）	–100	1314	1249	9.0	[30]
	–50	1072	1058	9.0	
	室温（约25℃）	746	710	14.1	
	100	695	653	14.1	
	200	544	483	13.0	
	600	484	454	3.7	
	800	360	345	5.1	
	1000	330	307	5.3	
La-TZM	室温（约25℃）	1405	—	7.5	[30]
	1000	348	—	16.7	
	1200	183	—	91.7	
La_2O_3-TZM	室温（约25℃）	1263	—	7.9	[30]
	1000	260	—	27.9	
	1200	132	—	84.1	

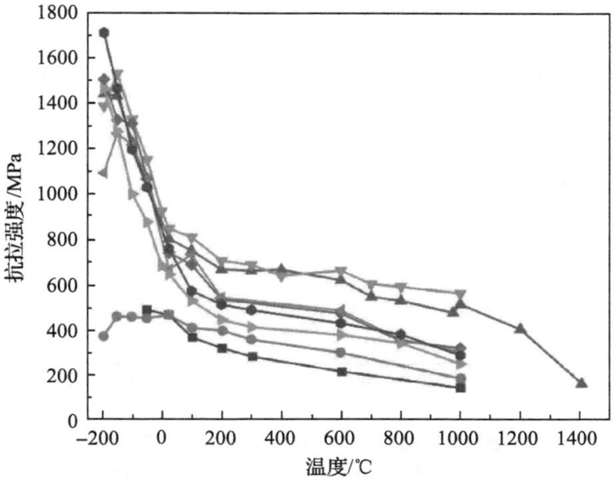

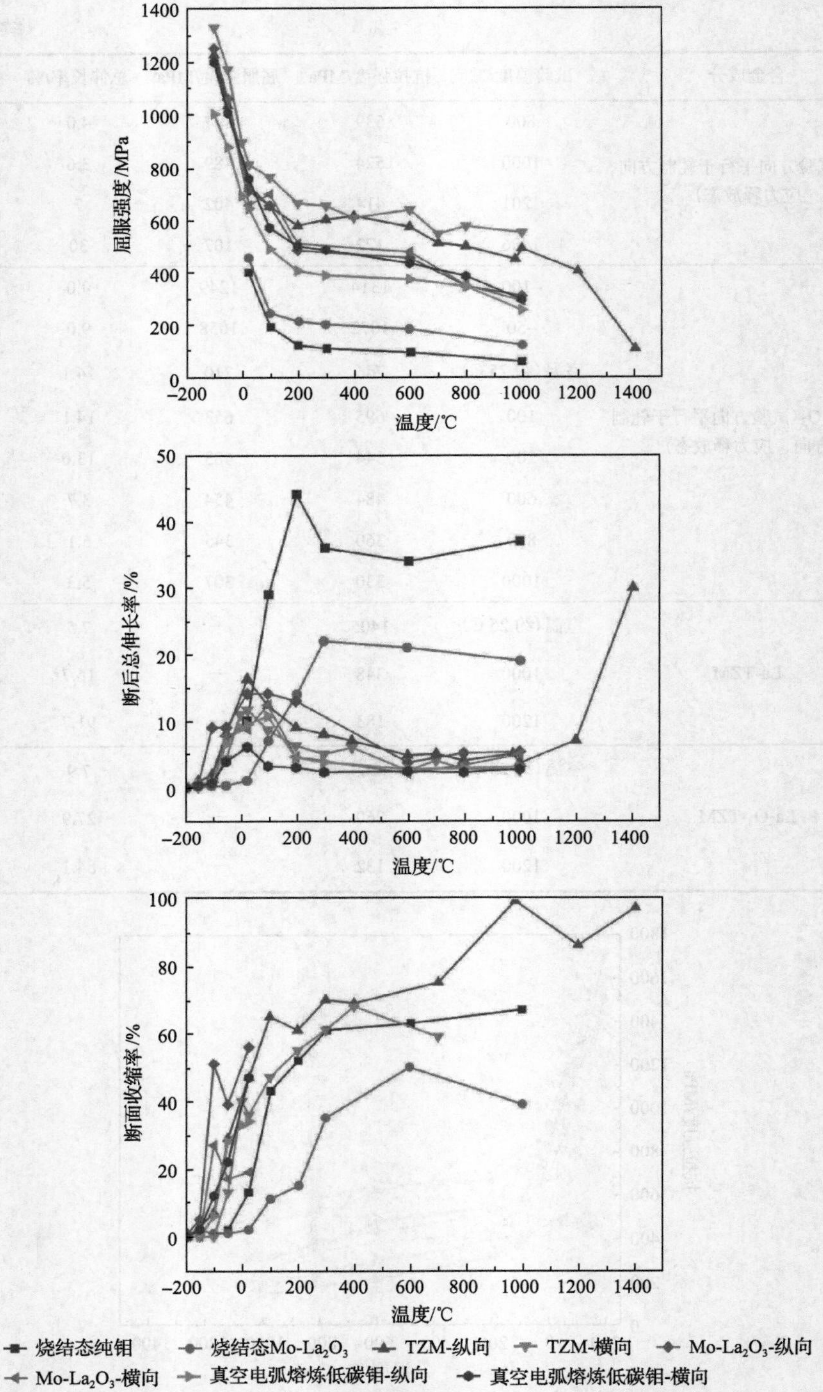

图 1-24　常见钼及钼合金力学性能随温度变化曲线[29,31,32,45,46]

1.2 铼的性质

金属铼(Rhenium，Re)是一种难熔过渡族稀有金属。铼元素的发现较晚，1925年，德国化学家Walter和Otto在铂矿和铌铁矿中首次探测到铼元素。在自然界中，铼元素含量很低，地壳中的含量仅占$1\times10^{-7}\%$，比其余所有的稀土元素都少，世界已探明的铼矿物储量只有7300～10300t。铼资源很少存在于独立的矿床中，多以伴生矿的形式存在，主要分布在黄铜矿和辉钼矿中，因此，铼主要是钼矿、铜矿的开发利用过程中的副产品。自从金属铼被发现以来，由于其具有高熔点、高硬度、优异的高温力学性能等特点，在航空航天、半导体、国防建设等领域得到广泛应用。

1.2.1 物理性质

金属铼位于元素周期表中ⅦB族，原子序数为75，原子量为186.2，原子半径为0.197nm。天然铼由^{187}Re和^{185}Re两种同位素组成，^{187}Re为放射性同位素，半衰期为4300万年，在天然铼中占62.6%；^{185}Re为非放射性同位素，占37.4%。铼是银白色金属，但粉末状的铼颜色在灰色与咖啡色之间。与同为元素周期表中第Ⅶ族中的钨和钼相似，铼是一种具有高熔点和高沸点的难熔金属，熔点为3180℃、沸点为5627℃，在纯金属中仅次于钨；铼的密度为21.04g/cm^3，仅次于铂、铱和锇；铼具有高电阻，电阻率是钼和钨的3～4倍；铼还具有高的弹性模量，当温度从室温上升到800℃时，弹性模量仅下降约20%；和其他高熔点过渡金属一样，铼的线膨胀系数较低，为6.7×10^{-6}℃$^{-1}$，在很大的温度范围内变化不大。这些特性使由金属铼制成的结构材料具有高硬度、耐磨、耐腐蚀、良好的机械稳定性和刚性等优异性能。表1-15总结了金属铼在室温下的物理特性[47,48]。

表1-15 金属铼在室温下的物理特性

物理特性	数值	物理特性	数值
密度/(g/cm^3)	21.04	电阻率/(Ω·m)	193
熔点/℃	3180	杨氏模量/GPa	460
沸点/℃	5627	剪切模量/GPa	155
线性热膨胀系数/℃$^{-1}$	6.7×10^{-6}	泊松比	0.49
热导率/(W/(m·K))	45～48	应变硬化系数	0.353
电导率(%IACS)/(S/m)	8.1		

在室温下，金属铼具有极高的抗拉强度，约是钨的两倍，甚至在高温下，金属铼的抗拉强度也比其他金属元素都高。与钨不同的是，铼在室温、高温和实际应用中被反复加热到高温区域后具有优异的延展性。此外，金属铼无韧脆转变温度[49,50]，从极高温度立即转入低温时，其固态结构不发生变化，在高温和急冷急热条件下均有很好的抗蠕变性能。金属铼在大多数无氧环境中具有化学惰性，不会被热氢气腐蚀，对氢气的渗透率也很低，几乎不受热冲击的影响。在高温高压下，和钨相比，铼有着更长的断裂寿命。但金属铼的抗氧化性较差，无论其纯度或所用的热加工类型如何，在空气中加工时都会导致“热短路”。这些“热短路”故障是由于铼在200℃以上的空气中容易形成Re_2O_7，它在297℃下熔化并穿透晶界，削弱晶间强度，使晶界变脆。

具有HCP结构的铼的一个有趣的特性是它在BCC结构和FCC结构的过渡金属中有高的溶解度。铼与钨和钼合金的发展是基于“铼效应”：铼可以同时提高强度、塑性、可焊性，降低锻造状态下的 DBTT，并减少这些金属的再结晶脆性。铼的积极作用有很多原因：一个是在冷加工或热加工过程中，在接近铼的溶解度极限的合金中，变形机制改变为孪生和滑移；另一个是中和了碳和氧的脆化效应。W-Re 和 Mo-Re 合金的最佳成分是接近溶解极限的固溶体(W-Re 含质量分数20%～30%Re，Mo-Re 含质量分数 40%～50%Re)。良好加工性的铼含量的上限与越来越多的硬脆σ相的形成有关。

1.2.2　晶体结构

室温下金属铼 HCP 结构的晶格常数为 a=276.1pm 和 c=445.6pm，轴比 c/a=1.613[51]。在高温下，金属铼仍保持 HCP 结构，目前认为铼无相转变温度。铼晶体的六方最密堆积结构中，每个铼原子的周围都有 12 个最近邻原子，其中 6 个位于同一层，3 个位于上层和下层，分别处于距离为其半径的直线上，另外 3 个位于下层和上下两层之间，同样处于距离为其半径的直线上。铼原子的半径为0.1373nm。铼外电子层结构为 $5d^5 6s^2$，有+1 到+7 多种价态，常见价为+7 和+4，其中+4 价化合物最为稳定。

1.2.3　塑性变形机制

金属铼 HCP 结构的对称性低，独立的滑移系数目少，不能满足多晶材料形变过程所需的五个独立应变分量的 von Mises 屈服准则条件[52]，因此其塑性变形相对于立方金属更加困难和复杂。滑移和孪生是 HCP 结构金属中两个最重要的塑性变形方式，孪生变形通常是在滑移处于不利取向，特别是当滑移难以进行时，作为一种辅助的变形机制出现。

1. 滑移系统

位错的移动和增生会发生在晶体的塑性变形中。位错的移动是其变形方式，分为滑移、攀移和扭折。当晶体材料的弹性区域被外加力超出时，塑性变形会逐渐开始。首先，一定量的位错开始沿着原子一定密排面上的密排方向进行滑移(滑移系)，当在滑移过程中遇阻时，位错会开始沿等效滑移系进行相应的等效滑移。在变形过程中，若不发生等效滑移，要使塑性形变继续进行，就需要增加相应的载荷，而且仅当载荷大于某一特定值后，位移才会开始发生攀移，过后会继续进行滑移。若载荷持续加大，就会产生一定数量的对称孪晶，使晶体本身开始发生变化，且产生孪晶后，会促使其位错滑移继续进行。

滑移是金属铼中重要的塑性变形机制之一。尽管 HCP 金属具有类似的晶体结构，但由于轴比(c/a)不同，在变形机制上它们存在很大的差异，当 c/a 值大于 1.633 时，基面是最密排面，$\langle a\rangle$位错在基面上滑移阻力最小，所以其优先滑移系为$\langle a\rangle$型基面滑移；而当 c/a 值小于 1.633 时，柱面是最密排面，$\langle a\rangle$型位错在柱面上滑移的阻力最小，因此变形时优先滑移系为$\langle a\rangle$型柱面滑移。尽管铼的轴比小于 1.633，但金属铼中基面滑移的层错能和临界分切应力(critical resolved shear stress，CRSS)要小于柱面滑移，是最容易启动的滑移系。通过单晶铼形变，计算出$\{0001\}$滑移面的 CRSS 为 14.5MPa，$\{10\bar{1}0\}$滑移面的 CRSS 为 21.4MPa[53]。金属铼中常见的滑移系及 CRSS 如表 1-16 所示[53]，主要包括$\langle a\rangle$型基面滑移$\{0001\}\langle 11\bar{2}0\rangle$、$\langle a\rangle$型柱面滑移$\{10\bar{1}0\}\langle 11\bar{2}0\rangle$、$\langle a\rangle$型锥面滑移$\{10\bar{1}1\}\langle 11\bar{2}0\rangle$和$\langle c+a\rangle$型锥面滑移$\{11\bar{2}2\}\langle 11\overline{23}\rangle$。其中以$\langle a\rangle$型基面滑移和$\langle a\rangle$型柱面滑移最为容易启动和常见，当外加应力较高或晶体取向不利于基面及柱面滑移时，则可能启动锥面滑移。各滑移系统在晶胞中的位置如图 1-25 所示。

与其他合金相比，铼具有高的杨氏模量，但 CRSS 是很低的。表 1-17 列出了金属铼与其他 HCP 金属基面和柱面滑移的 CRSS 的比较[47]。

表 1-16　铼中不同滑移系的晶体学指数、独立滑移系数目和 CRSS[53]

滑移类型	晶体学指数	独立滑移系数目	CRSS/MPa
$\langle a\rangle$型基面滑移	$\{0001\}\langle 11\bar{2}0\rangle$	2	14.5
$\langle a\rangle$型柱面滑移	$\{10\bar{1}0\}\langle 11\bar{2}0\rangle$	2	21.4
$\langle a\rangle$型锥面滑移	$\{10\bar{1}1\}\langle 11\bar{2}0\rangle$	4	—
$\langle c+a\rangle$型锥面滑移	$\{11\bar{2}2\}\langle 11\overline{23}\rangle$	5	—

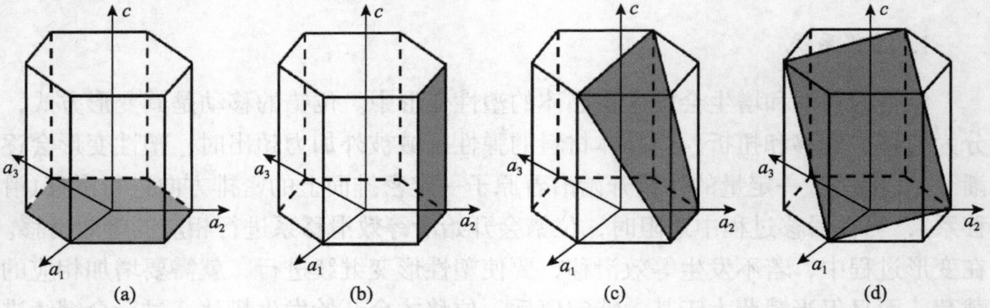

图 1-25　铼中常见的滑移系

(a)⟨a⟩型基面滑移{0001}⟨11$\bar{2}$0⟩；(b)⟨a⟩型柱面滑移{10$\bar{1}$0}⟨11$\bar{2}$0⟩；(c)⟨a⟩型锥面滑移{10$\bar{1}$1}⟨11$\bar{2}$0⟩；(d)⟨$c+a$⟩型锥面滑移{11$\bar{2}$2}⟨11$\bar{2}$3⟩

表 1-17　金属铼与其他 HCP 金属基面和柱面滑移的 CRSS 的比较[47]

六方金属	CRSS/MPa		$\frac{CRSS_{(0001)}}{CRSS_{(10\bar{1}0)}}$
	基面滑移	柱面滑移	
铍	13.8	65.5	0.21
铼	14.5	21.4	0.68
钛	~62.1	~13.8	4~5
锆	>33.1	9.0	>3.7

通常，滑移激活受四种因素的影响：①von Mises 屈服准则。根据 von Mises 屈服准则，均匀的塑性变形至少需要五个独立的滑移系，基面滑移系统的三个滑移方向在同一个面上。由于 HCP 结构的六次对称性，同一方向上的滑移可以分解到另两个方向上，因此基面滑移只有两个独立的滑移系。相似地，柱面滑移也只有两个是独立的。因此基面滑移和柱面滑移无法满足多晶体实现均匀塑性变形需要五个独立的滑移系的要求，需要启动其他辅助的滑移系或孪晶来协调变形[54,55]。②CRSS。金属铼的基面滑移和柱面滑移的 CRSS 较低，但无法满足 von Mises 屈服准则。另一方面，⟨a⟩型基面滑移，⟨a⟩型柱面滑移和⟨a⟩型锥面滑移都沿 a 轴滑移，只能协调垂直 c 轴方向的应变，而无法协调沿 c 轴方向的应变。当沿 c 轴拉伸或压缩时，这三种滑移都无法协调变形，而⟨$c+a$⟩型锥面滑移的 CRSS 较高，在室温下难以启动[55]。③温度与临界分切应力的关系。基面滑移的 CRSS 对温度的敏感度很低，而柱面滑移和锥面滑移的 CRSS 对温度的敏感度较高，随着温度的上升，非基面滑移(柱面滑移和锥面滑移)与基面滑移的 CRSS 比值不断降低，从而有利于激活。目前在金属铼中，关于温度对锥面滑移 CRSS 的研究较少，没有一个统一的标准。原因在于，对于多晶体铼很难从实验中直接得到锥面滑移的 CRSS，而通过数值模拟得到或者电子显微镜间接的预测，由于模拟和实验方法的

不同，得到的结果会有很大的不同。④施密特因子(Schmidt factor，SF)。当外应力的加载方向一定时，晶粒取向的改变会使滑移系统的 SF 改变，使启动滑移系的外临界应力发生改变，进而影响滑移系统的启动[50]。

2. 孪生系统

孪生系统是金属铼中另一重要的塑性变形机制[56]。由于金属铼相对独立的滑移系较少，在形变过程中通常激活孪生来协调变形。孪生是指两个晶体(或一个晶体的两部分)沿一个公共晶面(即特定取向关系)构成镜面对称的位向关系，这两个晶体就被称为“孪晶”，此公共晶面被称为孪晶面。图 1-26 展示了晶体的孪生特征，孪生过程中有两个不畸变面，即该面上任何晶向在孪生后都不改变长度，因而该面的面积和形状都不变，第一个不畸变面就是孪生面 K_1，第二个不畸变面是 K_2。此外还有两个特殊的不畸变方向，一个是孪生方向 η_1，另一个是 K_2 面和切变面 P 的交线 η_2，通常 K_1、K_2、η_1 和 η_2 被称为孪生四要素[17]。

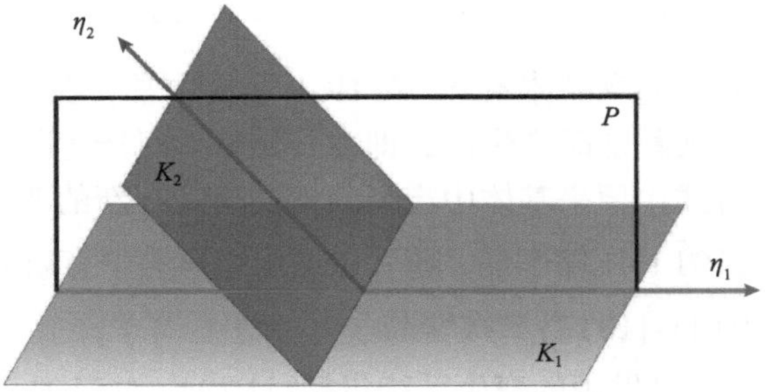

图 1-26　孪生的基本要素[17]

对于 HCP 金属而言，由于孪生的单向切变特性，孪生的启动与外加载荷的方式和轴比 c/a 有密切关系。图 1-27 表示孪生切变量和轴比 c/a 的关系，图中孪生切变量随轴比 c/a、孪晶类型的改变而变化，正斜率对应的孪晶为压缩孪晶；负斜率对应的孪晶为拉伸孪晶，这就导致在不同的 HCP 金属中，同一种孪生系统可能会对应着不同的孪晶种类。

当应力轴或应变的方向与材料中的晶体取向不同时，会影响产生孪生的类型和难易程度。当拉伸应力的方向平行于晶体的 c 轴或者压缩应力的方向垂直于晶体的 c 轴时，容易启动的是拉伸孪晶。它可以协调沿 c 轴方向的拉应力，发生孪生后，晶粒从不利于某些滑移的取向旋转到有利于的取向。在 HCP 金属中，常见的拉伸孪晶为$\{10\bar{1}2\}\langle 10\bar{1}\bar{1}\rangle$孪晶[57,58]。当压缩应力的方向平行于晶体的 c 轴或者拉伸应力的方向垂直于晶体的 c 轴时，还有一种孪生系统为压缩孪晶。压缩孪晶容易启动，它可以协调沿 c 轴方向的压应力。在 HCP 金属中，常见的压缩孪晶为压缩孪生系统为$\{10\bar{1}1\}\langle\bar{1}012\rangle$和$\{11\bar{2}2\}\langle 11\bar{2}3\rangle$孪晶，压缩孪晶也可以使晶粒旋转到更有利于滑移的取向[59]。

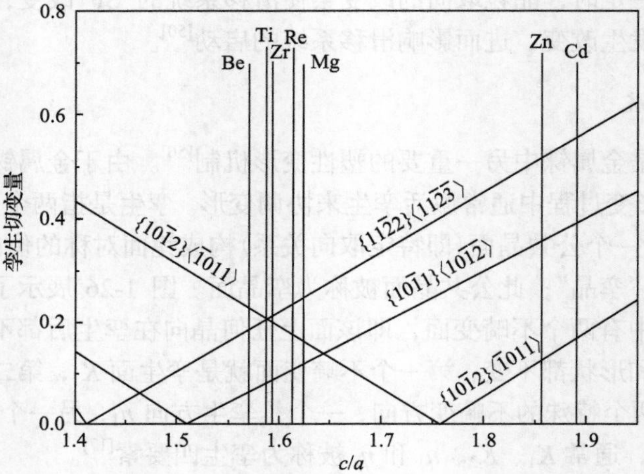

图 1-27　孪生切变量与轴比 c/a 的关系[57-59]

除了以上两种基本的孪晶体系外，在 HCP 金属中常存在二次孪晶。二次孪晶通常是在不同变形方式叠加时产生的，即在开始变形时产生某种类型的孪晶，在随后的另一种变形方式中原来基体中产生的孪晶里又有新的孪晶产生。例如，在基体晶粒中先产生$\{10\bar{1}1\}$压缩孪晶，随后在这压缩孪晶中有新的$\{10\bar{1}2\}$拉伸孪晶形核，从而形成$\{10\bar{1}1\}$-$\{10\bar{1}2\}$二次孪晶。

对于金属铼来说，已发现的孪生系统包括$\{11\bar{2}1\}$、$\{10\bar{1}2\}$拉伸孪晶和$\{11\bar{2}2\}$压缩孪晶，三种孪晶模型的孪生要素和晶体学信息如表 1-18 所示。在单晶铼的研究中，孪生变形是所有温度下，特别是在低温下塑性变形的重要机制。$\{11\bar{2}1\}$面上的孪晶形核需要的局部应力是最低的，在室温形变中，绝大部分孪晶发生在$\{11\bar{2}1\}$面，另两种孪晶数量很少[60]。

表 1-18　金属铼中主要的孪生系统的晶体学信息

K_1	K_2	η_1	η_2	N_t	N_s/N_t	q	s
$\{11\bar{2}1\}$	$\{0002\}$	$\frac{1}{3}\langle\bar{1}\bar{1}26\rangle$	$\frac{1}{3}\langle11\bar{2}0\rangle$	8	1/2	2	$\frac{1}{\gamma}$
$\{10\bar{1}2\}$	$\{10\overline{12}\}$	$\{10\overline{11}\}$	$\{10\bar{1}\bar{1}\}$	8	3/4	4	$\frac{\gamma^2-3}{\gamma\sqrt{3}}$
$\{11\bar{2}2\}$	$\{11\bar{2}4\}$	$\frac{1}{3}\langle10\overline{23}\rangle$	$\frac{1}{3}\langle22\bar{4}3\rangle$	12	2/3	6	$\frac{2(\gamma^2-3)}{3\gamma}$

注：N_s为发生切变的原子数量；N_t为每个孪晶单元中的原子数量；q 为孪晶中包含的惯习面 K_1 的数量；s 为孪生剪切量；$\gamma=c/a$。

3. 塑性变形机制的影响因素

金属铼在塑性变形过程中存在多种滑移和孪生机制，这些变形机制的启动受到很多因素的影响。影响金属铼微观组织和力学性能的内外在因素主要有加工方式、晶粒尺寸、织构、形变温度和应变速率等。以下重点介绍晶粒尺寸、织构和形变温度对塑性变形机制等的影响。

1)晶粒尺寸

对于多晶材料，位错滑移和孪生的传递往往受到晶界的阻碍。位错冲击晶界会形成应力集中，从而启动其他滑移系或孪生系，有利于塑性变形更加均匀。晶粒尺寸是影响多晶铼性能的重要因素之一[61]。变形机制的启动难易与晶粒尺寸的关系可以通过霍尔-佩奇(Hall-Petch)关系(τ_c=τ_0+kd−0.5，τ_c代表临界分切应力，d代表晶粒尺寸，τ_0和k是常数)有直观的了解。由此可知，晶粒尺寸越大，越有利于变形机制的启动，越容易激活孪生系统，晶粒尺寸越小，材料的强度越高，但通常伴随着延性的降低。

晶粒尺寸变化可能会改变变形时的主导变形机制，如纯镁变形在晶粒尺寸逐渐减小时，主导变形机制由孪生转变成滑移，即晶粒尺寸变小后变形从利于基面滑移的晶粒中开始发生，通过在不同晶粒中的滑移传递形成变形带来完全形变，这种变形机制转变的原因被认为是晶粒之间基面滑移的连通性因晶粒尺寸变小而被增强[62]。晶粒尺寸变小会改变孪生系统的形态，通常在粗大晶粒中孪晶分布相对弥散，而细小晶粒中孪晶呈带状分布。此外，孪晶界也可以起到细化晶粒的作用。孪晶界分割晶粒引起的晶粒细化能起到阻碍位错传递的作用，导致材料的强度提高。总之，不管启动的主导变形机制是滑移还是孪生，其决定的屈服均符合Hall-Petch关系。

2)织构

多晶体取向分布状态明显偏离随机分布的结构称为织构。轧制金属铼板一般具有基面织构，当织构与加载方向的夹角变化时，金属铼的孪晶和滑移的施密特因子(SF)也随之改变[55,56]。由于$\sigma_{0.2}$=CRSS/m($\sigma_{0.2}$代表屈服应力，m代表SF)，且各变形机制的CRSS相对固定，SF变化对变形机制的屈服应力有较大影响，可能改变变形机制的启动顺序。HCP金属在拉伸和压缩变形时晶粒c轴与加载方向夹角(Φ)的改变对不同变形机制 CRSS 会有影响，使主导变形机制发生相应改变。在拉伸和压缩变形中当Φ分别等于0°和90°时最易启动的变形机制都是拉伸孪生，拉伸孪生成为主导的变形机制。

3)形变温度

通常认为孪生系统是一个非热激活行为，而滑移系统是一个热激活行为。室温时基面滑移 CRSS<拉伸孪晶 CRSS<柱面滑移 CRSS≤锥面滑移 CRSS。当温度升高时，温度的改变对基面滑移 CRSS 的影响较小，在一些研究中也近似把它当

作非热激活行为，而温度的改变对非基面滑移的影响较大，温度升高后非基面滑移 CRSS 会有很大的降低。目前几乎没有关于纯铼高温下变形机理的研究，而在镁、钛等其他 HCP 金属中有一些研究。在镁单晶的平面压缩研究中，学者发现温度变化对基面滑移 CRSS 影响不大，柱面滑移 CRSS 和锥面滑移 CRSS 仅在 300℃以上被激活，非基面滑移系上位错的大量存在使得基面滑移难以通过位错堆积引起晶格弯曲，从而出现扭转带[63]。

4) 滑移和孪生系统的协调作用

基面滑移、柱面滑移、锥面滑移和$\{11\bar{2}1\}$拉伸孪生是金属铼中最常见的 4 种变形机制，其中基面滑移和$\{11\bar{2}1\}$拉伸孪生由于具有较小的 CRSS，在变形中最为常见。根据 von Mises 屈服准则，任意的均匀塑性变形需要五个独立的滑移系来协调。在金属铼中，基面滑移和柱面滑移都仅有两个独立的滑移系统，并且不能适应沿 c 轴方向的应变。$\{11\bar{2}1\}$拉伸孪生和锥面滑移可以满足沿 c 轴方向的应变，变形机制的多种组合使得变形时展现出不同的力学行为。基面滑移和拉伸孪生具有较低的 CRSS，常同时产生协调宏观变形，当晶粒 c 轴与加载方向的夹角改变时，基面滑移与拉伸孪生的 SF 随之变化，使它们协调宏观应变的能力产生变化，呈现出彼此竞争的关系。相较于孪生，滑移引起的切变更大且滑移更丰富。孪生或者滑移与晶界的相互作用可能引起局部应力集中，因此需要在相邻或者母相晶粒中启动额外的变形机制（孪生和滑移）来协调局部应变集中。根据不同的变形机制，局部应变协调机制会引起的滑移-滑移、滑移-孪生和孪生-孪生现象，如图 1-28 所示。通常用几何协调因子 m'来表征变形机制（孪晶和滑移）间的局部应变协调效应[63,64]，该因子定义为：$m'=\cos\psi\times\cos\kappa$，其中 ψ 为滑移面的法线夹角，κ 为滑移（剪切）方向之间的夹角。m'应用于滑移时取值范围为 0～1；应用于孪生变形时，由于孪生具有极性，取值范围变为–1～1。m'已成为研究局部应变协调机制的重要指标。

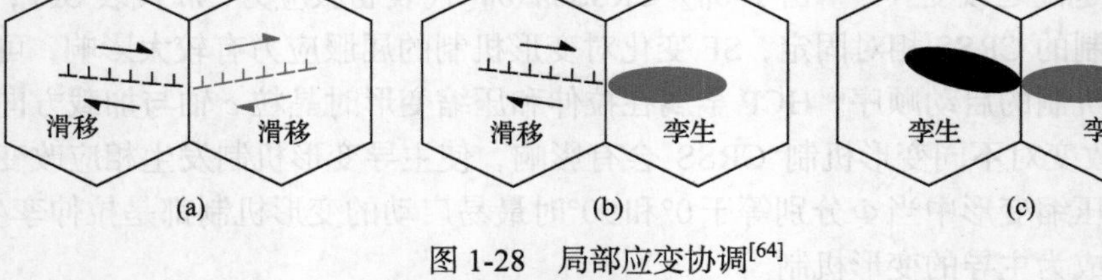

图 1-28　局部应变协调[64]

(a) 滑移-滑移；(b) 滑移-孪生；(c) 孪生-孪生

4. 加工硬化

金属材料在塑性变形过程中，伴随着加工硬化现象和软化机制。宏观上，加工硬化效应使材料变形过程中的流动应力随应变量的增加而增大；微观上，加工硬化对应于位错密度的存储。金属铼的室温塑性良好，这为其冷加工提供了良好的条件，但在变形过程中容易产生裂纹，这归因于其独特的变形行为，也因为金属铼最突出的一个特点是在加工过程中产生异常高的加工硬化(大约是钨的 3.5 倍)[65]。表 1-19 为不同加工状态下铼的力学性能。由表 1-19 可以看出，随着冷加工率的增加，铼的伸长率急剧下降，强度急剧增大，表现出极高的加工硬化性能，这是其他任何金属所不及的。

表 1-19　不同加工状态下铼的力学性能[65]

加工状态	屈服强度/MPa	抗拉强度/MPa	伸长率/%
退火	269	1034	10
冷轧 10%	1758	1875	3
冷轧 20%	1889	1979	2

金属铼轧制过程中，在三点晶界处容易形成微裂纹，因为这是最薄弱的区域[66]。当轧制单道次形变量大于 28%时，表面横向裂纹开始在表面形成并扩展到晶体中，微裂纹很可能是由高加工硬化率和孪晶附近高局部应力引起的，最终扩展到整个晶体中。快速的加工硬化速率使得铼制品的制造工艺较为复杂，也使复杂形状铼制品的制造变得更为困难。

1.2.4　力学性能

1. 室温力学性能

纯铼材料的主要生产方法是粉末冶金法，其部分室温力学性能见表 1-20。

表 1-20　粉末冶金纯铼的部分室温力学性能[65,67,68]

铼板	板材状态	屈服强度/MPa	抗拉强度/MPa	伸长率/%
0.0127mm 带材	退火态	269	1034	10
	冷轧 10%	1758	1875	3
	冷轧 20%	1889	1979	2
	冷轧 40%	—	2634	—
0.0254mm 带材	退火态	931	1158	28
	冷轧 13%	1689	1724	8
	冷轧 24.7%	2054	2117	2
	冷轧 0.7%	2144	2220	2

续表

铼板	板材状态	屈服强度/MPa	抗拉强度/MPa	伸长率/%
0.508mm 线材	退火态	310	1103	15
	冷拉拔 15%	1930	2000	1
3.175mm 退火棒材	退火态	317	1131	24
退火带材	0.254mm	563	771	15
	0.320mm	632	959	26
	0.350mm	794	924	10
	2.790mm	219	874	18
	11.020mm	472	882	13

2. 高温力学性能

铼是一种特殊的难熔金属，无韧脆转变温度，从极高温度立即转入低温时，其结构不发生变化，在高温和急冷急热条件下均有很好的抗拉性能和抗蠕变性能。图 1-29 为铼与其他金属在高温下的抗拉强度和蠕变-断裂强度的对比。由于铼及其合金在 2000℃以上仍具有优异的机械强度，常用来制造超声速飞机、导弹等部件所需的高温高强度材料，包括航空航天元件、固体推进热敏元件、抗氧化涂层等。

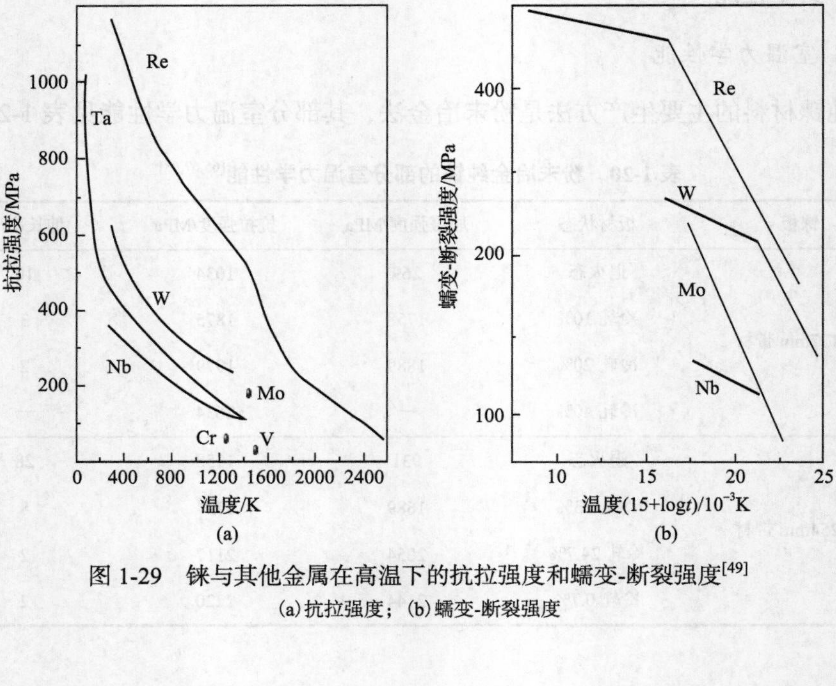

图 1-29　铼与其他金属在高温下的抗拉强度和蠕变-断裂强度[49]

(a) 抗拉强度；(b) 蠕变-断裂强度

铼的高温力学性能与其生产方法和工艺及其他性能(如形变程度、形状等)也有密切的关系，其部分高温力学性能见表 1-21。

表 1-21　粉末冶金铼的部分高温力学性能[49]

编号	形变温度/℃	屈服强度/MPa	抗拉强度/MPa	伸长率/%
热等静压				
1#	20	238.5	910.8	17.2
2#	20	232.4	915. 6	18.5
3#	815	254.4	561.9	26
4#	815	264.1	497.8	12.3
5#	1371	179	215.8	2.28
6#	1371	191	251.6	4.49
轧制				
1#	20	568.1	921.9	—
2#	20	590.9	943.2	—
3#	815	532.9	610.9	—
4#	815	516.4	612.3	—
5#	1371	366.8	419.2	—
6#	1371	370.1	443.3	—
热等静压和挤压态对比				
热等静压 1#	20	244	1059	26.6
热等静压 2#	20	250	1021	24.6
挤压态 1#	20	171	939	19.5
挤压态 2#	20	168	858	14.9
热等静压 3#	1926	93	156	5.2
热等静压 4#	1926	97	150	5.3
挤压态 3#	1926	157	66	6.1
挤压态 4#	1926	143	64	6.0

1.3　难熔金属的应用

难熔金属材料能够在高温、高压和辐照等极端条件下维持卓越的性能，从而确保设备的可靠运行。在航空航天领域，航空发动机的高温喷嘴、燃烧室和涡轮叶片一直在寻求能够承受高温和高压条件的材料。在高温高压设备领域，高温反应器、高压锅炉和高温炉炉膛需要能够承受极端条件的材料。在核能领域，燃料包封、制冷剂循环系统和其他核能部件需要能够承受高辐照和高温的材料。在微电子和半导体领域，高温反应室、加热元件和高温电极需要严格的高温环境控制，以确保半导体器件的高质量生产。总之，难熔金属因其独特的性能使其成为各种极端条件下的理想材料。随着科学和工程的不断进步，难熔金属的应用领域将继续扩展，为解决各种高温、高压和辐照环境下的挑战提供创新的解决方案。

1.3.1 钨及钨合金

钨以其高熔点和高密度，以及优异的高温强度，适用于高温、高压、高速等极端环境，确保了航天航空设备的可靠性。它在制造火箭喷嘴、喷气叶片、热燃气反射器等方面发挥重要作用，火箭发动机钨合金喉衬如图 1-30 所示[69,70]。钨铜合金的使用温度可高达 3320℃以上，钨合金喷嘴甚至可以承受超过钨的熔点(3410℃)的燃烧温度。此外，对于超高声速飞行器，钨合金的低热膨胀系数、高温强度，以及抗冲刷和抗热应力的特性，使其成为理想之选。美国 X-43A 超高声速飞行器采用碳/碳复合材料和钨覆盖来确保在声速 10 倍以上的极高速飞行中的稳定性和热防护[71]。现今，钨合金的合成方法和工艺正在不断优化，以提高性能和降低成本，适应未来航天航空设备对材料性能的更高要求。

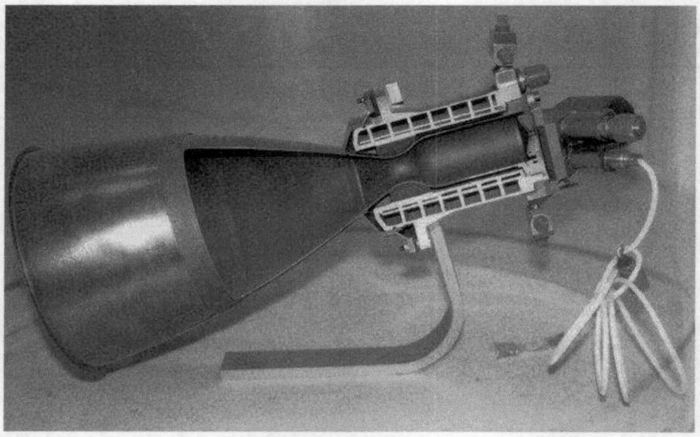

图 1-30　火箭发动机钨合金喉衬[69,70]

钨是一种熔点极高、具备卓越高温性能和导电导热特性的金属。早在 1909 年，Coolidge 发明了钨灯丝，首次将金属钨成功应用于高温器件领域。目前，钨合金主要用于高温场合，如光源、隔热屏、大型真空烧结炉及热等静压炉的热区元件。奥地利 Plansee 公司研发了长 650mm，厚 2mm 的高纯钨板材，适用于大型高温炉。德国 HC Starck 公司生产了(0.12～5)mm×600mm×2400mm 的钨板材和(0.025～0.125)mm×300mm×2400mm 的钨箔材及其组件。国内，安泰天龙钨钼公司和厦门虹鹭钨钼公司是大尺寸纯钨板材加工的主要机构。此外，钨坩埚是蓝宝石单晶生长炉和石英连熔炉的重要容器，要求具有耐蠕变性优异、高温稳定、使用寿命长的特点[72,73]。在蓝宝石单晶制备中，钨坩埚的品质直接关系到蓝宝石单晶的质量。对于钨坩埚，要求纯度高，表面无缺陷，具备优良的光洁度和显微组织。目前，冷等静压结合烧结法是最常用的制备大尺寸钨坩埚的方法。奥地利Plansee公司采用这一方法，制造出直径达101.6cm，高度达88.9cm，表面粗糙度为0.8μm的蓝宝石生长用大尺寸钨坩埚。我国的制备技术也达到了国际领先水平。钨坩埚如图1-31所示，钨隔热屏和钨发热体如图1-32所示。

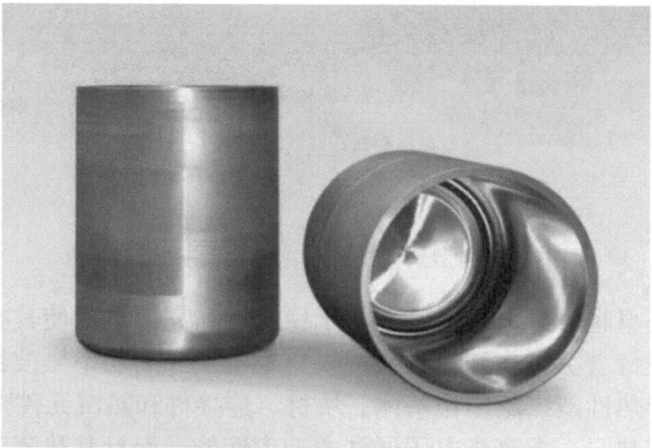

图1-31 钨坩埚[72,73]

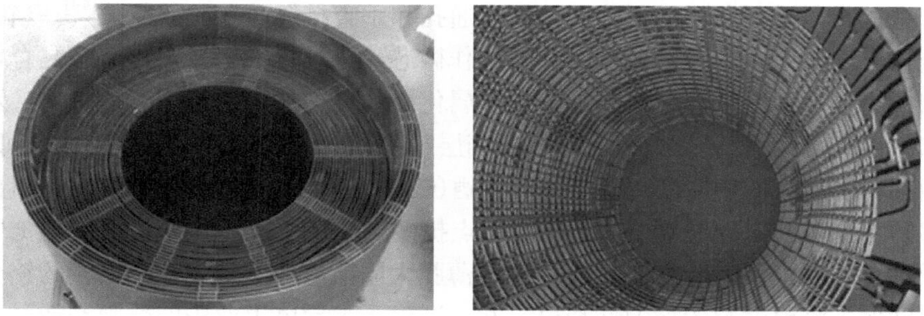

(a) (b)

图1-32 (a)钨隔热屏[74]和(b)钨发热体[75]

在核工业中，钨合金作为等离子体材料(PFM)直接面对核聚变反应装置中的等离子体，包括第一壁、偏滤器(图1-33[76])和限制器的装甲材料。在核聚变反应中，PFM必须应对来自氦离子(3.5MeV)和中子(14.1MeV)的高能粒子辐照，以及粒子辐照在PFM中引发的热效应。钨合金的物理溅射临界值较高，不易形成氢化物，具有高熔点、低蒸气压、出色的热导性和高温强度，这些特性使得钨合金成为高热通量元件上的理想包覆材料[77]。核聚变领域钨合金的研究集中在提高其高温抗辐射性能、解决物理溅射问题、多样性材料探索，以及提高力学性能的研究，这些努力旨在提高核聚变技术的可行性和可持续性。

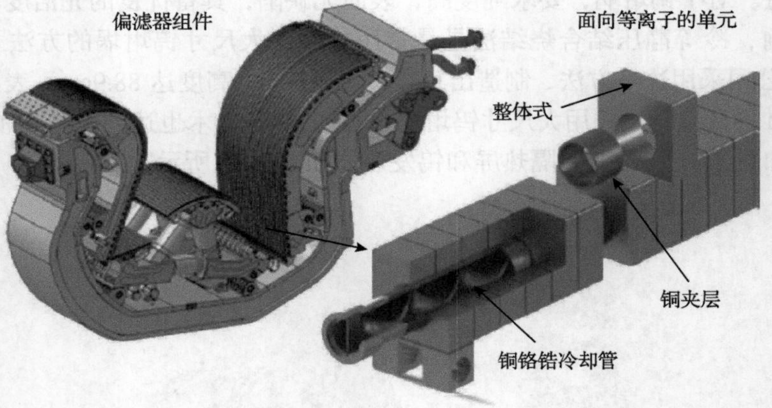

图 1-33　典型聚变托卡马克装置偏滤器结构[76]

钨合金具备卓越的导电导热性、化学稳定性和高熔点，使其在现代微电子和半导体等领域发挥着关键作用。在大规模集成电路和高功率微波器件中，钨铜合金以其卓越的导热性能广泛用作基体、块材、连接件和热沉元件[78]。其不仅可以有效分散和传递热量，提高微电子器件的功率性能，而且其热膨胀系数与半导体材料相匹配，可以降低热应力对器件可靠性的风险。在集成电路芯片制备中，钨合金通常以溅射靶材的形式用于填充通孔和垂直接触孔之间的空隙[79]。当钨钛合金含有 10%(质量分数)的钛时，可用作微芯片金属化的扩散阻挡层和黏合剂。在该应用领域，钨钛合金将半导体和金属化层分离，如将铝或铜和硅分离，示意图如图 1-34 所示[80]。如果没有扩散阻挡层，铜和硅会在微芯片中形成金属间相，从而削弱半导体的功能。在柔性铜铟镓硒(CIGS)薄膜太阳能电池中，钨钛阻挡层能够防止钢基体中的铁原子通过钼背触点扩散到 CIGS 半导体中。每克电池中仅若干微克的铁含量就能显著降低 CIGS 薄膜太阳能电池的效率。高质量的钨合金靶材确保了溅射薄膜的均匀性和稳定性，这对于半导体工业中的薄膜制造过程至关重要，因为薄膜的质量和均匀性直接影响到半导体器件的性能和可靠性[81]。高质量的钨合金靶材具备高纯度、高致密度、均匀的成分和组织结构、细小的晶粒，以及特定的晶体学取向等性能。纯度是关键的性能指标之一，通常要求达到 5N(99.999%)或 6N(99.9999%)级别。致密度也必须很高，超过 19.15g/cm³，以满足半导体工业中镀膜的需求，高纯钨合金溅射靶坯实物如图 1-35 所示。细小且均匀的晶粒有助于提高溅射沉积效率，从而实现均匀的薄膜厚度。为了满足不断发展的微电子和半导体工业的需求，钨合金制备技术正朝着更高纯度、更均匀的晶粒和更好的晶体结构等方向不断发展。

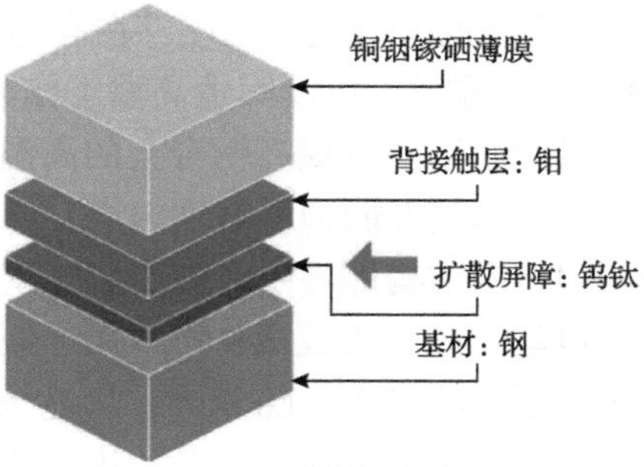

(a)

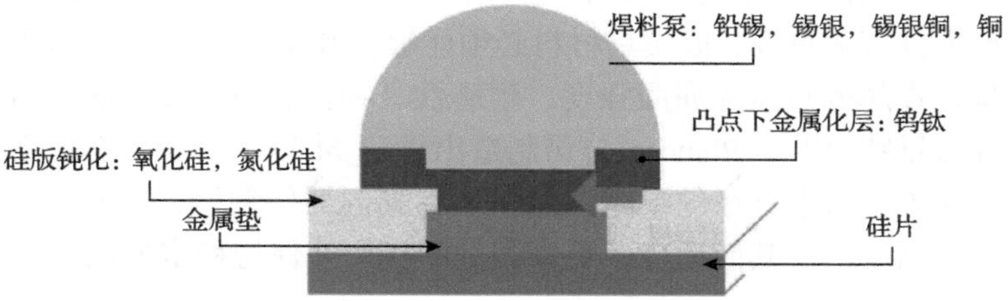

(b)

图 1-34 使用钨钛层的铜铟镓硒薄膜太阳能电池(a)和倒装芯片半导体金属化的结构示意图(b)[80]

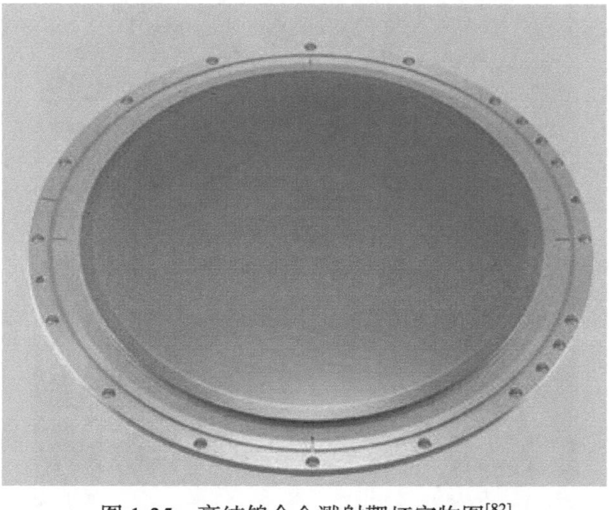

图 1-35 高纯钨合金溅射靶坯实物图[82]

1.3.2 钼及钼合金

钼具有优异的高温性能、高弹性模量、出色的抗高温蠕变性能和焊接性能等，在航天航空领域广泛应用于火箭发动机的关键部件，如喷管、火箭鼻锥、飞行器前缘和方向舵[83]。此外，钼合金的抗氧化涂层能够在高达 1400～1700℃的高温条件下工作，确保包括喷嘴、机身前缘，以及其他高温工作区域等部件稳定运行[10]。现今，通过不断改进新材料和新工艺以提高钼合金的高温性能，可确保钼合金在航天航空领域使用过程中具有卓越性能和可靠性。

钼丝常用于照明系统的高温结构部件中，如封装、支撑构件、引线、聚光构件等[84]。同时，钼合金也以丝、棒、带或板的形式用于制造高温炉的各个构件，包括加热元件、烧结炉或还原炉的舟盘、隔热屏、热绝缘件、炉架、紧固件、螺丝和螺栓、高温炉进气元件、感应加热基架，以及热电偶配管和钼铼丝管等[10]。图 1-36～图 1-39 所示为钼的一系列工业用品实物图。此外，等温锻造工艺对于制造近终成形零件至关重要，但模具材料必须能够在高温(高达 1050℃)下保持稳定性，同时具备卓越的热压缩屈服强度、耐磨性、韧性、热强度、热疲劳性能和抗氧化性能等多重特性[10]。Plansee 公司制造出重达 5t 以上的钼合金成形模具，展示了钼合金在等温锻造领域的卓越性能[84]。在高温器件领域，需要进一步提高钼合金的再结晶温度，使其能适应于更高温度的应用并保持稳定的高性能。

图 1-36　钼坩埚[85]

图 1-37　高真空炉钼合金隔热屏[86]

图 1-38 真空烧结炉热点区域钼合金材料[87]

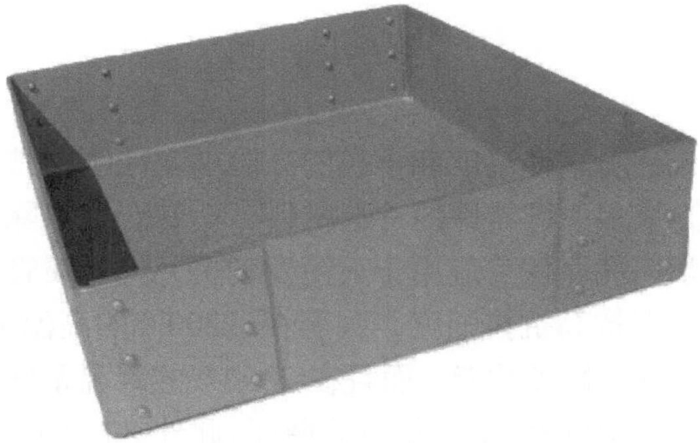

图 1-39 钼舟[88]

钼合金因其卓越的高温强度、高膨胀阻力，以及低溅射产额等特性，成为核能领域关键部件的首选[89]，特别是偏滤器防护元件(图 1-40[90])。Mo-5Re 合金具有体心立方结构，通过添加铼来提高延性和再结晶温度，同时在高热流密度部件

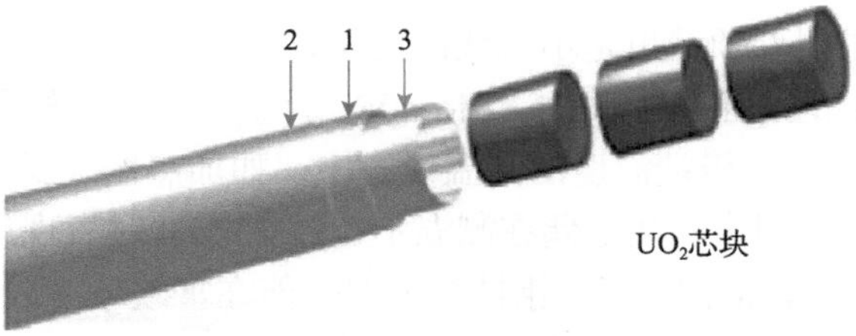

图 1-40 钼合金在核能领域的应用实例[90]

1-Mo 合金；2-Zr 合金或含 Al 不锈钢或其他；3-Zr 合金内衬

中表现出色。此外，对于钼铼合金来说，铼含量的优化范围为 3%～5%，以在具备适当热导率和热膨胀系数的情况下，降低韧脆转变温度。核能领域用的钼合金需要进一步提升其抗高温辐照性能、抗高温蠕变性能，以适应更高的应用需求。

钼合金在微电子和半导体领域发挥着关键作用，特别在高温结构和功能材料应用方面具有独特性能。钼合金以丝、杆、片、带、管等形式应用于微电子和半导体器件。钼丝和棒材在制造热式或直热式电子发射器件和行波管慢波线方面至关重要，要求钼合金具有高温力学性能、低热膨胀系数和机械加工性能[91]。钼杆被用于制造高温环境下需要形状稳定性的部件，如磁控管阴极支持筒和调谐杆。此外，钼杆还用于制造硬玻璃封接的引出线，确保电子器件的高温稳定性。钼片具有不同要求的耐温性和热膨胀系数使其在栅极框架和垫圈方向成为理想的选择。此外，不同尺寸的钼合金管材确保了窄带材料的高性能和稳定性，通过在阴极筒外安装热屏蔽筒，有效降低功耗，提高运行效率，增加运行稳定性和可靠性。总体来说，钼合金在微电子和半导体领域的广泛应用主要得益于其高温稳定性和易加工性等出色性能，为现代电子设备提供了关键的结构和功能支持，推动了电子技术的高性能和可靠运行。

1.3.3 铼及铼合金

铼的高熔点、无韧脆转变温度和卓越的高温蠕变性能使其在航天航空领域发挥着重要作用，成为众多关键器件的首选材料[92]。铼合金对除氧气以外的大多数燃气具有较好的化学惰性，使其应用于火箭发动机元件的喷管和喷嘴部件。这些部件可在极端条件下保持高抗拉强度，甚至在 2200℃的高温下也能保持 48MPa 的强度，确保火箭的可靠性和性能。而且在 2200℃的高温条件下铼合金制备的发动机喷管可以承受高达 100000 次的热疲劳循环。此外，铼合金还用于抗氧化涂层，保护航天器免受高温和氧化的侵蚀，延长使用寿命。我国的昆明贵金属研究所曾进行过铼铱喷管的研发工作，通过在碳/碳复合材料的外表面制备铼铱涂层的方法，成功制备了发动机燃烧室[93]。在温度测量方面，铼合金用于制造高温热电偶，可在 1500～3000℃测量温度，具有高热电势值、快速响应速度和卓越的抗腐蚀性能等特点[94]。

铼合金在高温器件领域也是不可或缺的材料[95]。Mo-50Re 合金制备的丝材和薄板在高温环境下的应用备受关注。Mo-50Re 合金制备的丝材和薄板广泛应用于能够承受高达 2125℃的极端温度的高温设备中，如加热器、反射器和工件支架。此外，使用钨铼合金制成的热电偶在测温不超过 2325℃时表现出色，具有极佳的再现性和可靠性。在较低温度下，钼铼热电偶也能在富碳环境成功用于测量温度。由于钼的碳化速度较慢，钼铼合金热电偶在高温条件下可能比钨铼合金热电偶更为有效。Mo-50Re 合金无缝管被广泛用于高温热电偶的保护外套材料，以确保温度测量的准确性和稳定性，特别在恶劣环境下表现出色[96]。

铼合金在微电子和半导体领域的广泛应用，得益于其卓越的高温性能和化学稳定性[97]。铼合金制造的高温加热器和电子管元件常见于半导体工艺，特别是在金属有机化学气相沉积(MOCVD)系统中。相比其他材料，铼合金的加热部件，尤其是薄铼板制成的铼加热片，具有更出色的电学性能、更长的使用寿命，以及更强的抗恶劣工作环境特性。美国的 Rhenium Alloys 公司和我国的安泰科技有限公司已开发了高纯度的铼板材，广泛应用于 MOCVD 设备中，如图 1-41 所示。

图 1-41　安泰科技有限公司开发的铼加热体在 MOCVD 设备中的应用

铼合金制品因其在各种气体环境中的高稳定性、高电阻率，以及抗电弧烧蚀性等特性，在高温、高湿度等恶劣条件下得以广泛应用。例如，高纯铼带和铼丝通过精密加工用于制造高温炉部件、精密热电阻元件，以及热电离质谱仪等高端电子设备[98]。同时，铼合金优异的热抵抗力和耐腐蚀性在电子工业领域表现出色。例如，经过切割、冷轧、酸洗和刻蚀处理后，可以制备出厚度小于 0.02mm 的高纯铼箔，其主要用于超高频装置和 X 射线管[99]。铼合金因其耐腐蚀、抗电弧烧蚀和热电子发射等良好的性能，成为优秀的电接点材料，常用于船舶发动机磁电机的接触电阻及反应式点火系统的密封继电器中[92]。

1.4　难熔金属制品制备工艺

难熔金属制品制备工艺可分为粉末冶金和形变加工。粉末冶金工艺使用最为广泛，适合大尺寸难熔金属制备。目前，借助于粉末注射成形技术，已成功开发出尺寸小、形状比较复杂的钨、钼和高密度钨合金元件制品。难熔金属的 3D 打印技术也得到了快速的发展。管材、料台、成形器等难熔制品的生产大部分是采用粉末冶金工艺，通过高水平的锻造、轧制、热处理工艺对产品性能进行提升，最后通过高精度机械加工技术和设备完成产品成品加工。对于难熔金属的板坯、棒、丝、薄片等制品，大部分首先采用粉末冶金方式加工，然后以轧制工艺技术生产板、片(箔)材、棒(丝)系列产品，具有加工性能好、杂质含量低等优点。钨、钼等难熔金属及其合金经过轧、锻、拉拔等形变加工，可达到或接近理论密度，强度、塑性、韧性进一步提高，成形性能改善，广泛用作高温炉构件、电子管构件等。图 1-42 是难熔金属制品制备生产工艺简图。

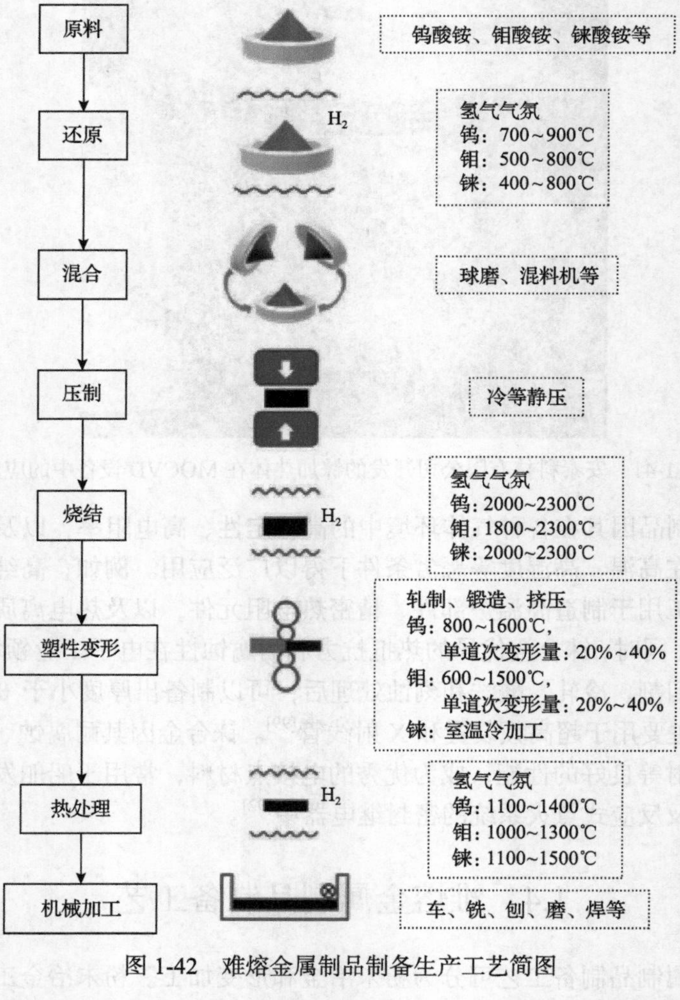

图 1-42　难熔金属制品制备生产工艺简图

在粉末成形方面，常见的工艺有模压成形、冷等静压成形等。图 1-43 所示是大型冷等静压机及其结构示意图，也是目前常用的设备之一。等静压成形是粉末成形技术当中的一种，它是利用液体介质不可压缩性和均匀传递压力的一种成形方法，是现代成形技术中制造结构零件和部件的一种相当重要的方法。下面对粉末冶金烧结制品制备工艺、形变制品制备工艺和生产工艺流程进行总结。

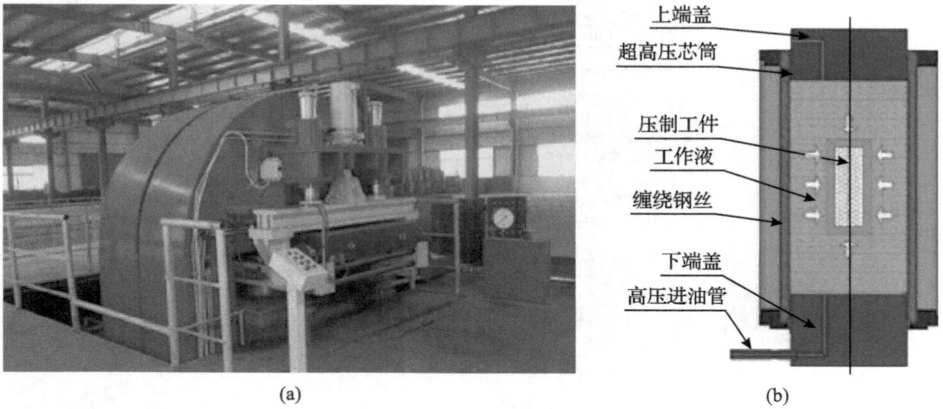

图 1-43　大型冷等静压机(a)及其结构示意图(b)

1.4.1　烧结制品制备工艺

钨、钼、铼等难熔金属的熔点高达 2620～3410℃，相关制品难以通过传统冶金工艺(如铸造或熔炼)制备，粉末冶金是制备难熔制品的基础方法。粉末冶金制备难熔金属制品的工艺路线包括制备金属粉、成形、烧结等，最终得到块体金属，难熔金属制品的烧结温度约为熔点的 70%～80%。根据粉末冶金钨、钼的近 50 年发展历程，这里将以制备高致密钨为例，将粉末冶金工艺总结为以下几点：垂熔烧结[100,101]、活化烧结[102-107]、热压烧结、热等静压、高温无压烧结等。以钨的烧结为例，图 1-44 总结了几类方法的发展时间线和典型微观组织[107-125]。

1. 垂熔烧结

真空垂熔烧结是将钨、钼、钽、铌等金属粉末压制成条形坯料，将条形坯料放入真空垂熔烧结炉中，在条形坯料两端加上一个低压大电流，依靠条形坯料自身电阻产生高温，使粉末状金属烧结成致密金属棒料。垂熔烧结中决定整个工艺过程的主要因素有：升温速率、最高工作电流、各阶段保温时间、原料粉末性质等[100,101]。用真空垂熔烧结法制取的金属钽、铌、钨、钼是在低于其熔点温度下进行的，属于固相烧结过程，烧结后的金属密度高、组织细致、易掺杂、合金成分均匀、力学性能好，且易于进行轧制、拉拔等加工。

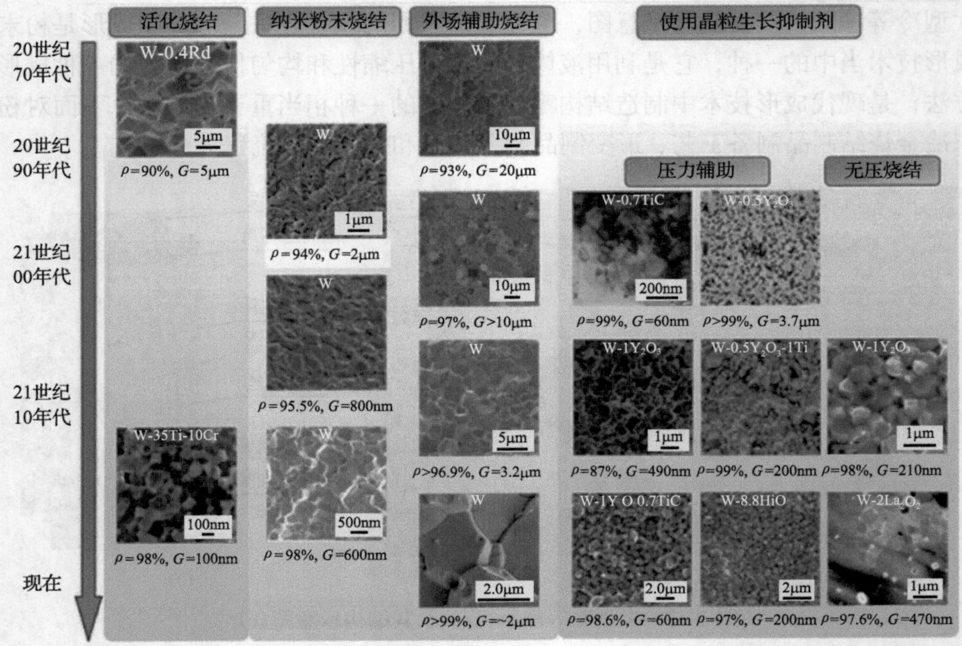

图 1-44　粉末冶金钨的发展时间线及典型微观组织特征(ρ 为相对密度，G 为晶粒尺寸)[107-125]

2. 活化烧结

难熔金属活化烧结技术起源于 20 世纪 50～60 年代[102]，最初是通过向钨中添加过渡元素(如 Co、Fe、Ni、Pd 和 Pt)作为“活化剂”，形成物质快速扩散通道从而促进致密化[102]。在活化剂的辅助下，钨的烧结温度可由 2000℃降低至 1200～1500℃。根据活化剂形成相的结构和化学成分，活化机制演变为液相烧结[103,104]、固相活化烧结[105-107]和纳米相分离烧结[117,123-125]。如图 1-45 所示，分别以三种活化机制制备的钨合金具有不同的微观组织。

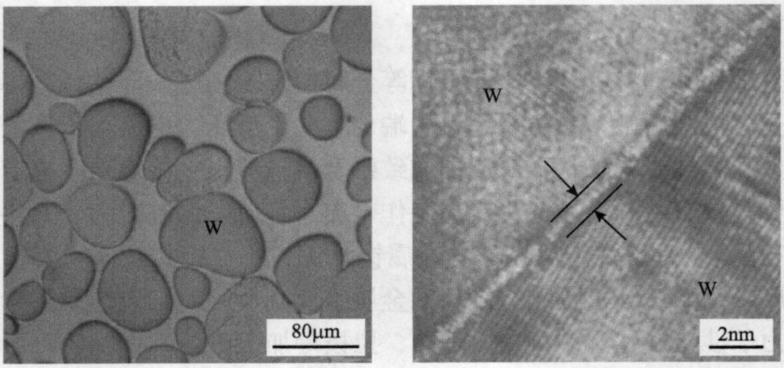

(a)　　　　(b)

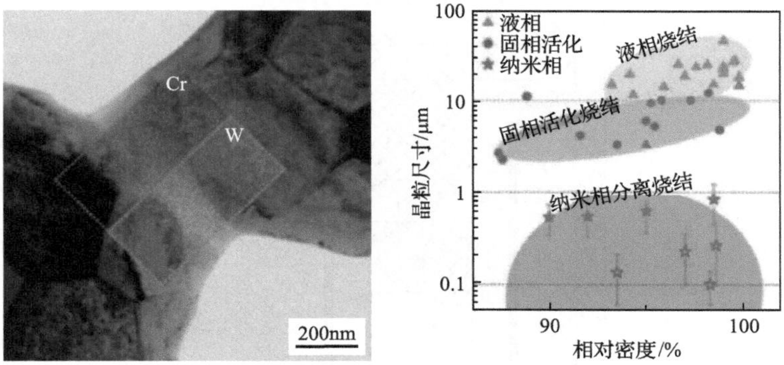

(c)　　　　　　　　　　　　(d)

图 1-45　几类活化烧结钨合金的典型微观组织

(a) 50W-35Ni-15Fe 液相烧结[103]；(b) W-1Ni 固相活化烧结[106]；
(c) W-15Cr 纳米相分离烧结[117]；(d) 晶粒尺寸-相对密度对比图[117]

3. 热压烧结

热压(hot pressing，HP)烧结常用于钨钛合金靶材的致密化。相比于传统烧结方法而言，粉末颗粒在热压烧结过程中由于高温高压的作用，更容易发生接触、扩散和流动。因此，热压烧结更易于粉末快速致密化，抑制晶粒长大，获得高致密度的难熔金属材料。真空热压烧结在热压烧结的基础上，利用气泵抽气保持烧结炉内的真空度，可以有效排出气体和防止粉末高温氧化。真空热压烧结炉示意图如图 1-46 所示，主要包括炉体、隔热层、发热体和模具座，工作区的零件包括模具体、压头和垫片。在烧结过程中，为防止石墨和烧结材料的氧化，炉内通过抽气泵保持真空状态，发热体将通过热辐射和热传导加热工作区零件，实现难熔金属坯体的烧结。图 1-47 是采用不同热压工艺烧结的钨样品的扫描电子显微镜(SEM)图[126]。

4. 热等静压

热等静压(hot isostatic pressing，HIP)是指利用惰性气体(如 Ar)作为传递压力的介质，在高温和高压同时作用下对材料进行处理，使材料在发生塑性变形、蠕变、扩散的过程中达到致密化、成形和连接的一种技术，目的是消除材料内部缺陷、制备高性能粉末冶金制品、扩散连接同种或异种材料[111,127,128]。

热等静压设备主要由预应力缠绕框架及高压容器，加热、隔热及测温系统，供气及气体回收系统，内外循环冷却系统，以及供电与控制系统等组成，其结构示意图如图 1-48 所示。热等静压设备的工作原理为：将待处理工件放入密闭的缸体中(工作区)，通过真空系统将缸体内的空气抽出，然后借助压缩机往缸体中打入氩气，并通过发热体加热工作区腔体，形成高温高压环境，从各个方向均等地

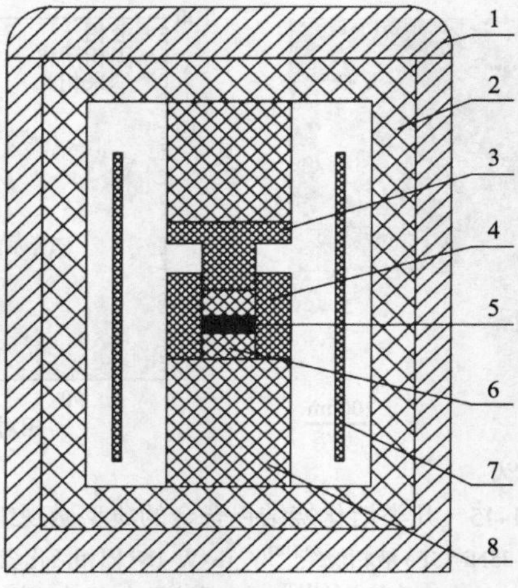

图 1-46　真空热压烧结炉示意图[126]

1-炉盖；2-隔热层；3-压头；4-垫片；5-粉末；6-模具体；7-发热体；8-模具座

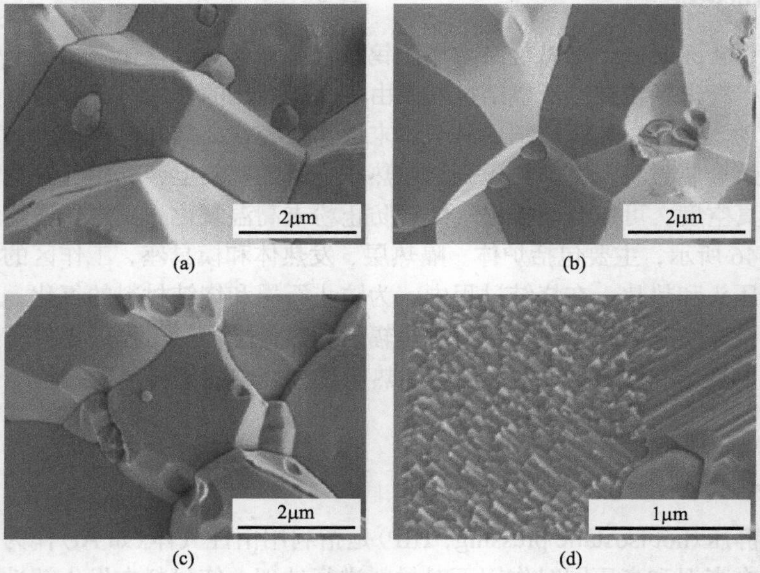

图 1-47　采用不同热压工艺烧结钨样品的 SEM 图[126]

(a) 4.5GPa，1000℃；(b) 4.5GPa，1300℃；(c) 5.5GPa，1300℃；(d) 5.5GPa，1400℃

作用于待处理工件上。工作区密闭腔体内的传热方式主要以自然对流、辐射换热及流体固体之间的热传导为主。加热过程主要以气体自然对流传热和流体与固体之间的热传导为主，高温阶段则以辐射传热为主。发热体负责提供热等静压工作时所需的热量，加热方式通常为电阻式，根据设备型号及使用温度的不同采用不同的电阻材料，如 Ni-Al 丝、Fe-Cr-Al 丝、Mo 丝、W-Re 丝、石墨等材料等都可作为加热元件。当工作温度小于 1450℃时，一般选用 Mo 丝及石墨作为发热体材料；当工作温度温在 1600～2200℃及以上时，可用石墨或者碳/碳复合材料作为发热体材料。为保证热等静压设备工作区腔体内温度的均匀性，一般将发热体采用插入式安装方式分布于工作区的底部和侧部，实现快速升温和均匀加热。图 1-49 为中国钢研自主研发的 HIPEX1250 热等静压设备[129]。

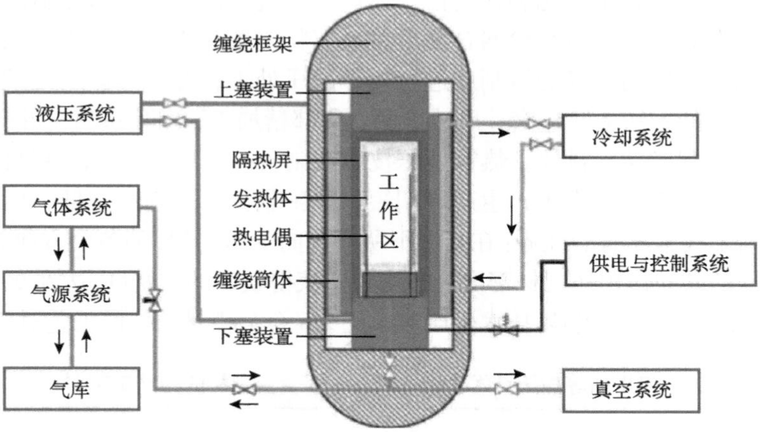

图 1-48　热等静压设备结构示意图[129]

图 1-49　HIPEX1250 热等静压设备[129]

热等静压技术是获得高品质靶材的关键制备手段。热等静压法生产难熔金属靶材的制作过程是，将填装金属粉末的包套或预先成形的坯体放入热等静压机工作腔体中，在高温高压惰性气体的作用下成形和致密。热等静压过程中，包套和坯体在高温环境中承受各个方向的均匀压力，加热温度通常为金属粉末的 0.5～

$0.8T_m$(金属熔点)，压力为100～300MPa，热等静压时间为2～6h，最终得到致密度大于99%的成品靶材。

热等静压致密化原理是，包套内的金属粉末在高温下发生软化，在高压作用下包套受到挤压使软化的金属粉末致密并发生塑性变形和界面扩散，最终得到高致密体。热等静压法生产高品质难熔金属靶材的主要步骤包括：粉末预备；根据目标靶材成分进行粉末配比和在惰性气体保护下进行混粉；成形靶材形状及尺寸设计制作包套和型芯，包套检漏合格后将金属粉末填充进包套，真空除气后封焊包套；根据制定好的热等静压制度进行热等静压处理；经热等静压处理后，采用机加工或酸蚀的方法去除包套；尺寸检测，局部精加工；净化室清洗并干燥处理；真空包装，得到成品靶材件。热等静压技术在制备高品质W、Mo靶材方面优势非常明显，不仅工艺流程短、生产周期短、加工量少、原料成本低，而且还具有常规粉末冶金技术没有的优势：在高温下所有方向受压均匀，使各个方向变形均匀，高温和高压的共同作用使靶材密度分布均匀，获得较高的致密度(达到99%以上)。表1-22为目前应用热等静压技术生产Mo及Mo合金靶材的生产工艺对比。

表1-22　应用热等静压技术生产Mo及Mo合金靶材的生产工艺对比[129]

专利名称	申请人	生产工艺
一种高密度、大尺寸、高均匀性钼钛合金靶材的制备方法	安泰科技股份有限公司	温度750～900℃，压力120～160MPa，保温保压4～6h
Mo合金溅射靶材的制造方法以及Mo合金溅射靶材	日立金属株式会社	温度1000℃，压力148MPa，保温保压5h
一种高致密度钼铌合金溅射靶材的制备工艺	洛阳高新四丰电子材料有限公司	温度1000～1600℃，压力100～300MPa，保温保压2～6h
一种低氧钼铌合金靶材的生产方法	山东格美钨钼材料股份有限公司	温度1300～1500C，压力大于100MPa，保温保压3～6h
钼铌靶材制作工艺	爱发科电子材料(苏州)有限公司	温度1000～1500℃，压力130～180MPa，保温保压2.5～6h
一种钼铌合金溅射靶材的制备方法	金堆城钼业股份有限公司	温度1000～2000℃，压力120～150MPa，保温保压1～5h
热等静压生产平板显示器用钼合金溅射靶材的方法	基迈克材料科技(苏州)有限公司	温度1200℃，压力200～300MPa，保温保压1～5h
一种轧制加工高纯度、高致密度钼合金靶材的方法	安泰科技股份有限公司	温度700～1500℃，压力100～200MPa，保温保压2～6h
高纯度、高致密度、大尺寸钼合金靶材的制备	安泰科技股份有限公司	温度700～1500℃，压力100～200MPa，保温保压2～6h
一种钼合金管靶的生产方法	苏州晶纯新材料有限公司	温度1000～1200℃，压力100～200MPa，保温保压1～3h
钼钛溅射板及靶材的制备方法	Mark E. Gaydos、Prabhat Kumar、Steve Miller等	温度1040℃，压力103MPa，保温保压4h

5. 高温无压烧结

影响难熔金属烧结的工艺因素包括加热方式、温度控制、气氛控制等。不同难熔金属制品由于原料成分、粒径等物化指标，以及烧结坯性能要求的不同，对烧结工艺和设备的选择有所不同。钨钼制品烧结必须在氢气(H_2)、真空或惰性气氛中进行，以避免严重的氧化和烧损，常见加热方式有中频感应加热、电阻加热两种。因此，烧结设备主要分为中频感应加热或电阻加热氢气气氛烧结炉、中频感应加热或电阻加热真空烧结炉，以及真空与氢气气氛、真空或氢气气氛与惰性气氛(如 Ar/N_2)可置换的多功能烧结炉。

中频感应加热是由中频机组将电能转化为交变磁场，交变磁力线切割处于坩埚或炉体中的物料产生感应电动势，进而使粉末坯件内部产生涡流，在涡流作用下，利用焦耳原理使材料发热进而达到高温烧结的目的。工业中常用的中频频率为 2500Hz，中频炉烧结钼及钼合金时通常在 2000℃，最高可达 2300℃。电阻炉将电能转化为热能，通过辐射、对流和传导方式将热量传给钼制品，从而达到高温烧结的目的。电阻炉工作温度通常在 2000～2600℃。电阻炉依靠钨坩埚、钼隔热屏等发热和保温，温度场相对稳定均匀，是较为理想的烧结方式，但电阻炉功率大、升温速率慢且降温缓慢，能量消耗非常大，特别是真空状态时烧结周期及降温周期更长，能耗巨大。

相比电阻炉，中频炉电能转化率高，且由于炉体结构中耐火材料少，升、降温速率快，在真空条件下中频炉加热和降温的效率优势更大，因而非常有利于节能降耗。在中频炉烧结钼制品时，存在着炉体不同位置温度场不均匀和板状、棒状及异形件不同位置产品性能有差异的缺点，这与中频炉烧结时控温不精确、加热坩埚辐射不均匀、产品形状不规整导致产生的感应电动势强弱不同有密切关系。中频炉通常采用热电偶和红外线测温、PID 控温，热电偶是间接性测温，热电偶加红外测温在 1500℃以上需要人工调节对焦，这种测温及控温方式使中频炉温度控制精度低，导致炉内温度场不均匀。中频炉烧结时可将待烧结坯体放置在线圈中间，通过中频感应形成感应电流直接加热烧结坯体，使待加热坯体表面产生感应涡流，形成集肤效应。集肤效应会导致坯体表面的感应电流强度向中心降低，因此坯体表面孔隙首先消失，形成致密层而妨碍坯体内部的杂质排出、孔隙弥合和整体致密化。采用在中频感应线圈和坯体之间放置已经烧结致密的可发热钨或钼坩埚的间接式加热，可弱化集肤效应。为进一步提高中频生产效率，通过中频烧结快速冷却技术能够降低烧结工艺周期。目前，国内钼及钼合金烧结设备与国外先进设备尚存在一些差距，工装设备及控制手段的差异导致烧结坯体的性能差异。在国内，尽管中频炉存在着温度场不均匀导致烧结钼及钼合金制品性能不均匀的问题，但由于其生产成本低、生产效率高、生产大型化产品时设备易于制作等诸多原因，大多钼生产企业仍主要采用中频炉烧结钼制品。金堆城钼业公司拥有一台装料坩埚规格达到ϕ1650mm×2500mm 的氢气气氛中频烧结炉（图 1-50），是国内目前最大的钼烧结设备。国际上，钼及钼合金主流烧结设备为电阻炉，其设备的电气化控制、温度场控制系统较先进。金堆城钼业公司从国外引进了两台ϕ600mm×1200mm 高温电阻烧结炉（图 1-51），该炉有真空和氢气两用系统，在接近 2000℃烧结时真空度可达到 0.02～0.008Pa，为制备高品质钼合金烧结坯体提供了设备保障。

图 1-50　氢气气氛中频烧结炉（ϕ1650mm×2500mm）[130]

图 1-51　高温电阻烧结炉（ϕ600mm×1200mm）[130]

1.4.2　形变加工制品制备工艺

难熔金属形变是提高难熔金属及合金综合机械性能的有效手段，难熔金属经过形变加工后会拥有优异的力学和结构性能[131]。常见的形变加工工艺有轧制[132-139]、旋锻[140-143]和挤压[144-146]等，下面是一些具体的介绍。

1. 轧制

轧制是钨、钼等难熔金属常见的一种塑性加工工艺，通过轧制加工的制品有热轧板、冷轧板、带材和箔材。钨、钼等难熔金属及对应合金板坯的轧制过程包括开坯轧制、热轧、温轧、冷轧、中间退火、表面清理等工序[147]。轧制是难熔金属制品生产中使用最为广泛的生产工艺，由于难熔金属熔点高、硬度高等特点，需要定制加工设备。轧制过程中，随开坯轧制的开始，轧件在轧制力作用下发生塑性变形，产生加工硬化。在后续的热轧、温轧中，通常一次加热伴随多道次轧制，使得加工产生的硬化和回复再结晶的软化两相反过程同时存在，即发生动态回复和动态再结晶。而变形中断或终止后的退火、保温过程，以及随后的冷却中也将发生静态回复和静态再结晶[148]。

影响轧制工艺的主要因素有轧制温度、中间退火温度、轧制变形量、轧制方式和轧制速度。

1）轧制温度

由于钨、钼及其合金具有高熔点、高的变形抗力，以及粉末冶金板坯多孔的等轴晶粒结构，易导致低温脆断，所以其轧制开坯温度必须加热到很高的温度。通常开坯轧制温度应接近或超过再结晶温度。轧制温度的提高有利于提高成材率，特别是随厚度的减小，成材率明显提高。低温轧制时，板的变形抗力大，易造成内部微裂纹的产生，后续轧制容易导致板材的开裂，但也有研究表明，低温热轧开坯时，因合金元素的作用，随形变的进行沿晶界析出细小的第二相颗粒，且弥散度好，使组织细而均匀，提高了合金的工艺性能。

随轧制的进行，轧件厚度变薄，变形量增大，板材储存能增加，再结晶驱动力大，从而使轧件的再结晶温度降低。所以开坯轧制后的热轧、温轧及冷轧的加热温度随变形程度的增加逐次降低。这有利于保持加工态织构，使轧件只发生回复而避免再结晶组织的形成，保证产品的质量和性能[149-151]。

2）轧制变形量

烧结板坯组织疏松，多为微观孔洞。开坯轧制的总变形量要大，以保证组织颗粒相对流动，压实疏松组织，焊合微观孔洞，消除内部缺陷，增大板材的致密度，实现烧结态向加工态转变。开坯轧制总变形量小，轧制力不能深透板材内部，易引起板坯表层和中部变形不均匀，在后续加工中出现头部张嘴开裂、分层、边裂等缺陷，且成品表面会出现毛刺、起皮现象，致使板材的成品率低[26,152,153]。

轧制变形量的大小对轧件质量和力学性能产生很大影响。开坯轧制过程中，板坯的致密度和硬度随着变形量的增大而增大；热轧、温轧和冷轧过程中，大的变形量使板材的加工硬化作用明显，如果不及时退火处理将导致板材的开裂。各道次变形量不应过大，在分配上遵守由大到小的原则，热轧变形量一般在 20%～30%。而温轧总变形量的提高会降低塑性，因轧制温度较低，变形抗力大并有一定的加工硬化作用，其道次变形量控制在 10%～20%。在冷轧时，加工硬化现象严重，道次变形量控制在 10%以内，变形量大将诱导板坯内部微裂纹的萌生，后道次轧制使板材断裂。

3）中间退火

轧制过程中，随变形程度的增大和变形温度的降低，加工硬化现象明显，退火处理可以有效消除这一现象，从而使材料的塑性变形能力增强。这是因为退火使回复组织的保留可以显著提高产品的抗拉强度、伸长率等力学性能，有利于后续轧制及深加工的进行。轧制生产中应根据不同合金的特点合理制定退火工艺。

4）轧制方式

轧制方式影响产品的质量和性能。单向轧制易产生严重的各向异性，交叉轧制则降低各向异性，使各轧制方向上的力学性能趋于一致。交叉轧制换向点的选择对轧制后各向异性的大小有很大影响，但目前来说还没有定量的确定方法，依据塑性变形理论，换向前后的变形量尽量一致才能保证前后组织均匀，各向异性降至最低。具体到生产中，换向点的选择很大程度上也局限于设备上的限制，不完全按照理论来进行[136,154]。

5）轧制速度

轧制速度是轧机的机列速度，为提高生产率和保证所要求的终轧温度，一般采用高速轧制。但轧制速度过快将导致轧件被咬入轧辊困难、轧制过程力能负荷增加、影响宽展等不良现象；轧制速度过慢，将导致轧件温度降低和轧辊热膨胀增大等不良现象。开坯轧制时，为改善咬入条件，以低速轧制为好，在中间轧制阶段，随轧件变薄可提高轧制速度[132,137]。

图 1-52 所示是 64mm×530mm×660mm 的钨板烧坯，以及轧制后的尺寸为

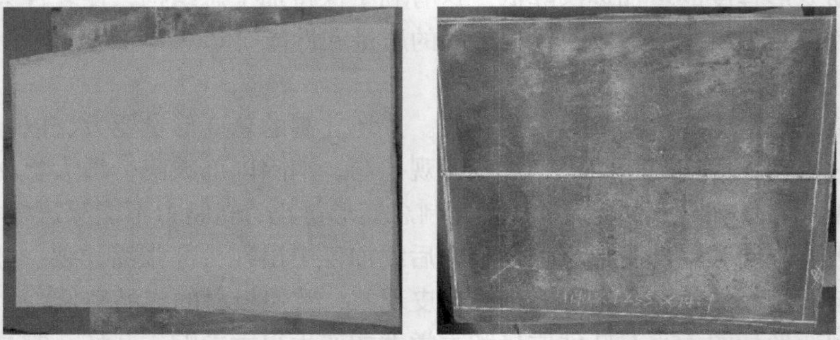

64mm×530mm×660mm钨板烧坯　　14.1mm×1200mm×1290mm钨板轧坯

图 1-52　大尺寸钨板坯[155]

14.1mm×1200mm×1290mm 的钨板轧坯，总变形量 78%。各轧制工艺参数并非孤立存在，其影响作用都是交互的。在实际的轧制生产中，工艺参数的设定要综合每一个影响因素，针对不同的生产要求，具体合理地制定工艺。

2. 旋锻

旋转模锻是粉末烧结坯料常用的一种变形加工方式，简称为旋锻。旋锻是利用旋锻模围绕坯料进行旋转锻打，使坯料受压缩而沿模具轴向延伸。旋锻时模具除可绕坯料旋转和对坯料作短冲程、高频率锤击外，还可做“开启”与“闭合”动作。图 1-53 为旋锻示意图。坯料直接从模具入口端送进，直至锻出所需的锻件长度为止。

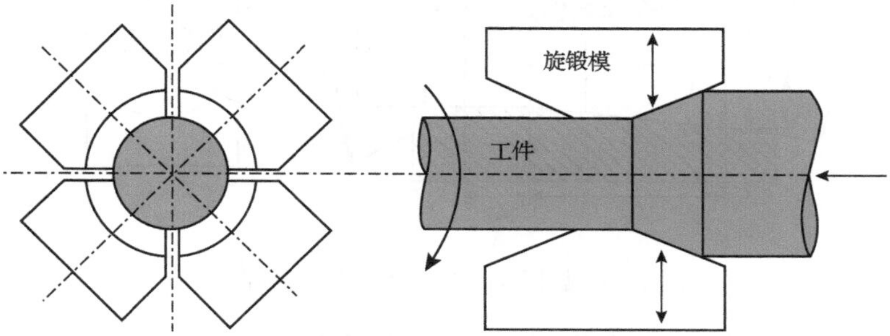

图 1-53 旋锻示意图[156]

旋锻工艺最早在 1946 年由澳大利亚学者提出。自从 20 世纪 60 年代第一台旋锻机出现于澳大利亚以来，旋锻工艺被许多国家广泛应用于各种产品的径向锻造成形。如图 1-54 所示，旋锻工艺采用 2～4 块旋锻模在围绕难熔金属坯条进行高速旋转的同时，对坯条进行径向高速脉冲式锻打，使坯条断面发生收缩变形，同时长度方向得到伸长。旋锻工艺可使材料获得一定精度的变形强化，但是这种强化并不均匀，且在旋锻过程中还会增加难熔金属的位错密度，进而导致应变硬化。在旋锻坯条轴截面上，边缘部分的形变强化效应大于中心部位，即边缘部位的屈

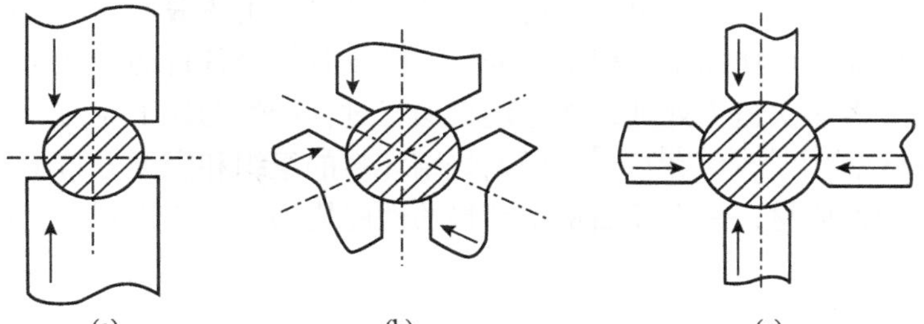

(a) (b) (c)

图 1-54 旋锻模组合方式示意图[156]

(a) 两半模；(b) 三半模；(c) 四半模

服强度、抗拉强度高于芯部区域，但芯部材料的伸长率和断面收缩率则高于边缘部位。粉末冶金法制备的难熔金属中由于具有一定的孔隙，使其强度和韧性大大降低，采用粉末热锻可以大幅度地提高难熔金属的密度，从而使难熔金属获得优异力学性能。

如图 1-55 所示，在旋锻过程中，由于旋锻模与坯条表面之间的摩擦作用，会使坯条表面与芯部的应力状态和变形程度存在一定差异，即表面材料受到的剪切应力高于芯部材料，因而表面金属的变形程度和残余应力均高于芯部材料，进而使表面和芯部材料微观组织产生差异，影响微观组织的均匀分布。

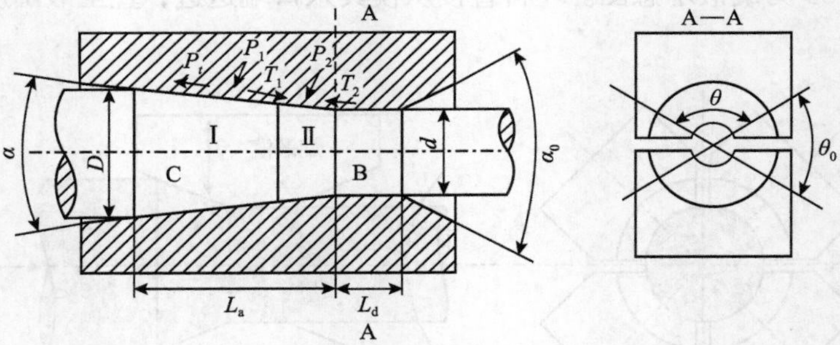

图 1-55　旋锻模具结构及受力示意图[156]

虽然旋锻加工较轧制加工有很多缺点，但旋锻加工具有设备造价低、操作灵活、工艺调节和控制方便等优点，难熔金属棒材和坯料多采用旋锻的方式加工。通过锻造能消除烧结坯料的内部孔隙，优化微观组织结构，从而获得更好的综合性能[140,145,146]。锻造成品可以是棒材、饼材及异型材坯料，随后进行轧制或机加工处理得到最终产品。旋锻是棒材常用的加工方式，利用沿坯料圆周对称分布的一对或多个锤头绕中心旋转，同时以高的频率将制件锻压成形。它们的作用原理是，以超过材料抗压强度的压力作用在制件上，消除加工坯料内部的气孔、空洞等缺陷，破碎粗大的晶粒，改变材料的组织结构。影响旋锻产品性能的因素有开坯温度、退火温度、原始坯料组织性能[131,140,141,143,146,157]。

对于钨、钼及其合金，由于其材料特性，基本采用热锻加工。为进一步保证金属的加工性能，可在加工过程中依据钨、钼及其合金各自的特性对加工坯料选择进行一次或者多次退火处理，消除坯料加工过程产生的加工应力，减少加工缺陷，提高成材率[131,140,141,143,146,157]。原始烧结坯料的组织和密度分布不均匀性会遗传给旋锻以后的棒材，只有原始烧结坯料的性能均匀，才能得到组织性能均匀的旋锻棒材。

3. 挤压

挤压变形主要包括静液挤压和热挤压。静液挤压（分为冷静液挤压和热静液挤压)在难变形材料的塑性加工过程中作用很大，并能改变原料尺寸，改善显微组织和合金强韧性。静液挤压时合金位于高压液体中，三向受力，内部缺陷不断愈合，从而达到形变强化的目的。热挤压是在冷挤压基础上发展起来的，区别在于热挤压在较小挤压力下即可获得更大的变形量，组织均匀性更好，且有利于延长模具的使用寿命[135]。

热挤压是钼管材常用的生产工艺。管材热挤压是一种将加热后的管坯放入挤压筒内，然后在挤压载荷的作用下通过挤压模孔成形为管材的工艺方法。工业上常用的管材挤压方法如图 1-56 所示。挤压力是挤压工艺中重要设定参数，影响挤压力的因素包括：挤压温度、被挤压材料的高温变形抗力、挤压比、挤压速度、坯料和挤压工模具之间的摩擦力、挤压模前锥角、挤压坯的长度和直径、挤压成品的形状、挤压方法等。

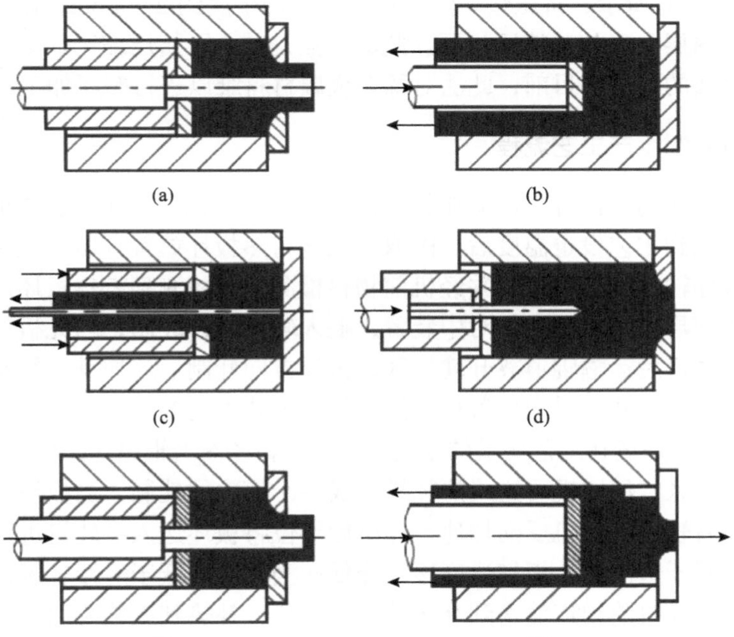

(a)　(b)　(c)　(d)　(e)　(f)

图 1-56　管材挤压方法的示意图[145]

(a) 正挤压；(b) (c) 反挤压；(d) (e) 联合挤压；(f) 脱皮挤压

按照挤压轴运动方向与金属流动方向的关系可分为正挤压、反挤压、联合挤压和脱皮挤压四种方法。图 1-56 所示为管材挤压的各种方法。

1) 正挤压

图 1-56(a) 为用空心坯料正挤压的管材，挤压轴的运动方向与金属流动的方向保持一致。由于坯料与挤压筒壁之间有较大的摩擦力，所以需要的挤压力较大。

但此法的特点是工模具简单、操作方便。

2) 反挤压

图 1-56(b)和(c)为管材反挤压，其中图 1-56(b)采用的是实心挤压头和实心坯料，而图 1-56(c)则采用空心挤压头和空心坯料。从图中可以看出，挤压轴运动的方向与金属流动的方向相反。此法的特点是由于挤压时外摩擦力相对较小，所以所需挤压力要小于正挤压力，且成品率高，适合大直径管材的生产，但生产效率较低。

3) 联合挤压

图 1-56(d)和(e)所示为管材联合挤压：堵住模孔进行穿孔，如图 1-56(d)所示；打开模孔进行正向挤压，如图 1-56(e)所示。此法的特点是穿孔时残料损失较小，但对稀有金属的挤压目前尚难实现。

4) 脱皮挤压

如图 1-56(f)所示，挤压垫切除了坯料外层的金属约 2～3mm，这样就实现了脱皮过程，内层金属与正挤压相同。此法特点是减小了挤压缩尾缺陷，并可以降低对坯料表面的要求。目前，此法对稀有金属材料难以进行挤压加工。

1.4.3　板材轧制生产工艺流程

目前企业的钨钼板材全自动轧制流程如下：如图 1-57 所示，烧结板坯经天然气加热炉加热到工艺设定温度后，由取板机构将热板坯放置到出炉辊道，机前运输辊道将板坯输送到轧机区，并经机前物料检测装置检测到有热板坯进入机前位置，再经机前导位和机前导位对中装置，喂入轧机进行轧制，当此板材经轧机过头轧制后，经机后运输辊道离开轧机区，再反方向轧制。这样反复轧制，直至命中目标厚度。轧制几个道次后若板坯温度低于工艺设定温度，可将板坯输送到补热炉进行加热，补热到工艺要求的温度后，再出炉经输出辊道送至轧区往复轧制。运输到主轧机区，经四辊可逆式热轧机完成一个道次的轧制，当板坯尾部离开主轧机后，机后辊道电动机反向加速，经机后导位将板坯送入主轧机进行第二道次轧制，轧制若干道次后，板坯温度逐渐降低，当其温度低于后续轧制道次工艺设定要求温度，经机前辊道输送到补热炉进行补热，补热到工艺要求的温度后，再出炉经输出辊道送至主轧机进行往复轧制，直至达到工艺要求的厚度。

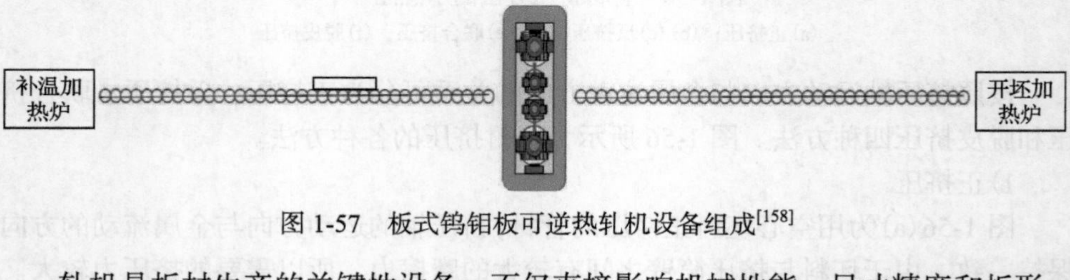

图 1-57　板式钨钼板可逆热轧机设备组成[158]

轧机是板材生产的关键性设备，不仅直接影响机械性能、尺寸精度和板形，也影响生产成本和效率，因此选择正确且合理的轧机对轧制出高质量的板材有着至关重要的作用。

四辊轧机由两个直径较小的工作辊和两个直径较大的支撑辊所组成，上下工作辊由两台直流或交流变频电机可逆传动。图 1-58 为四辊轧机示意图。四辊轧机的刚度大、轧制规格范围广、产品厚度精度高，在产品质量及产量等方面均占有明显优势。四辊可逆式主轧机是难熔金属热轧主要的生产设备。

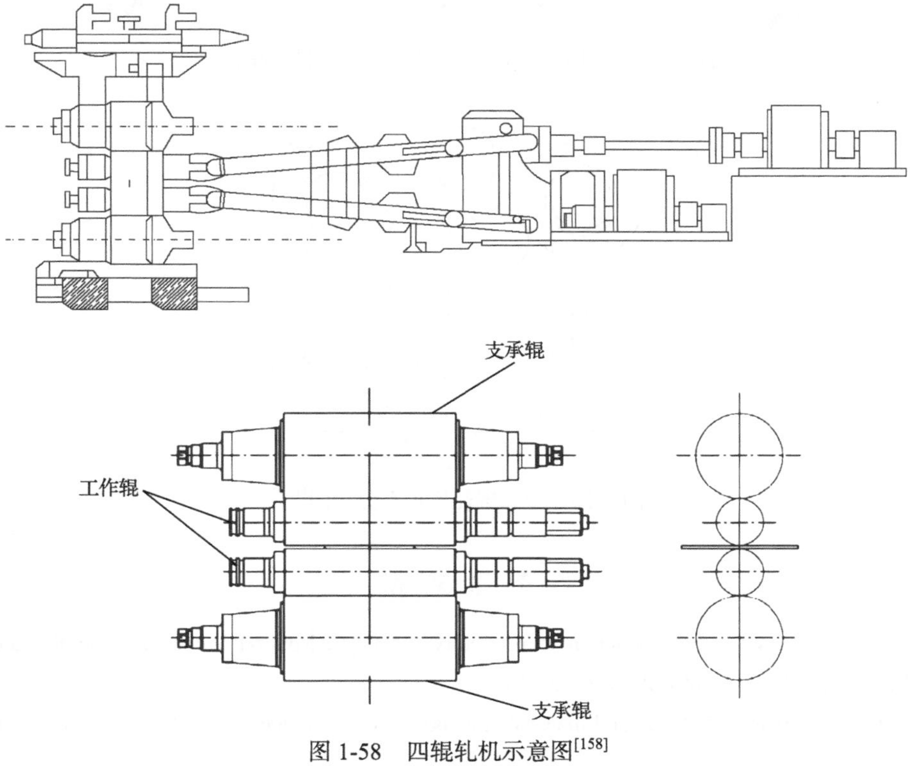

图 1-58　四辊轧机示意图[158]

四辊、六辊轧机直径较大，轧制时轧辊本身产生的弹性压偏值可能比所要轧制的带材厚度还大，因此难以轧制出较薄或者极薄厚度的板材。与四辊、六辊轧机相比，二十辊冷轧机更适合轧制类似于不锈钢等难变形、高强度的金属带材，并且二十辊冷轧机辊数多，具有多种板形调整机构。图 1-59 所示是二十辊冷轧机轧制的位置控制示意图。

十二辊轧机的辊系按 3-2-1 分布，呈现上下对称的布局，上下部分别有三个支承辊，如图 1-60 所示。这种类型的轧机是一种兼有四辊、六辊和二十辊轧机优点的小型轧机，可以很好地控制带材的形状，轧出的板带材精度很高，而且节能效果显著。

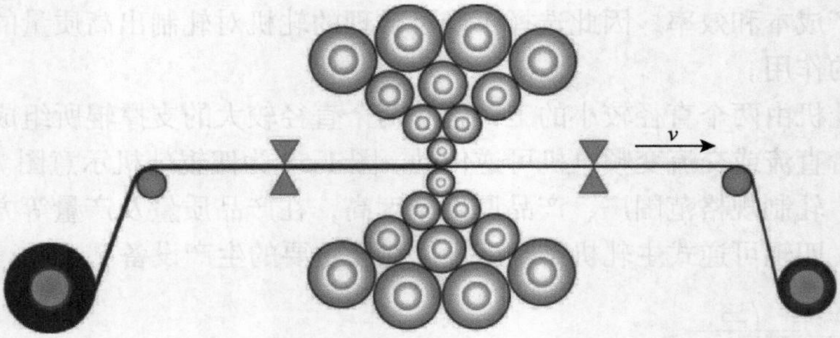

图 1-59　二十辊冷轧机轧制的位置控制示意图[159]

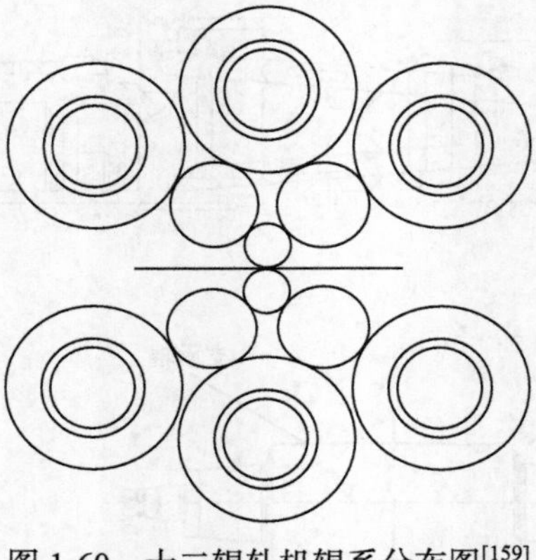

图 1-60　十二辊轧机辊系分布图[159]

参 考 文 献

[1] Habashi F. Historical introduction to refractory metals[J]. Mineral Processing and Extractive Metallurgy Review, 2001, 22(1-3): 25-53.

[2] Zinkle S J, Busby J T. Structural materials for fission & fusion energy[J]. Materials Today, 2009, 12(11): 12-19.

[3] Muroga T. Refractory metals as core materials for generation IV nuclear reactors//Structural Materials for Generation IV Nuclear Reactors[M]. Amsterdam: Elsevier, 2017: 415-440.

[4] 王发展，唐丽霞，冯鹏发，等. 钨材料及其加工[M]. 北京：冶金工业出版社, 2008.

[5] 付洁，李中奎，郑欣，等. 钨及钨合金的研发和应用现状[J]. 稀有金属快报, 2005, 7: 11-15.

[6] Lassner E, Schubert W D. Tungsten: Properties, Chemistry, Technology of the Element, Alloys and Chemical Compounds[M]. New York: Kluwer Academic and Plenum Publishers, 1999.

[7] 徐克玷. 钼的材料科学与工程[M]. 北京：冶金工业出版社, 2014.

[8] Gupta C K. Extractive Metallurgy of Molybdenum[M]. London: Routledge, 2017.

[9] 王发展，李大成，孙院军，等. 钼材料及其加工[M]. 北京：冶金工业出版社, 2008.

[10] 殷为宏，汤惠萍. 难熔金属材料与工程应用[M]. 北京：冶金工业出版社, 2012.

[11] 余永宁. 材料科学基础[M]. 北京：高等教育出版社, 2012.

[12] Butler B G, Paramore J D, Ligda J P, et al. Mechanisms of deformation and ductility in tungsten—A review[J]. International Journal of Refractory Metals and Hard Materials, 2018, 75: 248-261.

[13] Han W, Lu Y, Zhang Y. Mechanism of ductile-to-brittle transition in body-centered-cubic metals: A brief review[J]. Acta Metallurgica Sinica, 2023, 59(3): 335-348.

[14] Yalcinkaya T, Brekelmans W A M, Geers M G D. BCC single crystal plasticity modeling and its experimental identification[J]. Modelling and Simulation in Materials Science and Engineering, 2008, 16(8): 1-16.

[15] Vítek V, Kroupa F. Dislocation theory of slip geometry and temperature dependence of flow stress in B.C.C. metals[J]. Physica Status Solidi B, 1966, 18(2): 703-713.

[16] Vítek V, Perrin R C, Bowen D K. The core structure of ½(111) screw dislocations in b.c.c. crystals[J]. Philosophical Magazine, 1970, 21(173): 1049-1073.

[17] Christian J W, Mahajan S. Deformation twinning[J]. Progress in Materials Science, 1995, 39: 1-157.

[18] Mahajan S. Nucleation and growth of deformation twins in Mo-35 at. % Re alloy[J]. Philosophical Magazine, 1972, 26(1): 161-171.

[19] Huang J C, Gray G T. Microband formation in shock-loaded and quasi-statically deformed metals[J]. Acta Metallurgica, 1989, 37(12): 3335-3347.

[20] Zhang R F, Wang J, Beyerlein I J, et al. Twinning in bcc metals under shock loading: A challenge to empirical potentials[J]. Philosophical Magazine Letters, 2011, 91(12): 731-740.

[21] Cottrell A H. Theory of brittle fracture in steel and similar metals[J]. Transactions of the Metallurgical Society, 1958, 212:192.

[22] Fang F, Zhou Y Y, Yang W. In-situ SEM study of temperature dependent tensile behavior of wrought molybdenum[J]. International Journal of Refractory Metals and Hard Materials, 2013, 41: 35-40.

[23] Vitek V. Core structure of screw dislocations in body-centred cubic metals: Relation to symmetry and interatomic bonding[J]. Philosophical Magazine, 2004, 84(3-5): 415-428.

[24] Tarleton E, Roberts S G. Dislocation dynamic modelling of the brittle-ductile transition in tungsten[J]. Philosophical Magazine, 2009, 89(31):1-6.

[25] Lu Y, Zhang Y H, Ma E, et al. Relative mobility of screw versus edge dislocations controls the ductile-to-brittle transition in metals[J]. Proceedings of the National Academy of Sciences of the United States of America, 2021, 118(37): 1-6.

[26] Reiser J, Hoffmann J, Jäntsch U, et al. Ductilisation of tungsten(W): On the shift of the brittle-to-ductile transition(BDT) to lower temperatures through cold rolling[J]. International

Journal of Refractory Metals and Hard Materials, 2016, 54: 351-369.

[27] Bonnekoh C, Jäntsch U, Hoffmann J, et al. The brittle-to-ductile transition in cold rolled tungsten plates: Impact of crystallographic texture, grain size and dislocation density on the transition temperature[J]. International Journal of Refractory Metals and Hard Materials, 2019, 78: 146-163.

[28] Oude Vrielink M A, van Dommelen J A W, Geers M G D. Numerical investigation of the brittle-to-ductile transition temperature of rolled high-purity tungsten[J]. Mechanics of Materials, 2020, 145: 103394.

[29] Cockeram B V. Measuring the fracture toughness of molybdenum-0.5 pct titanium-0.1 pct zirconium and oxide dispersion-strengthened molybdenum alloys using standard and subsized bend specimens[J]. Metallurgical and Materials Transactions A, 2002, 33（12）: 3685-3707.

[30] Cockeram B V. The mechanical properties and fracture mechanisms of wrought low carbon arc cast（LCAC）, molybdenum-0.5pct titanium-0.1pct zirconium（TZM）, and oxide dispersion strengthened（ODS）molybdenum flat products[J]. Materials Science and Engineering A, 2006, 418（1-2）: 120-136.

[31] Cockeram B V. The fracture toughness and toughening mechanisms of wrought low carbon arc cast, oxide dispersion strengthened, and molybdenum-0.5 pct titanium-0.1 pct zirconium molybdenum plate stock[J]. Metallurgical and Materials Transactions A, 2005, 36（7）: 1777-1791.

[32] Cockeram B V. The fracture toughness and toughening mechanism of commercially available unalloyed molybdenum and oxide dispersion strengthened molybdenum with an equiaxed, large grain structure[C]//Metallurgical and Materials Transactions A: Physical Metallurgy and Materials Science, DOI：10.1007/s11661-009-9919-9.

[33] Hiraoka Y, Kurishita H, Narui M, et al. Fracture and ductile-to-brittle transition characteristics of molybdenum by impact and static bend tests[J]. Materials Transactions, JIM, 1995, 36（4）: 504-510.

[34] Ignatov D V, Kantor M M, Klypin B A, et al. Hot brittleness of molybdenum alloys[J]. Metal Science and Heat Treatment, 1970, 12（1）: 59-62.

[35] Few W E, Manning G K. Solubility of carbon and oxygen in molybdenum[J]. JOM, 1952, 4（3）: 271-274.

[36] Cheng G M, Jian W W, Xu W Z, et al. Grain size effect on deformation mechanisms of nanocrystalline bcc metals[J]. Materials Research Letters, 2013, 1（1）: 26-31.

[37] Agnew S R, Leonhardt T. The low-temperature mechanical behavior of molybdenum-rhenium[J]. JOM, 2003, 55（10）: 25-29.

[38] Elliott R P, Hansen M, Anderko K. Constitution of binary alloys, first supplement[J]. Journal of

the Less Common Metals, 1966, 10(5): 371-372.

[39] Cahn R W. Binary alloy phase diagrams-second edition[J]. Advanced Materials, 1991, 3(12): 628-629.

[40] Klopp W D. A review of chromium, molybdenum, and tungsten alloys[J]. Journal of the Less-Common Metals, 1975, 42: 261-278.

[41] Miyazawa T, Matsui K, Hasegawa A. Effects of microstructural anisotropy and helium implantation on tensile properties of powder-metallurgy processed tungsten plates[J]. Nuclear Materials and Energy, 2022, 30: 101122.

[42] 张林海, 王承阳, 董帝, 等. 变形量对锻造钨棒组织及力学性能的影响[J]. 中国钨业, 2021, 36(3): 49-54.

[43] Jing K, Liu R, Xie Z M, et al. Excellent high-temperature strength and ductility of the ZrC nanoparticles dispersed molybdenum[J]. Acta Materialia, 2022, 227: 117725.

[44] Liu G, Zhang G J, Jiang F, et al. Nanostructured high-strength molybdenum alloys with unprecedented tensile ductility[J]. Nature Materials, 2013, 12(4): 344-350.

[45] Cockeram B V, Hollenbeck J L, Snead L L. The change in tensile properties of wrought LCAC molybdenum irradiated with neutrons[J]. Journal of Nuclear Materials, 2004, 324(2-3): 77-89.

[46] Byun T S, Li M, Cockeram B V, Snead L L. Deformation and fracture properties in neutron irradiated pure Mo and Mo alloys[J]. Journal of Nuclear Materials, 2008, 376(2): 240-246.

[47] Jeffery R A, Smith E. Work-hardening and ductility of rhenium and their relation to the behaviours of other metals having a hexagonal structure[J]. Nature, 1960, 187(4731): 52-53.

[48] Sims C T, Craighead C M, Jaffee R I. Physical and mechanical properties of rhenium[J]. Journal of the Minerals Metals and Materials Society, 1955, 7(1): 168-179.

[49] Bryskin B D. Evaluation of properties and special features for high-temperature applications of rhenium[J]. AIP Conference Proceedings, 1992, 246: 278-291.

[50] Wei Z C, Zhang L, Li X Y, et al. Effect of grain size on deformation behavior of pure rhenium[J]. Materials Science and Engineering A, 2022, 829: 142170.

[51] Jiang L, Radmilović V R, Sabisch J E C, et al. Twin nucleation from a single $\langle c+a \rangle$ dislocation in hexagonal close-packed crystals[J]. Acta Materialia, 2021, 202: 35-41.

[52] Koike J, Sato Y, Ando D. Origin of the anomalous $\{10\bar{1}2\}$ twinning during tensile deformation of mg alloy sheet[J]. Materials Transactions, 2008, 49(12): 2792-2800.

[53] Jeffery R A, Smith E. Deformation twinning in rhenium single crystals[J]. Philosophical Magazine, 1966, 13(126): 1163-1168.

[54] Sabisch J E C, Minor A M. Characterization of dislocation plasticity in rhenium using in-situ TEM deformation[J]. Microscopy and Microanalysis, 2017, 23(S1): 766-767.

[55] Sabisch J E C, Minor A M. Microstructural evolution of rhenium Part II: Tension[J]. Materials

Science and Engineering A, 2018, 732: 259-272.

[56] Sabisch J E C, Minor A M. Microstructural evolution of rhenium Part I: Compression[J]. Materials Science and Engineering A, 2018, 732: 251-258.

[57] Wang Y, Yu Q, Jiang Y. An experimental study of anisotropic fracture behavior of rolled AZ31B magnesium alloy under monotonic tension[J]. Materials Science and Engineering A, 2022, 831: 142193.

[58] Dixit N, Xie K Y, Hemker K J, et al. Microstructural evolution of pure magnesium under high strain rate loading[J]. Acta Materialia, 2015, 87: 56-67.

[59] Zhou B, Yang R, Wang B, et al. Twinning behavior of pure titanium during rolling at room and cryogenic temperatures[J]. Materials Science and Engineering A, 2021, 803: 140458.

[60] Kacher J, Sabisch J E, Minor A M. Statistical analysis of twin/grain boundary interactions in pure rhenium[J]. Acta Materialia, 2019, 173: 44-51.

[61] Cepeda-Jiménez C M, Molina-Aldareguia J M, Pérez-Prado M T. Effect of grain size on slip activity in pure magnesium polycrystals[J]. Acta Materialia, 2015, 84: 443-456.

[62] Zheng R, Du J P, Gao S, et al. Transition of dominant deformation mode in bulk polycrystalline pure Mg by ultra-grain refinement down to sub-micrometer[J]. Acta Materialia, 2020, 198: 35-46.

[63] Della Ventura N M, Schweizer P, Sharma A, et al. Micromechanical response of pure magnesium at different strain rate and temperature conditions: Twin to slip and slip to twin transitions[J]. Acta Materialia, 2023, 243: 118528.

[64] Luster J, Morris M A. Compatibility of deformation in two-phase Ti-Al alloys: Dependence on microstructure and orientation relationships[J]. Metallurgical and Materials Transactions A, 1995, 26(7): 1745-1756.

[65] Carlen J C, Bryskin B D. Rhenium-A unique rare metal[J]. Materials and Manufacturing Processes, 1994, 9(6): 1087-1104.

[66] Carlen J C, Bryskin B D. Cold-forming mechanisms and work-hardening rate for Rhenium[J]. International Journal of Refractory Metals and Hard Materials, 1992, 11(6): 343-349.

[67] Larikov L, Belyakova M, Rafalovski V. Structural and density changes of rhenium single crystals upon rolling and annealing[J]. Crystal Research and Technology, 1991, 26(2): 239-244.

[68] Koeppel B J, Subhash G. Influence of cold rolling and strain rate on plastic response of powder metallurgy and chemical vapor deposition rhenium[J]. Metallurgical and Materials Transactions A, 1999, 30: 2641-2648.

[69] 火箭发动机钨合金喉衬. Https://wenda.so.com/q/1608786287217846[EB]. 2023-08-18.

[70] 郑欣，白润，王东辉，等. 航天航空用难熔金属材料的研究进展[J]. 稀有金属材料与工程, 2011, 40(10): 1871-1875.

[71] Park D Y, Oh Y J, Kwon Y S, et al. Development of non-eroding rocket nozzle throat for ultra-high temperature environment[J]. International Journal of Refractory Metals and Hard Materials, 2014, 42: 205-214.

[72] 廖彬彬, 魏修宇. 钨钼材料在蓝宝石单晶炉中的应用[J]. 硬质合金, 2018, 35(2): 134-141.

[73] 锻造型钨坩埚-厦门中钨在线科技有限公司. Http://www.ctia.com.cn[EB]. 2023-08-18.

[74] 钨隔热屏-安泰科技科技股份有限公司. Http://www.atm-tungsten.com/product.php?tid=214[EB]. 2023-08-18.

[75] 钨发热体-安泰科技科技股份有限公司. Http://www.atm-tungsten.com/product.php?tid=213[EB]. 2023-08-18.

[76] Pitts R A, Bardin S, Bazylev B, et al. Physics conclusions in support of ITER W divertor monoblock shaping[J]. Nuclear Materials and Energy, 2017, 12: 60-74.

[77] Brooks J N, El-Guebaly L, Hassanein A, et al. Plasma-facing material alternatives to tungsten[J]. Nuclear Fusion, 2015, 55(4): 43002.

[78] Sha J J, Hao X N, Li J, et al. Fabrication and microstructure of CNTs activated sintered W-Nb alloys[J]. Journal of Alloys and Compounds, 2014, 587: 290-295.

[79] El-Guebaly L, Kurtz R, Rieth M, et al. W-based alloys for advanced divertor designs: Options and environmental impact of state-of-the-art alloys[J]. Fusion Science and Technology, 2011, 60(1): 185-189.

[80] 钨钛溅射靶-Plansee. Https://www.plansee.com/zh/[EB]. 2023-08-18.

[81] Harimon M A, Miyashita Y, Otsuka Y, et al. High temperature fatigue characteristics of P/M and hot-forged W-Re and TZM for X-ray target of CT scanner[J]. Materials and Design, 2018, 137: 335-344.

[82] 钨铼合金靶材-高科新材料科技有限公司. Http://www.tjgkxc.com/article_cat.php?id =45&element=W-%E9%92%A8[EB]. 2023-08-18.

[83] Sinha V P, Prasad G J, Hegde P V, et al. Development, preparation and characterization of uranium molybdenum alloys for dispersion fuel application[J]. Journal of Alloys and Compounds, 2009, 473(1-2): 238-244.

[84] 王敬生. TZM 合金板、棒材的研制和应用[J]. 中国钼业, 2007, 31(2): 2-5.

[85] 钼坩埚-安泰科技科技股份有限公司. Http://www.atm-tungsten.com/product.php?tid=233[EB]. 2023-08-18.

[86] 高真空炉钼合金隔热屏-洛阳希格玛高温电炉有限公司. Http://www.skdianlu.com/dianlu/1494.html[EB]. 2023-08-18.

[87] Molybdenum Hot Zones-H.C.Starck. Https://www.hcstarcksolutions.com/products/overview/hot-zones/[EB]. 2023-08-18.

[88] Furnace Boats-H.C.Starck. Https://www.hcstarcksolutions.com/products/overview/furnace-boats/

[EB]. 2023-08-18.

[89] Busby J T, Leonard K J, Zinkle S J. Radiation-damage in molybdenum-rhenium alloys for space reactor applications[J]. Journal of Nuclear Materials, 2007, 366(3): 388-406.

[90] 柏小丹，曾毅，孙院军. 钼及钼合金在核领域应用研究现状与展望[J]. 中国钼业, 2021, 45(6): 12-22.

[91] 方有维，刘林，俞世吉，等. 金属钼、铪栅极材料电子发射问题研究[J]. 真空, 2022, 59(6): 60-64.

[92] 谭强. 铼及铼合金在高技术工业中的应用[J]. 稀有金属与硬质合金, 1992(110): 48-51.

[93] Kong J H, Baek C, Yun J H, et al. Enhanced thermal stability of W-25Re/Ti/carbon-carbon composites via gradient diffusion-bonding[J]. Journal of Alloys and Compounds, 2022: 924.

[94] Ivanov E Y, Suryanarayana C, Bryskin B D. Synthesis of a nanocrystalline W-25 wt.% Re alloy by mechanical alloying[J]. Materials Science and Engineering A, 1998, 251(1-2): 255-261.

[95] 刘世友. 铼的应用现状与展望[J]. 稀有金属与硬质合金, 2000(140): 57-59.

[96] 何浩然，刘奇，薄新维，等. 测温用钼保护管工艺研究进展[J]. 工业计量, 2018, S1: 1-5.

[97] 张家润，刘智勇，刘志宏，等. 高纯铼及其化合物的制备与应用研究进展[J]. 粉末冶金材料科学与工程, 2020, 25(4): 273-279.

[98] 李来平，刘燕，曹亮，等. 铼技术研究进展[J]. 中国钼业, 2020, 44(4): 1-6.

[99] 程挺宇，熊宁，彭楷元，等. 铼及铼合金的应用现状及制造技术[J]. 稀有金属材料与工程, 2009, 38(2): 373-376.

[100] 范光亮，王政伟. 垂熔烧结掺杂钨条轴向密度均匀性改善工艺研究[J]. 稀有金属与硬质合金, 2021, 49(3): 6-9.

[101] 韩强，王新刚. 钨钼坯块垂熔烧结过程质量控制[J]. 中国钼业, 2002, 26(2): 36-38.

[102] Hayden H W, Brophy J H. The activated sintering of tungsten with group VIII elements[J]. Journal of the Electrochemical Society, 1963, 110(7): 805.

[103] German R M. Microstructure of the gravitationally settled region in a liquid-phase sintered dilute tungsten heavy alloy[J]. Metallurgical and Materials Transactions A, 1995, 26(2): 279-288.

[104] Lee S M, Kang S J L. Theoretical analysis of liquid-phase sintering: Pore filling theory[J]. Acta Materialia, 1998, 46(9): 3191-3202.

[105] Hwang N M, Park Y J, Kim D Y, et al. Activated sintering of nickel-doped tungsten: Approach by grain boundary structural transition[J]. Scripta Materialia, 2000, 42(5): 421-425.

[106] Gupta V K, Yoon D H, Meyer H M, et al. Thin intergranular films and solid-state activated sintering in nickel-doped tungsten[J]. Acta Materialia, 2007, 55(9): 3131-3142.

[107] German R M, Munir Z A. Enhanced low-temperature sintering of tungsten[J]. Metallurgical Transactions A, 1976, 7(12): 1873-1877.

[108] Wang R, Xie Z M, Wang Y K, et al. Fabrication and characterization of nanocrystalline ODS-W via a dissolution-precipitation process[J]. International Journal of Refractory Metals and Hard Materials, 2019, 80: 104-113.

[109] Cho K C, Woodman R H, Klotz B R, et al. Plasma pressure compaction of tungsten powders[J]. Materials and Manufacturing Processes, 2004, 19(4): 619-630.

[110] Liu R, Zhou Y, Hao T, et al. Microwave synthesis and properties of fine-grained oxides dispersion strengthened tungsten[J]. Journal of Nuclear Materials, 2012, 424(1-3): 171-175.

[111] Kurishita H, Amano Y, Kobayashi S N, et al. Development of ultra-fine grained W-TiC and their mechanical properties for fusion applications[J]. Journal of Nuclear Materials, 2007, 367: 1453-1457.

[112] Liu R, Xie Z M, Hao T, et al. Fabricating high performance tungsten alloys through zirconium micro-alloying and nano-sized yttria dispersion strengthening[J]. Journal of Nuclear Materials, 2014, 451(1-3): 35-39.

[113] Dong Z, Ma Z, Liu Y. Accelerated sintering of high-performance oxide dispersion strengthened alloy at low temperature[J]. Acta Materialia, 2021, 220: 117309.

[114] Kim Y, Lee K H, Kim E P, et al. Fabrication of high temperature oxides dispersion strengthened tungsten composites by spark plasma sintering process[J]. International Journal of Refractory Metals and Hard Materials, 2009, 27(5): 842-846.

[115] Yoo S H, Sudarshan T S, Sethuram K, et al. Dynamic compression behaviour of tungsten powders consolidated by plasma pressure compaction[J]. Powder Metallurgy, 1999, 42(2): 181-182.

[116] Staab T, Krause-Rehberg R, Vetter B, et al. The influence of microstructure on the sintering process in crystalline metal powders investigated by positron lifetime spectroscopy: II. Tungsten powders with different powder-particle sizes[J]. Journal of Physics: Condensed Matter, 1999, 11(7): 1787-1806.

[117] Park M, Schuh C A. Accelerated sintering in phase-separating nanostructured alloys[J]. Nature Communications, 2015, 6(1): 6858.

[118] Yar M A, Wahlberg S, Bergqvist H, et al. Spark plasma sintering of tungsten-yttrium oxide composites from chemically synthesized nanopowders and microstructural characterization[J]. Journal of Nuclear Materials, 2011, 412(2): 227-232.

[119] Chen Z, Yang J, Zhang L, et al. Effect of La_2O_3 content on the densification, microstructure and mechanical property of W-La_2O_3 alloy via pressureless sintering[J]. Materials Characterization, 2021, 175: 111092.

[120] Hu W, Dong Z, Ma Z, et al. W-Y_2O_3 composite nanopowders prepared by hydrothermal synthesis method: Co-deposition mechanism and low temperature sintering characteristics[J].

Journal of Alloys and Compounds, 2020, 821: 153461.
[121] Wang X, Fang Z Z, Koopman M. The relationship between the green density and as-sintered density of nano-tungsten compacts[J]. International Journal of Refractory Metals and Hard Materials, 2015, 53: 134-138.
[122] Zhou Z, Tan J, Qu D, et al. Basic characterization of oxide dispersion strengthened fine-grained tungsten based materials fabricated by mechanical alloying and spark plasma sintering[J]. Journal of Nuclear Materials, 2012, 431(1-3): 202-205.
[123] Chookajorn T, Murdoch H A, Schuh C A. Design of stable nanocrystalline alloys[J]. Science, 2012, 337(6097): 951-954.
[124] Chookajorn T, Schuh C A. Nanoscale segregation behavior and high-temperature stability of nanocrystalline W-20at.% Ti[J]. Acta Materialia, 2014, 73: 128-138.
[125] Park M, Chookajorn T, Schuh C A. Nano-phase separation sintering in nanostructure-stable vs. bulk-stable alloys[J]. Acta Materialia, 2018, 145: 123-133.
[126] Liu P, Peng F, Liu F, et al. High-pressure preparation of bulk tungsten material with near-full densification and high fracture toughness[J]. International Journal of Refractory Metals and Hard Materials, 2014, 42: 47-50.
[127] Monge M A, Auger M A, Leguey T, et al. Characterization of novel W alloys produced by HIP[J]. Journal of Nuclear Materials, 2009, 386-388: 613-617.
[128] Calvo A, García-Rosales C, Koch F, et al Manufacturing and testing of self-passivating tungsten alloys of different composition[J]. Nuclear Materials and Energy, 2016, 9: 422-429.
[129] 吕周晋，车立达，吴战芳，等. 热等静压技术在高品质难熔金属靶材制备中的应用[J]. 粉末冶金工业, 2022, 32(6): 100-107.
[130] 赵虎. 钼及钼合金烧结技术研究及发展[J]. 粉末冶金技术, 2019, 37(5): 382-391.
[131] 赵慕岳，范景莲，刘涛，等. 中国钨加工业的现状与发展趋势[J]. 中国钨业，2010，25(2): 26-30.
[132] 祁美贵. 掺杂钨板坯轧制工艺的研究[J]. 福建冶金, 2018, 2: 31-33.
[133] 党晓明，安耿，李晶，等. 钼铌合金靶材轧制工艺研究[J]. 热加工工艺，2019，48(11): 117-123.
[134] 武志敏. 钼条生产及深加工工艺浅探[J]. 中国钼业, 2001, 25(4): 40-43.
[135] 王军. 高性能钨合金制备技术研究现状[J]. 有色金属材料与工程, 2019, 40(4): 53-60.
[136] 王广达，刘国辉，熊宁. 轧制方式对钼的力学性能的影响[J]. 粉末冶金工业，2021，31(3): 81-84.
[137] 杨晓维，李高林，王飞，等. 大规格钨板轧制工艺研究[J]. 装备制造技术, 2014, 10: 69-70.
[138] 杨明杰，魏忠梅. 钨板材加工的进展[J]. 中国钨业, 1999, 14(5): 195-197.
[139] 殷为宏，刘建章. 钨板加工技术的现状与发展[J]. 中国钨业, 2004, 19(5): 44-47.

[140] 张振兴. 钼的锻造技术[J]. 中国钨业, 1989, 3: 46.
[141] 李英雷, 冯宏伟, 胡时胜, 等. 大变形锻造钨合金动态力学性能研究[J]. 兵工学报, 2003, 24(3): 378-380.
[142] 杨震, 王炳正, 宋道春, 等. 径向锻造设备与工艺综述[J]. 锻压装备与制造技术, 2018, 53(6): 27-30.
[143] 傅崇伟, 黄江波, 魏修宇. 纯钨棒材锻造和退火工艺研究[J]. 硬质合金, 2015, 32(2): 83-94.
[144] 张清, 张军良, 李中奎, 等. 熔炼钼合金的挤压加工[J]. 稀有金属, 2006, 30: 121-124.
[145] 谢康德. 难熔金属钨、钼管材的应用及其制备技术研究进展[J]. 硬质合金, 2018, 35(3): 219-224.
[146] 黄愿平, 张晗亮, 向长淑. 难熔金属及合金形变强化[C]//中国有色金属学会第八届学术年会论文集. 北京: 有色金属工业科学发展, 2010: 398-402.
[147] 胡忠武. 难熔金属合金的加工技术及其新应用[J]. 稀有金属快报, 2003, 3: 23-24.
[148] 崔忠圻. 金属学与热处理[M]. 北京: 冶金工业出版社, 1989.
[149] Reiser J, Rieth M, Möslang A, et al. Tungsten foil laminate for structural divertor applications—Tensile test properties of tungsten foil[J]. Journal of Nuclear Materials, 2013, 434(1-3): 357-366.
[150] Bonk S, Reiser J, Hoffmann J, et al. Cold rolled tungsten (W) plates and foils: Evolution of the microstructure[J]. International Journal of Refractory Metals and Hard Materials, 2016, 60: 92-98.
[151] Bonk S, Hoffmann J, Hoffmann A, et al. Cold rolled tungsten (W) plates and foils: Evolution of the tensile properties and their indication towards deformation mechanisms[J]. International Journal of Refractory Metals and Hard Materials, 2018, 70: 124-133.
[152] Reiser J, Wurster S, Hoffmann J, et al. Ductilisation of tungsten (W) through cold-rolling: R-curve behaviour[J]. International Journal of Refractory Metals and Hard Materials, 2016, 58: 22-33.
[153] Bonnekoh C, Hoffmann A, Reiser J. The brittle-to-ductile transition in cold rolled tungsten: On the decrease of the brittle-to-ductile transition by 600 K to−65℃[J]. International Journal of Refractory Metals and Hard Materials, 2018, 71: 181-189.
[154] Zhang X, Yan Q, Lang S, et al. Preparation of pure tungsten via various rolling methods and their influence on macro-texture and mechanical properties[J]. Materials & Design, 2017, 126: 1-11.
[155] 王广达, 熊宁, 钟铭, 等. 大尺寸纯钨板轧制数值模拟[J]. 粉末冶金技术, 2023, 41(4): 315-321.
[156] 罗明. 粉末冶金钼合金热锻的性能和显微组织研究[D]. 长沙: 中南大学, 2009.
[157] 刘彩利, 赵永庆, 田广民, 等. 难熔金属材料先进制备技术[J]. 中国材料进展, 2015,

34(2): 163-169.
[158] 赵志旭. 宽厚板粗轧机主传动控制系统设计[D]. 包头: 内蒙古科技大学, 2010.
[159] 杭建华. 基于 ANSYS 的 20 辊冷轧机轧制特性研究[D]. 西安: 西安理工大学, 2019.

第 2 章　难熔金属粉末的制备及成形技术

高品质难熔金属粉末是制备高性能难熔金属材料或制品的前提条件。为了满足高致密度、填充均匀性、收缩变形控制、晶粒均匀性、高纯净度等要求，对难熔金属粉末的粒径、粒度分布、形貌、粉末分散性、纯度等提出了特殊的要求。氢还原法是制备难熔金属粉末最常用的方法。近年来，还出现了制备球形难熔金属粉体的等离子球化法、超声雾化法，制备纳米/微细粉体的溶液合成法，以及对难熔金属粉体进行改性的气流磨处理技术。在难熔金属的成形方面，不同的成形方法各有特色、相互补充。冷等静压工艺适合大尺寸制品成形，注射成形技术适合复杂制品近终成形，黏结剂喷射成形技术适合定制化难熔金属制品小批量制备。成形坯的质量与烧结坯的性能密切相关。获得高质量成形坯的关键在于提高粉末的堆积密度及组织均匀性。成形坯的质量与坯体中粉末堆积密度、粉末堆积状态、孔隙结构均匀性密切相关，粉末粒径过细、粉末团聚、颗粒形状不规则、流动性差等问题会造成成形过程中的不均匀堆积及较低的坯体密度，导致后续烧结过程中的局部致密化和晶粒非均匀长大，极大限制了烧结体致密度的提高及组织均匀性的提升。

本章主要介绍难熔金属粉末的制备方法、粉末掺杂方法、粉末预处理方法，分析冷等静压、注射成形、间接 3D 打印等方法的成形能力及其适用性。

2.1　难熔金属粉末的制备方法

难熔金属纳米粉末的制备对于多个领域都至关重要，特别是在烧结致密化应用中。纳米级粒子具有更高的比表面积和更均匀的分布，这使得它们在材料烧结过程中表现出卓越的性能。为了制备这些有价值的纳米粉末，采用多种方法，如氢还原法、碳热还原法、熔盐法、机械研磨法和等离子体法等。这些方法各自都有其独特的优势和适用性，可以根据具体需求来选择。

2.1.1　氢还原法

1. 还原原理

钨粉的制备主要使用氢气还原法，还原法的本质是夺取氧化物或盐类中的氧，将其转变为元素或低价氧化物。钨存在多种氧化物，其中比较稳定的有四种：黄色氧化钨（α 相，WO_3）、蓝色氧化钨（β 相，$WO_{2.90}$）、紫色氧化钨（γ 相，$WO_{2.72}$）、

褐色氧化钨(δ 相，WO_2)[1,2]。氢还原三氧化钨的总反应为

$$WO_3 + 3H_2 \rightleftharpoons W + 3H_2O \tag{2-1}$$

由于存在四种比较稳定的钨氧化物，实际还原反应按以下顺序进行：

$$WO_3 + 0.1H_2 \rightleftharpoons WO_{2.9} + 0.1H_2O \tag{2-2a}$$

$$WO_{2.9} + 0.18H_2 \rightleftharpoons WO_{2.72} + 0.18H_2O \tag{2-2b}$$

$$WO_{2.72} + 0.72H_2 \rightleftharpoons WO_2 + 0.72H_2O \tag{2-2c}$$

$$WO_2 + 2H_2 \rightleftharpoons W + 2H_2O \tag{2-2d}$$

图 2-1 为不同条件氧化钨氢还原路径。普遍认为氧化钨氢还原成金属钨粉是一个顺序还原过程，即 $WO_3 \rightarrow WO_{2.9} \rightarrow WO_{2.72} \rightarrow WO_2 \rightarrow W$，但在某些特定的条件下可能会有一些过程被省略[3]。氧化钨还原过程的反应途径不同，其还原反应速率也不同，从而造成还原后钨粉的粒度不同。反应途径较单一时，由于反应速率均匀，制取的钨粉粒度也较均匀；反应途径复杂时，由于不同还原过程的反应速率不同，制取的钨粉均匀性较差。因此，经由途径 $WO_{2.9} \rightarrow WO_2 \rightarrow W$(或 $WO_{2.72} \rightarrow WO_2 \rightarrow W$)得到的钨粉，与经由途径 $WO_{2.9} \rightarrow W$(或 $WO_{2.72} \rightarrow W$)得到的钨粉粒度是不同的。

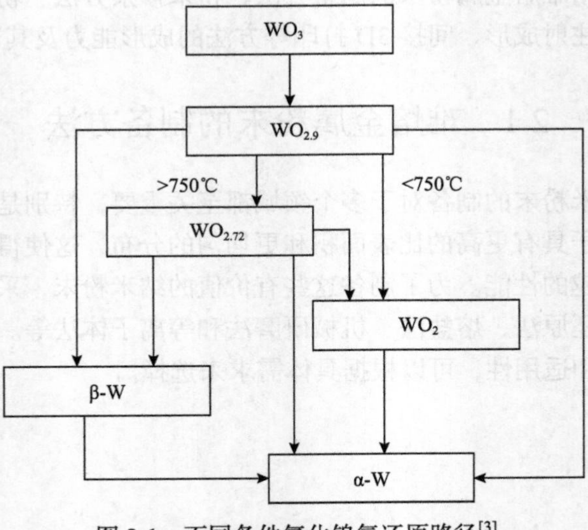

图 2-1　不同条件氧化钨氢还原路径[3]

钼氧化物氢还原法制取钼粉的工艺流程和设备与氧化钨还原法生产钨粉基本相似。采用仲钼酸铵为原料在一定的条件下进行煅烧，还原剂氢气与钼的氧化物

发生还原反应生成钼粉。钼粉还原工艺多数工厂采用两阶段还原法。两阶段还原工艺是由 MoO_3 还原至 MoO_2 和由 MoO_2 还原至金属 Mo 组成。下面是三氧化钼两阶段氢还原的化学反应式：

$$MoO_3 + H_2 \rightleftharpoons MoO_2 + H_2O \tag{2-3}$$

$$MoO_2 + 2H_2 \rightleftharpoons Mo + 2H_2O \tag{2-4}$$

目前工业上生产金属铼粉的主要方法为采用 $KReO_4$ 或 NH_4ReO_4 为原料，利用氢还原法制得粉末再研磨破碎得到合适粒度与分布的铼粉[4]。氢还原反应式分别为

$$2KReO_4 + 7H_2 \rightleftharpoons 2Re+2KOH + 6H_2O \tag{2-5}$$

$$NH_4ReO_4 + 2H_2 \rightleftharpoons Mo + 1/2N_2+4H_2O \tag{2-6}$$

氧化物在还原过程中，粉末粒度通常会发生变化。还原过程中粉末粒度变化的主要理论：①化学气相迁移长大机理。氧化物与水蒸气接触时，会生成一种气态水合氧化物，挥发至气相中与 H_2 发生均相还原反应，还原后以原子形式沉积到未还原的氧化物或已还原的粉末颗粒表面，从而使颗粒长大。这一过程反应速率快，还原产物形态与原料相比会发生显著改变。②固相局部化学反应机理。固态氧化物与 H_2 接触发生气-固反应，随着氧原子的脱除逐渐进行晶格重排。这一过程反应速率慢，并且还原产物形态不发生改变。在还原过程中上述两种机制是同时存在的，机制作用主要取决于温度和气氛中的含水量。要制得纳米粉末，关键是要减少挥发性水合氧化物的生成，抑制化学气相迁移过程的发生。因此，制取纳米粉末的关键是要对还原过程的工艺参数进行控制[5]。

2. 还原工艺参数的影响

1）还原温度和时间的影响

难熔金属氧化物还原的温度和时间影响粉末的粒度和氧含量，当氢气等其他条件不变时，还原的温度高、反应速率加快、反应完全，但会使粉末颗粒粗化；而温度低则会使还原不彻底、氧含量增高、反应速率减慢。还原时间过短，物料还原不彻底或氧含量增高；还原时间过长，反复地进行氧化-还原，粉末颗粒会粗化[6,7]。

钨氧化物在 800～950℃范围内还原，反应速率会显著增加，反应更加完全。然而温度较高时，还原反应会经历产生 WO_2 的中间阶段，WO_2 在高温容易烧结与再结晶，从而导致钨粉变粗。例如，温度从 800℃升高至 950℃，平均粒径从 2～

3μm 增至 5～10μm。相反，还原温度降低至 600～700℃会导致反应速率减慢，可能无法完全还原，使氧含量增加。这将导致氧化物仍然残留在粉末中，影响其纯度，例如，钼氧化物二段还原法通常经一次还原(500～650℃)生成 MoO_2，筛分后经二次还原(850～950℃)生成钼粉。较高的还原温度使其获得微米级的钼粉，需要更低的温度才能获得纳米粉末。例如，降低温度至 650℃可以获得 40～80nm 的钼粉，但是其纯度只有 99.62%[8]。铼氧化物中的氧含量随着还原温度增加可显著下降。例如图 2-2 中，当温度从 800℃增加至 950℃时，铼粉中的氧含量呈线性下降趋势，从 0.16%降低至 0.092%。同时延长还原时间可以降低铼粉中氧含量，但是效果相较于提高温度不显著。因此对于钨粉、钼粉和铼粉来说，还原时间较短会导致还原不完全或氧含量增高，一般情况下，2～4h 的还原时间较为常见。

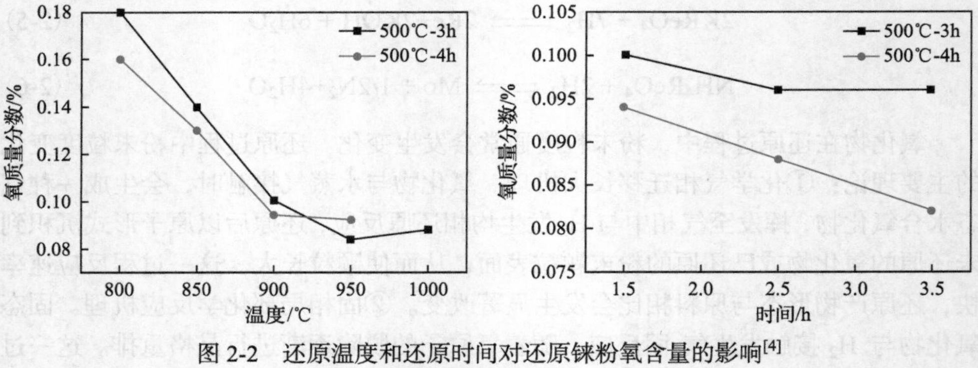

图 2-2　还原温度和还原时间对还原铼粉氧含量的影响[4]

(a) 还原温度；(b) 还原时间

2) 氢气流量和湿度的影响

氧化物的还原过程深受氢气流量和湿度的影响。较小的氢气流量导致反应减缓，因氢气供应不足而无法充分还原氧化物，可能在较低温度下未完全还原，引发不完全反应和氧含量上升。相反，增大氢气流量则有助于提高反应速率和还原完全性。湿度是另一个关键因素，氧化物会与水蒸气形成气态水合氧化物，这种化合物会在还原产物上被氢气还原，从而使颗粒变粗。随着氢气湿度的增大，得到的粉末粒度变粗。氢气流量越小水蒸气越难以带走，气态水合氧化物生成多，细粉就会被再次氧化，使挥发更加严重，导致粉末的粒度增加。氢气流量大时带走水分和热量造成各还原区温度波动，有利于粉末细化。另外，氢气的压力大有利于氢气渗入料层深处促进还原反应的进行。当氢气流量增大至最佳水平时，观察到粉末的平均粒径显著减小，同时粉末的氧含量明显下降。因此在实际生产中，制备超细难熔金属粉末时在保证物料不极大浪费条件下应采用较大的氢气流量。

3) 装舟量的影响

氢气还原氧化物粉末过程，提高装料厚度，可大大提高生产效率，节省生产成本。但随着料层厚度的增加，物料完全还原所需要的时间延长，容易造成还原不充分，影响产品的纯度。而且在还原过程中伴随着水的生成，由于粉末层的多孔性，存在着相当大的扩散阻力，阻碍了水分从料层中排出。装舟量过大不利于产生的水蒸气扩散逸出，氧化物与水蒸气的作用机会增大，致使粉末变粗，即使增大氢气流量，也主要是影响最上层部分的排出速度，而不是内部的排出速度。并且当料层厚度过大时，由于氢气无法透过料层与料层底部的物料发生反应，往往造成还原不充分。因此在实际生产中，条件允许的情况下应适当减少装舟量。

4)其他因素的影响

原料的影响：在还原过程中，只能除去氧化物中的氧，其他杂质如铁、硫、氮等均有不同程度的残余。因此严格控制原料的化学成分是生产高纯难熔金属粉末的保证。

氢气方向：顺氢还原使还原在较干的氢气中进行，有利于粉末的细化；逆氢还原使还原过程的初期氢气的湿度较高，使还原后粉末的粒度变粗。

推舟速度：推舟速度过快，氧化物在低温带还未充分还原就进入高温带，造成粉末粒度及粒度分布增大。

舟皿种类：采用透气舟皿有利于还原时产生的水蒸气的排出，从而细化粉末。

氢还原法制备的三种难熔金属粉末见图 2-3。

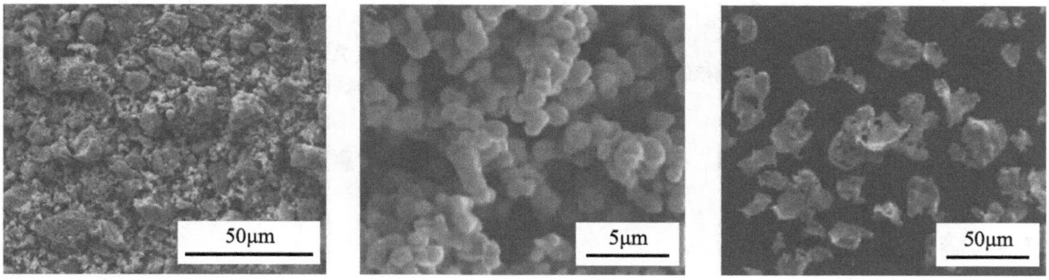

(a)　(b)　(c)

图 2-3　氢还原法制备难熔金属粉末

(a) 钨粉[9]；(b) 钼粉[10]；(c) 铼粉[4]

2.1.2　碳热还原法

除氢还原法外，也可使用碳热还原法制备难熔金属粉末。例如，利用一氧化碳或碳作为还原剂[11]，将 WO_3 与碳的混合物加热至 750℃以上时，产生下列主要反应：

$$CO_2 + C \rightleftharpoons 2CO \tag{2-7}$$

$$WO_3 + 3CO \rightleftharpoons W + 3CO_2 \tag{2-8}$$

反应(2-6)实际上是 CO 还原 WO_3 的总反应，与氢气还原类似，上述还原反应也可能经过中间氧化物阶段[12]：

$$WO_3 + 0.1CO \rightleftharpoons WO_{2.9} + 0.1CO_2 \tag{2-9a}$$

$$WO_{2.9} + 0.18CO \rightleftharpoons WO_{2.72} + 0.18CO_2 \tag{2-9b}$$

$$WO_{2.72} + 0.72CO \rightleftharpoons WO_2 + 0.72CO_2 \tag{2-9c}$$

$$WO_2 + 2CO \rightleftharpoons W + 2CO_2 \tag{2-9d}$$

对于钼粉的合成，与氢还原法相比，碳热还原法的一个关键优势是没有气态水合钼($MoO_2(OH)_2$)生成，因此形成的颗粒不能通过化学气相输运(chemical vapor transport，CVT)机制生长[13]。碳热还原 MoO_3 到 Mo 粉的过程可分为三个步骤：第一步是在 500℃左右时 MoO_3 被还原为 MoO_2；第二步是在 850℃左右时 MoO_2 与 C 继续反应生成 Mo_2C；第三步是在 900～960℃时 MoO_2 与 Mo_2C 反应生成 Mo 粉，具体反应过程如图 2-4 所示[14]。

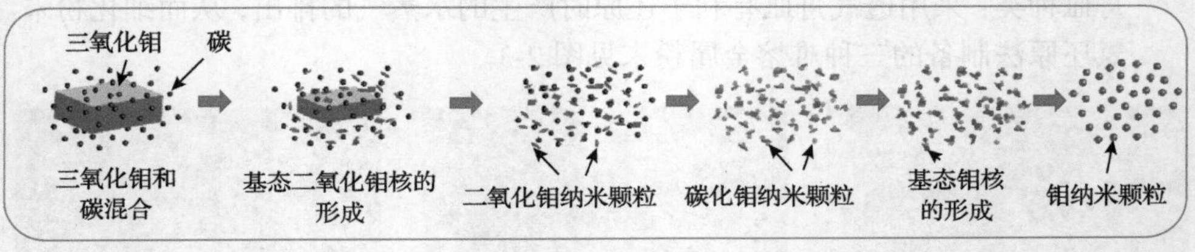

图 2-4　碳热还原 MoO_3 的主要机理示意图[14]

2.1.3　熔盐法

熔盐合成(molten salt synthesis，MSS)方法的原理是温度达到熔点以上时，熔盐的离子性质使原子键不稳定，促进化学反应并降低反应温度。此外，盐的水溶性确保了反应结束时固体溶剂可以被去除，确保了最终产品的回收。Sun 等[15]加入 0.1% NaCl-KCl、0.1% $MgCl_2$-KCl 或 0.1% LiCl 熔盐，在 720～850℃温度用 H_2 成功还原出了纳米钼粉。

2.1.4　等离子体法

等离子体法是利用等离子体所产生的高温和激发状态下高能粒子来进行化学反应，以获得超细粉末的方法。以费氏粒度分别为 40μm、70μm 和 90μm，形状不规则的粉末作为原材料，利用感应等离子技术制备出了高纯致密的球形钼粉。经等离子体球化处理后，钼粉团聚现象消失、表面光滑、球化率高达 100%。球化处理前后钼粉的形貌见图 2-5[16]。钼酸铵也可用等离子体直接还原。钼酸铵送入等离子体设备时，超高温度使得钼酸铵迅速分解并转化为气态 MoO_3。气态 MoO_3 和氢气发生还原反应，快速形成金属 Mo。极快的淬火速度使得新形成的钼核在等离子体火焰中的停留时间很短，无法长成大颗粒，从而形成纳米晶钼粉。同时，所有过程都是在流动气体中通过连续方式在几秒内发生的，使得合成过程很高效，并且可以容易大规模进行而不会受到污染[17]。

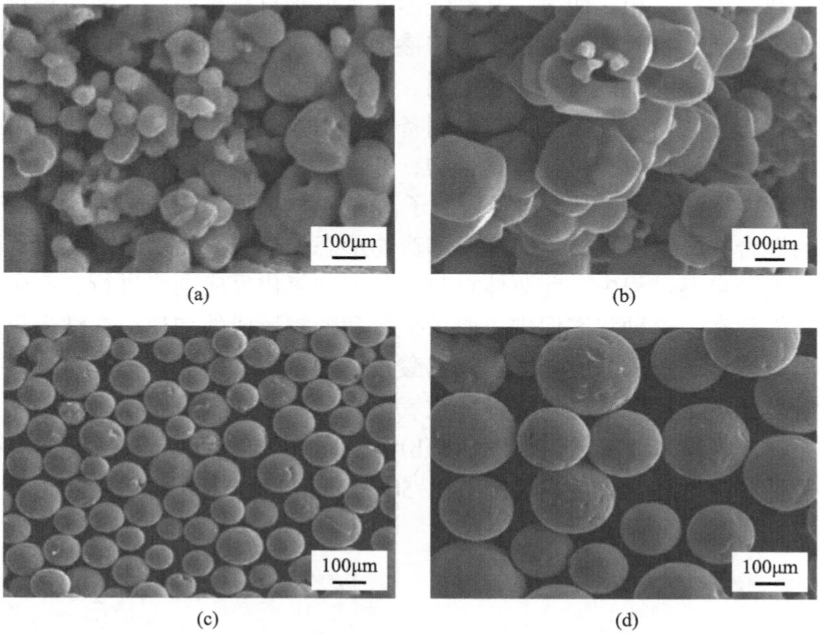

图 2-5　球化处理前后钼粉的形貌[17]

(a)(b)球化前；(c)(d)球化后

2.2　难熔金属粉末掺杂方法

难熔金属在各个领域都发挥着关键作用，但要进一步提升其使用性能，关键在于改进其室温韧塑性、加工成形性、高温力学性能等关键性能。为实现这一目标，掺杂氧化物和碳化物等方法被广泛采用，因为它们被认为是提高难熔金属性能的有效途径。粉末掺杂方法包括溶液燃烧合成法、水热合成法、溶胶-凝胶法、化学共沉淀法、喷雾干燥法、冷冻干燥法、反应喷射沉积法等。这些方法提供了广泛的选择，以根据具体需求和应用来改进材料性能。总体来说，通过掺杂来改进难熔金属的性能，能够更好地满足不同领域对于高性能材料的需求，从而推动科学和技术的不断进步。

2.2.1 溶液燃烧合成法

溶液燃烧合成是一种新型的合成超细/纳米粉体的湿化学方法；该方法是将氧化物第二相的金属硝酸盐与燃料(甘氨酸、尿素、肼等)的混合水溶液持续加热，溶液依次出现浓缩、沸腾和冒烟现象后发生燃烧，同时伴随大量热量和气体的放出，燃烧完成后就得到极为疏松的泡沫状氧化物粉体。由于该方法的合成反应靠自身燃烧热量维持，相比而言，其燃烧温度远低于自蔓延高温，故也被称为低温燃烧合成。其在制备氧化物第二相均匀掺杂的高烧结活性复合粉体方面具有显著的优势，通过调整前驱体材料、还原剂、助燃剂等的成分与比例，实现对反应速率、产物形态等的精准控制。在这一制备过程中，前驱体材料的选择显得至关重要。前驱体为金属盐或有机金属化合物，如偏钨酸铵、钼酸铵、铼酸铵等，它们在反应过程中逐渐分解，释放出金属原子。前驱体与适当的还原剂、助燃剂混合，形成均匀混合物，以实现对反应速率和产物形态的控制。随后，加热过程引发自燃反应。这一自燃过程中，前驱体材料的分解和氧化反应同步进行，产生高温、高压和高能状态。这种状态促进了原子扩散和颗粒形成的加速，在纳米尺度下成功制备出难熔金属粉末。例如，以偏钨酸铵、甘氨酸和硝酸铵为原料，在去离子水中溶解后加热至自燃反应，制得针状氧化物，如图 2-6(a)所示。接着在氢气中进行还原，获得纳米级钨粉，如图 2-6(b)所示[18-20]。以钼酸铵、甘氨酸和硝酸铵为原料通过溶液燃烧合成法成功制备由 50～80nm 的纳米颗粒组成的钼粉，并倾向于团聚，如图 2-7 所示[21]。

(a)　　　　(b)

图 2-6　溶液燃烧合成法制备钨粉的 SEM 图[18-20]

(a)还原前氧化钨；(b)还原后纳米钨粉

2.2.2 水热合成法

水热合成法是一种利用水作为介质，在适当的温度和压力条件下使前驱体材料在水溶液中发生化学反应，从而实现纳米尺度颗粒合成的方法。水热合成法通过调整温度、压力、反应时间和溶液组成，能够实现对产物的形态、尺寸和分布

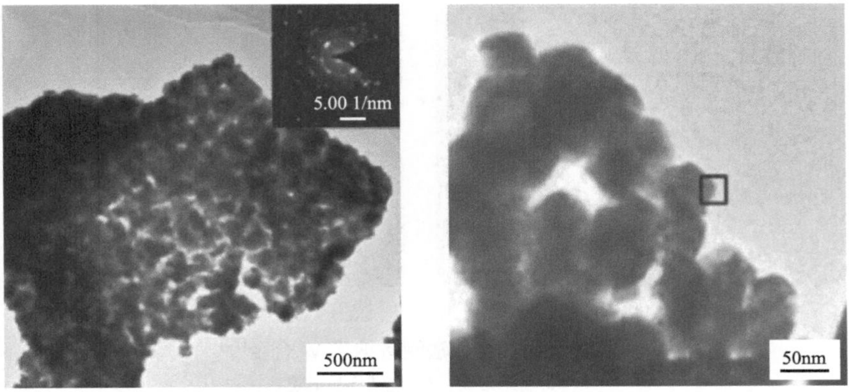

(a)　　(b)

图 2-7　La_2O_3 掺杂钼复合粉体形貌[21]

的控制。在水热合成法的制备过程中，钨酸盐、钨酸或有机钨化合物等可用作前驱体材料。这些材料在水热条件下通过化学反应分解，释放出钨离子，如图 2-8 所示。产物形态和尺寸受到反应温度、压力和时间的影响。在适当的条件下，前驱体材料在水溶液中发生多个步骤的化学过程，包括溶解、氧化和还原，最终生成纳米尺度的钨粉末。例如，以偏钨酸铵、硝酸钇、氨溶液和硝酸为原料，采用碱性水热合成法制备纳米氧化物粉末[22, 23]。随后，经过煅烧和还原处理，得到了纳米级 W-Y_2O_3 合金粉末，如图 2-9 所示。纳米粉末在 1600℃下烧结 4h，实现了致密化，硬度达到了 726HV[24]。此外，结合水热合成和放电等离子烧结(SPS)技术成功制备了 W-Al_2O_3 和 W-ZrO_2 样品[25,26]。

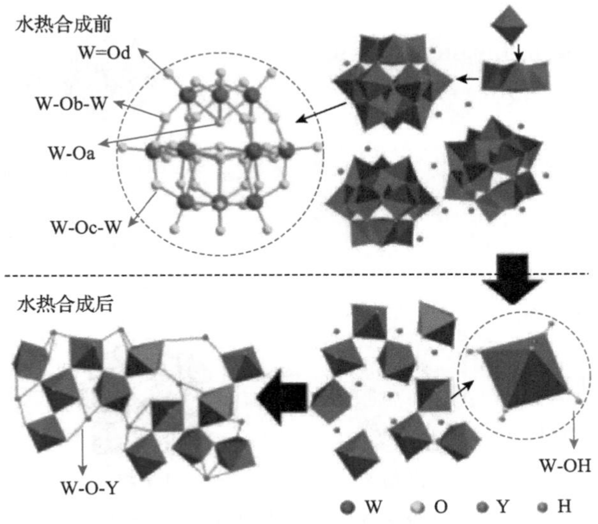

图 2-8　水热合成法的示意图[22]

(a)　　(b)

图 2-9　水热合成法制备纳米 W 合金[22]

(a) 粉末形貌；(b) 烧结样品形貌

2.2.3　溶胶-凝胶法

溶胶-凝胶法是一种通过将适宜的前驱体材料溶解于溶剂中，形成胶体溶液，然后通过控制凝胶过程，实现纳米尺度颗粒的制备的方法。溶胶-凝胶法通过调整溶胶的成分、浓度及凝胶的条件，可以实现对产物的纳米颗粒形态、尺寸和分布的精确控制，从而实现产物的定制化和有助于实现前驱体材料的均匀分散，提高产物的均匀性。图 2-10 是采用溶胶-凝胶法制备氧化物掺杂钨复合粉体示意图[27]。在溶胶-凝胶法的制备过程中，首先选择合适的钨盐或有机钨化合物作为前驱体材料，将其溶解在适宜的溶剂中，从而形成胶体溶液。这一胶体溶液的成分和浓度将直接影响最终产物的性质与形态。随后，在控制凝胶过程中，即使溶胶逐渐失去溶剂，也会形成凝胶网络，将前驱体材料均匀分散其中。在凝胶的过程中，前

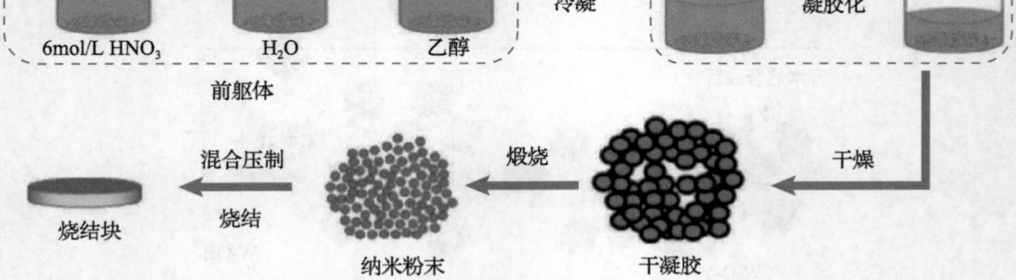

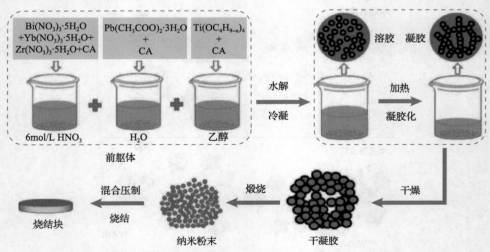

图 2-10　溶胶-凝胶法制备氧化物掺杂钨复合粉体示意图[27]

驱体材料逐渐转化为纳米颗粒，并随着凝胶的完全形成，这些纳米颗粒被牢固地固定在凝胶结构中。最终，凝胶可以通过干燥、热处理等步骤获得纳米钨粉。例如，采用柠檬酸、硝酸钇和仲钨酸铵作为原料，将其溶解在添加聚乙二醇的去离子水中，经过加热搅拌直至凝胶形成。去除水分和有机物后再氢还原处理能够获得了纳米 W-Y_2O_3 粉末[28]，如图 2-11 所示。

图 2-11　溶胶-凝胶合成纳米钨合金粉末 SEM 图[28]

(a) W-La_2O_3；(b) W-Y_2O_3

2.2.4　化学共沉淀法

化学共沉淀法是一种利用化学反应在溶液中实现前驱体材料沉淀，从而制备纳米尺度颗粒的方法。化学共沉淀法通过调整前驱体材料浓度、沉淀剂类型和用量等参数，可以精确控制纳米颗粒的形态、尺寸和分布；通常在相对温和的条件下进行，无需高温高压，因此适用于对材料热敏感性较高的情况。化学共沉淀法在制备过程中，前驱体为可溶性金属盐，这些化合物能够在溶液中发生沉淀反应。首先，将前驱体材料溶解于溶剂中，生成含有金属离子的溶液。随后，逐渐加入适当的沉淀剂，如氢氧化钠或氨水等，来触发沉淀反应。这些沉淀剂与金属离子发生化学反应，导致沉淀物的生成。随着沉淀物的形成，纳米尺度的金属氧化物颗粒逐渐在溶液中生成。例如，采用偏钨酸铵、硝酸钇和聚乙烯吡咯烷酮为原料，通过共沉淀法结合煅烧和两步还原法制备了 W 和 W-Y_2O_3 的纳米粉末[29]，如图 2-12 所示。以相同的方法也可以制备得到备 W-HfO_2 纳米粉末[30]。添加氧化铪有助于促进烧结致密化的效果，成功制备了超细晶结构钨合金，其抗压强度达到了 3GPa。

2.2.5　喷雾干燥法

喷雾干燥法是一种通过将前驱体溶液雾化成微小液滴，然后使溶剂迅速蒸发，从而获得纳米材料的方法。相对于其他复杂的制备方法，喷雾干燥法无需复杂的

(a) (b)

图 2-12　W 和 W-Y_2O_3 纳米材料的形貌图[29]

(a) W；(b) W-Y_2O_3

设备，操作简单，能够在短时间内获得高质量的纳米颗粒。此外，喷雾干燥法通过调整雾化器参数、溶液浓度和喷雾条件等因素，可以实现对纳米颗粒粒径的精确调节，从而获得具有所需性质的纳米材料。图 2-13 为喷雾干燥法合成 W-Y_2O_3 纳米复合材料粉末的示意图，首先配制含有钨前驱体的溶液，通常是将钨盐或有机钨化合物溶解在适宜的溶剂中。随后，通过雾化器将前驱体溶液雾化成微小液滴，微小液滴的大量气液界面促进了溶剂的迅速蒸发。在气液界面的作用下，液滴内的溶剂迅速蒸发，使得固态前驱体逐渐析出。喷雾干燥法的机理主要涉及液滴蒸发过程，通过气液界面的增大，溶剂分子能够快速蒸发，最终使前驱体材料凝聚并形成纳米尺度的钨粉末。例如，采用偏钨酸铵和硝酸作为原料，将其溶解在去离子水中，并使用聚乙二醇作为表面活性剂。通过对混合溶液进行喷雾干燥，随后在氢气气氛中进行煅烧和还原处理，最终获得了纳米级 W-Y_2O_3 粉末[31]。

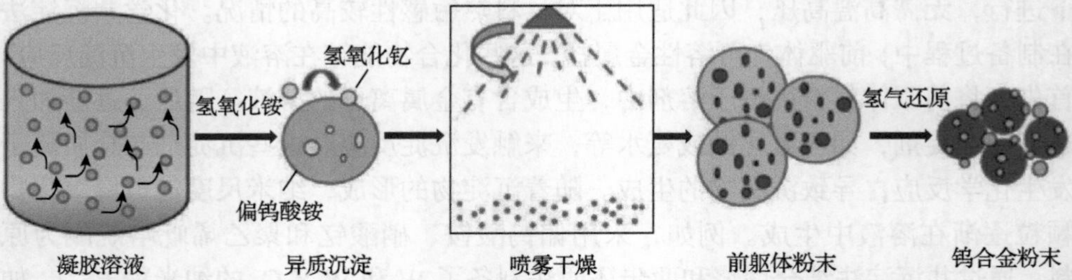

图 2-13　喷雾干燥法合成 W-Y_2O_3 纳米复合材料粉末的示意图[31]

2.2.6　冷冻干燥法

冷冻干燥法通过在低温条件下将溶液中的颗粒冷冻，并通过减压蒸发的方式去除冰晶，以获得纳米尺度颗粒的方法。相较于传统干燥方法，冷冻干燥法能够避免颗粒在高温下发生烧结，从而保持颗粒的原有特性；此外，该方法可以避免颗粒在液态阶段的重排和结晶，有助于获得均匀分布的颗粒。该方法具有保留颗粒结构和性能的特点，同时也克服了传统干燥方法中可能导致颗粒烧结问题的困扰。在制备过程方面，冷冻干燥法涉及多个关键步骤：首先，需要选择适当的前驱体材料，将其溶解在合适的溶剂中，形成含有颗粒的溶液；接下来，通过将溶液在低温环境中迅速冷冻，使颗粒形成冰晶，并在此过程中被固定在其位置上；随后，通过逐渐减压的蒸发过程，冰晶会从固态直接转变为气态，即升华过程。这种机制在低温环境中绕过了液态阶段，从而有助于保留颗粒的结构和性能。例如，以纳米碳化钛、偏钨酸铵、聚乙二醇等为原料，使碳化钛颗粒完全悬浮在偏钨酸铵溶液中。随后，将溶液迅速喷射到液氮中进行快速冷冻，并在冷冻干燥机中进行 24h 的干燥，如图 2-14 所示。通过煅烧和还原可获得纳米 W-TiC 粉末，如图 2-15 所示。随后在 1600℃下烧结 6h，得到了致密度为 98.3%，平均晶粒尺寸为 680nm 的超细晶组织[32]。

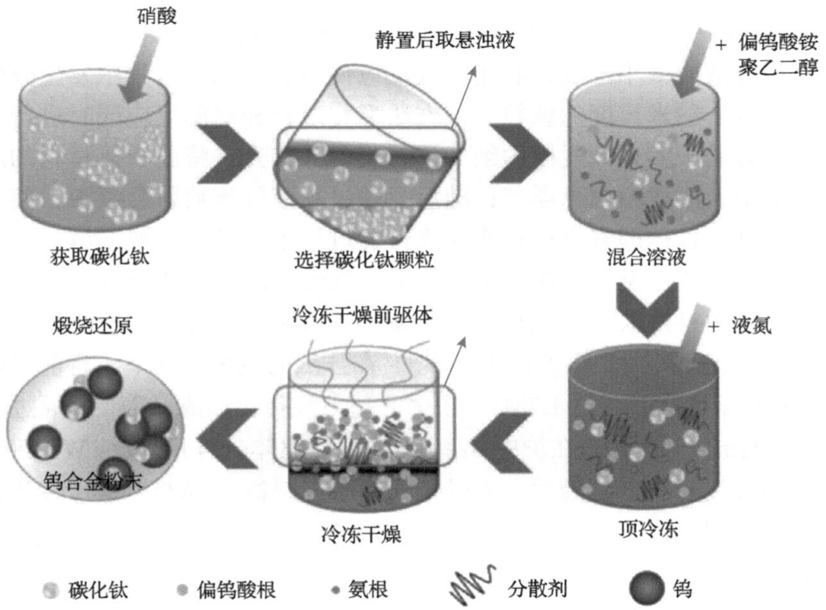

图 2-14　冷冻干燥过程中的碳化钛掺杂示意图[32]

(c)　　(d)

图 2-15　冷冻干燥法制备纳米 W 合金粉末[32]

(a) W；(b) W-0.2%TiC；(c) W-0.5%TiC；(d) W-1%TiC

2.2.7　反应喷射沉积法

反应喷射沉积是一种利用喷雾技术实现纳米材料制备的方法。该方法通过将前驱体材料分散成微小液滴，利用高温反应使液滴在飞行过程中发生分解和氧化，从而制备出纳米尺度的颗粒。该方法雾化过程和高温反应同时进行，制备速度较快，有助于实现大规模的纳米钨粉制备。首先，将前驱体材料的溶解或悬浮于溶剂中，形成粉末悬浮液；随后，通过高速气流喷射悬浮液，使其形成微小液滴，这一过程即雾化；在液滴飞行的过程中，经历高温环境，使前驱体材料发生分解和氧化反应；在高温条件下，气体中的化学物质发生反应，从而产生纳米尺度的钨粉末[33]。例如，采用偏钨酸铵和硝酸钇作为前驱体，合成了 WO_3-Y_2O_3 复合粉末，如图 2-16 所示[34]。在强烈的机械搅拌下，将前驱体溶解于去离子水中。随后，通过 1.7MHz 频率的超声波雾化形成微滴，并通过氮气流将液滴带入管式炉中预热。在炉中，溶剂蒸发和前驱体分解，形成纯 WO_3 和 Y_2O_3，或 WO_3-Y_2O_3 复合粉末。随后，通过氢气还原将制备的 WO_3-Y_2O_3 转化为纳米 W-Y_2O_3 合金粉末。最终，通过 1500℃的 SPS 烧结，样品的致密度达到 93.35%，硬度为 3.43GPa。

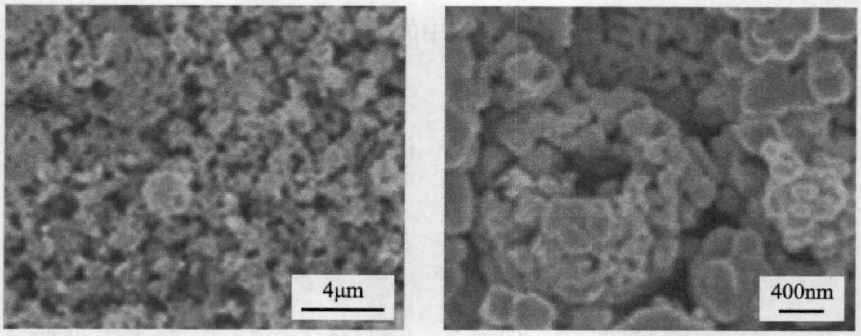

(a)　　(b)

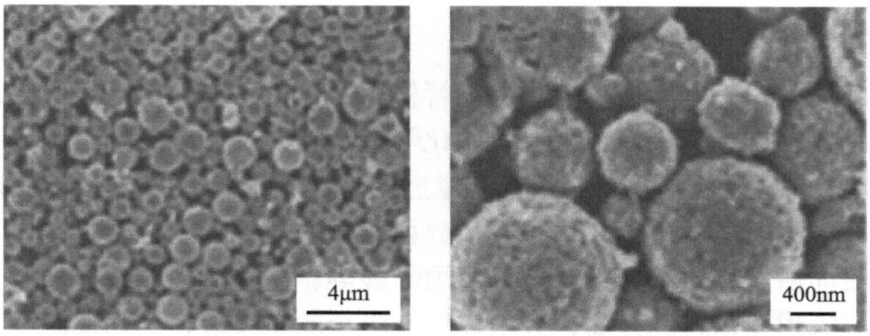

(c)　　(d)

图 2-16　反应喷射沉积法制备 WO_3 和 WO_3-Y_2O_3 粉末经氢气还原后的形貌[34]

(a) (b) 纯 WO_3；(c) (d) WO_3-Y_2O_3

2.3　粉末预处理方法

在以粉体为原料的现代工业中，粉体的颗粒特性对粉体技术、工艺控制和产品质量起着非常重要的作用[35,36]。原料粉末的一些预处理工艺可以进行粉末粒径的选优，减少团聚等作用。随着现代工程技术的发展，要求许多以粉末状态存在的固体物料具有极细的颗粒、严格的粒度分布、规整的颗粒外形和极低的污染程度。随着粉体的细化，一般的超细粉末中常会有一定数量的一次颗粒通过表面张力或固体的键桥作用形成更大的颗粒，即团聚体[37,38]。团聚体内含有相互联结的气孔网络，粉末中团聚体的存在会严重影响超细粉末的成形与烧结[38]。

粉末分散的实质是使颗粒在一定环境下分离散开的过程。粉体分散分级的过程是指将粉体颗粒置于气流、水等流体介质中时，由于不同粒径的颗粒在流体介质中受到的力学作用不同，其运动情况也不同，从而将粉体颗粒分离开来的操作。现有的较为有效的分散分级方法有机械研磨、气流分级和射流分级等[35-45]。通过总结目前文献和工业应用中的金属粉末预处理工艺，可以将金属粉末的分散分级预处理工艺分为化学分散法和物理分散法两种。

2.3.1　化学分散法

化学分散是工业生产广泛应用的一种超细粉体悬浮液体分散方法。通过在超细粉体悬浮液中添加无机电解质、表面活性剂及高分子分散剂使其在粉体表面吸附，改变粉体表面的性质，从而改变粉体与液相介质及颗粒间的相互作用，实现体系的分散。分散剂包括表面活性剂、小分子无机电解质、聚合物分散剂与偶联剂，其中聚合物分散剂应用最为广泛，聚电解质又最为重要[38,41,43-45]。

1. 加入表面活性剂

减少界面张力一方面可以减小毛细管作用力，另一方面因毛细管作用力的减小，颗粒不容易靠近，进而也可以阻止化学键及氢键的形成。这是因为化学键和氢键形成时，首先颗粒必须靠近，只有靠近之后，活性基团之间才能有相互接触，发生脱水或形成氢键的机会，为了减少界面张力一般加入表面活性剂[38,46]。常用的大分子表面活性物质有聚乙二醇、聚丙烯酸等。这些物质的分子较大，对称性较差，容易吸附在颗粒的界面，吸附以后能阻止颗粒靠近，因而能阻止某些化学键和氢键的形成，以及减少分子间的作用力。金属常用的非离子、阳离子表面活性剂有脂肪酸、胺、PEO 硫醇，阴离子表面活性剂有牛磺酸盐[45]。

2. 加入有机溶剂

加入能与颗粒界面某些活性基团起作用的有机极性溶剂能屏蔽或钝化这些活性基团，使它们之间不易形成化学键或氢键。例如，在酸性硅溶胶中加入有机极性溶剂，能明显减少胶粒间硬团聚现象的发生。作用机理是有机极性溶剂中的基团能与硅溶胶粒子界面上的羟基(—OH)形成氢键吸附于 SiO_2 的界面，使羟基失去反应活性，因而使它们之间无法形成化学键或氢键。常用的有机极性溶剂有醇类、醛类、酮类、脲类等。

3. 用有机溶剂洗涤

在湿法制备纳米粉末时，常用的溶剂是水。因水界面张力较大，在诸如烘干等脱除溶剂水的过程中很容易产生团聚。如果用界面张力较小的醇、丙酮等有机溶剂反复洗涤含水粉体，取代部分残留在颗粒间的自由水，则可以减少团聚[37]。这是由于加入这些溶剂一是能钝化颗粒表面的活性基团，二是能降低溶剂液面的界面张力，三是可以减少颗粒间水的桥接作用[38]。

2.3.2 物理分散法

通过总结，常见的金属粉末物理分散分级处理有气流磨、射频等离子体球化、射流分级、球磨、超声分散、干燥分散、静电分散等。

1. 气流磨

一般的机械粉碎难以生产数微米甚至 1μm 以下的产品，而且在产品纯度、粒度分布、筛分等方面都会遇到不可克服的困难，而气流超微粉碎分级技术可以解决这些难题。根据气流磨结构的不同，可以分为扁平式气流磨、循环式气流磨、冲击式气流磨、对喷式气流磨、靶式气流磨和流化床(对喷)式气流磨等[47-52]。

一种典型的粉末在气流磨研磨室分散分级过程如图 2-17 所示，一个完整的气流粉碎分级过程包括分散、分级及成品收集三大步骤，其中三者相互之间的关系为：充分的分散是分级的前提，强有力稳定的力场是分级的关键，分级产品的及时排出是分级的保障。气流粉碎分级技术处理粉末的过程是利用高速涡流气体(300～500m/s)带动粉体颗粒运动，气流自身形成的旋转流场，使粉末颗粒之间相互冲击、碰撞、摩擦，达到研磨并使团聚粒子分散的目的，再通过涡轮分级机将粉碎的粉末颗粒分级。由于粉体颗粒在气流中所受力的不同，将产生不同的运动轨迹，气流分级技术通过合理地调节作用力之间的关系就可以按所需要的标准将不同的颗粒分离开来，进而达到收集合格成品的目的[47-49]。基于此，使得气流粉

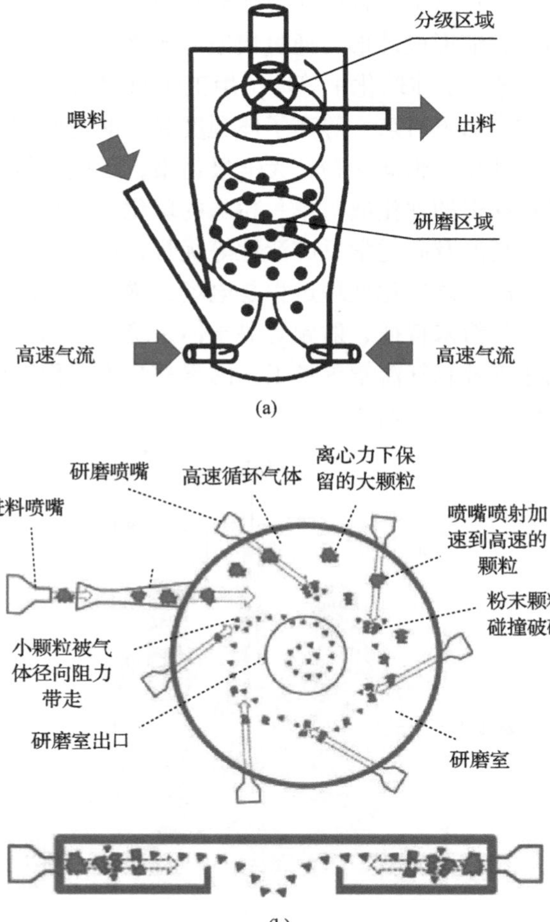

图 2-17　螺旋气流粉碎机研磨室[42]

(a)平面视图；(b)侧视图

碎的产品具有颗粒细、粒度分布狭窄、颗粒表面光滑、产品纯度高、活性好等一系列特点。目前，气流粉碎分级技术已成为超微细粉碎分级技术的重要组成部分[50-52]。

2. 射频等离子体球化

射频等离子体粉末处理技术是将普通的金属、陶瓷等粉末通过送粉装置在气流带动下送入感应耦合等离子射流体中，感应等离子射流体的温度最高可达到8000～11000K[53]，原始形状不规则的颗粒在气流的带动下通过加料枪喷入等离子体弧区后，在辐射、对流和传导三种传热机制作用下，在很短的时间内吸收到足够的热量而发生熔化，在这个过程中粉末颗粒表面(或整体)熔融，形成熔滴，熔滴因表面张力作用而收缩形成球形，通过快速冷却将球形固定下来，从而能获得球形粉末[54-56]。射频等离子体球化中等离子炬工作原理如图 2-18 所示。在等离子体中，射频等离子体有如下特点：等离子体温度高、能量密度大，特别适合于难熔金属和陶瓷粉末的球化；轴向送粉，无电极污染；反应气氛可控，功率可控，从而可用于不同材料粉末的球化或对单一粉末的球化。此外，射频等离子体球化具有清洁、大容量、高温及高化学反应活性等优势，在细球形粉末制备方面有着独特的优势。射频等离子体球化处理过程是电场、磁场、温度场、流场等多场耦合作用下的过程，原料粉末特征、射频等离子体系统工作功率、送粉速率、送料位置、携带气气流速率及总气流量等各工艺因素都会不同程度地对球化过程及球化后的粉体形貌粒度等产生影响[40]。

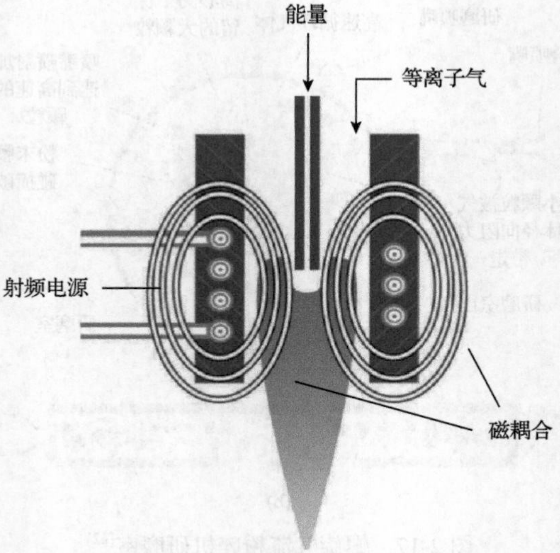

图 2-18　等离子炬工作原理[40]

3. 射流分级

射流分级技术是一种在工业领域广泛应用的粉末预处理方式[36,39]。射流分级机的工作原理是柯安达效应(附壁效应)，图 2-19 是粉体射流分级原理的示意图。柯安达效应是指气固两相的混合流在喷嘴内高速喷出，由于流动两侧的压力差，流动迅速偏转并沿弯曲的固体壁面旋转。由于粉体的粒径不同，会受到不同惯性力、离心力和流体阻力的影响。因此，这些粉末具有不同的运动轨迹。在柯安达效应的作用下，不同粒径的粉末会有不同的飞行轨迹，细粉会附着在柯安达块体上，较大的粉体会飞到远处。射流分级机的主要工艺参数是空气压力和两个分级刀的位置。通过调整射流分级机两个分级机刀片的位置，将粉体分为粗、中、细三种粒度。

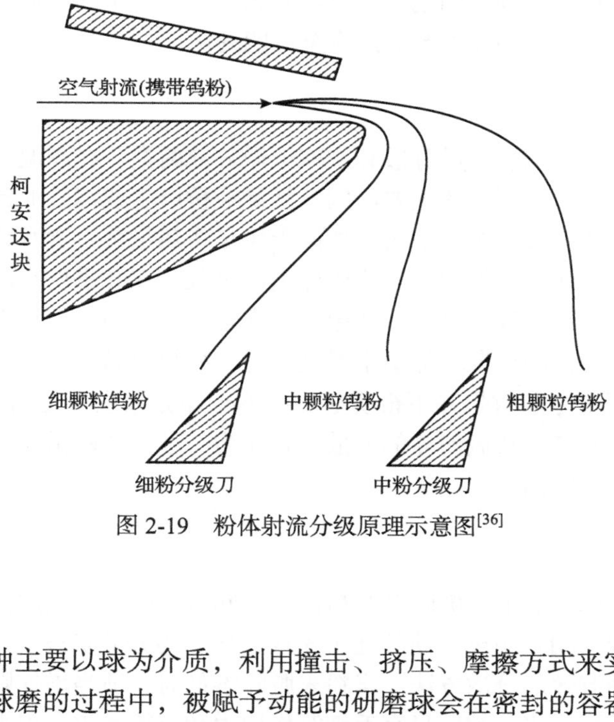

图 2-19　粉体射流分级原理示意图[36]

4. 球磨

球磨是一种主要以球为介质，利用撞击、挤压、摩擦方式来实现物料粉碎的研磨方式。在球磨的过程中，被赋予动能的研磨球会在密封的容器内进行高速运动，进而对物料进行碰撞，物料在受到撞击后，会破碎分裂为更小的物料，从而实现样品的精细研磨。

球磨根据工作环境分为干法球磨和湿法球磨两种方式。干法球磨是只有样品和研磨球混合在一起研磨，而湿法球磨除了物料和球，还会加入一定量的助磨溶剂，如超纯水、无水乙醇等，但要注意助磨溶剂不能对样品和研磨球造成影响。湿法球磨的实验步骤相比干法球磨要稍微复杂一些，研磨完成后还可能需要烘干等操作，但湿法球磨工艺的出料粒度往往要更细，这是因为样品被研磨至细小的状态时，会受到分子间作用力的影响，团聚在一起，而助磨溶剂则会打破这一作用力，使样品被研磨至更细的状态。一般而言，样品需要被研磨至单微米级或纳米级时，往往使用湿法球磨工艺[35,57]。

5. 超声分散

超声波具有波长短、近似直线传播、能量容易集中的特点，从而产生强烈振动，并可导致液相中的空化作用等许多特殊作用。超声分散是将所需处理的颗粒悬浮体直接置于超声场中，用适当的超声频率和作用时间加以处理[43]。它是一种强度很高的分散手段，所以被用在难以分散的固-液或液-液体系的分散中[38,45]。

超声波用于微细颗粒悬浮体的分散虽然效果很好，但是其能耗大，如大规模使用，在经济上还存在许多问题。不过随着超声技术的不断发展，这个问题将会得到解决，超声分散应用在生产上是完全可能的。

6. 干燥分散

干燥分散可分为加温干燥分散和冷冻干燥分散两类。在潮湿空气中，颗粒间形成的液桥是超微粉体团聚的主要原因，杜绝液桥产生或消除业已形成的液桥作用是保证超微粉体分散的主要手段。加温干燥是将热量传给含水粉体，使粉体中的水分发生相变并转化为气相而与粉体分离的过程。在几乎所有的有关生产过程中都采用加温干燥预处理。例如，超微粉体在干式分级前，加温至 200℃左右以除去水分，保证粉体的松散。加温干燥处理是一种简单易行的分散方法，但是对超微粉体的抗团聚分散效果并不很明显。冷冻干燥分散主要是利用水的液-固-气三态转变的特性来实现超微粉体的分散，它作为一种新的超微粉体分散技术目前还没有得到较广泛应用[37,38]。

7. 静电分散

根据库仑定律，静电分散就是给粉体加上同极性电荷，利用荷电颗粒间的静电斥力阻止粒间的相互团聚，使其处于完全、均匀的分散状态[41,44]。研究表明，静电分散是一种有效的分散方法。当粉末脱除溶剂时，适当增加颗粒间的静电排斥力可以减少团聚。当颗粒间只有毛细管作用力和范德瓦尔斯引力时，颗粒将自发互相靠近，并且颗粒之间尽可能面面接触，形成比较致密、比较稳定的聚集体。对这类聚集体进行脱水，得到的干燥粉体将是严重团聚的粉体。当有一定大小的静电排斥力存在时，颗粒之间互相连接将是在毛细管作用力和范德瓦尔斯引力作用下通过边、棱、角等方式建立起来的，形成的骨架结构是一个疏松的空间网状结构。对这类纳米级湿粉体进行溶剂脱除，将得到分散性好的纳米级粉体，如凝胶中的颗粒之间就是以这种形式相连接的[38,41]。

2.4　成 形 技 术

2.4.1　冷等静压成形

压坯尺寸较小、外形较简单的钨及合金粉末冶金制品，可以用钢模压制生产，但对于大规格、形状复杂的压坯，普通钢模是无法成形的，应采用等静压及其他方法成形。

等静压包括冷等静压和热等静压，其中冷等静压在工业生产中已经普遍适用。

1. 冷等静压的基本原理

冷等静压是借助于高压泵的作用把流体介质(气体或液体)压入耐高压的钢体密封容器内，高压流体的静压力直接作用在弹性模套内的粉末上，粉末体在同一时间内在各个方向上均衡地受压而获得密度分布均匀和强度较高的压坯。冷等静压机示意图如图 2-20 所示。

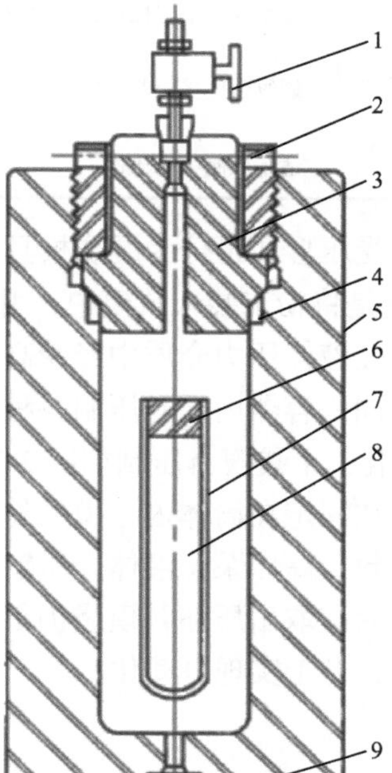

图 2-20　冷等静压机示意图[58]

1-排气阀；2-压紧螺母；3-盖顶；4-密封圈；5-高压容器；6-橡皮塞；7-模套；8-压制件；9-压力介质入口

冷等静压所用的流体介质通常为水或油，软模用优质橡胶或塑胶制成。

冷等静压成形同一般钢模压制成形比较，其优点是：通过胶体软模施于被压粉体的整个外表面上，可以制造形状复杂、密度均匀、高度和直径的比例可以任意选择的压坯，压制时，粉末与弹性模具的相对移动小，因此摩擦损耗也小，所需单位压力低、密度均匀、压坯密度和强度均高，便于运输和机械加工处理，而且软模的制造成本也低。

2. 冷等静压机

冷等静压机主要由高压容器和流体加压泵组成，配有流体储槽、压力表、输运流体的高压管道、高压阀门等。

工业上应用的冷等静压机主要有三种类型：拉杆式等静压机、螺纹式等静压机、柜架式等静压机。三种等静压机的功能比较见表 2-1。

表 2-1　三种等静压机的比较[58]

比较内容	拉杆式等静压机	螺纹式等静压机	柜架式等静压机
优点	轴向压力由数根拉杆承受，手工操作，压力较低	轴向压力由压紧螺母与筒体连接承受，手工操作，压力较高	轴向压力由框架承受，机械化程度高，压力很高，安全系数大
缺点	拉杆受力不匀，使螺纹应力集中	螺纹强度受限制，使用磨损大	框架焊接较困难，辅助设备多
应用范围	适于压制中小压件	适于压制中小压件	适于压制中大压件

冷等静压按粉料装模及受压形式可分为湿袋模具压制和干袋模具压制。湿袋模具压制如图 2-21 所示，它是将粉末装入软模中，用橡皮塞塞紧密封口，然后装入高压容器中，使模袋浸泡在液体压力介质中经受高压泵注入的高压液体压制。湿袋模具压制的优点是能在同一容器内同时压制各种形状的压坯，其缺点是装模脱模时间长，不易实现自动化。干袋模具压制如图 2-22 所示，压制时干袋模具不浸泡在液体压力介质中，干袋固定在筒体内，模具外层衬有穿孔金属护套板，粉末装入模袋内靠上层封盖密封，高压泵将液体介质输入容器内产生压力使软模内粉末均匀受压，当压力除去后即取出压坯，模袋仍留在容器内供下次再用。干袋模具压制的优点是生产率高，易于实现自动化。

2.4.2　注射成形

金属粉末注射成形(metal powder injection molding，MIM)是通过将金属粉末与黏结剂混炼制成喂料，注射成形获得成形坯，再经过脱脂烧结处理得到最终成品的一种技术[59]。MIM 作为一种近净成形技术，在成形工艺上具有一定优势，可

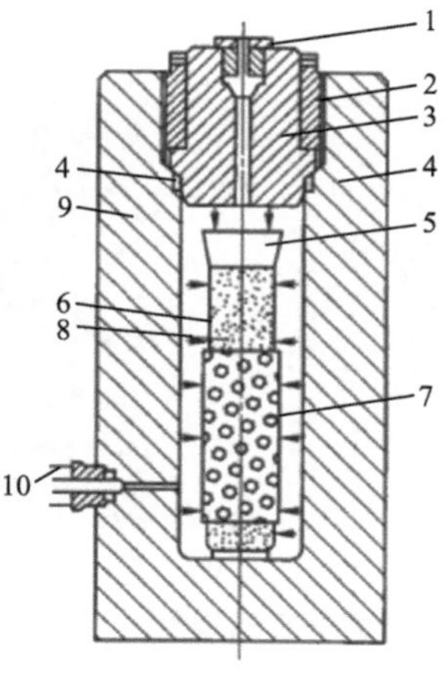

图 2-21　湿袋模具压制示意图[59]

1-排气塞；2-压紧螺帽；3-压力塞；4-金属密封圈；5-橡皮塞；6-软模；7-穿孔金属套；8-粉末料；9-高压容器；10-高压液体

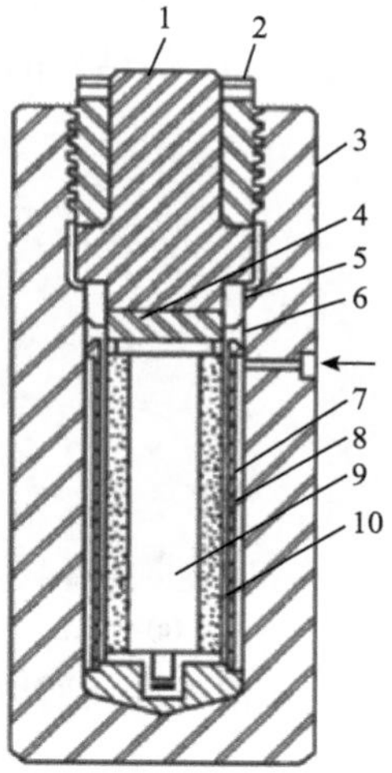

图 2-22　干袋模具压制示意图[59]

1-上顶盖；2-螺栓；3-筒体；4-上垫；5-密封垫；6-密封圈；7-套板；8-干袋；9-模芯；10-粉末

制备形状复杂的零件结构，具有成形精度高、表面质量好、成形制品内部结构均匀、性能稳定、效率高、成本低等优势。传统方法难以制备及加工难熔金属材料体系，MIM 为解决这类材料的直接成形提供了新的思路和途径。目前可借助 MIM 工艺加工的材料有钨、钼、铌、钨合金、钨铜复合材料和钼铜复合材料等[60]。

由于 MIM 对原料粉末要求较高，成形首要解决的问题是粉末的制备。粉末在整个工艺过程中依次影响到喂料的性能、脱脂的快慢和脱脂烧结过程中的收缩变形、烧结致密材料的烧结致密化和多孔材料的孔隙特性控制等，因此，高质量原料粉末的制备与对原料粉末性能的有效控制对提高产品的尺寸稳定性、表面质量和各项性能十分重要[61]。对于难熔金属的注射成形，最大的难点在于烧结致密化问题，为此，可以采用两种方法对粉末进行处理，一是粉末改性，如通过气流磨方法改善粉末形貌获得近球形粉，缩小粒径分布范围，提高粉末的堆积密度；二通过加入少量活化剂 Ni 等活化烧结，促进致密化。

注射成形难熔金属的应用涵盖多孔材料领域和致密零件的制造。难熔金属的注射成形工艺受到广泛研究，该工艺能制备出具有复杂形状且致密的纯钨、纯钼零件[60]。此外，研究表明，通过加入少量的稀土氧化物(La_2O_3、Y_2O_3)可以提高烧结致密度并改善晶粒细化效果，同时，稀土氧化物作为第二相粒子弥散分布于晶界处提高注射成形钨和钼制品的强度和性能[60]。注射成形工艺也可以制备形状复杂的多孔钨材料[61]，采用粒径为 3～20μm 的钨粉，调节烧结温度获得了不同孔隙率的多孔结构，并通过气流磨处理改善粉末分散性、球形度和粒径分布，以获得均细小的孔隙结构，解决传统工艺制备多孔钨孔隙性能不佳的问题，图 2-23 为注射成形多孔钨 1800℃烧结后的微观形貌。

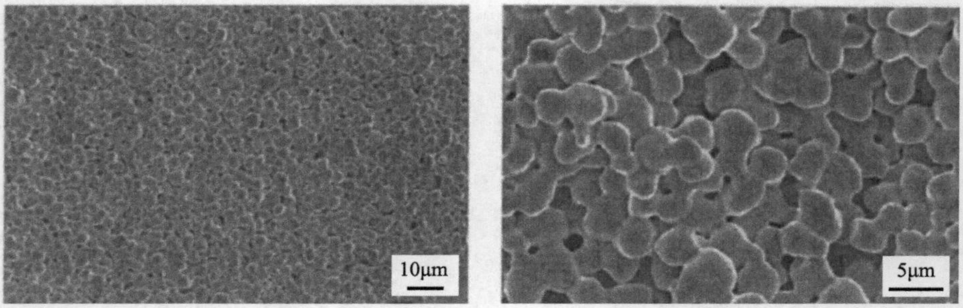

(a)　　(b)

图 2-23　注射成形多孔钨 1800℃烧结后的微观形貌[61]

(a) 表面；(b) 断口

目前关于难熔金属的注射成形仍存在的主要问题在于：

(1) 烧结致密化。黏结剂的使用导致生坯密度较低，脱脂后存在大量孔隙，难以烧结致密，为了获得高密度，往往需要长时间高温烧结，这就造成晶粒长大和性能不佳的问题。为解决致密化问题，往往采用细化粉体提高烧结活性、粒度搭配提高生坯密度、添加助烧剂、改进烧结工艺（低温烧结配合热等静压）等方法。

(2) 装载量低。注射成形粉末粒度细，粉末团聚严重，颗粒形状不规则，导致装载量偏低，生坯密度较低，难以烧结致密化。提高粉末的物理性能尤其是粉末振实密度是利用粉末注射成形制备高致密、高精度和高质量难熔金属零部件的需要解决的难题之一。

(3) 孔隙性能的控制。相比于制备致密材料，对于注射成形多孔难熔金属研究相对较少，除了需要通过注射成形制备出形状和尺寸满足要求的制品外，多孔材料对其孔隙特性要求高，需要连通孔隙、均匀的孔径及分布、不存在闭孔等。粉末原料特性直接决定了注射成形多孔难熔金属的孔隙特性，如粉末原料的粒度及粒径分布、粉末形貌及颗粒表面特性等。处理原料粉末或采用新的制备方法以获得高质量原料粉末，有助于根本性地解决注射成形致密及多孔难熔的现存问题。

2.4.3　增材制造

增材制造（3D 打印）技术是基于数字化模型，逐层累积材料得到具有复杂形状零件的快速成形制造方法。3D 打印技术的发展为难熔金属的近净成形提供了新思路，目前采用 3D 打印技术制备难熔金属零件的成形方式主要分为两大类：直接 3D 打印技术和间接 3D 打印技术。直接 3D 打印技术成形方式主要有两种：激光选区熔化（selective laser melting，SLM）和电子束选区熔化（electron beam selective melting，EBSM），前者采用激光能量熔化粉末，后者采用电子能量熔化粉末。间接 3D 打印技术包括激光选区烧结(selective laser sintering，SLS)、黏结剂喷射(binder jetting，BJ)成形、粉末挤出(powder extrusion printing，PEP)成形。

尽管 SLM 成形难熔金属方面具有广泛的研究，但由于其极高的冷却速率和较大的温度梯度，容易导致残余应力和开裂问题，尤其是对于高脆性的难熔金属钨而言，开裂行为一直是 SLM 成形面临的挑战之一，其开裂机制是近几年的研究焦点[62]。部分研究认为裂纹的形核和扩展与钨的高 DBTT 有关[63]，也有研究认为，裂纹倾向于沿大角度晶界扩展，这种行为可归因于钨的晶界对杂质的敏感性[64]，部分学者将裂纹形成归因于氧化物在凝固过程中的聚集，但目前仍缺系统性的研究[65]。为了抑制裂纹的形成，有研究采用在钨粉中掺入稀土元素 Ta 以减少裂纹，以及通过加入 ZrC 细化晶粒，净化晶界，添加 Y_2O_3 抑制裂纹扩展。此外，改进扫描策略，提高基板加热温度、重熔等工艺优化方法也被应用于抑制裂纹形成，但目前尚未找到彻底解决问题的方法[65-67]。图 2-24 所示为不同扫描间距下的 SLM 打印纯钨裂纹形貌[68]。

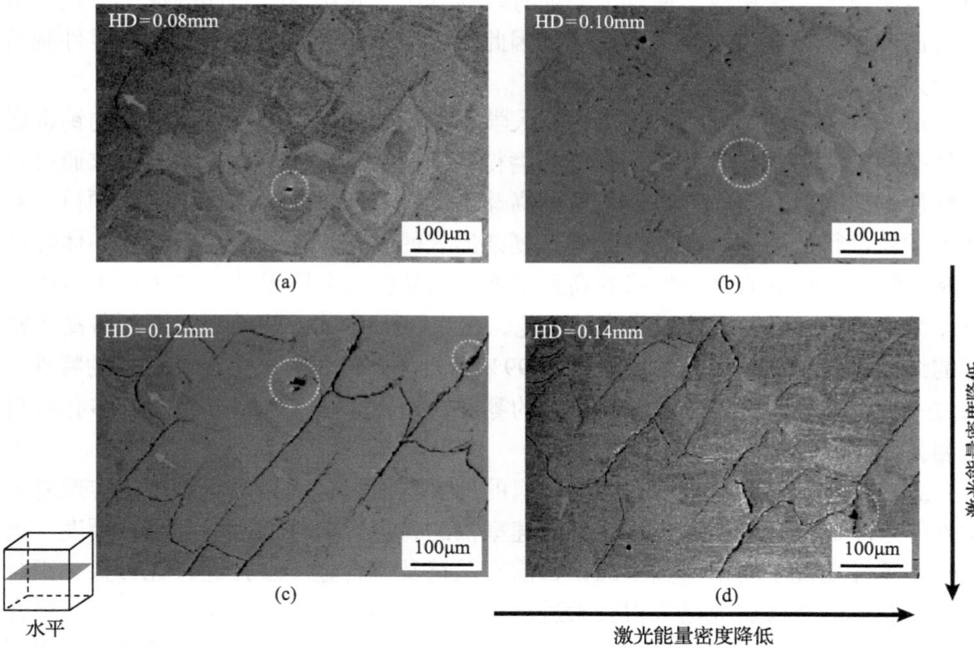

图 2-24　不同扫描间距下的 SLM 打印纯钨裂纹形貌[68]

(a) 0.08mm；(b) 0.10mm；(c) 0.12mm；(d) 0.14mm

与激光相比，电子束的能量密度高(超过几千瓦)，打印过程中对粉末床加热，可有效降低残余应力。此外，EBSM 打印可快速移动打印区域的的电子束热源，以局部控制材料的热条件，有利于控制微观结构和材料的应力状态，抑制裂纹等缺陷的产生。目前采用 EBSM 可打印出无裂纹产品，但孔隙率不可避免，但对于孔隙形成和控制机制仍有待研究。

间接 3D 打印技术通过打印成形后进一步烧结得到最终产品。SLS 技术是将粉末表面涂覆一层黏结剂材料，激光熔化粉末表层的黏结剂将粉末黏结到一起得到打印坯体，后续通过脱脂烧结得到最终零件，该技术可成形性较差。PEP 技术是通过将金属粉末与聚合物黏结剂按照一定比例混合制备喂料，将喂料装入熔融挤出打印机加热成熔融流体浆料层层沉积固化得到坯体，后续脱脂烧结得到特定结构和性能的零部件，该成形方式由点及线再到面成形，打印效率相对较低。BJ 技术是在粉末床上选择性喷射黏结剂，逐层黏结粉末得到打印坯体，后续通过脱脂烧结得到最终产品。该打印方式是在常温下进行打印，结合烧结工艺实现零件的近净成形，相比于 SLS 打印，可有效避免成形过程中因热应力大导致开裂等问题。相对于其他 3D 打印技术而言，BJ 成形技术打印效率高、成本低、无需支撑结构，具有良好的成形能力，可以用于制备复杂形状的原型件和小批量生产，为难熔金属材料的快速成形提供了一种有效的方法。间接 3D 打印的成形方式，可通过调节烧结温度控制烧结致密度，因此，可应用多孔材料制备和致密零件制造两个方向。

对于致密零件的制备，北京科技大学研究团队提供了一种基于喂料的钨金属零件打印方法[69]，该方法采用高能球磨得到纳米级粉末，然后将纳米粉末通过与热塑性黏结剂混合造粒并整形，得到高球形度且具有纳米晶结构的喂料颗粒，对喂料颗粒进行低功率打印，得到具有复杂形状的打印坯体。最后将打印坯体经过脱脂烧结后获得具有复杂形状的高致密度、细晶粒钨金属零件。PEP 技术可用于打印纳米钨粉，后期调控脱脂烧结工艺，在 2000～2300℃烧结温度下制备高致密度的纯钨零件，烧结后的致密度可达 99%以上[70]。难熔金属由于高熔点的特性，通过一般的烧结工艺难以制备高致密的零件，采用间接 3D 打印更适合多孔材料的制备，以及梯度多孔材料的制备。

总之，①增材制造技术在难熔金属的加工方面具有明显的优势，能实现复杂构件的近净成形，且由于其加热冷却速率快的特点，制件的组织细小，硬度、抗拉强度等性能优于粉末冶金制品，目前有关钨及钨合金、多孔钽、铌合金、钼合金增材制造的相关研究已取得较大进展。②增材制造难熔金属制件在用作高温合金部件人体植入物、耐磨涂层等方面有很好的应用前景，部分产品经测试已得到应用(如 γ 射线探测器用增材制造钨单针孔准直器，多孔钽植入物等)。③由于难熔金属熔点高、冷却快的特点，增材制造产品存在致密度不高、容易变形开裂等问题，如何通过工艺参数优化提升制件性能对于其应用十分关键。模拟仿真技术对于相关问题的解决有很好的参考作用，应重视模拟仿真技术与实验相结合，开展相关研究工作。④有别于传统的熔化-凝固制备技术路线，近年来开发的熔融堆积成形、黏结剂成形、溶胶-凝胶成形等工艺降低了成形温度，为难熔金属 3D 打印提供了新的思路和方法，开辟了新的路径，可能是未来的重要研究方向。这方面的研究进展值得探索和关注。

参 考 文 献

[1] 王岗, 李海华, 黄忠伟, 等. 蓝钨与紫钨氢还原法生产超细钨粉的比较[J]. 稀有金属材料与工程, 2009, 38(1): 548-552.

[2] 喻相标, 肖杰, 郭少毓, 等. 蓝钨氢还原制备钨粉工艺研究[J]. 有色金属科学与工程, 2021, 12(3): 35-41.

[3] 姜平国, 肖义钰, 喻相标, 等. 氧化钨氢还原机理研究进展[J]. 中国有色金属学报, 2022, 32(2): 520-528.

[4] 马宝军, 江洪林, 胡志方, 等. 氢还原法制备高纯金属铼粉工艺研究[J]. 铜业工程, 2023, (2): 158-163.

[5] 康铁军. 几种钼基纳米材料的制备方法[J]. 中国钼业, 2013, 37(6): 55-58.

[6] 王岗. 超细钨粉及碳化钨粉制备工艺研究[D]. 上海: 上海交通大学, 2009.

[7] 王增民. 钼钇合金棒丝材生产工艺的研究[D]. 西安: 西安建筑科技大学, 2005.

[8] 李在元, 宫泮伟, 翟玉春, 等. 封闭循环氢还原法制备纳米钼粉[J]. 稀有金属, 2004, 28(4): 627-630.

[9] Lei C, Wu A, Tang J, Ye N. Effects of morphology structure of tungsten nano-powders on properties of tungsten carbide powders[J]. Chinese Journal of Rare Metals, 2014, 38(1): 48-54.

[10] 马全智. 温度变化趋势对还原钼粉的影响[J]. 中国钨业, 2012, 27(4): 36-40.

[11] 叶楠, 唐建成, 卓海鸥, 等. 添加碳对氧化钨氢还原制备纳米钨粉的影响[J]. 稀有金属材料与工程, 2016, 45(9): 2403-2408.

[12] 梁艳, 张立, 李霞, 等. 钛、钨氧化物碳热还原碳化的热力学和热分析[J]. 粉末冶金材料科学与工程, 2021, 26(2): 91-98.

[13] 赵盘巢, 易伟, 陈家林. 喷雾干燥结合微波煅烧氢还原法制备微米级球形钼粉[J]. 稀有金属材料与工程, 2017, 46(10): 3123-3128.

[14] Sun G D, Zhang G H, Chou K C. An industrially feasible pathway for preparation of Mo nanopowder and its sintering behavior[J]. International Journal of Refractory Metals and Hard Materials, 2019, 84: 105039.

[15] Sun G D, Zhang G H, Chou K C. Preparation of Mo nanoparticles through hydrogen reduction of commercial MoO_2 with the assistance of molten salt[J]. International Journal of Refractory Metals and Hard Materials, 2019, 78: 68-75.

[16] 刘晓平, 王快社, 胡平, 等. 感应等离子体制备高纯致密球形钼粉研究[J]. 稀有金属材料

与工程, 2016, 45(5): 1325-1329.

[17] Chen Y F, Xie J P, Chang Q H, et al. Research progress in preparation technology of molybdenum powder[J]. Transactions of Materials and Heat Treatment, 2020, 41(7): 14-24.

[18] Qin M, Chen Z, Chen P, et al. Fabrication of tungsten nanopowder by combustion-based method[J]. International Journal of Refractory Metals and Hard Materials, 2017, 68: 145-150.

[19] Chen Z, Yang J, Zhang L, et al. Effect of La_2O_3 content on the densification, microstructure and mechanical property of W-La_2O_3 alloy via pressureless sintering[J]. Materials Characterization, 2021, 175: 111092.

[20] Qin M, Yang J, Chen Z, et al. Preparation of intragranular-oxide-strengthened ultrafine-grained tungsten via low-temperature pressureless sintering[J]. Materials Science and Engineering A, 2020, 774: 138878.

[21] Gu S, Qin M, Zhang H, et al. Preparation of Mo nanopowders through hydrogen reduction of a combustion synthesized foam-like MoO_2 precursor[J]. International Journal of Refractory Metals and Hard Materials, 2018, 76: 90-98.

[22] Hu W, Dong Z, Ma Z, et al. W-Y_2O_3 composite nanopowders prepared by hydrothermal synthesis method: Co-deposition mechanism and low temperature sintering characteristics[J]. Journal of Alloys and Compounds, 2020, 821: 153461.

[23] Dong Z, Ma Z, Dong J, et al. The simultaneous improvements of strength and ductility in W-Y_2O_3 alloy obtained via an alkaline hydrothermal method and subsequent low temperature sintering[J]. Materials Science and Engineering A, 2020, 784: 139329.

[24] Wang C, Zhang L, Wei S, et al. Preparation, microstructure, and constitutive equation of W-0.25wt% Al_2O_3 alloy[J]. Materials Science and Engineering A, 2019, 744: 79-85.

[25] Wang C, Zhang L, Wei S, et al. Microstructure and preparation of an ultra-fine-grained W-Al_2O_3 composite via hydrothermal synthesis and spark plasma sintering[J]. International Journal of Refractory Metals and Hard Materials, 2018, 72: 149-156.

[26] Wang C, Zhang L, Wei S, et al. Effect of ZrO_2 content on microstructure and mechanical properties of W alloys fabricated by spark plasma sintering[J]. International Journal of Refractory Metals and Hard Materials, 2019, 79: 79-89.

[27] Cai K, Yan X, Deng P, et al. Phase coexistence and evolution in sol-gel derived BY-PT-PZ ceramics with significantly enhanced piezoelectricity and high temperature stability[J]. Journal of Materiomics, 2019, 5(3): 394-403.

[28] Liu R, Wang X P, Hao T, et al. Characterization of ODS-tungsten microwave-sintered from sol-gel prepared nano-powders[J]. Journal of Nuclear Materials, 2014, 450(1-3): 69-74.

[29] Dong Z, Liu N, Hu W, et al. The effect of Y_2O_3 on the grain growth and densification of W matrix during low temperature sintering: Experiments and modelling[J]. Materials and Design,

2019, 181: 108080.

[30] Dong Z, Ma Z, Liu Y. Accelerated sintering of high-performance oxide dispersion strengthened alloy at low temperature[J]. Acta Materialia, 2021, 220: 117309.

[31] Lv Y, Fan J, Han Y, et al. The influence of modification route on the properties of W-0.3wt%Y_2O_3 powder and alloy prepared by nano-in-situ composite method[J]. Journal of Alloys and Compounds, 2019, 774: 1140-1150.

[32] Hu W, Kong X, Du Z, et al. Synthesis and characterization of nano TiC dispersed strengthening W alloys via freeze-drying[J]. Journal of Alloys and Compounds, 2021, 859: 157774.

[33] Liu Y, Cao S, Wu H, et al. Synthesis of hollow spherical WO_3 powder by spray solution combustion and its photocatalytic properties[J]. Ceramics International, 2023, 49(13): 21175-21184.

[34] Kim J H, Ji M, Byun J, et al. Fabrication of W-Y_2O_3 composites by ultrasonic spray pyrolysis and spark plasma sintering[J]. International Journal of Refractory Metals and Hard Materials, 2021, 99: 105606.

[35] 王云，陈宁. 粉体粒度与研磨技术[J]. 中国粉体技术, 2000, 6(4): 13-16.

[36] 王芦燕，李曹兵，张宇晴. 射流分级技术在钨制品中的应用[J]. 热喷涂技术，2019，11(3): 70-78.

[37] 邹兴. 纳米粉制备过程中团聚现象的探讨[J]. 粉末冶金工业, 2004, 14(5): 24-27.

[38] 曹瑞军，林晨光，孙兰，等. 超细粉末的团聚及其消除方法[J]. 粉末冶金技术, 2006, 24(6): 460-466.

[39] 张宇晴，王芦燕，刘山宇，等. 粉末预处理对钨坩埚应用性能的影响[J]. 粉末冶金技术, 2021, 39(3): 258-262.

[40] Boulos M. Plasma power can make better powders[J]. Metal Powder Report, 2004, 59(5): 16-21.

[41] 任俊，陈渊，唐芳琼. 超微粉体的抗团聚分散及其调控[C]//中国纳微粉体制备与技术应用研讨会论文集. 北京：中国颗粒学会, 2003: 135-139.

[42] MacDonald R, Rowe D, Martin E, et al. The spiral jet mill cut size equation[J]. Powder Technology, 2016, 299: 26-40.

[43] 邓祥义，胡海平. 纳米粉体材料的团聚问题及解决措施[J]. 化工进展，2002，21(10): 761-787.

[44] 张宇，刘家祥. 颗粒分散[J]. 材料导报, 2003, 17: 158-161.

[45] 任俊，卢寿慈. 固体颗粒的分散[J]. 粉体技术, 1998, 4(1): 25-33.

[46] 铁生年，李星. 超细粉体表面改性研究进展[J]. 青海大学学报, 2010, 28(2): 16-21.

[47] Lu X, Liu C, Zhu L, et al. Influence of process parameters on the characteristics of TiAl alloyed powders by fluidized bed jet milling[J]. Powder Technology, 2014, 254: 235-240.

[48] Emadi Shaibani M, Eshraghi N, Ghambari M. Sintering of grey cast iron powder recycled via jet milling[J]. Materials & Design, 2013, 47: 174-178.
[49] Djokić M, Kachrimanis K, Solomun L, et al. A study of jet-milling and spray-drying process for the physicochemical and aerodynamic dispersion properties of amiloride HCl[J]. Powder Technology, 2014, 262: 170-176.
[50] Rama Rao N V, Hadjipanayis G C. Influence of jet milling process parameters on particle size, phase formation and magnetic properties of MnBi alloy[J]. Journal of Alloys and Compounds, 2015, 629: 80-83.
[51] Yin P, Zhang R, Li Y, et al. The charging efficiency and flow dynamics of micropowder during jet milling/electrostatic dispersion[J]. Powder Technology, 2014, 256: 450-461.
[52] Sun H, Hohl B, Cao Y, et al. Jet mill grinding of portland cement, limestone, and fly ash: Impact on particle size, hydration rate, and strength[J]. Cement and Concrete Composites, 2013, 44: 41-49.
[53] 单彦广，陈永，杨茉. 高频感应等离子体炬内液体喷雾的运动与蒸发[J]. 工程热物理学报, 2008, 29(6): 1042-1044.
[54] Chaturvedi V, Ananthapadmanabhan P V, Chakravarthy Y, et al. Thermal plasma spheroidization of aluminum oxide and characterization of the spheroidized alumina powder[J]. Ceramics International, 2014, 40(6): 8273-8279.
[55] Kumar S, Selvarajan V. Spheroidization of metal and ceramic powders in thermal plasma jet[J]. Computational Materials Science, 2006, 36(4): 451-456.
[56] Han C, Na H, Kim Y, et al. In-situ synthesis of tungsten nanoparticle attached spherical tungsten micro-powder by inductively coupled thermal plasma process[J]. International Journal of Refractory Metals and Hard Materials, 2015, 53: 7-12.
[57] 王明胜，宋晓艳，赵世贤，等. 烧结温度和粉末预处理对 SPS 制备超细晶硬质合金的影响[J]. 功能材料, 2007, 9(38): 2-6.
[58] 王发展，唐丽霞，冯鹏发，等. 钨材料及其加工[M]. 北京：冶金工业出版社, 2008.
[59] 熊运昌，杨萍，丁文伟. 金属粉末注射成型技术及应用[J]. 新技术新工艺, 2003, (3): 34-36.
[60] 罗铁钢，曲选辉，秦明礼，等. 难熔金属注射成形的研究[J]. 稀有金属，2008, 4(32): 437-441.
[61] 李睿. 钨粉颗粒粒度形貌优化及其近终成形[D]. 北京：北京科技大学, 2018.
[62] Talignani A, Seede R, Whitt A, et al. A review on additive manufacturing of refractory tungsten and tungsten alloys[J]. Additive Manufacturing, 2022, 58: 103009.
[63] Vrancken B, Ganeriwala R K, Matthews M J. Analysis of laser-induced microcracking in tungsten under additive manufacturing conditions: Experiment and simulation[J]. Acta Materialia, 2020, 194: 464-472.

[64] Wang D Z, Li K L, Yu C F, et al. Cracking behavior in additively manufactured pure tungsten[J]. Acta Metallurgica Sinica (English Letters), 2019, 32 (1): 127-135.

[65] Hu Z, Zhao Y, Guan K, et al. Pure tungsten and oxide dispersion strengthened tungsten manufactured by selective laser melting: Microstructure and cracking mechanism[J]. Additive Manufacturing, 2020, 36: 101579.

[66] Iveković A, Omidvari N, Vrancken B, et al. Selective laser melting of tungsten and tungsten alloys[J]. International Journal of Refractory Metals and Hard Materials, 2018, 72: 27-32.

[67] Li K, Wang D, Xing L, et al. Crack suppression in additively manufactured tungsten by introducing secondary-phase nanoparticles into the matrix[J]. International Journal of Refractory Metals and Hard Materials, 2019, 79: 158-163.

[68] Zhang H, Wang D, Li X, et al. Towards selective laser melting of high-density tungsten[J]. Metals, 2023, 13 (8): 10-12.

[69] 章林, 李星宇, 刘烨, 等. 一种基于喂料打印制备钨金属零件的方法: CN 113681024B[P]. 2022-10-14.

[70] Hu Z, Liu Y, Chen S, et al. Achieving high-performance pure tungsten by additive manufacturing: Processing, microstructural evolution and mechanical properties[J]. International Journal of Refractory Metals and Hard Materials, 2023, 113: 106211.

第3章 难熔金属的烧结

烧结是难熔金属粉末冶金制备工艺中最为核心的一个步骤，是指在高温作用下，坯体发生一系列物理化学变化，由松散状态逐渐致密化，且强度大大提高的过程。烧结体的性能主要取决于致密度、晶粒尺寸及其均匀性、孔隙数量及形貌等。难熔金属的烧结主要面临两个难题：难熔金属熔点高，烧结温度通常在2000℃以上，高温烧结过程中很容易发生晶粒的粗化及非均匀长大，在获得高致密度的同时控制晶粒尺寸一直是难熔金属行业的一项重大挑战；难熔金属密度大，烧结体不同部位承受的重力差异大，容易发生烧结变形。特别是对于大尺寸的难熔金属制品，各个部分在烧结过程中所经历的热历史会存在较大差异，常导致材料局部密度低、晶粒异常长大等问题。为了提高难熔金属的致密度，材料科学家采用了各种不同的方法，主要包括三种：①添加过渡金属Fe、Ni等以实现活化烧结；②合成纳米粉末，提高烧结驱动力，减小扩散长度，增加表面和晶界比例，以实现更快的扩散；③利用外部压力、电场、微波和多物理场的耦合来辅助致密化，如热压(HP)、热等静压(HIP)、放电等离子体烧结(SPS)、微波烧结和超高压下的电阻烧结(RSUHP)等。尽管这些方法在提高致密度和细化晶粒方面取得了良好的效果，但是最具吸引力的、适合工业化应用的还是无压烧结方法。

本章重点介绍了两种工艺：一种是基于纳米粉体的无压“两步”烧结工艺，利用难熔金属不同温度下晶界迁移激活能的差异来协调致密化和晶粒生长进程，获得超细晶钨、钼及钨铼和钼铼合金；另一种是针对大尺寸难熔金属制品的烧结，利用不同粒径粉体不同的烧结活性，重点从粉体分散性、粉体粒径搭配烧结致密化的影响规律方面阐述烧结致密化及烧结收缩变形的控制方法。

3.1 烧结特性及烧结模型

3.1.1 烧结的几个阶段

烧结是粉末颗粒转变成为致密固体的过程。根据开始烧结的条件，烧结阶段可能开始于松散或变形的颗粒。这些松散颗粒可以采用注浆成形、挤压成形、注射成形、低压模压等方式成形，都是采用没有显著加压的方式。颗粒变形产生较高的初始密度，这与高压力的成形方式有关，如模压成形、冷等静压、施加循环压力成形等。

烧结过程分为四个阶段[1]：

(1) 烧结前，相互接触的颗粒形成较弱的原子结合；

(2) 初始阶段，烧结颈长大，每个接触点都会扩大，但不会与相邻接触点交互反应；

(3) 中间阶段，孔隙变圆，相邻的烧结颈长大并相互作用，形成管状孔隙网络；

(4) 最终阶段，孔隙闭合，形成离散的球形或透镜状孔隙。

在烧结模型中，假定颗粒为球形，烧结发生在颗粒之间点接触的地方。在这样的条件下，烧结过程的所有阶段都会发生。若烧结初始密度较高，可以跳过烧结早期的几个烧结阶段。

图 3-1 为四个烧结阶段的示意图。烧结的初始阶段各个颗粒开始接触，其中连接处出现短距离的原子运动。在同一时间，因为晶粒具有相对于彼此随机的晶体取向，所以在颈部开始形成颗粒边界，烧结颈部出现表面凹凸结合的马鞍状结构。烧结颈的尺寸可达到粒径的 1/3，每个烧结颈与相邻颗粒一同长大。假定烧结颈直径为 X，颗粒直径为 D，烧结初始阶段球颈比 $X/D<0.33$。孔隙结构是开放的，这意味着气体可以渗透到烧结体内。

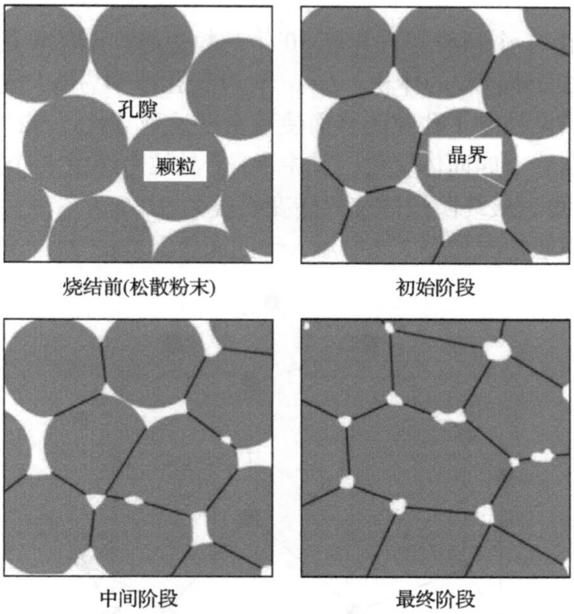

图 3-1　四个烧结阶段示意图[1]

在烧结的中间阶段，颈部继续扩大并重叠，形成光滑的孔隙。在颈部的晶界面积增大从而影响到邻近的颈部。孔隙仍然是开放的，所以烧结体并不是致密状态。晶粒呈现多边形，而且与晶界的接触面是平坦的，同时在相互交联的三维阵列晶粒边缘形成孔隙。通常，球颈比 X/D 一直增大到 0.5 左右，即中间阶段烧结，大约相当于 $0.33 \leqslant X/D \leqslant 0.50$。

当致密度达到临界点时，晶粒边缘的管状孔隙过渡成为晶粒角的球形孔隙。致密化使孔径缩小，而颗粒长大可能使孔隙变长。以一个十二面体颗粒为例说明这个过渡阶段。十二面体有 12 个面、30 个边和 20 个角。每个边由 3 个晶粒共享，每个角由 4 个晶粒共享，因此中间阶段每两个管状孔隙(在边缘上)可有效形成一个球形孔隙(在拐角处)。根据瑞利不稳定性，当孔径 d 和晶粒长度 L 满足以下条件时[1]：

$$L \geqslant \pi d \tag{3-1}$$

中间阶段的细长孔隙会过渡成为球形，球形孔径为管状孔隙直径的 3/2。在中间阶段，孔隙率 ε 的计算公式为[1]

$$\varepsilon = \left(\frac{30}{3}\right)\frac{\int \pi d^2 L}{4\left(7.66L^3\right)} = 1.025\left(\frac{d}{L}\right)^2 \tag{3-2}$$

式中，30/3 是指由 3 个颗粒各自共享 30 个晶粒边缘；$\pi d^2 L/4$ 是每个管状孔的体积；$7.66L^3$ 是十二面体颗粒的体积。$L=\pi d$ 对应于孔隙率为 0.1 或致密度为 90%的最终阶段。其他假设预测了孔隙闭合而使致密度达到 79%～92%。在最终阶段烧结中，晶粒形状朝着十四面体变化，其中 36 个晶粒边缘由 3 个颗粒共享，每 10 个晶粒共享 24 个角。最终阶段的临界转变密度为 92%。

最终阶段的理想情况如图 3-2 所示，十四面体晶粒的 24 个角处都有孔隙，每

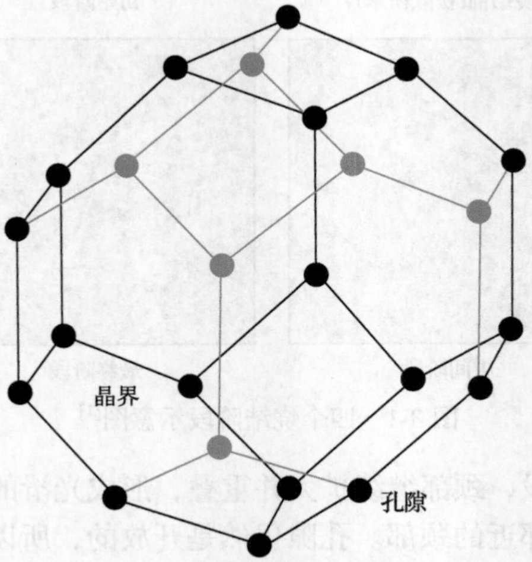

图 3-2　最终阶段烧结与位于晶粒角上的多边形晶粒和球形孔隙比例图[1]

个孔隙由 4 个晶粒共享，因此相当于每个晶粒拥有 6 个孔隙。此时烧结颈已经不能被识别。一般认为，从烧结中期到烧结末期，致密度可以由 90%增至 92%。封闭孔隙不允许气体渗入其内部，随致密度的增大封闭孔隙增加。实验测量中，致密度为 85%时孔隙开始封闭，致密度为 92%时约一半的孔隙封闭，致密度为 95%时剩余的孔隙全部成为闭孔。闭孔的变化反映了烧结体结构固有的粒度分布和堆积密度。

表 3-1 对烧结的各阶段进行了总结，给出了每个阶段有关的近似几何变化。实际烧结中，颗粒存在一定的粒度范围，晶粒接触状况和孔隙形状不易预测。这些对量化理解烧结过程都会有影响。

表 3-1　单体颗粒烧结三个阶段的集合变化[1]

参数	初始阶段	中间阶段	最终阶段
球颈比 X/D	<0.33	0.33～0.5	>0.5
配位数 N	<7	8～12	12～14
致密度/%	60～66	66～92	>92
收缩率（$\Delta L/L_0$）/%	<3	3～13	>13
表面积变化率（$\Delta S/S_0$）/%	100～50	50～10	<10
晶粒尺寸比 G/D	～1	>1	≫1
孔径比 d/G	<0.2	接近常数	缩小

注：X 为烧结颈直径；D 为颗粒直径；N 为配位数；$\Delta L/L_0$ 为相对于初始尺寸的尺寸变化，通常称为收缩率；S 为比表面积；S_0 为烧结前原子比表面积；G 为晶粒尺寸；d 为孔径。

3.1.2　烧结物质的传输机制

传输机制决定了物质在烧结驱动力作用下如何流动。两种不同类型的机制——表面传输和体积传输，都有助于烧结颈生长。然而，只有体积传输过程才能产生致密化，表面传输过程不会导致致密化。表面传输过程中，物质被重新定位在孔表面上以降低表面积并减小曲率梯度。体积传输过程中物质从固体中迁移出来并沉积在孔隙上。这两种机制通常会协同工作。

这两种传输机制的差异如图 3-3 所示。注意体积传输过程中的收缩，当物质从内部移动到表面时，球体一起移动。体积传输机制在烧结颈附近被标记为三条途径，如图 3-4 所示。为了方便数学处理，通常假设孔隙是大量的空位积累。烧结机制的经典处理方法是检测空位的运动，这是理解孔隙消除的基础。物质传输以空位与原子的交换表示，烧结主要包括以下几种物质传输机制：原子沿着颗粒表面（表面扩散）、跨孔隙（蒸发-凝聚）、沿着晶界（晶界扩散）和通过孔隙内部（黏性流动或体积扩散）传输。位错结构在塑性流动和位错攀升、攀移中起着重要作用。此外，空位在孔隙之间迁移导致较大的孔隙生长和较小的孔隙收缩。

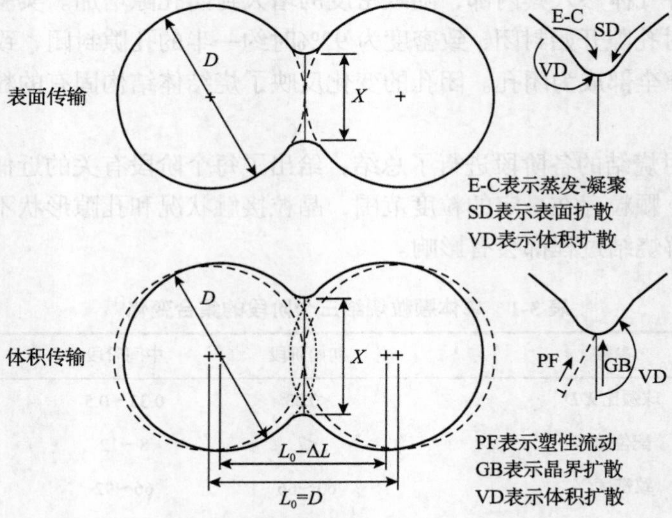

图 3-3　球体烧结模型的烧结颈生长示意图[1]

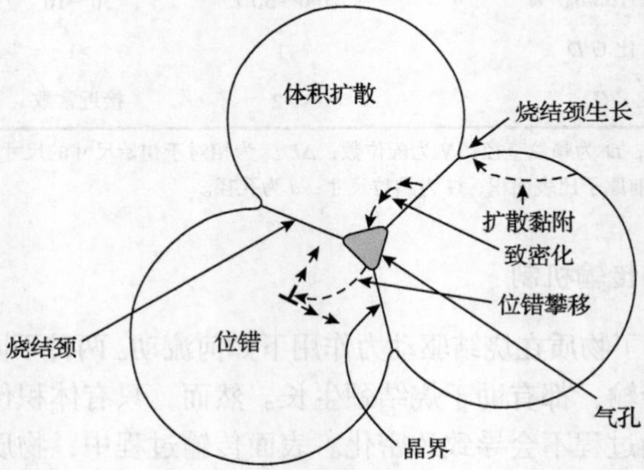

图 3-4　体积传输机制的三条途径[1]

表面传输过程使得烧结颈生长，但没有颗粒间隔的变化，因此无收缩、无致密化。物质流动起源于颗粒表面，也终止于颗粒表面。表面扩散通常是烧结早期的主要机理，此时大的表面积仍然存在。此外，表面扩散激活能较低，因此表面原子在较低温度下即可与内部原子开始交互移动。蒸发-凝聚一般不常见，在烧结温度下具有较高蒸气压的材料会发生蒸发-凝聚的过程。

晶界处的扩散对于大多数晶体材料的致密化是相当重要的，而且通常主导烧结过程中的致密化。两个晶粒的接合点是键合较弱的晶界，因此能够提供快速扩散的途径。当材料具有足够的晶界面时，晶界扩散占主导地位。因此颗粒生长和晶界的消除对烧结是不利的。体积扩散一般在更高的温度下运行，并且在烧结中比较活跃。它是可能的体积传输过程之一，但通常仅在高温下才起主要作用。晶界扩散控制烧结理论将在 3.1.4 节进行详细介绍。

3.1.3　烧结动力学关系

3.1.1 节介绍了烧结的几个阶段，下面将详细描述烧结各阶段的动力学。

1. *初始阶段*

初始阶段的曲率梯度在颗粒上一定距离内从凸起部位移动到凹陷部位。烧结初始阶段的驱动力是曲率梯度。初始烧结包括几种不同的物质传输，通常是几种共同作用的结果。根据 Fick 第一定律来确定物质通量与曲率梯度的关系。在烧结微观结构的每个点，烧结速率通过物质运动过程中原子的迁移率来决定，颈部生长取决于烧结颈(到达率低于出发率)的大量积累：

$$\frac{\mathrm{d}V}{\mathrm{d}t} = JA\Omega \tag{3-3}$$

式中，J 是原子通量；A 是物质分布的黏合面积；Ω 是单个原子或分子的体积。曲率梯度决定了物质的流动，通过原子迁移或沉积来改变颈部的尺寸和形状。反过来，随着迁移或沉积过程的进行，曲率梯度逐渐减小，物质通量下降。高温可以促进物质传输过程，进而促进颈部生长。在驱动力的作用下，同时有许多过程在进行。因此，烧结速率的准确计算依赖于数值模拟技术。

将烧结过程简化为单一的物质传输机制，然后用烧结模型来估计烧结行为。最常见的是颈部尺寸收缩模型。对于颈部生长，在等温(恒温 T)条件下，球颈比 X/D(烧结颈直径除以粒径)作为烧结时间的函数：

$$\left(\frac{X}{D}\right)^n = \frac{Bt}{D^m} \tag{3-4}$$

式中，B 是由材料和几何常数组成的参数，如表 3-2 所示。表 3-2 还列出了指数 m 的典型值。颗粒尺寸相关性系数 m 被称为 Herring 缩放定律指数。虽然以整数表示，但指数 n 随着烧结程度而变化，例如，一些用于表面扩散烧结的模型给出的 n 值高达 7.5。参数 B 受材料属性，如扩散等的影响，因此取决于温度：

$$B = B_0 \exp\left(-\frac{Q}{RT}\right) \tag{3-5}$$

式中，R 是气体常数；T 是热力学温度；B_0 是表 3-2 所示的材料参数，如表面能和原子尺寸组成。

表 3-2　初始阶段烧结公式 $[(X/D)^n=Bt/D^m]$[1]

机制	n	m	B
黏性流动	2	1	$3\gamma/(\eta)$
塑性流动	2	1	$9\pi\gamma \boldsymbol{b} D_V/(RT)$
蒸发-凝聚	3	2	$(3P\gamma/\rho^2)(\pi/2)^{1/2}[M/(RT)]^{3/2}$
体积扩散	5	3	$80D_V\gamma\Omega/(RT)$
晶界扩散	6	4	$20\delta D_B\gamma\Omega/(RT)$
表面扩散	7	4	$56D_S\gamma\Omega^{4/3}/(RT)$

注：D_V 为体积扩散速率，m^2/s；D_S 为表面扩散速率，m^2/s；D_B 为晶界迁移率，m^2/s；P 为蒸汽压，Pa；M 为摩尔物质，kg/mol；Ω 为原子体积分数，m^3/mol；η 为黏度，Pa·s；γ 为表面能，J/m^2；$\boldsymbol{b}$ 为伯格斯矢量，m；R 为气体常数，J/(mol·K)；T 为热力学温度，K；ρ 为理论密度，kg/m^3；δ 为晶界厚度，m。

由式(3-4)和式(3-5)表示的烧结尺寸模型在初始阶段烧结结束前都是合理的。参数 B 中嵌入的扩散系数具有显著的温度敏感性。普通材料的频率因子和激活能可以在其他表格中找到。然而，这种概念只是近似的，与数值解相比，典型误差为 10%～20%，而且由于大多数粉末具有尺寸分布，烧结过程中自然会出现颈部尺寸的变化。

虽然只是近似，但等温颈部生长模型还是说明了一些关键因素。表面扩散和晶界扩散对粒径具有最高的敏感性，因此相对于其他过程，颗粒较小时，它们的作用会被增强。由于温度出现在指数项中，所以即使是较小的温度变化也会产生很大的影响。最后，随着曲率梯度的减小，时间的重要性会减弱。

体积质量传输过程既能减小颗粒间的间距(收缩)，同时也有助于颈部生长，因此会导致比较紧密的收缩。当颗粒中心相互接近时，致密化会引起新的颗粒接触，从而延缓颈部生长。通过时间、温度或粒径的函数来监测尺寸的变化相对容易，因此收缩率是初始阶段烧结的重要参数。等温收缩过程中，收缩率与时间的关系如下：

$$\left(\frac{\Delta L}{L_0}\right)^{n/2}=\frac{Bt}{D^m} \tag{3-6}$$

式中，$\Delta L / L_0$ 为相对于初始长度的烧结收缩率。收缩率是负值，但通常忽略符号。收缩率与时间的对数线图可以用来描述对应的扩散行为。

表面积是描述烧结过程的另一种手段。表面积也是松装条件下的性质，适用于细粉。表面积的损失取决于球颈比和颗粒间的协调性，因为每个颗粒接触面都将导致表面能的降低。在烧结的早期阶段，采用与收缩率类似的表面积降低参数 $\Delta S/S_0$ 描述烧结与时间 t 的关系：

$$\left(\frac{\Delta S}{S_0}\right)^V = Ct \tag{3-7}$$

式中，$\Delta S/S_0$ 是表面积相对于初始表面积的变化率；C 是与 B 成比例的动力学项，因此它包括物质传递参数和其他因素，如表 3-2 所示；指数 V 近似等于 $n/2$。

2. 中间阶段

烧结的初始阶段，颈部生长比较活跃，在微观结构中曲率梯度比较明显，但是收缩比较小，致密化程度比较低。随着颈部的生长，曲率梯度越来越小，在烧结的中间阶段通过相邻颈部的融合进一步消除孔隙。在烧结的中间阶段，随着凸形表面的消除，孔隙逐渐转变为管状结构。烧结颈生长是烧结初始阶段的重点，但尺寸变化不那么明显。在中间阶段最为明显的是致密化过程，所以关注的重点是孔隙结构。孔径 d、晶粒尺寸 G 和致密度 f 之间的近似关系由下式给出：

$$f = 1 - \pi\left(\frac{d}{G}\right)^2 \tag{3-8}$$

通常情况下，如果孔径没有变化，晶粒尺寸与孔隙率的平方根成反比。致密度取决于孔径和晶粒尺寸的变化。通常，经过中间阶段，孔会保持附着在晶界上。只要二面角小于 120°，与孔隙分离相关的能量损失就很高。因此，致密化速率取决于孔隙扩散：

$$\frac{\mathrm{d}f}{\mathrm{d}t} = JAN\Omega \tag{3-9}$$

式中，N 是单位体积的孔数；A 是孔面积；J 是单位时间单位面积的扩散通量；Ω 是原子体积。

使用 Fick 第一定律计算扩散通量，需要确定晶界和孔表面之间的浓度梯度。如前所述，空位浓度 C 随曲率而变化。浓度的变化值除以位置的变化距离就是驱使扩散的浓度梯度。在中间阶段，曲率取决于孔径 d，微观结构中最弯曲的面。

空位阱位于晶界的中心，这里存在等于 C_0 的平衡空位浓度。孔表面具有较高的空位浓度。从空位到空位阱的距离约为 $G/6$。扩散通量取决于浓度梯度，浓度变化（$\Delta C = C - C_0$）乘以距离（$G/6$）就是扩散系数 D_V（假设体积扩散）。物质流过的

区域面积 A 也取决于孔径 d 和晶粒尺寸 G，估计为 $A=\pi dG/3$。因此，致密化速率 df/dt 计算为

$$\frac{df}{dt}=\frac{g\gamma_{SV}\Omega D_V}{RTG^3} \tag{3-10}$$

式中，f 是致密度；t 是时间；g 接近 5(取决于几何假设，如晶粒形状和如何测量晶粒尺寸与截距，面积或体积)。由于致密度与晶粒尺寸的立方成反比，所以较小的颗粒有助于致密化，部分原因是较小的颗粒意味着更尖锐的弯曲孔。

假定是在烧结过程中通过体积扩散致密化，每个晶面由两个晶粒共享。在烧结中间阶段，晶粒长大导致尺寸增大，致密化速率变慢。

晶粒长大速率参数是热激发量，可以反映跨越晶界的扩散的激活能。通常它与晶界扩散的激活能相似，只是由于孔迁移率和杂质阻碍效应作用而略有不同。综合因子给出了致密度的变化规律：

$$f=f_I+B_I\ln\left(\frac{t}{t_I}\right) \tag{3-11}$$

式中，f 是烧结致密度；f_I 是中间阶段开始时的致密度(通常约为 0.7)；B_I 是速率项；t 是总烧结时间；t_I 是中间阶段开始的时间。速率项 B_I 包括表面能、扩散、原子体积、孔隙曲率和温度。式(3-11)预测烧结致密度与烧结时间的对数成比例关系。类似的形式也适用于通过晶界扩散控制的致密化。晶界对致密化发挥了很大的作用，较小的颗粒可以增加曲率，使扩散距离更小，并延缓晶粒长大。

孔隙钉扎在晶界处会减缓晶粒长大，但随着孔隙率的下降，这种作用也随之减小。随着烧结颈部的扩大，晶界增加，但随着晶粒长大，晶界面积减小。在致密度约 85%时，晶界面积达到峰值，之后晶粒长大加速。

3. 最终阶段

烧结最终阶段的特征是致密化速率下降，微观结构粗化加速。由于孔隙闭合，通常在最终阶段孔隙数量减少但平均尺寸增加。封闭孔隙没有明显的迁移，而是在最终阶段开始时逐渐发生转变。当孔径减小时，逐渐形成闭孔，晶粒长大引起孔长度的拉伸以闭孔。这一过程发生时，孔隙率约为 8%(致密度约为 92%)。微观组织结构变化导致孔隙率从 15%逐渐变化到 5%。最初气孔是球形的，但是晶界能量通常会导致凸透镜状气孔。

烧结在最终阶段要慢得多，因为曲率梯度和表面能都大大降低。孔隙和晶粒的粗化阻碍了致密化。最初，孔附着到晶粒角，产生理想的微观组织结构。在烧

结过程中，晶界上的孔隙吸收原子并产生空位。致密度、孔隙率、孔径和晶粒尺寸几个量是相关的。孔隙与晶界结合减小了总的晶界面积。这样孔隙与边界的结合能随着孔隙率和孔径的增加而增加。随着致密化进程，孔和晶界之间的结合能下降，最终允许留下残留孔隙的晶粒长大。

晶粒长大、孔隙收缩或生长的相对速率，以及孔迁移等都取决于致密化过程。通常激活能是相似的，特别是对于致密化和晶粒长大。因此，仅使用温度调节烧结参数比较困难。快的晶粒长大倾向于使孔远离晶界，导致缓慢的致密化和残留的孔隙率。或者，高孔隙迁移率将孔隙结构保持在一起，导致快速实现全密度。小孔是最有利于烧结的，它们常常通过表面扩散或蒸发-凝聚来迁移。但是，通常，晶界迁移率大于孔隙迁移率，导致烧结最终阶段的细孔阻滞和晶粒长大延迟，只要孔保持附着于晶界即可比较表面扩散和晶界扩散速率，这是预测完全致密化倾向的一种手段：

$$\Gamma = \frac{D_S \gamma_{SS}}{300 D_B \gamma_{SV}} \tag{3-12}$$

式中，D_S是表面扩散速率；D_B是晶界扩散速率；γ_{SS}是晶界能；γ_{SV}是固体-蒸气表面能。当Γ小于 1 时，全致密是可能的。当晶粒尺寸迅速增加时，致密化不完全。

改进致密化模型的最终阶段考虑了滞留在孔隙中的气体对致密化的阻滞作用。如果没有施加外部压力，则致密化主要取决于晶界扩散：

$$\frac{\mathrm{d}f}{\mathrm{d}t} = \frac{a\Omega\delta D_B}{RTG^3}\left(\frac{4\gamma_{SV}}{d} - P\right) \tag{3-13}$$

式中，f是致密度；t是保温时间；a是等于 5 的几何常数；Ω是原子体积；δ是晶界厚度(假定为原子尺寸的 5 倍)；R是气体常数；T是热力学温度；G是晶粒尺寸；d是孔径；P是孔隙气体压力。通常，晶界宽度包括在扩散频率因子中：

$$\delta D_B = \delta D_{B_0} \exp\left[-\frac{Q_B}{RT}\right] \tag{3-14}$$

式中，Q_B是晶界扩散激活能；D_{B_0}是晶界扩散的频率因子。

外部压力(来自热压、热等静压、烧结锻造或火花烧结)导致与外部压力成比例的附加项，因为其作用随孔隙率的增大而增大。

在烧结 1h 后，晶界和孔之间的孔二面角使得孔变成透镜状。颗粒生长取决于孔的相对附着和迁移率。大的孔隙不能在移动的晶界上保持附着，因此会滞留在晶粒的内部。一旦晶界脱离孔，就会发生快速晶粒长大。优质的烧结可以通过延缓晶粒长大或增加孔隙迁移率来实现晶界上的孔附着。与晶粒尺寸相比，小的孔径是有益的。

3.1.4 晶界扩散控制烧结理论

晶界扩散控制烧结理论由 Coble 提出，随后的模型将这一概念应用于收缩和致密化。烧结早期颗粒粗化过程伴随着孔隙长大，而在烧结后期致密化过程伴随着孔隙缩小。表面扩散机制被认为导致颗粒粗化而不能促进烧结，因此称为“非致密化机制”。然而，对于纳米粉末，烧结早期的表面扩散能够在较低温度下促进颗粒的粗化和重新排列，通过表面扩散实现致密化，从而实现早期烧结。同时，纳米粉末的颗粒粗化还会降低孔隙的配位数并改变孔隙表面张力的平衡，进一步通过晶界扩散促进致密化。

晶界扩散速率介于表面扩散(颗粒粗化-重排)速率和体积扩散速率之间。一般通过恒定加热速率烧结(constant heating rate sintering，CHRS)实验，可以根据建立的几种烧结模型计算表观晶界扩散率 D_{GB} 及其激活能 E_a。Johnson 提出了烧结模型[2]，后来由 Young 等[3]进行了修正，公式如下：

$$\left(\frac{\Delta L}{L_0}\right)^{2.06}\frac{\mathrm{d}\left(\Delta L/L_0\right)}{\mathrm{d}t}=\frac{11.2\gamma\Omega\delta D_{GB}}{k_B T G_{avg}^4} \tag{3-15}$$

式中，L_0 是初始样品长度；ΔL 是烧结过程中长度的变化；$\Delta L/L_0$ 是线收缩率；t 是时间；γ 是晶界能，钨的晶界能取值 $2.26\mathrm{J/m^2}$[4]；Ω 是原子体积，取值 $1.58\times10^{-29}\mathrm{m^3}$；$\delta$ 为晶界厚度，取值 1nm；k_B 为玻尔兹曼常数；T 为热力学温度，单位为 K；G_{avg} 为平均晶粒尺寸。

假设烧结过程中各向同性收缩，线收缩率可表示为

$$\frac{\Delta L}{L_0}=1-\left(\frac{\rho}{\rho_0}\right)^{-1/3} \tag{3-16}$$

式中，ρ 是烧结体的致密度；ρ_0 是生坯的致密度。

另一个模型采用 Herring[5]提出的通用尺寸烧结模型，公式如下：

$$\frac{\mathrm{d}\rho}{\rho\mathrm{d}t}=F(\rho)\frac{3\gamma\Omega\delta D_{GB}}{k_B T G_{avg}^4} \tag{3-17}$$

式中，$F(\rho)$ 是一个无量纲函数，其取值取决于 ρ，当 ρ 在 0.75 和 0.85 之间时，$F(\rho)$ 取值 12000[6]。

在两种模型下，假定晶界扩散率 D_{GB} 符合 Arrhenius 关系，这样晶界扩散激活

能 E_a 可通过以下公式计算：

$$D_{GB} = D_{GB,0} \exp\left(-\frac{E_a}{k_B T}\right) \tag{3-18}$$

式中，$D_{GB,0}$ 是指前因子常数。

根据以上烧结模型，在图 3-5 中绘制了 W、Mo 和 W-10Re 合金的晶界扩散系数(D_{GB})与归一化温度(T_m/T)的 Arrhenius 曲线图。在相同的归一化温度范围下，W 和 W-10Re 具有相近的 D_{GB} 和激活能 E_a(为 2～3.5eV)。Herring 模型下纳米钨粉的计算数据与文献中报道的微米钨粉数据相吻合，尽管微米粉末由于较大的粒径而数据点处于较高的温度范围，但两组数据的 D_{GB} 在相同温度下近似，并且激活能也近似。因此，相同的晶界扩散机制适用于微米粉末和纳米粉末。然而，Mo 在相同的归一化温度下具有较低的 D_{GB} 和较高的激活能 E_a。尽管 Mo 的熔点比 W 低 799K，比 W-10Re 低 577K，但这三种材料具有相似的烧结温度，并且它们的烧结速率在 1100～1300℃的狭窄温度范围内达到峰值。

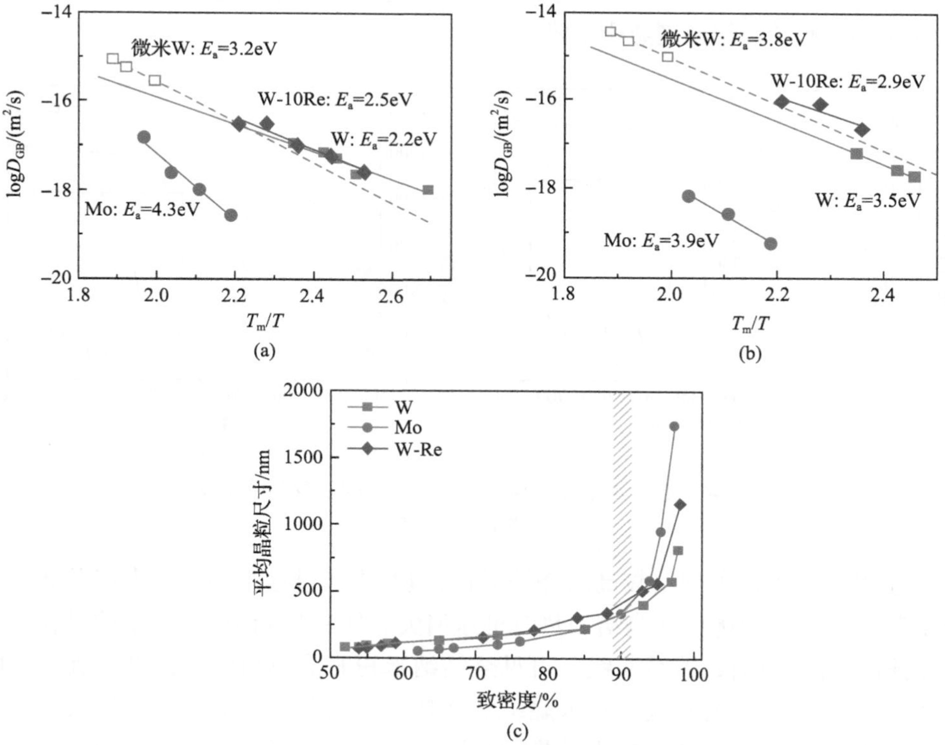

图 3-5　W、Mo、W-10Re 的烧结数据[7]

(a) Johnson 模型和(b) Herring 模型计算的晶界扩散率 Arrhenius 曲线图；(c) 平均晶粒尺寸-致密度关系图

3.2　超细晶难熔金属两步烧结技术

3.2.1　纳米粉末烧结

纳米粉末相较微米粉末在烧结过程中展现出显著不同的特性[8]。由于粒径小、比表面积大和毛细烧结驱动力大的特点，纳米粉末通常表现出优异的烧结活性，烧结温度极大地降低。这一现象已在难熔金属(如钨、钼)、碳化物(如碳化钨)和氮化物(如氮化钛)等难烧结材料中得到验证。例如，微米钨粉的烧结温度通常在 2000℃以上，而由高能球磨法制备的平均粒径为 10nm 的纳米钨粉可在 1000℃下开始烧结[9]；平均粒径为 20nm 的纳米钨粉在烧结温度为 1100℃条件下可达到 98%的致密度[10]。一般定义烧结起始温度为致密化完成 10%时的温度，即 $(\rho-\rho_0)/(1-\rho_0)=10\%$[11]。由此可以通过文献中纯钨的烧结数据拟合出颗粒尺寸和起始烧结温度的函数关系，如图 3-6 所示。通过拟合曲线可以预测，当钨的颗粒尺寸小于 100nm，钼的颗粒尺寸小于 200nm 时，烧结行为会发生显著转变，随颗粒尺寸减小，起始烧结温度急剧下降。

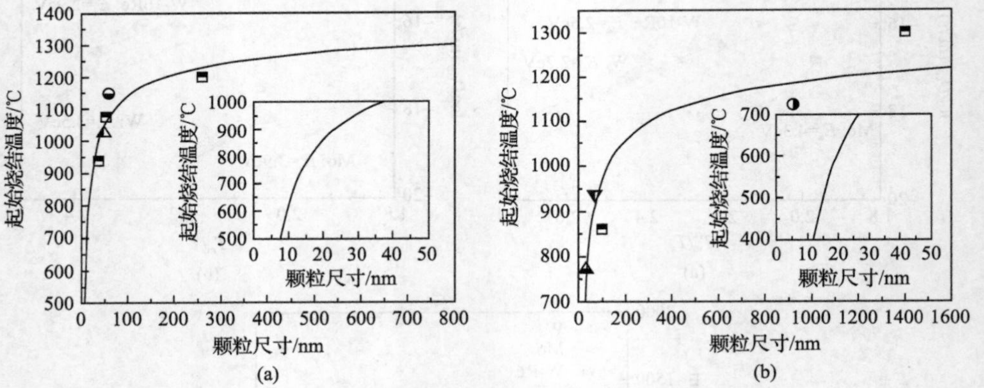

图 3-6　起始烧结温度与粉末颗粒尺寸的函数关系曲线[7]

(a) 钨粉；(b) 钼粉

虽然纳米粉末展现出较高的烧结活性，但在烧结过程中晶粒长大问题非常突出，其纳米尺寸的优势在烧结加热时迅速消失。图 3-7 是钨粉和钼粉的晶粒粗化指数随致密度的函数关系曲线，可见烧结纳米粉时晶粒粗化会比微米级粉末的晶粒粗化严重。也就是说，粉末烧结活性越高，晶粒长大的趋势也越大。一方面，这是由于致密化和晶粒生长具有相同的驱动力，即表面或界面的减小产生的毛细管力，尽管前者“沿晶界”的原子扩散动力学和后者“跨晶界”的原子扩散动力学不同，但要分别控制它们非常困难，导致纳米粉末烧结致密化的同时晶界也快速迁移，晶粒迅速长大。另一方面，纳米粉末由于严重的团聚问题，在粉末堆积时相比微米粉末更松散。如图 3-8 所示，纳米团聚粉末之间形成大孔隙，团聚体内部具有小孔隙结构，这种多级孔隙结构导致成形坯体具有更低的密度，这一特征不利于烧结后期的致密化。纳米粉末的这一特殊问题在难熔金属中被进一步放大，如图 3-9 所示，粉末非均匀堆积引起了局部烧结现象。另外，由于烧结温度过高，加速晶界快速迁移而导致孔隙-晶界脱钩分离，形成难以消除的晶内孔隙。

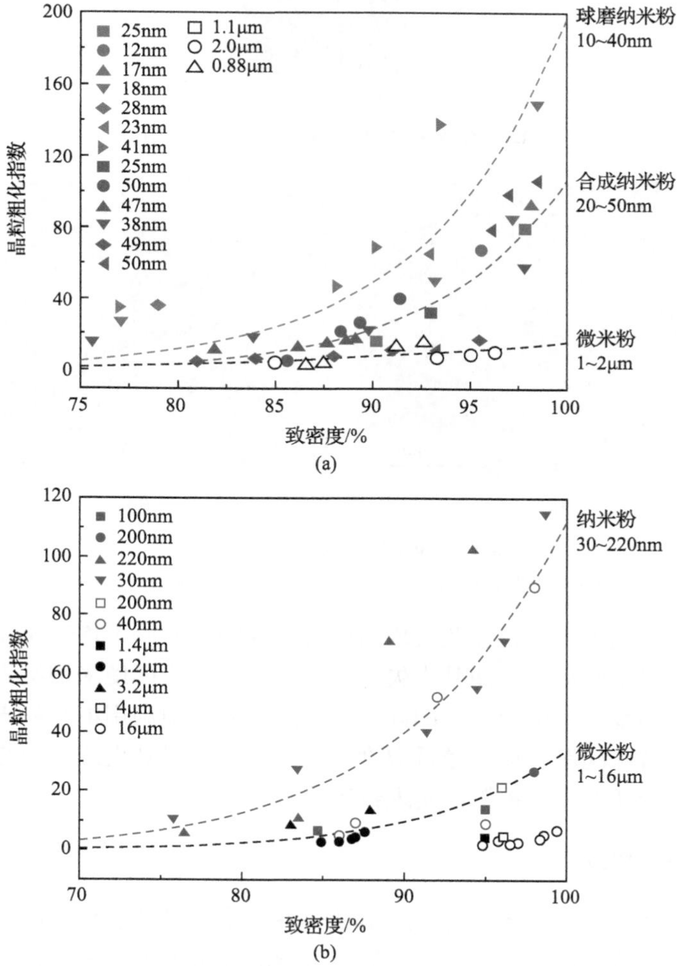

图 3-7　晶粒粗化指数与致密度的函数关系曲线[7]

(a)钨粉(不同球磨法得到两种 25nm 粉末)；(b)钼粉(不同研究得到两种 20nm 粉末)

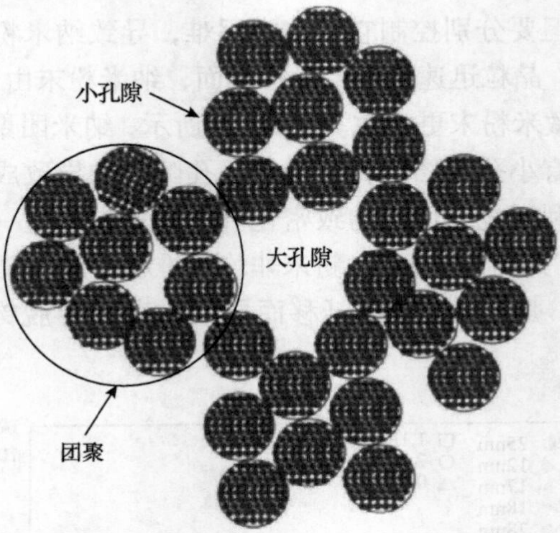

图 3-8　纳米粉末团聚体堆积状态示意图[8]

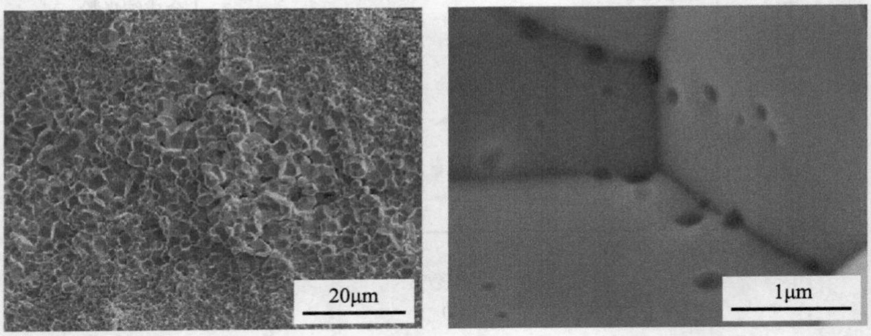

(a)　　(b)

图 3-9　钨的典型烧结缺陷形貌[7]

(a) 粉末非均匀堆积引起的局部烧结；(b) 快速晶界迁移引起的晶界/三叉晶界与孔隙脱钩

由此可见，纳米粉体粒径及其均匀性难以控制，粒径不均匀粉体在烧结前期会消耗过多的烧结驱动力，使其丧失高活性优势，造成即使采用纳米粉体也制备不出高致密度超细晶难熔金属。因此，为了最大限度地利用纳米粉末的优势并弱化纳米粉末的特殊问题，应在较低温度下进行烧结，以减缓或抑制晶粒长大动力学，同时保证活跃的晶界扩散以实现致密化。

3.2.2　两步烧结机理

两步烧结(two step sintering, TSS)法是在解决烧结致密化的同时控制晶粒生长的有效方法，该方法最早由宾夕法尼亚大学的 Chen 等[11]发明。具体工艺为，首先将坯体短暂加热到一个较高的烧结温度 T_1 使样品获得 70%～80%致密度，使坯体孔隙结构处于热力学不稳定状态，然后快速冷却到较低的温度 T_2 并长时间保温直至完全致密。其原理在于协调控制致密化与晶粒长大的动力学进程，在无压力辅助烧结的情况下实现完全致密化的同时抑制晶粒长大。其烧结工艺示意图如图 3-10 所示，与常规烧结工艺相比，两步烧结工艺所需的烧结温度更低，保温时间更长，制备的样品细晶化效果显著。

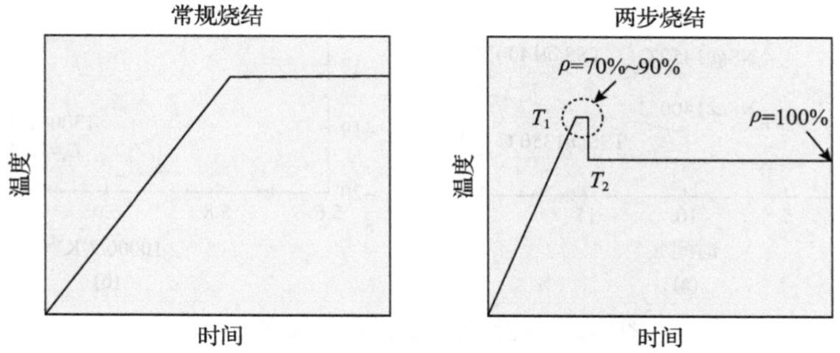

图 3-10　两步烧结与常规烧结的加热路线示意图

假设金属钨具有各向同性且晶界特性均匀(晶界能、晶界迁移率等性质相对均匀)，则钨的晶粒生长将符合经典的抛物线晶粒生长规律。如图 3-11(a)所示，平均晶粒尺寸的平方 G_{avg}^2 与退火时间 t 成线性正比，证明两个烧结样品均呈现抛物线晶粒生长规律。这里的误差棒为三次单独测量平均晶粒尺寸的标准差。然后可以利用 Hillert 抛物线晶粒生长模型来计算晶界迁移率 M_b[12]：

$$G_{avg}^2 - G_0^2 = 2\gamma M_b t \tag{3-19}$$

式中，G_0 为初始晶粒尺寸；γ 为晶界能，钨的取值为 2.26J/m²[4]。一般地，抛物线晶粒生长下的 M_b 被认为热激活的，符合 Arrhenius 关系：

$$M_b = M_{b,0}\exp(-Q(T)/k_B T) \tag{3-20}$$

式中，$M_{b,0}$ 为指前因子常数；k_B 为 Boltzmann 常数；T 为热力学温度，单位为 K；$Q(T)$ 为晶界迁移激活自由能，表达为

$$Q(T) = H(T) - TS(T) \tag{3-21}$$

式中，$H(T)$ 为激活焓；$S(T)$ 为激活熵。Gibbs-Helmholtz 方程如下：

$$-\frac{\partial \ln M_b}{\partial(1/T)} = \frac{\partial(Q(T)/k_B T)}{\partial(1/T)} = \frac{H(T)}{k_B} \tag{3-22}$$

根据式(3-10)作 $\ln M_b$-$1/T$ 函数图，如果由单一机制主导晶界迁移，那么该函数图中 $\ln M_b$ 随 $1/T$ 呈现线性变化，由拟合曲线的斜率即可计算得到激活焓 $H(T)$。

若忽略熵的影响，则激活焓可近似为激活能 $Q(T)$。

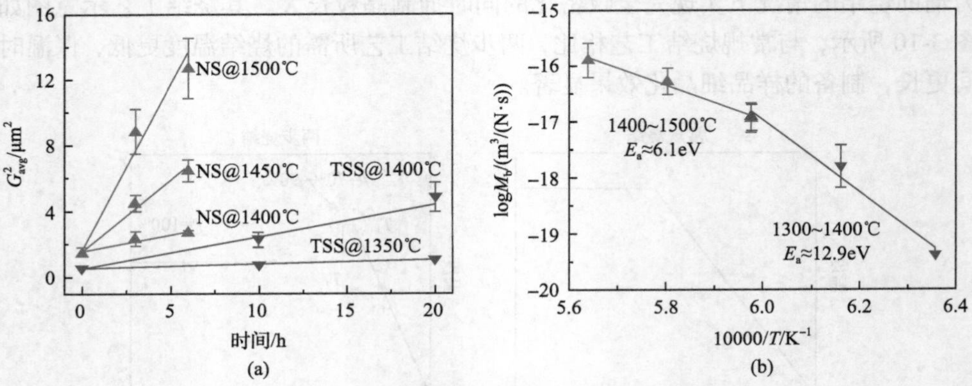

图 3-11　纯钨的等温晶粒生长实验[13]

(a) 平均晶粒尺寸的平方 G^2_{avg} 随退火时间的变化；(b) 晶界迁移率 M_b 与温度的 Arrhenius 图；NS 表示常规烧结，TSS 表示两步烧结

然而，由图 3-11(b) 所示的 Arrhenius 图可见，在纯钨中 $\log M_b$ 随 $10000/T$ 并非呈现单调线性变化，此处的误差棒是根据图 3-11(a) 中斜率的拟合误差所计算得出的。该曲线即使在 200℃的狭窄温度范围内也不是线性的，明显存在一个转折点。在高温区间(1400～1500℃)和低温区间(1300～1400℃)分别进行拟合，得到前者的表观激活能为 6.1eV，后者的表观激活能为 12.9eV。这一激活能的巨大转变反映了晶界迁移率 M_b 具有非常强的温度依赖性，即 M_b 会随温度强烈变化。

图 3-11(b) 表明两个重要信息。第一个是在钨中存在一个晶界迁移激活能转变温度，即 1400℃。低于该转变温度时具有较大的晶界迁移激活能，这与前面所述在氧化锆陶瓷材料中所观察的现象保持一致[14]。以上结果为两步烧结的作用机制提供了有力的数值证明。低温下较大的晶界迁移激活能表明在低温下晶界迁移运动(跨晶界原子扩散)处于停滞状态，同时保持沿晶界原子扩散以使孔隙收缩实现致密化。第二个是烧结激活能会随温度变化而变化，随着温度降低，控制晶粒生长的激活能(晶界迁移激活能)比控制致密化的激活能(晶界扩散激活能)增加得更快，因此，即使降低温度会增加所需的烧结时间，但也会最终实现致密化而避免晶粒长大，达到最终细晶化的目的。由此，可以提出多步烧结或连续冷却保温的烧结方案，以进一步优化晶粒尺寸和性能。

另外，由 $\log M_b$ 随 $10000/T$ 变化的两段式曲线表明，烧结过程并非单一的物理机制，而是混合的机制。首先可以排除化学因素影响，因为本实验采用纯钨，所以没有其他钉扎颗粒或晶界相对晶界性质的影响；其次排除晶体学取向因素，没有晶界的各向异性所产生的影响。传统的晶粒生长模型只考虑晶界面的迁移率，而真实的多晶体系统不仅包含晶界面，还有其他的多维度晶粒连接，如三叉晶界线、四叉晶界点、孔隙-晶界结点贡献表观迁移率。有文献报道发现，铝多晶体中三叉晶界线的迁移率具有异常大的激活能，约为 3.2eV，这一数值超过了晶界迁移激活能的两倍，由此控制了低温下的晶界运动[15]；另外有文献对多晶体(有三叉晶界线)和双晶体(没有三叉晶界线)中晶界的迁移率进行原子模拟，发现多晶体中的晶界迁移率比双晶体的迁移率低得多[16]。因此，这些多维度的晶粒连接(三叉晶界线、四叉晶界点、孔隙-晶界结点)在低温下抑制晶界迁移，控制了表观晶界迁移率而控制晶粒长大。

最终两步烧结细晶化的机理可以由图 3-12 示意。多晶体系统存在大量晶界及其他晶粒缺陷(三叉晶界线、四叉晶界点、孔隙-晶界结点)，高温下，晶界迁移率小于三叉晶界线迁移率，则晶界运动控制了表观晶界迁移率(传统的晶粒生长模型)；而在低温下，三叉晶界线迁移率小于晶界迁移率，则多晶系统中三叉晶界运动控制了表观晶界迁移率。由此，表现出 $\log M_b$ 随 $1/T$ 的两段式变化，也就是存在晶界迁移激活能的转变温度。假设晶界扩散激活能(控制致密化)在整个烧结温度区间不变，而晶界迁移激活能(控制晶粒生长)存在转变，则可以利用分阶段温度调控。实现全致密化的同时细晶化的本质是促进沿晶界原子扩散(致密化)且抑制跨晶界原子扩散(晶界迁移)。两步烧结基于这一基本原理进行分阶段调控烧结实现细晶化。通常第二步烧结温度应选取在该转变温度以下进行，将致密化和晶粒生长两个过程独立分开控制，最终达到致密化同时细晶化的目的。

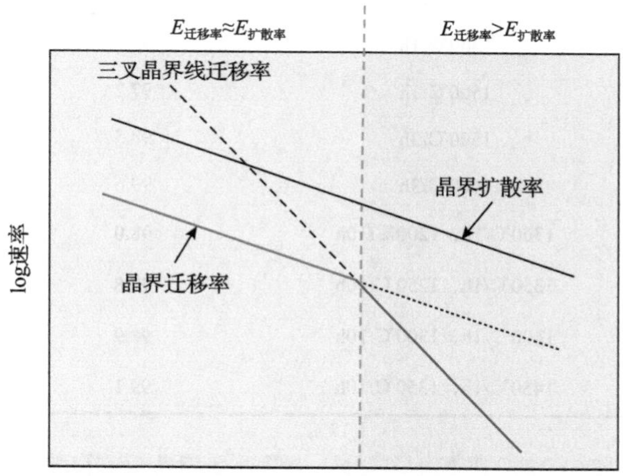

图 3-12 晶界扩散率、晶界迁移率、三叉晶界线迁移率的 Arrhenius 示意图

3.2.3 纳米钨粉的两步烧结

采用燃烧合成的方法制备出高纯度纳米钨粉(纯度 99.9%，粒度 50nm)，在 750MPa 下将纳米钼粉压制成直径为 10mm，厚度为 3mm 的生坯，随后在流动的

氢气气氛(气流量 0.6L/min)中烧结[13]。采用两种烧结工艺：①常规烧结(NS)，直接升温至某一温度并保温 1h；②两步烧结(TSS)，首先升温至某一较高温度 T_1 保温 1h 后立即降温至较低温度 T_2 保温 10h，样品烧结工艺条件如表 3-3 所示。由图 3-13 显示的断口 SEM 图发现，四种条件下两步烧结钨的样品最终达到近全密度的同时不发生晶粒长大，随着烧结温度升高，可以获得更高的致密度，但晶粒尺寸稍微增加。所有样品的显微组织均匀，无异常长大晶粒。TSS-2 样品的 TEM 图(图 3-13(e))显示了纯净的晶界，没有任何第二相粒子或晶界相。统计出四个两步烧结样品的平均晶粒尺寸均小于 1μm，最小晶粒尺寸为 0.70μm(表 3-3)。值得注意的是，TSS-1 和 TSS-4 的烧结温度相差 150℃，而晶粒尺寸相差并不大。此外，通过绘制晶粒尺寸和致密度曲线(图 3-14)可以看出，NS 样品在烧结前期的曲线轨迹是线性的，而烧结后期(致密度大于 90%)晶粒尺寸随致密度开始指数级增长。相比之下，TSS 样品的曲线轨迹在整个致密度范围内都保持线性，表明两步烧结成功抑制了烧结后期的晶粒长大。

表 3-3　不同烧结条件下样品致密度和晶粒尺寸[13]

样品编号	烧结条件	致密度/%	晶粒尺寸/μm
NS-1	1100℃/1h	76.2	0.30
NS-2	1200℃/1h	79.2	0.37
NS-3	1300℃/1h	88.7	0.53
NS-4	1400℃/1h	93.3	0.86
NS-5	1500℃/1h	97.2	1.24
NS-6	1500℃/3h	98.5	1.60
NS-7	1600℃/3h	99.6	3.98
TSS-1	1300℃/1h，1200℃/10h	98.0	0.70
TSS-2	1350℃/1h，1250℃/10h	98.8	0.75
TSS-3	1400℃/1h，1300℃/10h	98.9	0.87
TSS-4	1450℃/1h，1350℃/10h	99.1	0.95

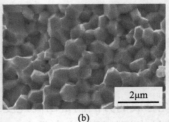

(a)　　(b)

图 3-13　两步烧结钨样品的断口 SEM 及 TEM 图[13]

(a) 1300℃/1h，1200℃/10h，SEM；(b) 1350℃/1h，1250℃/10h，SEM；(c) 1400℃/1h，1300℃/10h，SEM；(d) 1450℃/1h，1350℃/10h，SEM；(e) 1350℃/1h，1250℃/10h，TEM

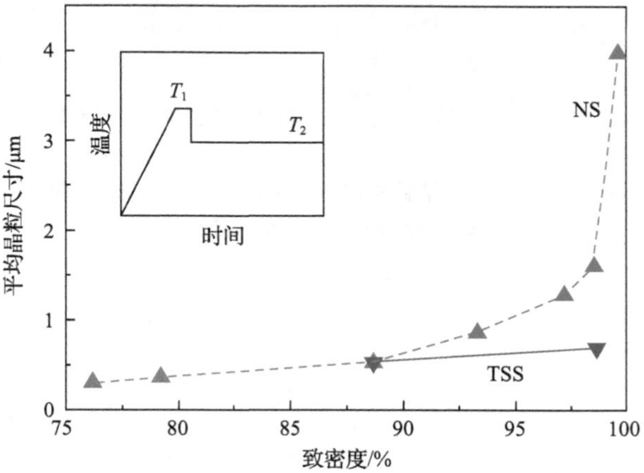

图 3-14　常规烧结(NS)和两步烧结(TSS)样品的平均晶粒尺寸与致密度曲线[13]

图 3-15 为两种烧结工艺样品的断口低倍 SEM 图，常规烧结 NS-6 样品显示出晶粒异常长大的局部区域，这种不均匀组织由纳米粉末的局部烧结引起，而两步烧结 TSS-2 样品在大面积范围内表现出优异的晶粒均匀性。可见，两步烧结不仅可以控制晶粒长大，还可以使晶粒结构均匀化。对两个样品分别进行了 EBSD 表征(图 3-16)，并绘制出平均晶粒尺寸 G_{avg} 归一化分布。如图 3-17 所示，虽然两个样品都表现出单峰分布，但两步烧结样品的归一化晶粒尺寸分布标准差(σ=0.39)比常规烧结样品(σ=0.61)更小，因此更加均匀。

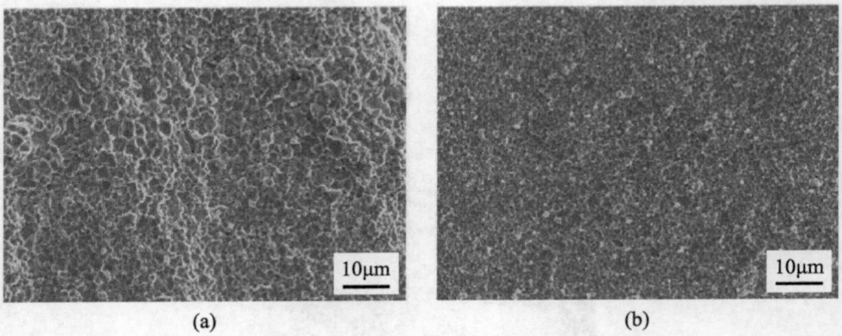

图 3-15 不同烧结钨样品的断口低倍 SEM 图[13]

(a) 常规烧结样品 NS-6；(b) 两步烧结样品 TSS-2

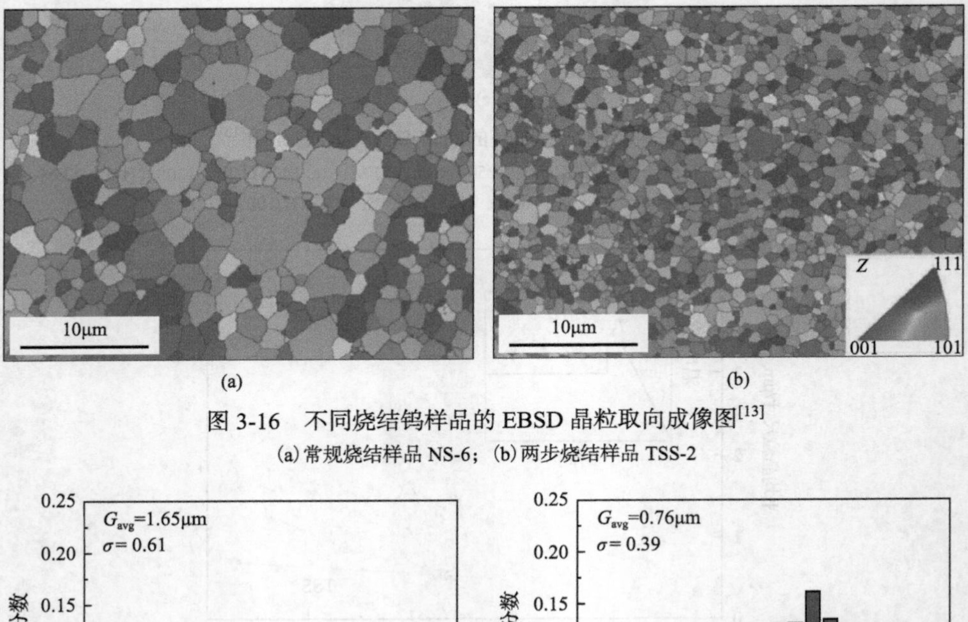

图 3-16 不同烧结钨样品的 EBSD 晶粒取向成像图[13]

(a) 常规烧结样品 NS-6；(b) 两步烧结样品 TSS-2

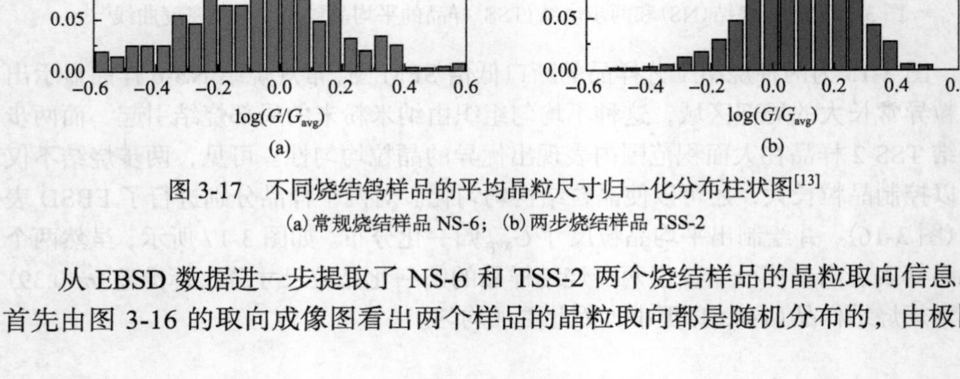

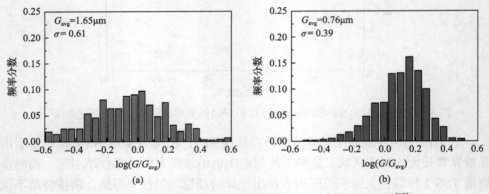

图 3-17 不同烧结钨样品的平均晶粒尺寸归一化分布柱状图[13]

(a) 常规烧结样品 NS-6；(b) 两步烧结样品 TSS-2

从 EBSD 数据进一步提取了 NS-6 和 TSS-2 两个烧结样品的晶粒取向信息。首先由图 3-16 的取向成像图看出两个样品的晶粒取向都是随机分布的，由极图

(图 3-18)也得到印证，两个样品均未显示出任何明显的织构。由图 3-19 所示，两个样品的晶界取向差角分布也是相似的，均接近 Mackenzie 随机取向分布[17]。以上结果表明，纳米钨粉在两步烧结过程中保持典型的等轴晶粒形状，晶界性质保持各向同性，表明晶界能、迁移率等性质也是均匀的。

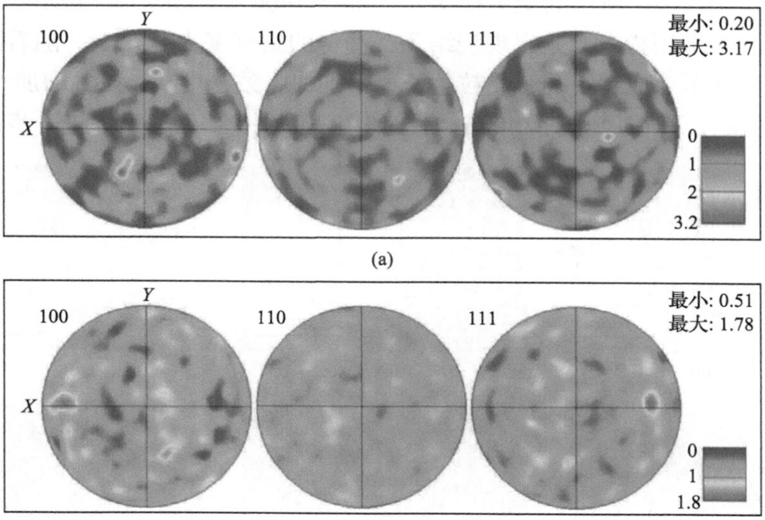

(a)

(b)

图 3-18　不同烧结钨样品的极图[13]

(a) 常规烧结样品 NS-6；(b) 两步烧结样品 TSS-2

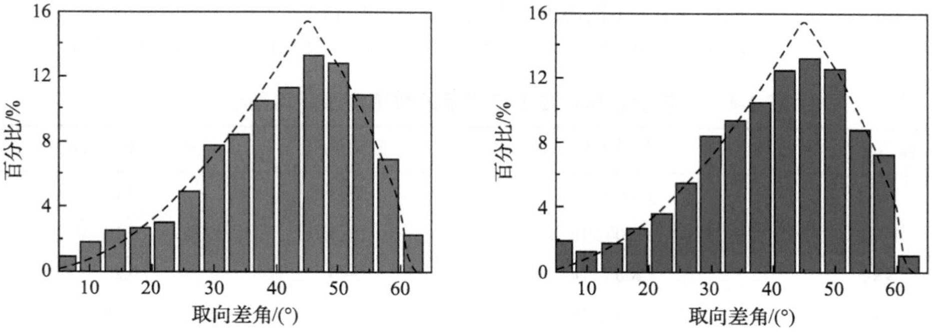

(a)　(b)

图 3-19　不同烧结钨样品的取向差角分布图[13]

(a) 常规烧结样品 NS-6；(b) 两步烧结样品 TSS-2

3.2.4　纳米钼粉的两步烧结

采用燃烧合成的方法制备出高纯度纳米钼粉(纯度 99.9%，粒度 50～100nm)，在 750MPa 下将纳米钼粉压制成直径为 10mm，厚度为 3mm 的生坯，随后在流动的氢气气氛（气流量 0.6L/min）中烧结。对于常规烧结（NS），样品以 5℃/min 的速率加热至 1000～1300℃并等温烧结[18]。对于两步烧结（TSS），样品首先以 5℃/min 的速率下加热到 T_1 并保持 1h，然后冷却到 T_2 并保持不同的时间。在实施两步烧结之前，首先研究了纳米钼粉在常规烧结中的烧结和晶粒长大行为，设定恒定保温时间 1h。图 3-20 所示的烧结样品在 1000～1400℃时的断口 SEM 图表明，在 1000℃时，纳米钼粉末开始出现烧结颈，测得的致密度为 74.3%。随着温度的升高，开放孔逐渐变成封闭孔，晶粒生长速率加快，致密度从 74.3%增加到 95.3%，如表 3-4 所示，晶粒尺寸从 140nm 增长到 1320nm。在 1400℃下进一步延长保温

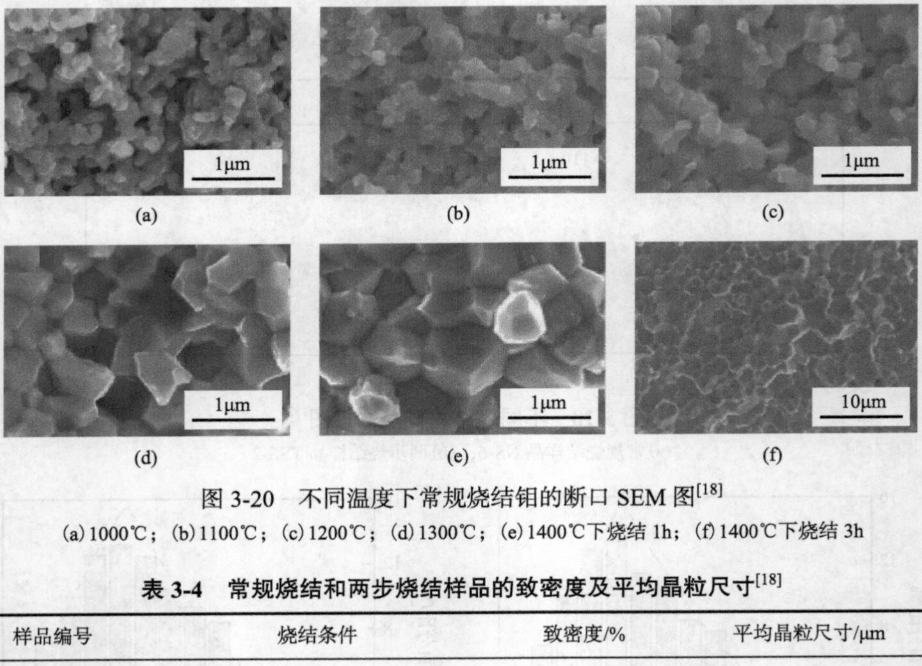

图 3-20　不同温度下常规烧结钼的断口 SEM 图[18]

(a) 1000℃；(b) 1100℃；(c) 1200℃；(d) 1300℃；(e) 1400℃下烧结 1h；(f) 1400℃下烧结 3h

表 3-4　常规烧结和两步烧结样品的致密度及平均晶粒尺寸[18]

样品编号	烧结条件	致密度/%	平均晶粒尺寸/μm
NS-1	1000℃/1h	74.3	0.14
NS-2	1100℃/1h	78.6	0.19
NS-3	1200℃/1h	84.5	0.26
NS-4	1300℃/1h	90.3	0.45
NS-5	1400℃/1h	95.3	1.32
NS-5	1400℃/3h	99.2	2.74
TSS-1	1000℃/1h，900℃/10h	84.6	0.226
TSS-2	1100℃/1h，1000℃/10h	88.1	0.274
TSS-3	1180℃/1h，1100℃/10h	98.6	0.332
TSS-4	1250℃/1h，1150℃/10h	99.4	0.485

时间至 3h，可获得接近理论密度的密度，即晶粒尺寸为 2.74μm 时致密度为 99.2%。当温度较低时，生长速率较慢。当温度升高时，在普通烧结中出现明显的晶粒增长，这与公认的烧结理论是一致的。所有样品的微观结构都保持相对均匀的等轴晶粒。当温度较低时，低温提供的能量较小，同时大范围的通孔抑制了晶粒的生长；然而当致密度大于 90%时，普通烧结的晶粒发生显著的粗化。这是由于在最终阶段烧结孔隙全变为闭孔时，要将坯体烧结完全致密需要更高的温度，从而使得气孔与晶界脱钩，晶粒迅速长大。

然后在不同条件下进行两步烧结。首先 T_1 设定在 1000～1250℃烧结 1h，然后在 $T_2=T_1-100$℃下烧结 10h。所有样品的断口 SEM 图显示在图 3-21 中。可以看出，当 T_1=1000℃和 1100℃时，在 T_2 温度烧结 10h 后，样品的致密度不高，有较多的孔隙，说明 T_2 的晶界扩散非常有限。在两步烧结中，第一步不能达到一定程度的致密化，第二步即使保温时间再长，也不能达到完全的致密化。当 T_1=1180℃和 1250℃时，如图 3-21(c)和(d)所示，几乎达到了完全致密的结构。这时的晶粒尺寸分别约为 332nm 和 485mn，测得的致密度分别为 98.6%和 99.4%。

图 3-21　不同温度下两步烧结钼的断口 SEM 图[18]

(a) TSS-1 在 1000℃下烧结 1h，900℃下烧结 10h；(b) TSS-2 在 1100℃下烧结 1h，1000℃下烧结 10h；(c) TSS-3 在 1180℃下烧结 1h，1080℃下烧结 10h；(d) TSS-4 在 1250℃下烧结 1h，1150℃下烧结 10h

两步烧结还可以使晶粒结构均匀化。图 3-22 是 NS-5 和 TSS-3 的断口低倍 SEM 图。常规烧结样品(NS-5)具有异质的微观结构，局部晶粒区域较大，两步烧结样品(TSS-3)显示出良好的均匀性。

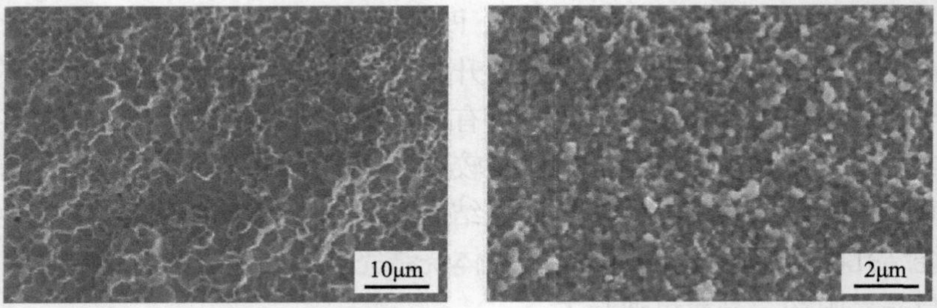

(a)　(b)

图 3-22　不同烧结钼样品的断口低倍 SEM 图[18]

(a) 常规烧结样品 NS-5；(b) 两步烧结样品 TSS-3

为了进一步分析，对这两个样品进行了 EBSD 表征(图 3-23)，这也证实了两步烧结后的微观结构分布均匀，晶粒小，没有大颗粒。图 3-23(b) 和图 3-23(e) 分别显示了 NS-5 和 TSS-3 样品的归一化晶粒尺寸分布及平均晶粒尺寸 G_{avg}，尽管两个样品都有单峰的晶粒尺寸分布，但 TSS-3 的归一化晶粒尺寸标准差(σ=0.30) 比 NS-5(σ=1.00) 小得多，表明其尺寸分布更为均匀。进一步研究了 EBSD 数据中的晶粒取向。图 3-23(c) 和图 3-23(f) 是 NS-5 和 TSS-3 的极点图，证明两个样品的晶粒取向都是随机的。即使样品 NS-6 比样品 TSS-2(0.51～1.78mud，"mud" 是均匀密度的倍数的缩写) 显示出更高的极点密度水平(0.20～3.17mud)，但两个样品都没有显示出任何明显的织构特征。

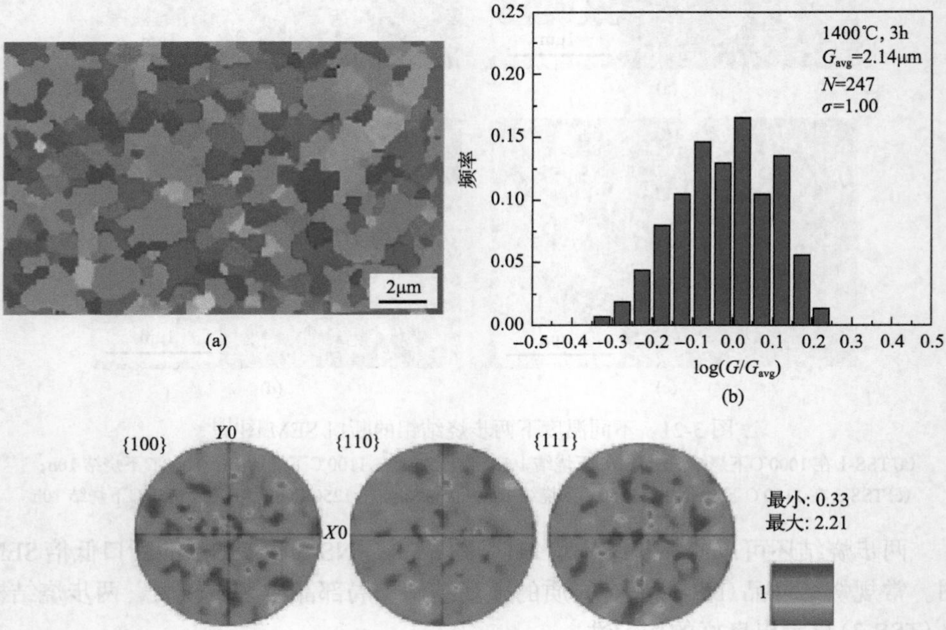

(c)

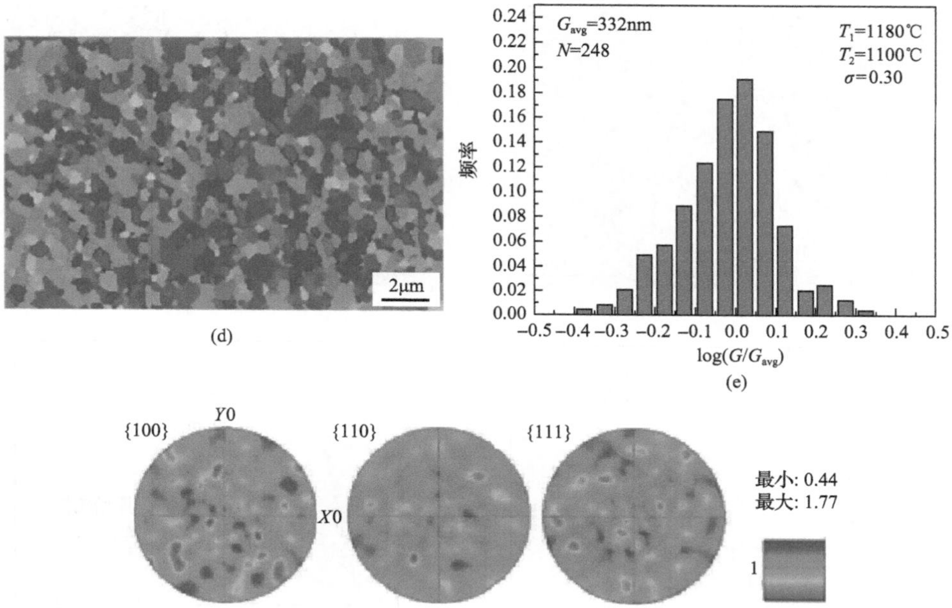

(f)

图 3-23　不同烧结钼样品的 EBSD 结果[18]

(a)～(c) 常规烧结样品 NS-5；(d)～(f) 两步烧结样品 TSS-3

3.2.5　粉末粒径及分散性对烧结的影响规律

1. 钨粉分散性对烧结的影响

以两种粒径分布状态的纳米钨粉作为对照实验[19]，图 3-24(a) 和图 3-24(b) 分别为两种不同钨粉的 SEM 图。可以看到，原始钨粉(W-Raw)中含有许多粒径约为 200nm 的大颗粒，这些颗粒尺寸远大于平均粒径水平(统计的平均粒径为 69nm)，可能是由于合成过程中由细颗粒聚合形成的硬团聚体。而在筛分钨粉(W-Sieved)中，这些大颗粒团聚体被完全消除，并且小颗粒更加分散，统计的平均粒径为 49nm。图 3-24(c) 和图 3-24(d) 显示了两种粉末的累积频率分布和累积体积分数分布，可以看出两种粉末在累积频率分布图中区别不大，且统计的平均粒径也相差不大，这是因为原始钨粉中的大颗粒数量远小于小颗粒数量，并不会出现在基于频数的统计量中。然而，由图 3-24(d) 中的原始钨粉数据点可见，这些大颗粒的体积分数很大，导致原始钨粉在基于体积的统计量下具有明显更宽的尺寸分布。对于筛分钨粉，去除了 200nm 以上的大颗粒，因此获得更窄的粒径分布。这说明筛分过程有效减少硬团聚体数量并获得粒径分布更窄的纳米粉体。粉体的变化将影响后续烧结致密化和晶粒生长行为。

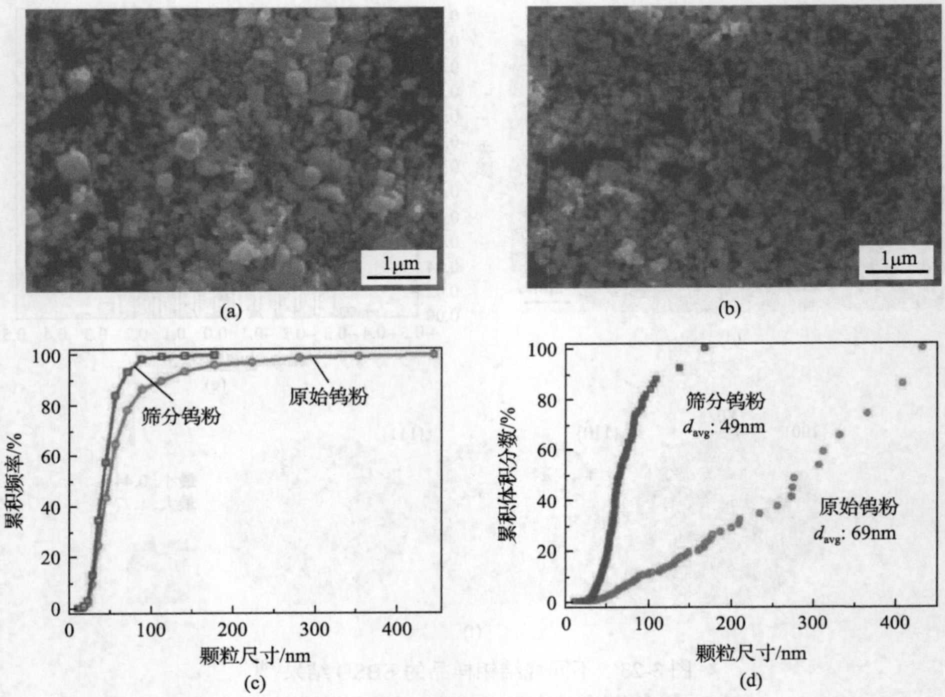

图 3-24　粉末处理前后的 SEM 图和粒径分布[19]

(a)原始钨粉和(b)筛分钨粉的 SEM 图；原始钨粉和筛分钨粉的(c)颗粒尺寸-累积频率分布和(d)颗粒尺寸-累积体积分数分布

对两种粉体进行恒定加热速率烧结(CHRS)实验，从而研究粉末的烧结动力学。将坯体加热至设定温度 900～1500℃，不保温，降温至室温，升温和降温速率均为 5℃/min。图 3-25 显示了恒定加热速率烧结实验中不同烧结样品的晶粒结构。对于使用原始钨粉的烧结样品，在 900℃时基本还维持初始粉末颗粒的双峰分布特征，在 900～1100℃阶段出现明显的颗粒间的烧结颈生长，表现为大颗粒吞并小颗粒，然后新颗粒之间又进一步接触不断形成新的烧结颈。这一过程涉及大颗粒和小颗粒之间的物质传输，但并不会促进致密化进程，而是表现为颗粒重排、粗化[20]。在烧结温度大于 1200℃后，晶粒形状逐步由椭球形变为多边体形状并逐步形成晶界，致密度开始显著提升，但仍然表现出不均匀的多孔结构，最终在 1500℃烧结后得到块体的致密度 95.5%，平均晶粒尺寸 G_{avg}=1.18μm。相比于原始钨粉样品，使用筛分钨粉的烧结样品在烧结前期 900～1200℃时显示出更少的大颗粒，这意味着烧结前期的颗粒粗化被抑制。因此，筛分钨粉在 1200℃时具有更均匀的微观结构和更细的晶粒尺寸，并在 1500℃时显示出更致密的微观结构，测得此时致密度为 97.7%，G_{avg}=0.81μm。

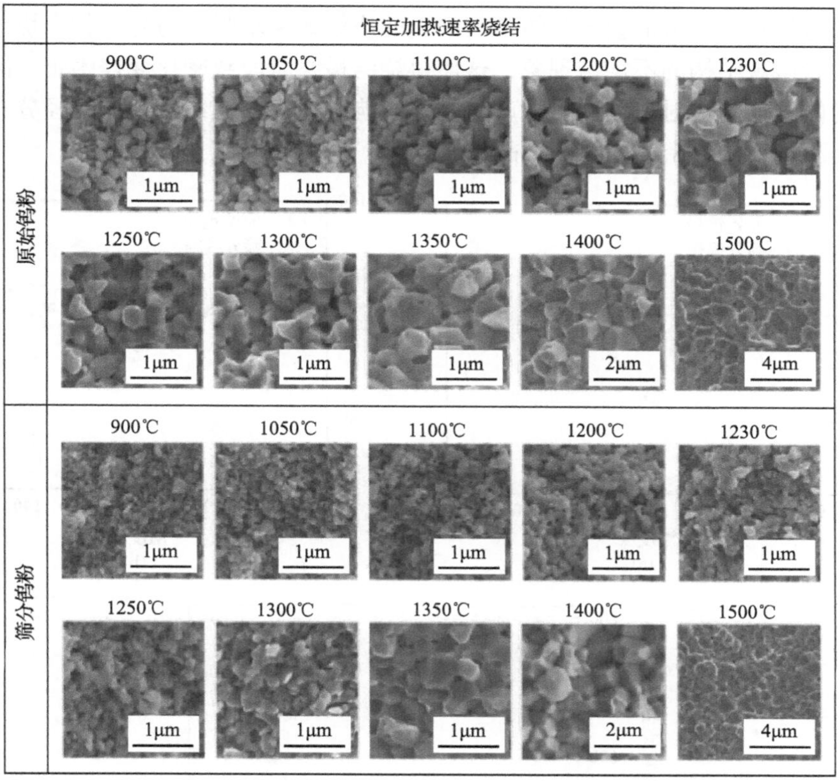

图 3-25　不同烧结温度条件下原始钨粉和筛分钨粉的断口 SEM 形貌图

以上结果表明，晶粒结构均匀性尤其是颗粒粒度分布，直接影响了粉末的烧结动力学。图 3-26 为两种粉末的致密化曲线、致密化速率曲线及晶粒生长曲线。由图 3-26(a)看出，在 1100～1300℃间，原始钨粉的致密度大于筛分钨粉，图 3-26(b)进一步显示了原始钨粉在更低的温度下达到致密化速率的峰值。但随着烧结温度升高，在烧结后期阶段，即当致密度大于 90%时，原始钨粉的致密化速率显著下降导致其在高温下也难以实现完全致密化。这说明了宽粒径分布粉末(原始钨粉)虽然在烧结前中期具有更快的致密化速率，但由于其烧结驱动力消耗殆尽，在烧结后期表现为“后劲不足”，从而无法在最终烧结阶段实现进一步致密化。相比之下，筛分钨粉的致密化速率峰值出现在更高温度，在 1500℃时致密度能够达到 97.7%，而原始钨粉仅为 95.5%。值得注意的是，如图 3-26(c)所示，在整个烧结温度区间下，原始钨粉的晶粒生长曲线始终高于筛分钨粉，意味着后者具有更小的晶粒尺寸，更利于烧结过程中细化晶粒。这些实验结果表明，纳米钨粉的致密化和晶粒生长都强烈依赖于原始粉末粒径尺寸分布或生坯样品中孔隙结构。例如，在成形的生坯样品中，大尺寸颗粒周围接触大量小尺寸颗粒将会触发局部烧结和颗粒快速粗化，这可能会导致烧结前中期的烧结显著增强，另外，整个烧结过程会伴随着微观结构的不均匀现象，这使得烧结最终阶段致密化变得困难。因此，纳米粉体的均匀性对烧结动力学产生显著影响，通过窄化纳米粉体粒径分布将有助于提高烧结体致密度同时细化晶粒。

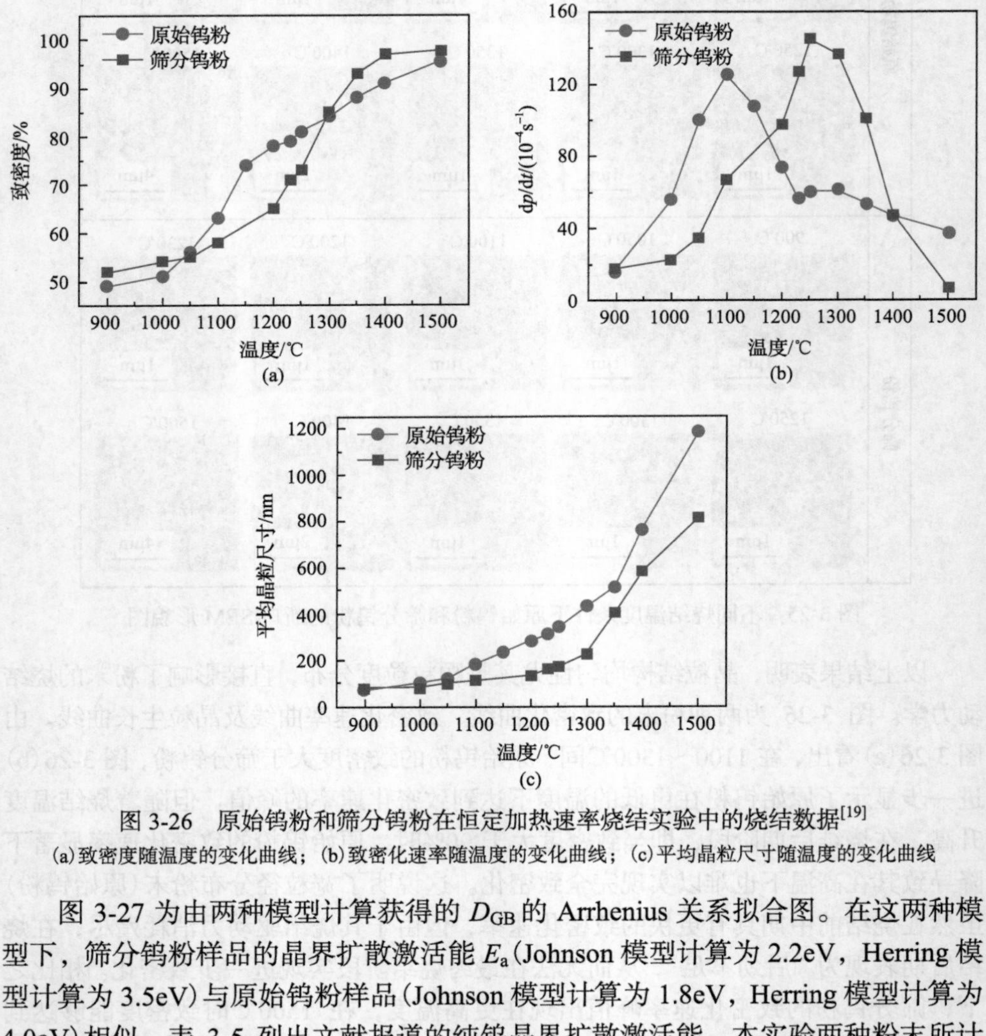

图 3-26　原始钨粉和筛分钨粉在恒定加热速率烧结实验中的烧结数据[19]

(a) 致密度随温度的变化曲线；(b) 致密化速率随温度的变化曲线；(c) 平均晶粒尺寸随温度的变化曲线

图 3-27 为由两种模型计算获得的 D_{GB} 的 Arrhenius 关系拟合图。在这两种模型下，筛分钨粉样品的晶界扩散激活能 E_a(Johnson 模型计算为 2.2eV，Herring 模型计算为 3.5eV) 与原始钨粉样品(Johnson 模型计算为 1.8eV，Herring 模型计算为 4.0eV) 相似。表 3-5 列出文献报道的纯钨晶界扩散激活能，本实验两种粉末所计算的激活能均小于文献中的纯钨激活能(3.3～4.8eV)，这意味着本实验所用钨粉具有良好的烧结活性，能够在较低温度下实现烧结致密化。值得注意的是，Johnson 模型计算下的原始钨粉的激活能略小于筛分钨粉，这一结果偏离预期，可归因于该模型计算包含了部分烧结前期的数据点，而烧结前期的原子扩散以表面扩散为

主而不是晶界扩散机制。另外，原始钨粉存在显著的局部烧结和局部晶粒生长，导致该模型所计算的晶界扩散激活能有所偏差。这一现象说明了 Herring 模型更适用于解释本实验纳米钨粉的烧结行为。该模型中筛分钨粉的晶界扩散激活能 E_a 比原始钨粉的 E_a 降低了约 10%，同时，原始钨粉样品所计算的晶界扩散率 D_{GB} 明显大于筛分钨粉样品所计算的 D_{GB}，这也再次解释了前者在烧结前中期具有更

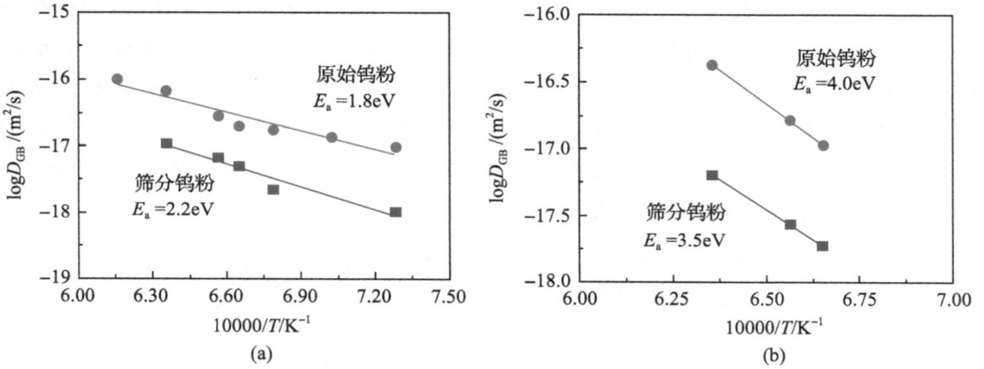

图 3-27　原始钨粉和筛分钨粉的晶界扩散率 Arrhenius 曲线图[19]

(a) Johnson 模型；(b) Herring 模型

表 3-5　纯钨的晶界扩散激活能文献报道对比

烧结温度/℃	颗粒尺寸/μm	激活能/eV	作者/年份
1100～1500	3	4.4	Kothari[21]/1963
1100～1700	0.87	3.9	Yao[22]/1962
1300～1750	0.45～0.88	4.8	Vasilos 等[23]/1964
1050～1200	0.56	4.0	Hayden 等[24]/1963
1400～2200	—	4.0	Kreider 等[25]/1967
900～1400	1.24	4.7	German 等[26]/1976
1000～1750	1.2	3.3	Chen[27]/1993
1177～1250	1.2	4.2	Boonyongmaneerat[28]/2009
1000～1100	0.06	4.0	Srivastav 等[29]/2011
1100～1200		4.3	
1100～1500	0.25	3.8	Perkins[30]/2011
1100～1375	0.069 (W-Raw)	1.8	Johnson 模型
	0.049 (W-Sieved)	2.2	
1230～1300	0.069 (W-Raw)	4.0	Herring 模型
	0.049 (W-Sieved)	3.5	

快的烧结致密化速率。虽然更高的 D_{GB} 会使烧结前中期具有较低的烧结温度和较高的致密化速率，但在最终烧结阶段(即在较高的致密度时)，致密化速率会迅速降低，对于原始钨粉样品，即使在 1500℃下致密度也无法超过 96%。

2. 钼粉分散性对烧结的影响

采用燃烧合成的方法制备出高纯度纳米钼粉(纯度 99.9%)，然后将钼粉在离心机中以 3000r/min 的速度离心 2min，取悬浮溶液并过滤烘干，得到离心后纳米筛分钼粉。图 3-28(a)显示的合成的纳米原始钼粉(平均粒径为 67nm)含有许多大颗粒，这些颗粒扩大了尺寸分布并构成了大体积分数(图 3-28(c))。离心筛分后的纳米钼粉如图 3-28(b)所示，筛分钼粉具有比原始钼粉略小的平均粒径(55nm)，尺寸分布更窄，并且不再含有大于 100nm 的颗粒。

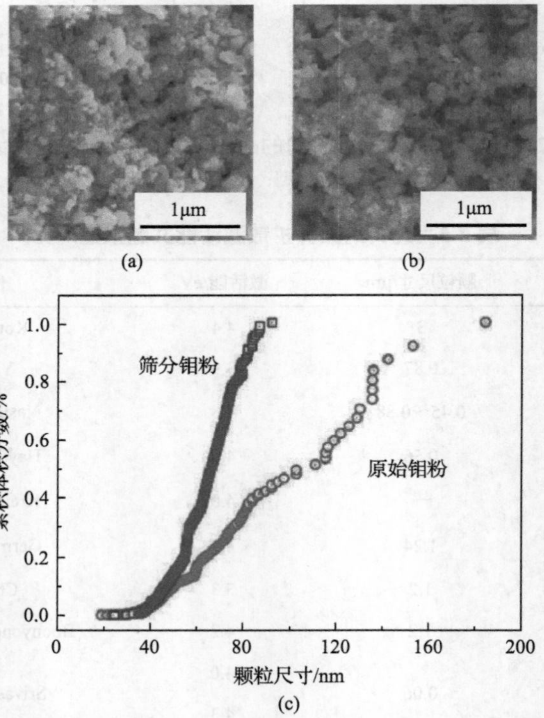

图 3-28　(a)原始钼粉、(b)筛分钼粉的 SEM 图和(c)累积体积分数作为颗粒尺寸函数的分布图[18]

采用恒定加热速率烧结实验研究了两种钼粉的烧结动力学，其烧结数据如图 3-29 所示。在 1300℃下烧结的原始钼粉样品的晶粒尺寸比筛分钼粉样品的晶粒尺寸大得多。在 1400℃下，筛分钼粉样品的致密度为 97.3%，而在相同条件下烧结的原始钼粉样品的致密度为 95.2%，这显示了粉末离心筛分在改善中间阶段和最终阶段烧结性方面的优势。在低于 1150℃烧结时，筛分钼粉样品的致密度略低于原始钼粉样品(致密度小于 80%)，但当大于 1200℃烧结时致密度变得高于后者。就晶粒尺寸而言，低于 1150℃烧结时，原始钼粉和筛分钼粉的晶粒增长有限，原始钼粉晶粒快速增长在 1200℃开始，在 1400℃达到 G_{avg}=4.2μm。相比之下，在相同的烧结条件下，尽管筛分钼粉样品的致密度比原始钼粉高，但筛分钼粉的晶粒生长要慢得多。

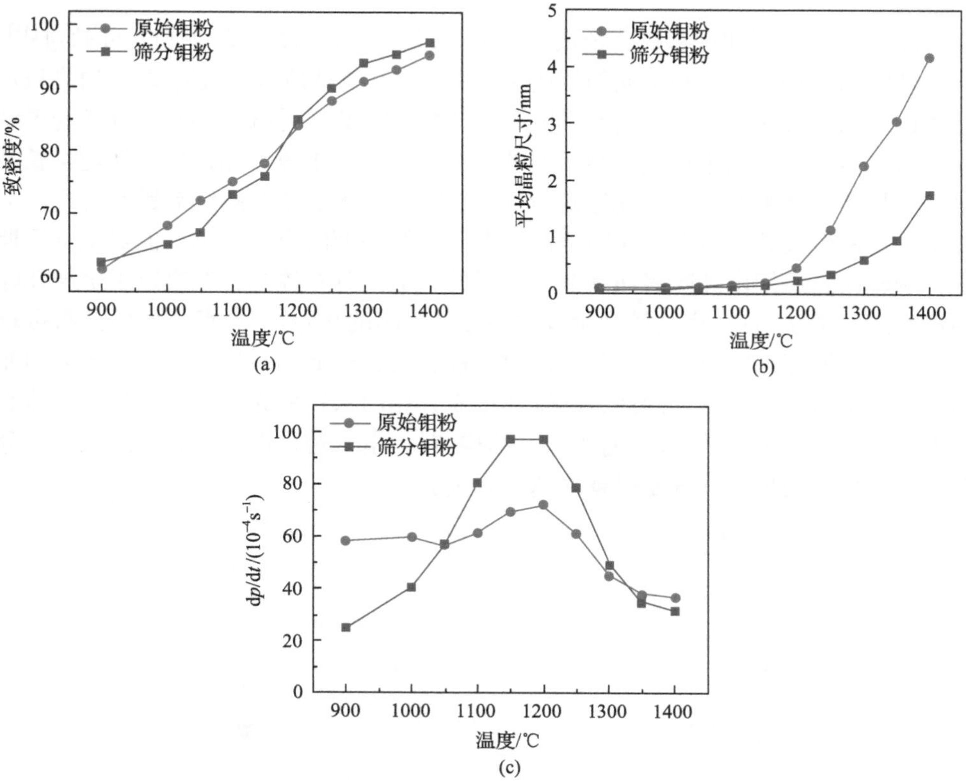

图 3-29　原始钼粉和筛分钼粉在恒定加热速率烧结实验中的烧结数据[18]

(a)致密度、(b)平均晶粒尺寸和(c)致密化速率随烧结温度的变化曲线

3.2.6　合金元素铼对烧结的影响规律

铼对钨是一类重要的合金元素，本章以钨铼合金为例，介绍合金元素铼对钨烧结的影响规律。钨铼合金由于其优异的高温力学性能，在航空航天、半导体、高温设备和核能领域有着重要的应用。与纯钨相比，钨铼合金具有较低的韧脆转变温度、更好的延展性和加工性能。然而在烧结高致密度的细晶尺寸钨铼合金方

面取得的进展有限，特别是通过无压烧结(粉末冶金的首选方法)。钨铼合金具有挑战性的烧结问题通常归因于其高熔点，实际上铼合金化降低了钨铼二元体系的熔点。铼合金化对烧结致密化的解释也存在争议。Oda 等[9]的实验表明，铼的加入抑制了钨铼合金的烧结致密化和晶粒生长，而 Pramanik 等[31]则认为铼的加入同时增强了致密化和晶粒生长。因此，本章介绍钨铼合金烧结动力学、扩散机制和微观结构演变相关研究。

1. 烧结中的铼效应

图 3-30 显示了四种钨铼合金成分致密化过程的致密度-平均晶粒尺寸轨迹[32]，并发现它们在烧结早期和中期的轨迹相互重叠。在这些阶段，致密度-平均晶粒尺寸轨迹可以观察线性增长。当致密度大于 92%或孔隙率小于 8%时，分叉变得明显，这标志着从烧结中期到烧结后期的过渡。在这些阶段，晶粒尺寸加速生长被触发。显然，如果要求致密度达到 98%～99%，则无法生产超细晶钨铼合金。上述结果有两个迹象：铼合金化对烧结早期和烧结中期的影响较小，但对烧结后期的影响较大；后期由孔隙表面和晶界之间的二面角分布控制，这决定了烧结孔隙结构的热力学状态(在烧结最终阶段大部分是封闭的孔隙)。虽然二面角分布很难量化，但界面能量的不均匀性与晶体对称性有关，较低的对称性意味着更多的非均匀性和更宽的二面角。因此，尽管体心立方相尚未转变为四方相，但当向体心立方钨中添加更多铼(纯铼为密排六方结构)时，由于对称性降低导致的二面角分布更宽，烧结的最终阶段变得越来越具有挑战性。

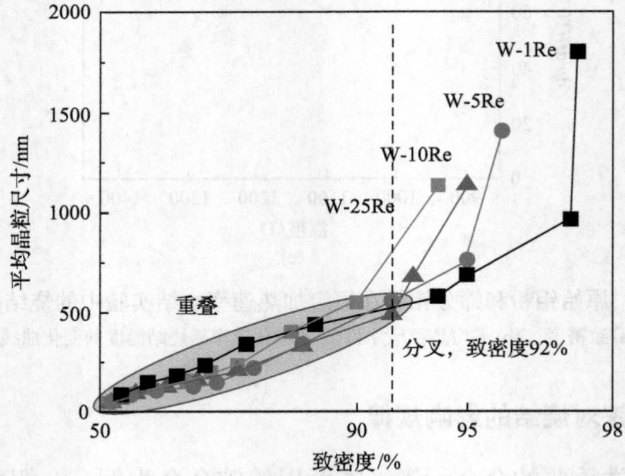

图 3-30　钨铼合金致密度-平均晶粒尺寸轨迹图[32]

图 3-31 显示了不同温度下钨铼合金的晶界扩散率 D_{GB} 及激活能 E_a。W-5Re、W-10Re 和 W-25Re 在相同温度下具有相似的 D_{GB} 和相似的 E_a，而 W-1Re 具有约

10 倍的 D_{GB}，且 E_a 略小。这些结果使致密度小于 92%时的重叠致密度-平均晶粒尺寸轨迹合理化，并表明铼合金化对晶界扩散影响较小。因此，Oda 和 Pramanik 的结果都来自机械合金化粉末的烧结性问题和粉末特性，这不能反映钨铼合金化系统的固有材料特性。晶界扩散(有助于烧结)和晶粒生长(在烧结过程中的多孔阶段)之间的正相关可能是较强的孔隙钉扎效应的结果。

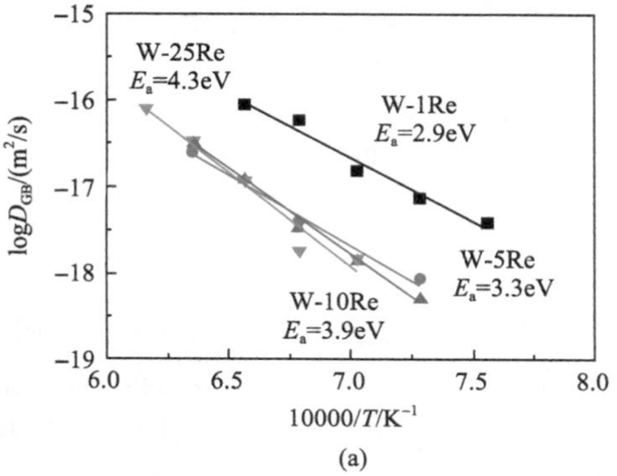

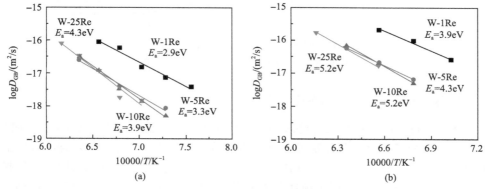

图 3-31 W-Re 合金的晶界扩散率及激活能[32]

(a) Johnson 方法；(b) Herring 方法

2. 钨铼合金的两步烧结

随着对钨铼合金烧结难题的更好理解和新假设，研究人员提供了一种通过无压两步烧结工艺抑制最终阶段晶粒生长的解决方案。通过首先将生坯加热到较高的温度 T_1(从而达到临界密度 ρ_c，以将所有孔隙率设置为热力学可烧结状态)，然后立即冷却到较低的温度 T_2 并保持较长时间(从而在减缓晶粒生长的同时继续致密化)来实现两步烧结。如图 3-32 中钨铼合金样品的断裂表面所示，钨铼合金烧结到了高致密度(致密度 98%～99%)，同时保持了均匀的微观结构，进一步证实了两步烧结在生产高致密超细晶钨铼合金方面的成功。这是难熔钨铼合金在粉末冶金(特别是无压烧结)方面的一个飞跃。

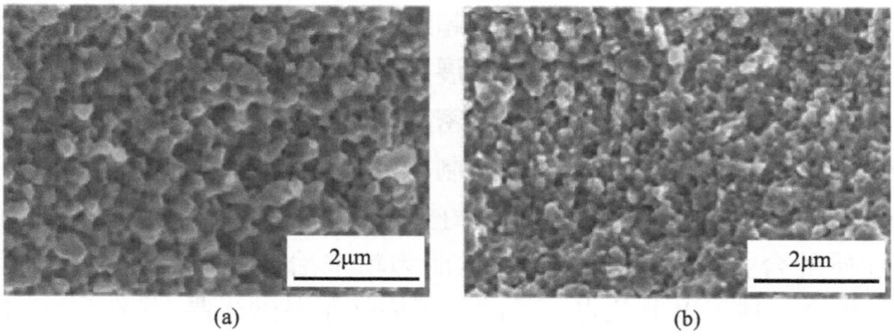

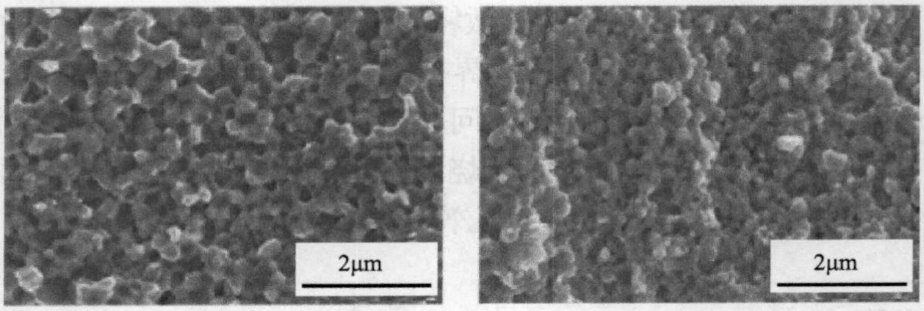

(c)　(d)

图 3-32　两步烧结 W-Re 合金断口 SEM 图[32]

(a) W-1Re；(b) W-5Re；(c) W-10Re；(d) W-25Re

3. 铼对钨晶粒生长和晶界迁移的影响

烧结过程中的晶粒生长与许多物理过程相耦合，并受到孔隙-晶界相互作用的显著影响。为了简化问题并获得更内在的“晶界”参数，研究人员对烧结致密的钨铼合金中的晶粒生长进行了研究。具有细晶粒尺寸的两步烧结样品（即后续等热退火实验的初始条件）提供了解决相对较低温度下晶粒生长动力学的独特机会。图 3-33 显示了晶粒生长动力学遵循抛物线定律并由图 3-34 的 Arrhenius 图可见，铼合金化逐渐降低了晶界迁移率，在较低温度下效果更明显，而在较高温度下效果不明显。在 1500℃时，晶界迁移率仅相差 1.6 倍。这表明铼合金化对高温下的晶界迁移率影响较小。然而，在低温下，铼合金化显著降低了晶界迁移率。例如，当铼的质量分数从 1%增加到 25%时，晶界迁移率在 1400℃时减少至 1/10。而当铼的质量分数由 1%增至 10%时，晶界迁移率在 1350℃时减少至 1/10。其次，与温度相关的迁移率被抑制的结果表明，晶界迁移率随着铼含量的增加而增加。这些值（W-1Re 为 6.4eV，W-5Re 为 6.6eV，W-10Re 为 9.2eV，W-25Re 为 10.3eV）都高于图 3-33 中相应合金成分的晶界扩散率的激活能。这表明在较低温度下，晶界扩散（促进烧结）比晶界迁移（促进晶粒生长）更有利，这证明了 W-Re 合金两步烧结的可行性。

最后，对于未来研究无压两步烧结制备超细晶难熔金属进行展望，关键在于以下几点：①制备高分散度、高纯度、超细的纳米粉体，其中减少甚至消除大颗粒团聚体是亟须解决的一大难点；②发展先进的坯体的成形技术，如温压、温等静压和胶体加工技术，以提高坯体的致密度和均匀性，这对后续烧结速率及均匀性起到关键作用；③突破目前两步烧结制备大尺寸块体的局限性，这也依托前两点的共同作用。在确保粉末和坯体的良好质量的前提下，可以进一步扩展到具有复杂化学性质的合金以及高熵合金，从而为粉末冶金生产高密度超细晶粒/纳米晶产品提供机会。基于以上几点，通过无压烧结制备纳米晶（晶粒尺寸<100nm）难熔金属/合金块体材料有望在未来不久的工业应用中得以实现。

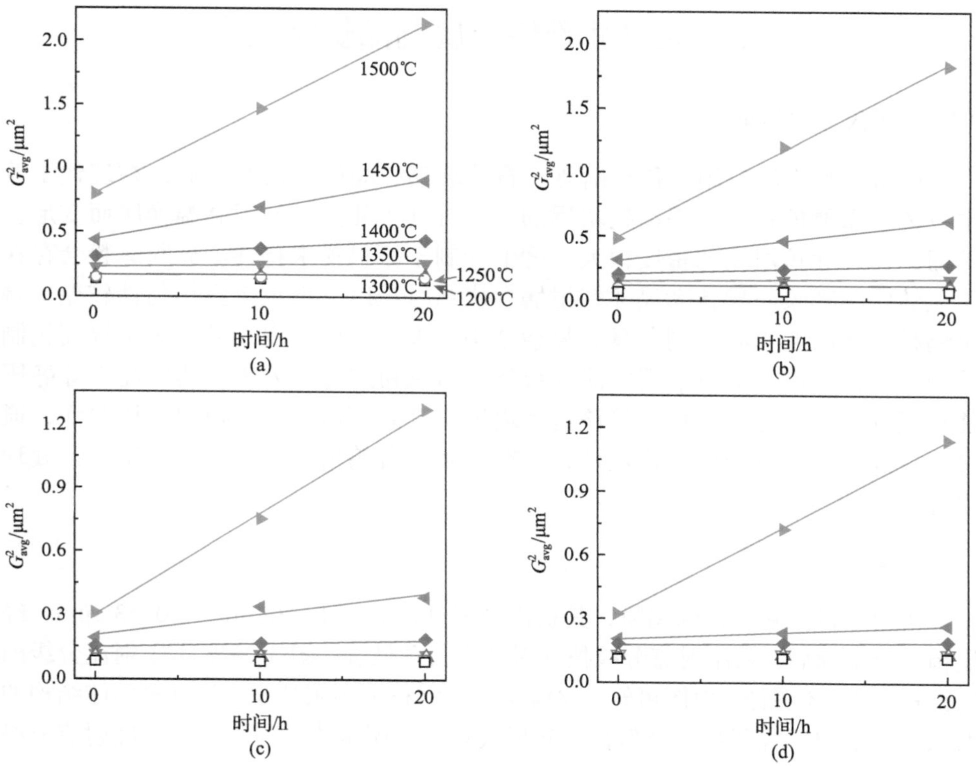

图 3-33　不同成分 W-Re 合金的等温退火实验晶粒生长数据[32]

(a) W-1Re；(b) W-5Re；(c) W-10Re；(d) W-25Re

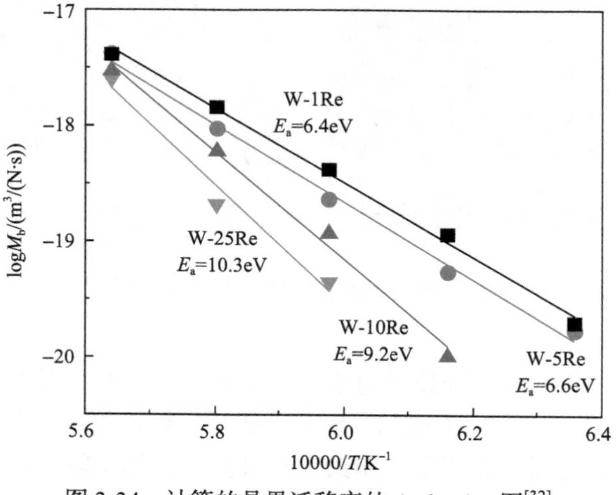

图 3-34　计算的晶界迁移率的 Arrhenius 图[32]

3.3　大尺寸难熔金属制品烧结技术

3.3.1　大尺寸钨坩埚

钨坩埚被广泛应用于稀土冶炼、石英玻璃、晶体生长等行业，在现代工业中发挥着重要的作用。提高钨坩埚的密度有助于使其不易因高温膨胀而变形。然而，大尺寸钨坩埚的密度很大程度上受制于原料粉末特性。原料钨粉会存在明显的团聚现象，导致大尺寸钨坩埚在烧结时难以完全致密且均匀性较差，解决钨粉团聚问题有利于制备具有复杂结构的大尺寸钨坩埚制品。为了提高钨制品的致密化程度，本节采用射流分级技术对钨粉进行预处理，然后经冷等静压并在氢气环境下进行烧结，将该钨坩埚置于高温环境下进行模拟应用验证，通过比较高温环境下的应用稳定性，探究得到制备钨坩埚最优原料粉末与预处理组合[33]。

1. 粉末预处理

所用原料为两种还原钨粉，其费氏粒度分别为 3.1～3.2μm、3.0～3.5μm。经烘箱充分干燥后，采用射流分级技术对其进行预处理。图 3-35 显示了射流分级前后钨粉的 SEM 图像。由图可知，原料未分级时粉末团聚严重，具有多面体结构的大颗粒和小的不规则颗粒吸附在一起形成较大的团聚体。与之相反，经射流分级后，得到的粉末具有良好的分散性。

图 3-35　射流分级前后钨粉的 SEM 图像[33]

(a)分级前；(b)分级后

为了更好地分析射流分级技术对粉末粒度分布的影响，对处理前后的粉末进行了激光粒度测试，如图 3-36 所示。射流分级后，钨粉粒度分布变窄，细粉比例显著降低。在气流的强烈作用下，团聚颗粒被打散，细小颗粒被分流。由于细粉的有效去除，$D50$(中值粒径)由 24.4μm 提高到 28.8μm。

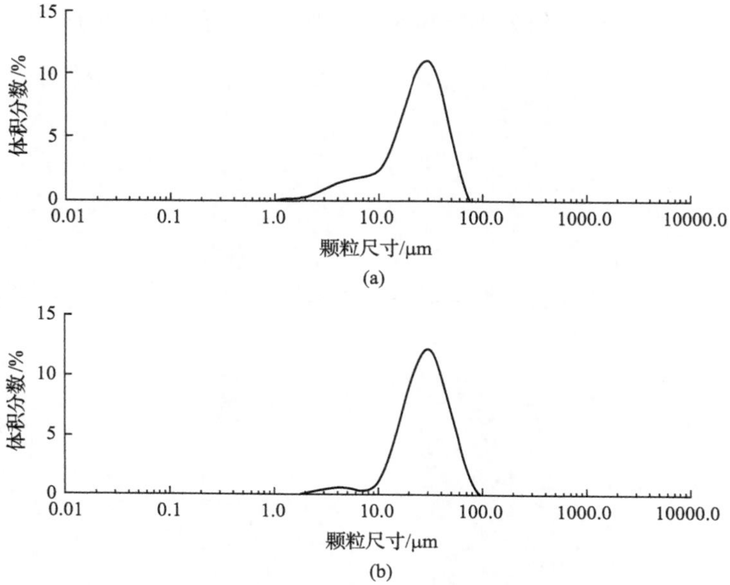

图 3-36　射流分级前后钨粉粒径分布[33]

(a) 分级前；(b) 分级后

2. 烧结

表 3-6 所示为不同原料粉末制备得到的钨制品的物理性能。经射流分级预处理后，费氏粒度为 3.0～3.5μm 的原料粉末制备得到的钨坩埚密度由 18.247g/cm^3 提高到 18.770g/cm^3。同时，显微硬度 $HV_{0.3}$ 由 309.09 提高到 372.15。同时，费氏粒度为 3.1～3.2μm 的原料粉末，其密度由 18.145g/cm^3 提高到 18.637g/cm^3，显微硬度由 315.92 变为 347.18。上述实验结果表明，原钨粉经射流分级预处理后，钨制品的物理性能得到显著改善。

表 3-6　不同原料粉末制得的钨制品物理性能[33]

原料粉末	密度/(g/cm^3)	显微硬度/$HV_{0.3}$
样品 1：费氏粒度 3.0～3.5μm	18.247	309.09
样品 2：费氏粒度 3.1～3.2μm	18.145	315.92
样品 3：样品 1 经分级处理	18.770	372.15
样品 4：样品 2 经分级处理	18.637	347.18

图 3-37 所示为不同粒度原料粉末制备的钨制品的断口形貌，从图 3-37 (a) 和 (b) 可以看出，原料未经射流分级处理的产物仍存在一些明显的孔洞，在圆圈内可

见。相比之下，用射流分级处理钨粉时，钨制品中的孔洞数量明显减少。

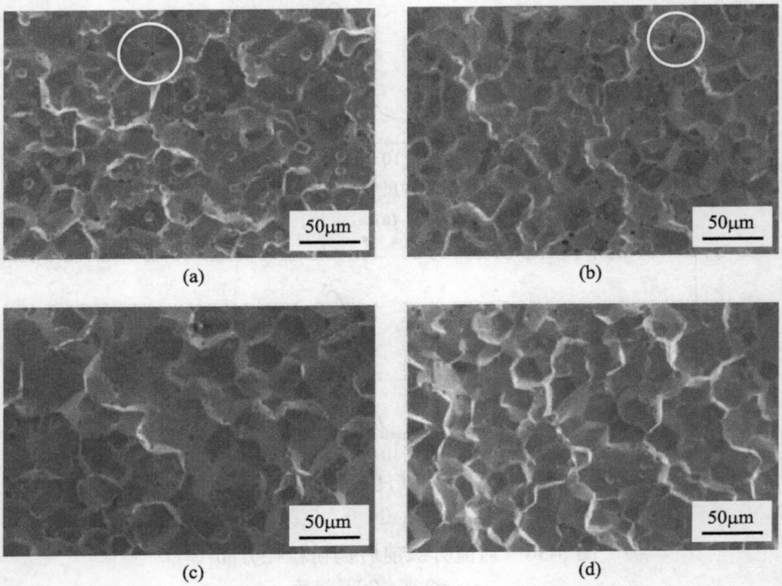

图 3-37　不同原料粉末制备的钨制品断口形貌[33]

(a)样品 1；(b)样品 2；(c)样品 3；(d)样品 4

未经射流分级预处理的原料粉体中含有大量的大团聚体颗粒和细小颗粒。一方面，烧结后，烧结颗粒中的一些孔洞残留下来，无法完全消除；另一方面，大量的细颗粒会导致烧结不均匀和烧结过程中的塌陷，进一步阻碍钨制品密度的提高。

表 3-6 和图 3-37 还表明，以粒度分布较宽的粉末为原料制备的样品性能较好，射流分级预处理后的样品性能更高。这是由于在粉末冶金过程中，在压制和烧结过程中，需要适量的不同粒径的颗粒填充孔隙，最终得到密度较高的产品。

3. 钨坩埚的应用性能

为了探究钨制品在高温下的使用性能稳定性,将四种原料制备的钨坩埚置于 2450℃下保温 3h。通过对比观察，高温模拟应用后样品变形程度均较小。对高温模拟应用前后的样品进行密度测量(表 3-7)，并于 SEM 下进行形貌观察，以未经分级处理的钨粉作为原材料制备得到的钨坩埚，密度变化较大。图 3-38 为高温模拟应用前后钨坩埚的显微组织形貌。由图可知，未经射流分级预处理的原粉体中含有大量的团聚体颗粒和细小颗粒，导致制品内部孔洞较多。在高温环境应用的过程中，钨制品会发生晶粒长大、孔隙填充等现象，导致钨坩埚性能发生改变。以分级处理后的粉末作为原材料，由于一次烧结体内孔隙较少，晶粒之间紧密结合，在高温模拟应用过程中，制品微观形貌变化程度较小，有利于保持制品性能稳定。

表 3-7　不同样品高温模拟应用前后密度变化[33]

原料粉末	密度/(g/cm^3)	
	高温模拟应用前	高温模拟应用后
样品 1：费氏粒度 3.0～3.5μm	18.247	18.319
样品 2：费氏粒度 3.1～3.2μm	18.145	18.262
样品 3：样品 1 经分级处理	18.770	18.763
样品 4：样品 2 经分级处理	18.637	18.639

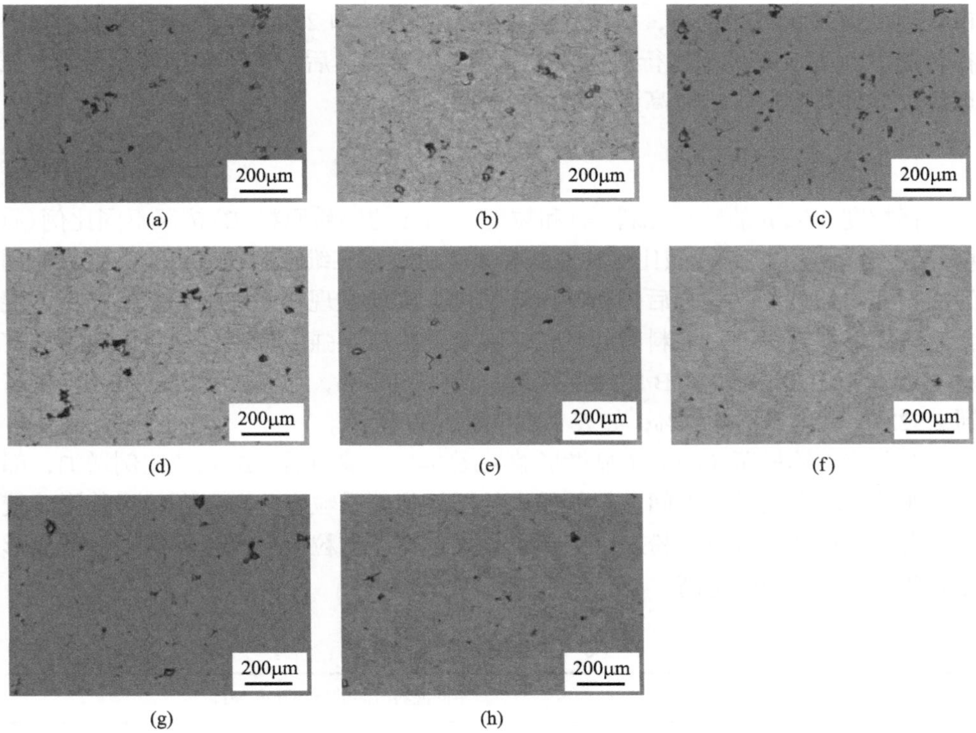

图 3-38　高温模拟应用前后钨坩埚的显微组织形貌[33]

(a)样品 1 高温模拟应用前；(b)样品 1 高温模拟应用后；(c)样品 2 高温模拟应用前；(d)样品 2 高温模拟应用后；(e)样品 3 高温模拟应用前；(f)样品 3 高温模拟应用后；(g)样品 4 高温模拟应用前；(h)样品 4 高温模拟应用后

3.3.2　大尺寸钨管

钨管作为高温设备的核心部件被应用于石英玻璃连熔炉和蓝宝石晶体生长炉

中。利用粉末冶金法制备钨管产品工艺简单、生产效率高。由于钨材料的自身特性，在生产大尺寸纯钨产品(直径超过 600mm)过程中易出现压坯崩边、烧结密度低、加工裂纹等问题，无法满足产业需求。国外生产的大尺寸钨管产品价格是国内的几倍，且不能稳定生产直径超过 600mm 的产品。因此，研发生产高密度、大尺寸钨管产品，特别是生产直径超过 600mm、化学成分符合要求、密度大于 $18.3g/cm^3$ 的钨管产品是一个急需解决的难题。本节采用粉末冶金工艺研制大尺寸高致密度钨管，通过研究大尺寸钨管成形技术和致密化技术，解决生产大尺寸纯钨制品过程中压坯崩边、烧结密度偏低等技术难题，批量生产大尺寸高致密度钨管产品[34]。

为了克服大尺寸钨管在制备过程中易出现压坯开裂和致密度不高的问题，对不同粒度钨粉进行了掺混实验，研究了混合时间对压坯强度的影响。实验原料为市售纯度≥99.95%的钨粉，费氏粒度分别为 3.0μm 和 2.0μm。采用三维混料设备在转速 120r/min 条件下进行混料。粉料装入钨管模具后，进行冷等静压压制，压坯经过局部整形后，进行高温烧结。

1. 粉末预处理

将粒度 3.0μm 的钨粉原料(A)和粒度 2.0μm 的钨粉原料(B)按照不同比例(质量分数)进行掺混。先按照比例称取钨粉，然后放在三维混料机中混合，混料时间为 2～6h，然后测量混合后钨粉的压坯强度。实验发现，添加细颗粒钨粉后，混合原料压坯强度提高；混料时间延长，混合钨粉压坯强度提高。结合原料密度实验，最终选用 70%A+30%B 的掺混比例，混料时间 6h，压坯强度由 1.70MPa 提高到 2.52MPa，提升约 47.4%，如表 3-8 和图 3-39 所示。

掺混前后钨粉压坯的电子显微形貌见图 3-40。掺混后，细颗粒比例增加，部分细颗粒充填在大颗粒之间，钨粉粉末的压坯强度受粒度分布及颗粒形貌影响较大。当费氏粒度相近时，粉末中细颗粒含量越高，颗粒的形貌越不规则，其成形性能越好，压坯强度越高。

表 3-8 掺混钨粉压坯强度[34]

掺混比例	不同混料时间的压坯强度/MPa		
	2h	4h	6h
A	1.67	1.74	1.70
95%A+5%B	1.94	2.16	2.37
90%A+10%B	1.86	2.16	2.35
80%A+20%B	1.56	1.62	2.29
70%A+30%B	1.71	1.96	2.52

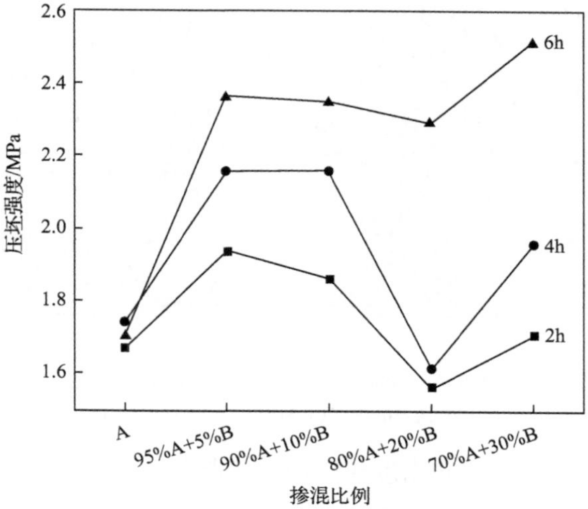

图 3-39　钨粉掺混时间与压坯强度[34]

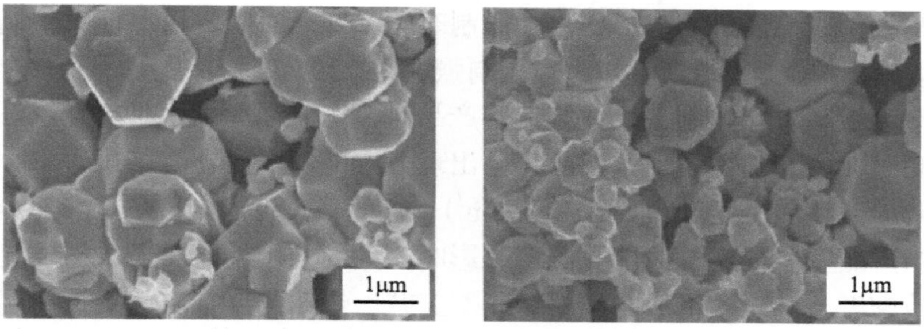

(a)　　(b)

图 3-40　钨粉掺混前后的形貌[34]

(a) 未掺混原料 (A)；(b) 70%A+30%B

对钨粉颗粒进行预处理，优化颗粒形貌和粒度分布，可以较好地改善钨粉压坯强度和烧结致密度。试验选取 70%A+30%B 掺混比例的钨粉，对粉末处理前后的粒度、粒度分布及压坯强度进行了研究，结果如表 3-9 所示。为了进一步稳定颗粒特性，采用粉末气流破碎预处理的方式对粉末形貌进行改良，减少团聚体的存在。经过预处理的粉末显微形貌如见图 3-41 所示。由图可知，预处理后的粉末中已无可见团聚体，粒度分布更加均匀，相较于前述的掺混钨粉，压坯强度进一

表 3-9　钨粉预处理前后性能变化[34]

试样	费氏粒度/μm	*D*10/μm	*D*50/μm	*D*90/μm	压坯强度/MPa
70%A+30%B	2.82	3.76	10.94	36.60	2.52
预处理后 70%A+30%B	2.63	3.68	8.47	19.66	3.13

注：*D*10、*D*50、*D*90 代表的含义是 10%、50%、90%的颗粒尺寸所测得的尺寸值。

图 3-41　70%A+30%B 掺混粉末预处理前后显微形貌[34]
(a) 70%A+30%B；(b) 预处理后 70%A+30%B

步提高，更适合于大尺寸高致密度钨管制品的制备。

2. 大尺寸钨管烧结致密化

调整大件制品压制的成形压力、压制时间、卸压时间，可保证大件制品的成形。由表 3-10 中实验结果可知，当压制强度为 230MPa，保压时间为 25～35min 时，压坯无缺陷。在压制大尺寸纯钨管产品时，压制强度并不是越高越好，压制强度过高时，由于弹性后效，制品容易出现分层的情况。在烧结过程中，大尺寸钨管经常出现整体密度低(小于 17.6g/cm^3)、密度分布不均匀、产品芯部难致密等情况。当产品密度低时，内部孔洞多，影响产品的使用性能，所以需要提高纯钨制品的致密度。产品致密度与原料、压制工艺、烧结制度都有关系。使用上述掺混后并经过预处理的钨粉末在压制强度 230MPa 条件下压制 25min，再经中频感应烧结炉 2280℃高温烧结。为了消除晶粒内孔洞，提升致密度，采用慢速升温烧结实验，使晶粒在烧结过程中匀速长大。先经 5h 将烧结试样升温到 1000℃，再以 200℃作为升温段，将每个升温段升温时间设定为 6h，每个温度段保温 8h，每次保温结束后取出物料，测试钨管的收缩率，结果如表 3-11 所示。

表 3-10　不同样品高温模拟应用前后密度变化[34]

压制强度/MPa	压坯密度/(g/cm^3)		
	保压 15min	保压 25min	保压 35min
160	10.0	10.2	10.6
180	10.9	11.2	11.5
210	11.2	11.6	11.7
220	11.7	11.8	11.7
230	11.9	12.0	11.8
240	11.8	11.8	11.8
270	崩边	分层	开裂

表 3-11　烧结温度与钨管收缩性能[34]

烧结温度/℃	收缩率/%	收缩占比/%
1200	97.5	17
1400	93.1	30
1600	89.1	28
1800	87.5	11
2000	86.6	7
2100	86.3	2
2200	85.9	2
2280	85.6	2

从表 3-11 可以发现，收缩率较大时烧结温度集中在 1600℃及以下，累计占比为 75%，因此通过优化设计阶梯烧结时间，可以达到最高致密化的目的。烧结时，在坯料致密化前期，坯料中仍有许多连接到表面的通孔，内部残余的气体可以较快地排出，促进产品致密化；在坯料致密化后期，坯料中的通孔逐渐消失，闭孔占大多数，此时坯料内部气体杂质较难排出，并且温度升高导致气体压力上升，影响芯部孔隙的收缩。因此，大尺寸坯料烧结过程中的快速致密化不利于提高整体密度。通过延长中低温段的烧结时间，使管体内外均匀收缩，可提高大尺寸钨制品的致密度和均匀性。钨粉粒度的搭配优化及粉末均匀化处理已有一些文章进行过研究，针对不同的制品尺寸和性能需求，可以进行多种方式的粒度优化，以满足不同的要求。对于大尺寸钨管制品，由于单件投料量要投粉几吨，成本很高，大的外径和高度尺寸要求钨管坯具有良好的压制性能才可以进行后续致密化烧结制备。本章采用钨粉掺混和气流破碎相结合的方式进行大尺寸钨管制备，对于粉末粒度优化和均匀化的机理及烧结致密机制还需要进一步的深入研究。

按照本章中的钨粉原料、压制工艺和烧结技术，采用市售纯钨粉末(费氏粒度 2.0μm 和 3.0μm)，投粉 6t，经过 70%A+30%B 掺混和气流破碎处理，使用压制强度 230MPa 和保压 25min 的压制工艺，延长中低温烧结时间，成功制备出外径 1010mm、高度 1210mm 的大尺寸钨管，致密度 97%，平均晶粒尺寸≤30μm，钨管宏观形貌如图 3-42 所示。沿钨管圆周方向，间隔 90°取样，分析钨管的密度、硬度和晶粒尺寸，检测结果如表 3-12 所示。使用外径 1000mm 钨管拉制石英玻璃管可加倍提高生产效率，每台设备年产石英玻璃可达 300t 以上。由于钨管的容积增大，有利于石英原料的均匀融化以及原料中气体的排出，从而提高了产品的透明度和成品率，提升了石英玻璃管的质量。使用外径 1000mm 的钨管能拉制出直径大于 300mm 的石英管，填补了国内此类产品空白，可获得巨大的经济效益。

图 3-42　大尺寸高致密度钨管宏观形貌[34]

表 3-12　大尺寸高致密度钨管均匀性测试结果[34]

试样	密度/(g/cm^3)	显微硬度/HV_{30}	平均晶粒尺寸/μm
1#	18.67	326	29.2
2#	18.70	336	31.3
3#	18.65	324	29.4
4#	18.69	327	26.7

3.3.3　大尺寸高纯钨合金靶材

本节主要开发高纯钨合金靶材的高温高压烧结致密化技术，研发高纯钨合金靶材晶粒尺寸、第二相尺寸控制及分布均匀化工艺，重点研究超高纯钨合金靶材的高温高压烧结致密化过程和晶粒尺寸演变规律，探索致密化机理、晶粒均匀长大机理与尺寸控制原理[35]。

超高纯钨合金靶材中，应用最广的是钨钛合金靶材，本节主要以超高纯钨钛合金靶材为研究对象，开展相关研究和工程实践。主要研究成果如下所示：

选取超高纯 W 及高纯 Ti/TiH_2 粉末为原材料，原料规格与配比如表 3-13 所示。首先将原材料粉末经称重配比后由 V 型混料机均匀混合，混合粉末形貌如图 3-43 所示，其中亮色粉末为 W，暗色粉末为 Ti，可见两种原料粉末混合后尺寸稳定，颗粒分布也较均匀。

表 3-13　原料规格与配比[35]

原材料	纯度	粒度/μm	质量分数/%
Ti/TiH_2	3N5	45	10
W	6N	2～3	90

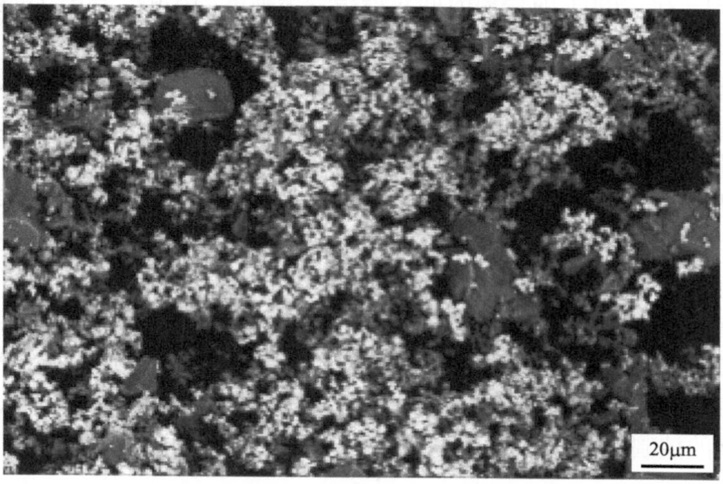

图 3-43　混合 W-Ti 粉末的 SEM(BSD)形貌[35]

采用热压工艺制备钨钛合金，主要设备为真空热压炉，烧结成型过程在高强高纯石墨模具内进行，如图 3-44 所示。为排除石墨模具和发热碳棒产生的碳气氛

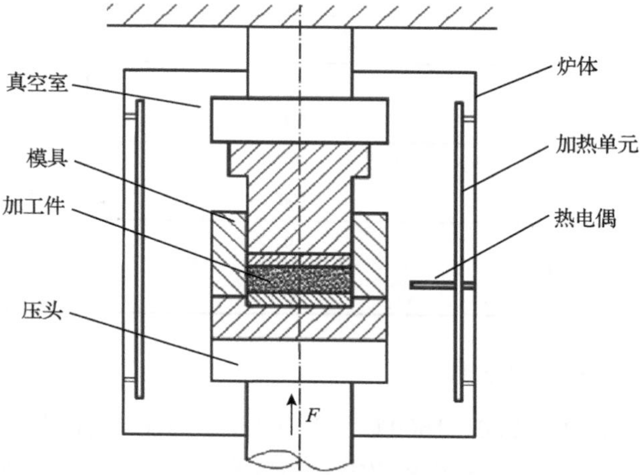

图 3-44　高温高压成型示意图[35]

对高纯钨合金纯度的影响，以高纯金属钛箔包裹混合粉末，作为其与模具间的隔离层；将钛箔包裹的混合粉末置于石墨模具内，炉体密闭后抽高真空，混合粉末受炉内高温及外部施加高压的共同作用实现烧结致密化。

1. 烧结工艺对杂质的影响

为保证热压烧结制备的钨钛合金超高纯度，分别考察了 Ti 箔的包裹、TiH_2 在 Ti 成分中占比、700℃时保温时间对烧结合金纯度的影响，其中 TiH_2 在 Ti 成分包含 39%及 100%两个含量。样品使用碳硫、氧氮氢分析仪进行检测，其结果如表 3-14 所示。由表 3-14 可见，钨钛混合粉在石墨碳环境下烧结，即无 Ti 箔包裹热压，合金中的 C 含量达到 290ppm，降低了合金的纯度；采用 Ti 箔包裹混合粉末同等条件烧结时，合金中的 C 含量仅为 42ppm，氧含量也有所降低，可有效提升热压烧结钨钛合金的纯度。增大 TiH_2 在 Ti 成分中的比例，可有效降低合金中的氧、氮含量，以 100%TiH_2 粉为 Ti 源为宜。以 100%TiH_2 粉为 Ti 源时，在 700℃延长保温时间，合金中的 O、N、H 含量也随之降低。总之，以 100%TiH_2 粉为 Ti 源，采用钛箔包裹热压，在 700℃保温 3.5h，合金中 C、S、O、N、H 等含量最低，可实现较好的除杂效果；采用以上热压工艺，由辉光放电质谱法（GDMS）检测烧结块体的非气体元素杂质含量，结果显示合金的纯度 99.9993%，实现了材料超高纯度的控制目标。

表 3-14　热压工艺对合金杂质的影响[35]

原料	保温时间/h	TiH_2 在 Ti 成分中占比/%	杂质含量/ppm				
			C	S	O	N	H
原料粉末	—	39	22	2	621	85	5
无 Ti 箔包裹	1.5	39	290	2	780	59	6
Ti 箔包裹烧结	1.5	39	42	2	690	90	7
		100	42	2	555	75	7
	2.5	39	41	2	637	88	6
		100	42	2	510	68	5
	3.5	39	45	—	600	29	5
		100	25	—	498	28	5

2. 烧结工艺对密度的影响

选取热压烧结温度 1200～1600℃、压力 15～35MPa、保温时间 30～120min，进行热压试验，研究各工艺参数对钨钛合金致密度的影响。无压环境下钨钛合金密度较低，不能有效烧结；在 15～35MPa 压力下，加压压力及保温时间对合金致密度影响不大，温度是影响合金致密度的主要因素。合金的致密度随着温度的升高而逐渐增大，在 1300℃烧结，样品已接近两混合体理论密度；当烧结温度为 1400℃，密度达到 14.65g/cm^3，致密度超 100%。由 W-Ti 二元合金相图[2]可知，对含质量分数 10%Ti 的钨钛合金，在温度超过 1250℃时，Ti 和 W 发生互溶并完全固溶生成 β 相，固溶体的形成导致合金烧结密度超过两混合体的理论计算密度。

3. 烧结工艺对微结构的影响

不同温度热压制备的钨钛合金(压力 25MPa、保温时间 60min)的金相显微组织如图 3-45 所示。由图可见，当烧结温度为 1300℃时，钨钛合金晶粒组织特征不明显，表明此温度范围进行热压，合金不能有效发生动态再结晶；当烧结温度达到 1500℃时，合金形成细小的晶粒，这是合金在热压过程中形成动态再结晶的缘故。而当烧结温度为 1600℃时，合金再结晶晶粒长大。因此，为获得细晶组织钨钛合金，热压烧结温度宜不低于 1500℃，但不宜高于 1600℃。

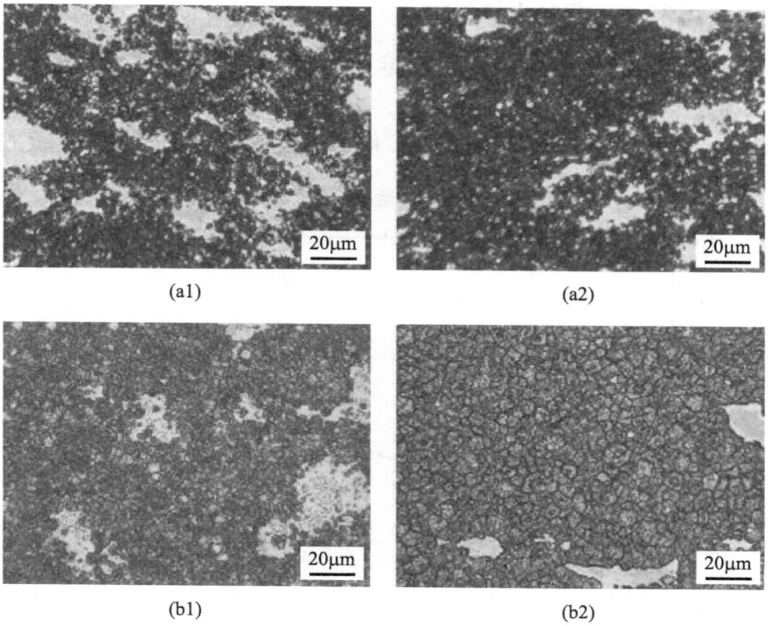

图 3-45　热压烧结温度对晶粒组织的影响[35]

(a1) 1300℃低倍；(a2) 1300℃高倍；(b1) 1500℃低倍；(b2) 1500℃高倍

依据 GB/T 36165—2018《金属平均晶粒度的测定　电子背散射衍射(EBSD)法》，取压力 25MPa、保温时间 60min、温度 1500℃烧结后的样品，经表面抛光处理，置于场发射电镜内进行 EBSD 检测，检测结果如图 3-46 所示。可见，晶粒基本呈等轴晶状，且无明显偏重取向分布。由晶粒分布的统计结果可知，其平均晶粒尺寸 7.95μm，晶粒尺寸的标准偏差为 2.89μm。

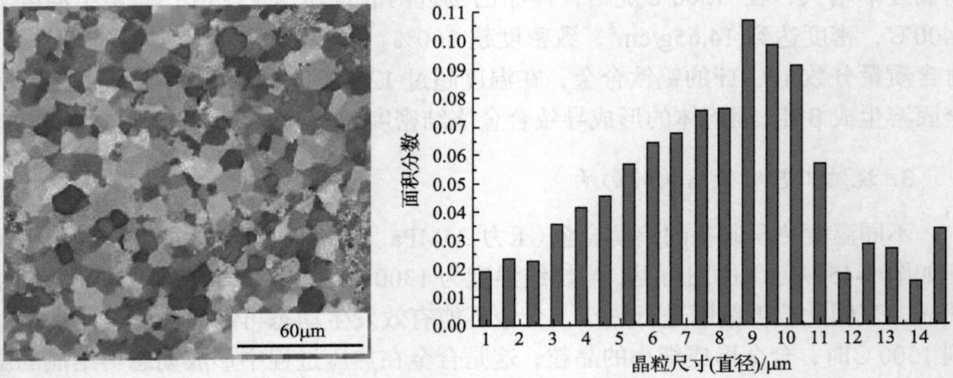

图 3-46　热压烧结钨钛合金的 EBSD 晶粒取向图及晶粒尺寸分布图[35]

4. 烧结工艺对第二相分布的影响

图 3-47 为 W-Ti 二元合金相图，Ti 熔点为 1943K，室温下 Ti 为密排六方晶格(HCP)的 α 相，当温度升高至 1155K 时，Ti 发生同素异形转变，转变为体心立方晶格(BCC)的 β 相；W 熔点为 3643K，从室温到其熔点均为 β 相(BCC)。当 Ti

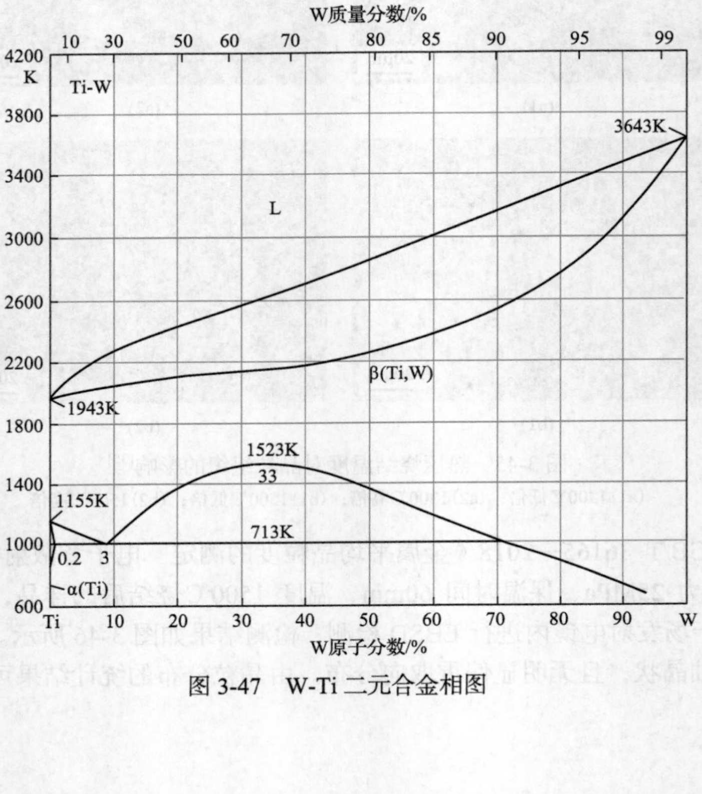

图 3-47　W-Ti 二元合金相图

的质量分数为 10%～20%时，在一定温度范围内 W-Ti 合金非单质相由 β1(Ti,W)和 β2(Ti,W)两相组成，其中 β1(Ti,W)指富钛固溶体，β2(Ti,W)指富钨固溶体。

富钛 β1(Ti,W)相是脆性相，在溅射过程中容易碎裂而以小颗粒的形式沉积在薄膜上造成污染，严重影响扩散阻挡层薄膜的性能；而奥地利 Plansee 公司的研究表明，多相靶材本身具有较差的颗粒特性，当钨钛合金靶材中富钨 β2(Ti,W)相的含量占比较大时，其合金接近单一相结构，在薄膜溅射过程也不容易形成颗粒[6]。因此，在钨钛合金靶材的研制中，除高密度、高纯度，还希望其微观组织中富钛 β1(Ti,W)、富钨 β2(Ti,W)两相占比较均匀[7]。

图 3-48 为热压烧结样品(温度 1500℃、加压压力 25MPa、保压保温时间 60min)的电子探针微区分析(EPMA)面扫描结果。从图可见，W、Ti 两元素间的扩散较明显；Ti 扩散至 W 颗粒周边形成新的富钨 β2(Ti,W)相，且连接成片；W 元素则扩散至 Ti 颗粒内形成了富钛 β1(Ti,W)相。

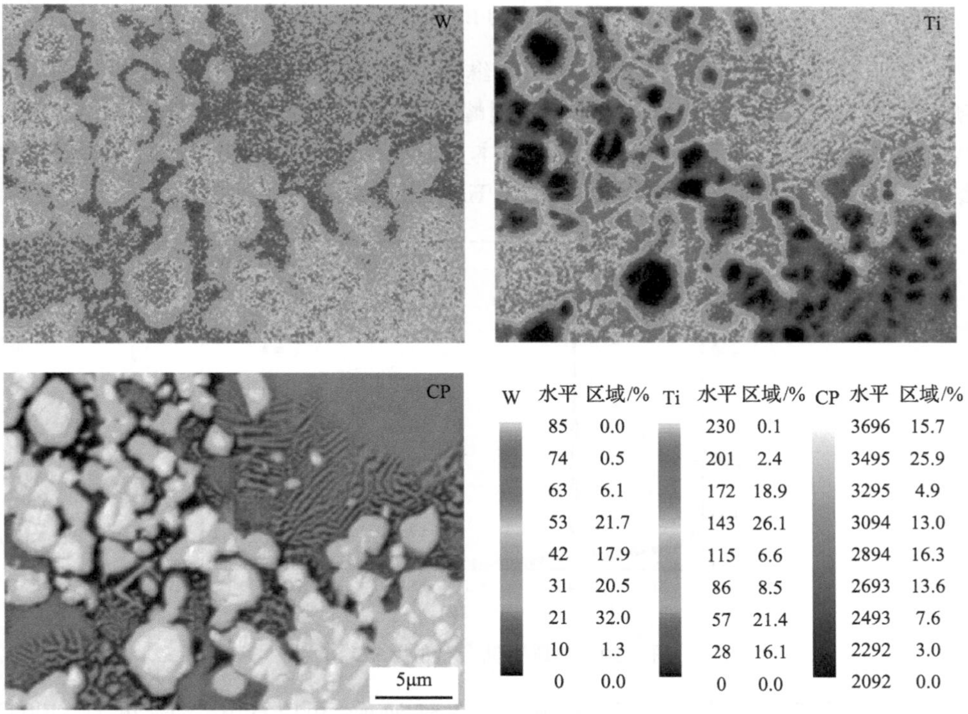

图 3-48　热压烧结钨钛合金的 EPMA 面扫描[35]

图 3-49 为钨钛合金样品典型区域的 EPMA 定点成分分析结果。从图可见，灰色“1”点成分上 W 为主，Ti 含量次之，两元素原子比接近 1∶1，表明此区域为富钨 β2(Ti,W)相，它以连片基体的形式存在；亮色“2”点标记处的颗粒绝大部

分为 W，仅有极少量的 Ti 元素溶入，可知此亮色区为原始钨颗粒；暗色“3”及“4”点标记处区域以 Ti 为主，同时也含有部分 W，两元素原子比 Ti∶W≈4∶1，为原始 Ti 颗粒中溶入了 W 元素，形成富钛 β1(Ti,W)相。

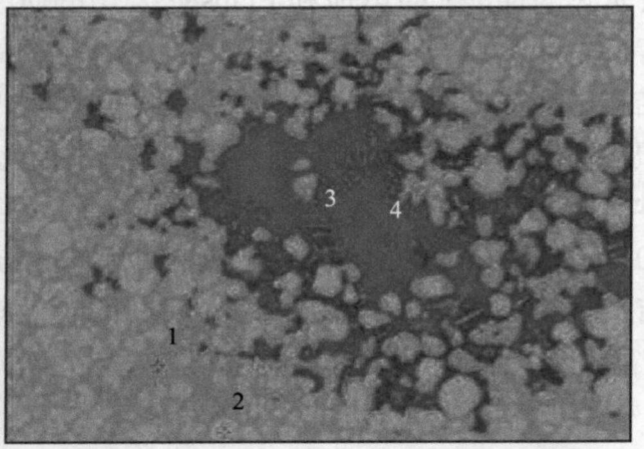

测点	元素	质量分数/%	原子分数/%
1	Ti	17.83	45.44
	W	82.17	54.56
2	Ti	0.29	1.09
	W	99.71	98.91
3	Ti	44.02	75.11
	W	55.98	24.89
4	Ti	52.96	81.20
	W	47.04	18.80

图 3-49　钨钛合金的 EPMA 点波谱分析[35]

为了进一步明确钨钛合金的相结构，继续对此样进行 XRD 分析，结果如图 3-50 所示。可见，合金中已无明显 Ti 的衍射峰，Ti 与 W 形成了固溶体，其衍射面与 W 的衍射面相同，且两者间的衍射峰基本重合在一起[8,9]，表明钨钛合金经热压烧结后，钛元素以体心立方晶体结构的 β(Ti,W)相形式存在。

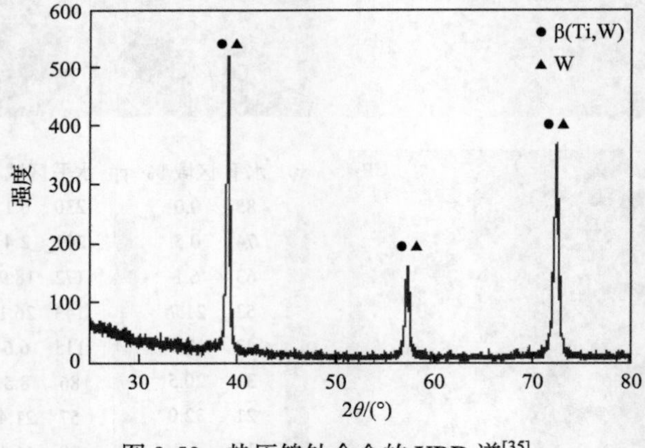

图 3-50　热压钨钛合金的 XRD 谱[35]

热压烧结温度对微观组织的影响如图 3-51 所示。可以看出，当温度为 1200℃时，W 颗粒基本处于分散独立状态；1300℃时，W 颗粒形成烧结颈；1400℃时，合金组织中出现亮色 W 颗粒、灰色富钨 β2(Ti,W)和暗色富钛 β1(Ti,W)三种相组织，β1(Ti,W)相较 β2(Ti,W)相占比更大；而当温度达到 1500℃时，亮色 W 颗粒相尺寸基本维持在 2～3μm，灰色富钨 β2(Ti,W)相明显增多，暗色富钛 β1(Ti,W)

相减少，归因于高温驱动下 W 更剧烈的扩散，β2(Ti,W)和 β1(Ti,W)相占比相对均匀，已满足 YS/T 1025—2015《电子薄膜用高纯钨及钨合金溅射靶材》行业标准。当温度进一步升至 1600℃时，W 颗粒几乎消失，主要为灰色富钨 β2(Ti,W)相，富钛 β1(Ti,W)相甚微。结果表明，在 1200～1600℃的热压烧结温度区间，随着温度升高，钨钛合金中 Ti 和 W 扩散互溶加剧，且 W 颗粒逐渐减少，富钨 β2(Ti,W)相逐渐增多，富钛 β1(Ti,W)相逐渐减少。热压烧结过程中两元素的扩散互溶，也验证了合金密度等于理论计算密度的结果。

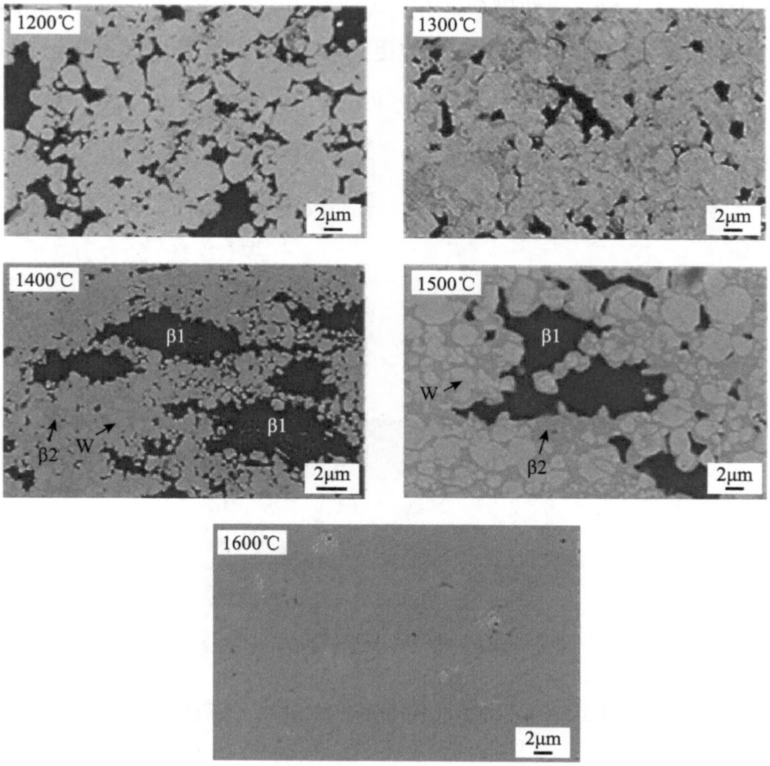

图 3-51　不同温度热压的 W-Ti 的背散射微观组织[35]

钨钛合金靶材中富钛 β1(Ti,W)相为脆性相，希望其微观组织中含有较少的富钛 β1(Ti,W)相，因此，钨钛合金靶材的热压烧结温度宜大于 1400℃[36]。钨钛合金靶材中，包含有富钨 β2(Ti,W)相的多相靶材在溅射镀膜时，会出现溅射颗粒性较差的现象，因此，钨钛合金中 β2(Ti,W)相的含量也不宜过高，钨钛合金靶材的热压烧结温度宜低于 1500℃[37]。

结合以上研究结果，温度 1500℃、压力 25MPa、保温时间 60min 所制备的钨钛合金具有完全致密和平均晶粒尺寸 7.95μm 的细晶组织，而在 1500℃热压烧结时，β2(Ti,W)和β1(Ti,W)相分布又相对均匀，故钨钛合金靶材合适的热压烧结工艺为：烧结温度1500℃、压力25MPa、保温时间60min。

3.3.4 大尺寸钼板

本节采用三种不同粒度的钼粉，设置了不同的等静压制及轧制工艺，制备出钼板及相应试样，并对各样品组织和性能进行了表征[38]。三种不同粒度钼粉的扫描电子显微镜照片如图3-52所示。可以看出，三种钼粉均由较大颗粒的钼粉及小颗粒钼粉团簇组成。2.3μm粒度钼粉的小颗粒团簇更为明显，而5.4μm粒度钼粉粉末颗粒粗大，粉末颗粒之间的烧结颈更为明显。相对来说，3.3μm中等粒度的钼粉具有更佳的粒度分布范围。

图3-52　三种不同粒度钼粉的SEM形貌图[38]

(a) 2.3μm；(b) 3.3μm；(c) 5.4μm

三种不同粒度钼粉经相同工艺制备的烧结钼板坯的金相组织如图3-53所示，其性能分析结果如表3-15所示。可以看出，与2.3μm和5.4μm钼粉相比，采用3.3μm中等粒度钼粉制备的烧结钼板坯晶粒尺寸更为细小，且板坯中的烧结孔较少。这是由于在三种粒径粉末中，2.3μm钼粉具有最高的比表面积及表面能，因此在烧结过程中会率先发生及完成烧结，随着烧结保温阶段的继续进行，晶粒将进一步长大。5.4μm钼粉由于原始粒径最大，在烧结完成后，板坯组织便继承了该特点，其平均晶粒尺寸较大。因此，具有中等粒度且粒度分布较为均匀的钼粉更适应于制备大规格钼靶材所需钼板坯的生产。反映在性能上，3.3μm钼粉制备的钼板坯具有更高的密度和显微硬度。

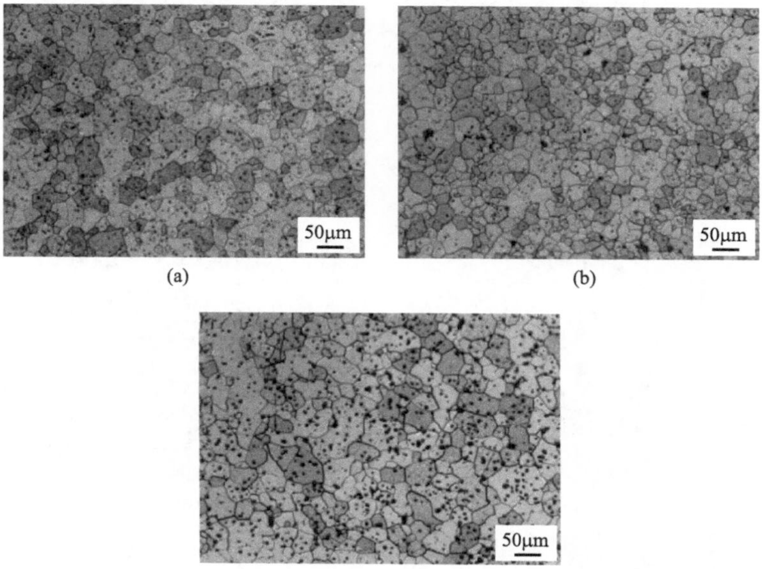

图 3-53　三种不同粒度钼粉制备的烧结钼板坯金相组织[38]

(a) 2.3μm；(b) 3.3μm；(c) 5.4μm

表 3-15　烧结钼板坯的性能[38]

钼粉粒度/μm	密度/(g/cm^3)	晶粒尺寸/μm	显微硬度/HV
2.3	10.01	31.0	153
3.3	10.07	29.5	157
5.4	9.76	39.1	148

根据以上结果，采用粒度为 3.3μm 钼粉进行等静压制试验，设计了如表 3-16 所示的等静压工艺。图 3-54 为经不同等静压工艺制备的试棒在各次加工后从外到里不同部位。

表 3-16　等静压工艺[38]

工艺标号	等静压压力/MPa	保压时间/min	泄压方式
1	160	3	一次泄压
2	200	3	一次泄压
3	160	10	逐步泄压
4	200	10	逐步泄压

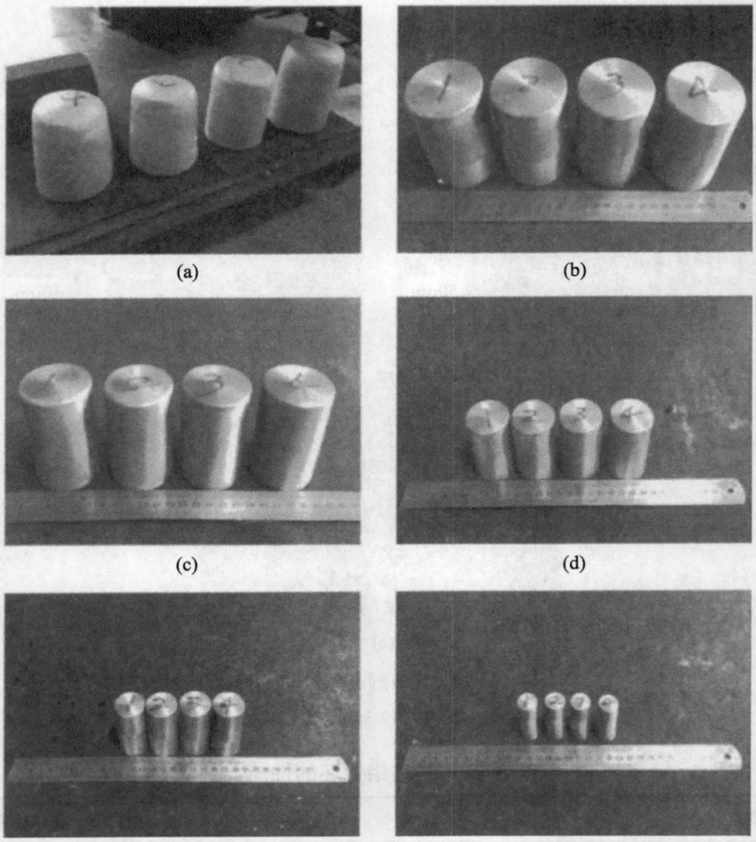

(a)　(b)　(c)　(d)　(e)　(f)

图 3-54　各次加工后试棒不同部位[38]

对试棒不同部位(分别以 a～f 表示)进行密度测试，结果如图 3-55 所示。各试棒随着外部去除部分增多，其密度逐渐下降，表明毛坯内部密度比外部要低。这是因为在等静压过程中，外部粉末率先被压紧，由于拱桥效应，压力反而不易向内部传递，导致压坯内部较为疏松，而压坯密度与烧结毛坯密度是紧密相关的，因此最终导致烧结试棒的内部组织较为疏松。从试棒 c～f 各密度值可以发现，在 160MPa 下压制的试样其密度比 200MPa 下压制的要大，这可能是由于在更大的压力下，这种拱桥效应更明显，从而导致该压力下的两个试棒中心密度相对偏低。从图中还可以看出，采用工艺 3(表 3-16)压制的密度是最大的，原始试棒密度为 $10.01g/cm^3$，芯部密度为 $9.80g/cm^3$，说明在该压力下，延长保压时间及采用分级卸压方式有利于毛坯整体密度的提高。但就材料内外密度差而言，采用 160MPa 保压 3min 的等静压工艺制备得到毛坯，其内外密度差更小，而在板坯的轧制过程中可降低板坯分层开裂的概率。

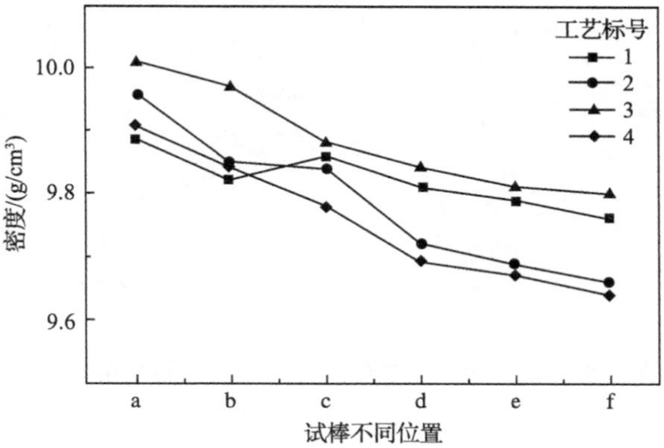

图 3-55 不同等静压工艺制备的钼棒各部位密度[38]

图 3-56 显示了采用两火多道热轧制备的钼板样品金相组织照片，可以看出，钼板组织晶粒较大，平均晶粒尺寸为 70μm。而图 3-57 所示的经一火多道热轧制备的钼板组织较为均匀，平均晶粒尺寸为 30μm，且从纵截面角度上观察到的晶粒尺寸要稍小于水平面，并呈现一定的方向性。经热轧加工，尤其当变形量较大时，钼板内部将产生大量的位错等缺陷，并缠结成胞状组织。由于钼属于高层错能金属，当在一定的温度退火时，胞状组织将发生胞壁平直化，并形成亚晶，相邻亚晶边界上的位错网络通过攀移与滑移逐渐转移到周围其他亚晶界上，从而导致亚晶合并，合并后的亚晶通过进一步生长构成再结晶核心，并最终长大成无畸变的等轴晶粒。与一火多道工艺相比，采用两火多道工艺轧制时，其总变形量一致，但在两次轧制中间经历了一次加热过程，此时，钼板组织内部回复程度增大。因此，在轧制完成之后进行最后退火时，其组织内部储存能相对一火多道工艺较低，导致在相同的退火制度下，其形核率与长大速率比值较小，从而得到相对粗大晶粒。此外，由于轧制组织属于典型的板织构，变形晶粒内部的亚晶粒也遗传了拉应力方向长度较大、压应力方向上厚度较小的特点，在再结晶进行到一定程度，

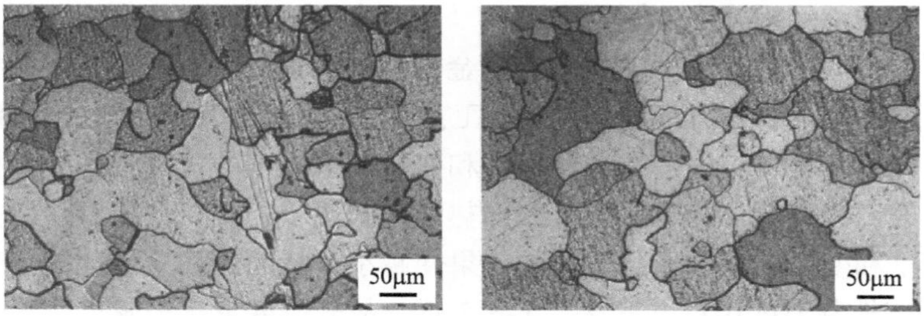

(a) (b)

图 3-56 经两火多道热轧制备的钼板样品金相组织[38]

(a) 表面；(b) 纵截面

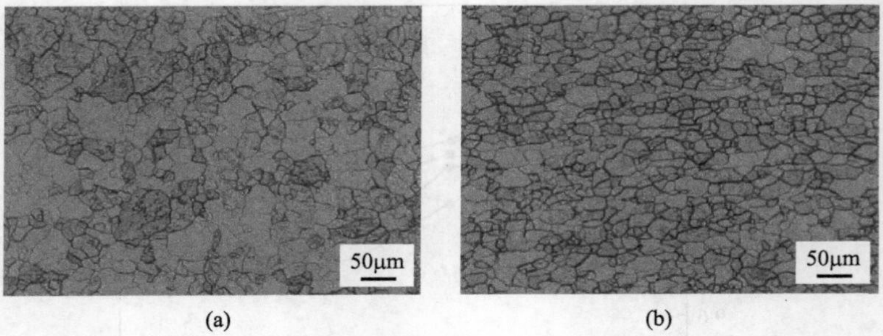

图 3-57　经一火多道热轧制备的钼板样品金相组织[38]
(a)表面；(b)纵截面

由亚晶生长得到的再结晶晶粒形状类似于扁球状，呈现出从不同的角度观察，其晶粒大小不一致的特点，且纵截面组织上的晶粒沿着原来拉长晶粒的晶界分布，但随着再结晶的进一步进行，晶粒组织最终会生长成等轴状。

杨松涛等[39]还探讨了轧制温度、道次变形率、轧制速度对规格为 72mm×450mm×320mm 的大单重纯钼板开坯轧制阶段组织和成材率的影响。试验采取轧制开坯，目前对于厚大钼板坯的轧制处于摸索调试阶段，尚无现成工艺参考。此次试验主要对开坯轧制阶段进行调控，并以开坯温度、道次变形率、轧制速度为工艺研究参数。在后续热轧中，各火次的加热温度呈 50～80℃递减，轧制速度仍以开坯轧制时的速度进行，开坯后各火次的道次变化率三种方案均保持一致，且其他工艺参数不变。在第二火次加热后因设备对钼板宽度的限制，故对三种方案开坯的钼板都进行了换向轧制。轧制后沿平行轧向方向取样，通过金相分析及 SEM 分析，研究以上工艺因素对厚大钼板坯开坯轧制和后续热轧的影响。

按照预定方案进行开坯，经第三火次加热轧制后，方案 1 下轧制的钼板表面出现明显裂纹，由于裂纹数量多，遍及钼板表面，已不能进行下一次轧制(板材最终厚度为 13mm，总变形率为 82%)。而相同的总变形率下，方案 2 和方案 3 下的钼板除氧化麻点外，板形平整，无翘曲及龟裂现象。经 MH-3 型显微硬度计检测，三种工艺方案下钼板硬度分别为 262HV、251HV、245HV。为便于分析，取各方案在轧制总变形率为 82%时的板材进行金相组织观察，并对方案 1 下的钼板进行 SEM 分析，以此来探讨开坯轧制各主要工艺参数对大单重厚板坯轧制性能的影响。

钼板轧制加工过程中，在变形程度和变形速率一定的情况下，变形抗力随加热温度的升高而降低；随着钼板轧制加热温度的逐步递减，消除硬化所需的时间减少；温度和变形速率越低，软化的效果便越小，从而使加工硬化程度变大。方案 1 的开坯轧制温度相对方案 2、方案 3 低，故轧制变形抗力较后两者大，当变形抗力达到临界屈服点时，将导致板材内部微裂纹的产生。

图 3-58 为三种开坯方案下总变形率为 82%时钼板的金相组织，可以看出轧后

晶粒均被拉长。其中，图3-58(a)有微裂纹产生(粗黑线部分)，裂纹方向沿晶界排布，钼板断裂形貌在微观上表现为沿晶断裂；图3-58(b)晶粒拉长程度较均匀，沿轧制方向排列紧密，晶粒间相互搭接交错；图3-58(c)热温度为1550℃，可有效弥补板坯从加热炉到轧制过程中的热量损失，使轧制变形抗力大大减少，有利于钼板的塑性变形，并使残余内应力在一定程度上得以消除，避免了微裂纹的产生，但因加热温度高，其晶粒较为粗大，轧制后钼板的显微硬度略低。

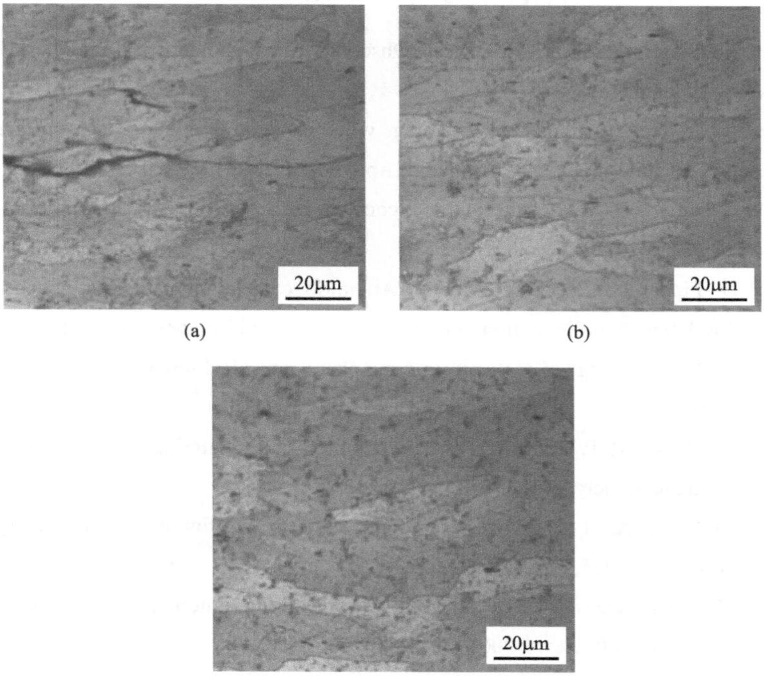

(a)　(b)　(c)

图3-58　不同开坯温度下轧制钼板的金相组织[38]

(a) 1350℃；(b) 1450℃；(c) 1550℃

烧结态的板内部晶粒间存在较大间隙，原子间的结合不致密、结合强度不高，在SEM下可以观察到有大量的微观孔洞。开坯轧制是钼板实现由烧结态向加工态转变的阶段，初道次变形率的制定必须合理。工业实践及研究表明，初道次变形率小，轧制压力不足以将坯料压合在原子间引力范围内，晶粒间只是由初步的塑性变形而机械啮合，晶粒间的间障不能完全被焊合，其结合强度提高不大，且初次变形率小，轧制力不能深入到板坯内部，故板坯变形不均匀，极易导致后续轧制时分层、开裂现象的发生。方案1的开坯初道次变形率高于方案2和方案3，从金相组织分析，后两个方案下钼板的纤维组织拉长程度小于方案1，但经交叉轧制，在总变形率为82%时其差别并不明显。微裂纹的形成与杂质元素的富集没有关系，主要是开坯轧制温度不高、初道次变形率大，使钼板变形抗力也较大，且后续火次的加热温度呈递减状态，使前面火次后的各道次内应力不能完全消除，并随首次的增加加工硬化得以积聚。反复轧制，使钼板变形抗力增大，板材内部出现细小微裂纹，进一步轧制时微裂纹发生扩展汇聚，使这一现象明显加剧从而产生宏观上的明显裂纹。

参考文献

[1] German R. Sintering: From Empirical Observations to Scientific Principles[M]. Oxford: Butterworth-Heinemann, 2014.

[2] Johnson D L. New method of obtaining volume, grain-boundary, and surface diffusion coefficients from sintering data[J]. Journal of Applied Physics, 1969, 40 (1): 192-200.

[3] Young W S, Cutler I B. Initial sintering with constant rates of heating[J]. Journal of the American Ceramic Society, 1970, 53 (12): 659-663.

[4] Scheiber D, Pippan R, Puschnig P, et al. Ab initio calculations of grain boundaries in bcc metals[J]. Modelling and Simulation in Materials Science and Engineering, 2016, 24 (3): 035013.

[5] Herring C. Effect of change of scale on sintering phenomena[J]. Journal of Applied Physics, 1950, 21 (4): 301-303.

[6] Hansen J D, Rusin R P, Teng M, et al. Combined-stage sintering model[J]. Journal of the American Ceramic Society, 1992, 75 (5): 1129-1135.

[7] Zhang L, Li X, Qu X, et al. Powder metallurgy route to ultrafine-grained refractory metals[J]. Advanced Materials, 2023, 35: 2205807.

[8] Fang Z Z, Wang H. Densification and grain growth during sintering of nanosized particles[J]. International Materials Reviews, 2008, 53 (6): 326-352.

[9] Oda E, Ameyama K, Yamaguchi S. Fabrication of nano grain tungsten compact by mechanical milling process and its high temperature properties[J]. Materials Science Forum, 2006, 503-504: 573-578.

[10] Wang H, Fang Z Z, Hwang K S, et al. Sinter-ability of nanocrystalline tungsten powder[J]. International Journal of Refractory Metals and Hard Materials, 2010, 28 (2): 312-316.

[11] Chen I W, Wang X H. Sintering dense nanocrystalline ceramics without final-stage grain growth[J]. Nature, 2000, 404 (6774): 168-171.

[12] Hillert M. On the theory of normal and abnormal grain growth[J]. Acta Metallurgica, 1965, 13 (3): 227-238.

[13] Li X, Zhang L, Dong Y, et al. Pressureless two-step sintering of ultrafine-grained tungsten[J]. Acta Materialia, 2020, 186: 116-123.

[14] Dong Y, Chen I. Mobility transition at grain boundaries in two-step sintered 8mol%

yttria-stabilized zirconia[J]. Journal of the American Ceramic Society, 2018, 101(5): 1857-1869.

[15] Protasova S G, Gottstein G, Molodov D A, et al. Triple junction motion in aluminum tricrystals[J]. Acta Materialia, 2001, 49(13): 2519-2525.

[16] Han J, Thomas S L, Srolovitz D J. Grain-boundary kinetics: A unified approach[J]. Progress in Materials Science, 2018, 98: 386-476.

[17] Mackenzie J K. Second paper on statistics associated with the random disorientation of cubes[J]. Biometrika, 1958, 45(2): 229.

[18] Que Z, Wei Z, Li X, et al. Pressureless two-step sintering of ultrafine-grained refractory metals: Tungsten-rhenium and molybdenum[J]. Journal of Materials Science & Technology, 2022, 126: 203-214.

[19] Li X, Zhang L, Dong Y, et al. Towards pressureless sintering of nanocrystalline tungsten[J]. Acta Materialia, 2021, 220: 117344.

[20] Fang Z Z, Wang H, Kumar V. Coarsening, densification, and grain growth during sintering of nano-sized powders—A perspective[J]. International Journal of Refractory Metals and Hard Materials, 2017, 62: 110-117.

[21] Kothari N C. Sintering kinetics in tungsten powder[J]. Journal of the Less-Common Metals, 1963, 5(2): 140-150.

[22] Yao T. Initial sintering of tungsten-relation between linear shrinkage and particle size, sintering temperature and time[J]. Journal of the Japan Society of Powder and Powder Metallurgy, 1962, 9(6): 217-221.

[23] Vasilos T, Smith J T. Diffusion mechanism for tungsten sintering kinetics[J]. Journal of Applied Physics, 1964, 35(1): 215-217.

[24] Hayden H W, Brophy J H. The activated sintering of tungsten with group VIII elements[J]. Journal of The Electrochemical Society, 1963, 110(7): 805.

[25] Kreider K G, Bruggeman G. Grain boundary diffusion in tungsten[J]. Transactions of the Metallurgical Society of AIME, 1967, 239(8): 1222-1226.

[26] German R M, Munir Z A. Enhanced low-temperature sintering of tungsten[J]. Metallurgical Transactions A, 1976, 7(12): 1873-1877.

[27] Chen L C. Dilatometric analysis of sintering of tungsten and tungsten with ceria and hafnia dispersions[J]. International Journal of Refractory Metals and Hard Materials, 1993, 12(1): 41-51.

[28] Boonyongmaneerat Y. Effects of low-content activators on low-temperature sintering of tungsten[J]. Journal of Materials Processing Technology, 2009, 209(8): 4084-4087.

[29] Srivastav A K, Sankaranarayana M, Murty B S. Initial-stage sintering kinetics of nanocrystalline

tungsten[J]. Metallurgical and Materials Transactions A: Physical Metallurgy and Materials Science, 2011, 42(13): 3863-3866.

[30] Perkins J B. Spark plasma sintering of tungsten and tungsten-ceria: microstructures and kinetics[D]. Boise: Boise State University, 2011.

[31] Pramanik S, Srivastav A K, Manuel Jolly B, et al. Effect of Re on microstructural evolution and densification kinetics during spark plasma sintering of nanocrystalline W[J]. Advanced Powder Technology, 2019, 30(11): 2779-2786.

[32] Que Z, Li X, Zhang L, et al. Resolving the sintering conundrum of high-rhenium tungsten alloys[J]. Journal of Materials Science & Technology, 2023, 166: 78-85.

[33] 张宇晴，王芦燕，刘山宇，等. 粉末预处理对钨坩埚应用性能的影响[J]. 粉末冶金技术, 2021, 39(3): 258-262.

[34] 王广达，李强，董建英，等. 大尺寸高相对密度钨管的制备[J]. 粉末冶金技术，2021, 39(03): 263-268.

[35] 杨益航，王启东，李保强，等. WTi10 合金的高温高压制备及相特征[J]. 稀有金属材料与工程, 2021, 50(2): 664-669.

[36] Wickersham C E, Poole J E, Mueller J J. Particle contamination during sputter deposition of W-Ti films[J]. Journal of Vacuum Science & Technology A: Vacuum, Surfaces, and Films, 1992, 10(4): 1713-1717.

[37] Lo C F, McDonald P, Draper D, et al. Influence of tungsten sputtering target density on physical vapor deposition thin film properties[J]. Journal of Electronic Materials, 2005, 34(12): 1468-1473.

[38] 傅崇伟，魏修宇. 粉末特性和加工工艺参数对钼板组织和性能影响的研究[J]. 硬质合金, 2014, 31(6): 347-352.

[39] 杨松涛，李继文，魏世忠，等. 大单重纯钼板热轧工艺研究[J]. 稀有金属与硬质合金，2010, 38(4): 40-45.

第 4 章　钨的形变加工

烧结钨的致密度较低，力学性能较差。形变加工是在外加载荷的作用下，使材料发生塑性变形，从而最终获得一定尺寸、表面精度、形状和力学性能产品的一种加工方法，是提高钨的致密度、塑性和强度的有效途径[1,2]。金属钨是体心立方结构，具有较高的层错能，强度高，室温下是典型的脆性金属，在韧脆转变温度(DBTT)以上才具有延性，可进行形变加工，其变形抗力大且塑性温区窄。钨的形变加工方法包括轧制、锻造、旋锻，以及高压扭转、累积轧制、等径角挤压等剧烈塑性变形技术。钨板主要通过轧制方法制备，经过热轧开坯后，烧结坯内部孔洞消除，由烧结态转变为加工态，再经过热轧、温轧和冷轧，并结合多次退火才能完成钨板的轧制。轧制钨板的组织性能不仅受轧制方式、形变量等工艺参数的影响，还与钨板纯度密切相关[3-6]。由于缺乏杂质元素，对位错和晶界迁移的拖拽作用减少，材料塑性变形和再结晶行为发生显著变化，晶粒尺寸及组织均匀性的控制难度更大[6]。

本章重点介绍钨在整个轧制及退火过程中的微观组织演变规律，包括晶粒尺寸及形态、晶界性质、织构特征和组织均匀性的演变规律，并分析杂质元素的作用规律、非均匀组织的形成机理及组织均匀性控制方法，为金属钨形变加工过程的组织性能调控奠定理论和技术基础。

4.1　钨在轧制过程的组织及性能演变

4.1.1　热轧钨的组织性能演变

为了更好地理解杂质元素对热轧钨的影响，本章采用两种不同纯度的钨作为对照，一种是商业纯度钨(纯度>99.9%)，命名为“纯钨”(pure W，PW)，另一种是在该商业纯钨的基础上人为掺杂 O、C、N 等杂质元素，命名为“掺杂钨”(non-pure W，NPW)。因为商业纯度钨在初始原料中不可避免地含有微量杂质(O、C、N 和伴生元素 Mo)，所以为了便于研究杂质元素的影响，人为增加这些杂质的含量，以显示出样品纯度的差异。另外，不同的轧制样品以形变量特征命名，例如，PW-27%代表 27%形变量的纯钨，NPW-46%代表 46%形变量的掺杂钨。图 4-1 为不同轧制形变量的纯钨的金相图片。与烧结态纯钨相比，PW-27%的晶粒尺寸有所减小，因为轧制初始阶段发生了晶粒破碎，晶粒被细化。PW-46%的钨板晶粒有明显长大，这可归因于该形变量下的轧制温度高于再结晶温度而发生了动态再结晶。PW-70%和 PW-90%的钨板出现了细长的纤维状晶粒，PW-90%的晶粒更加均匀细长。另外，随着轧制形变量的增加，烧结板坯内的残余孔洞逐渐减少，在 PW-70%和 PW-90%中孔洞基本完全消除。

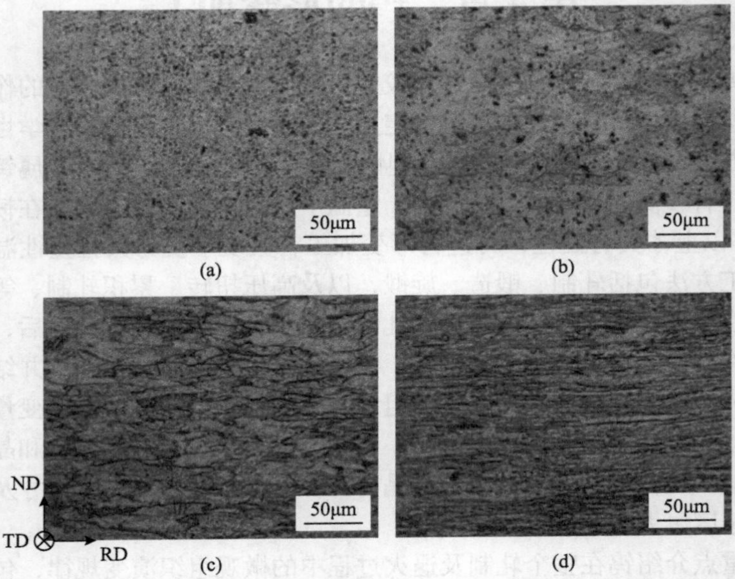

图 4-1　纯钨经过不同形变量热轧后 RD-ND 面的金相图

(a) PW-27%；(b) PW-46%；(c) PW-70%；(d) PW-90%

采用 EBSD 的表征手段深入研究轧制过程中的微观组织演变。图 4-2 和图 4-3 分别显示了纯钨和掺杂钨不同轧制压下试样的 EBSD 图片，图片采集尺寸为 400μm×400μm，包括以 ND 为基准的取向成像图(IPF-ND)、晶界(grain boundary, GB)图和局部平均取向差(local arerage misorientation，LAM)图。反极图(inverse pole figure，IPF，又称取向成像图)显示了与不同颜色相关的不同晶体取向。GB 图能清晰显示出晶粒尺寸和形状，其中小角度晶界(LAGB，5°～15°)以红线显示，大角度晶界(HAGB，15°～65°)以黑线显示。LAM 图表示相邻像素点之间的局部取向差。

图 4-2 显示了纯钨在热轧过程中不同轧制量(0%、27%、46%、70%、90%)下 RD-ND 面(法向为 TD)的微观结构特征。烧结态钨呈现出均匀的多晶结构和随机的晶粒取向。与烧结态钨试样相比，PW-27%晶粒变得模糊(如 IPF 图所示)。相应地，PW-27%在 GB 图中显示出小角度晶界增多，在 LAM 图中显示出局部取向差角增大，表明缺陷和位错增多，经 27%形变后晶粒内部产生许多亚结构。对于 PW-46%，晶粒明显长大，模糊的亚结构消失，这可以归因于热轧过程中由于轧制温度过高(1300℃以上)，钨板中发生了动态回复或动态再结晶。另外，在 PW-46%中观察到由小晶粒和大晶粒组成的双峰微观结构，LAM 图中蓝色区域表

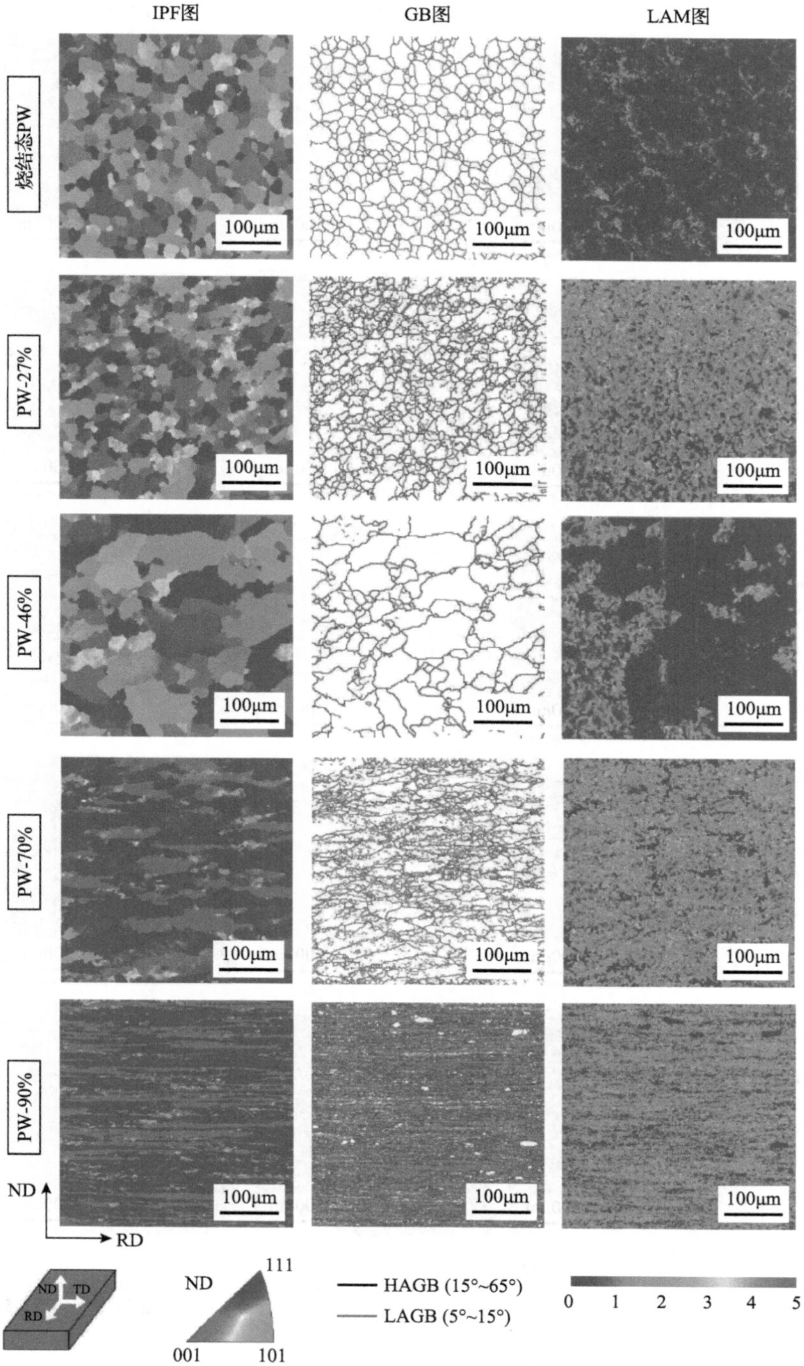

图 4-2　纯钨经过不同形变量热轧后的 EBSD 结果[5]

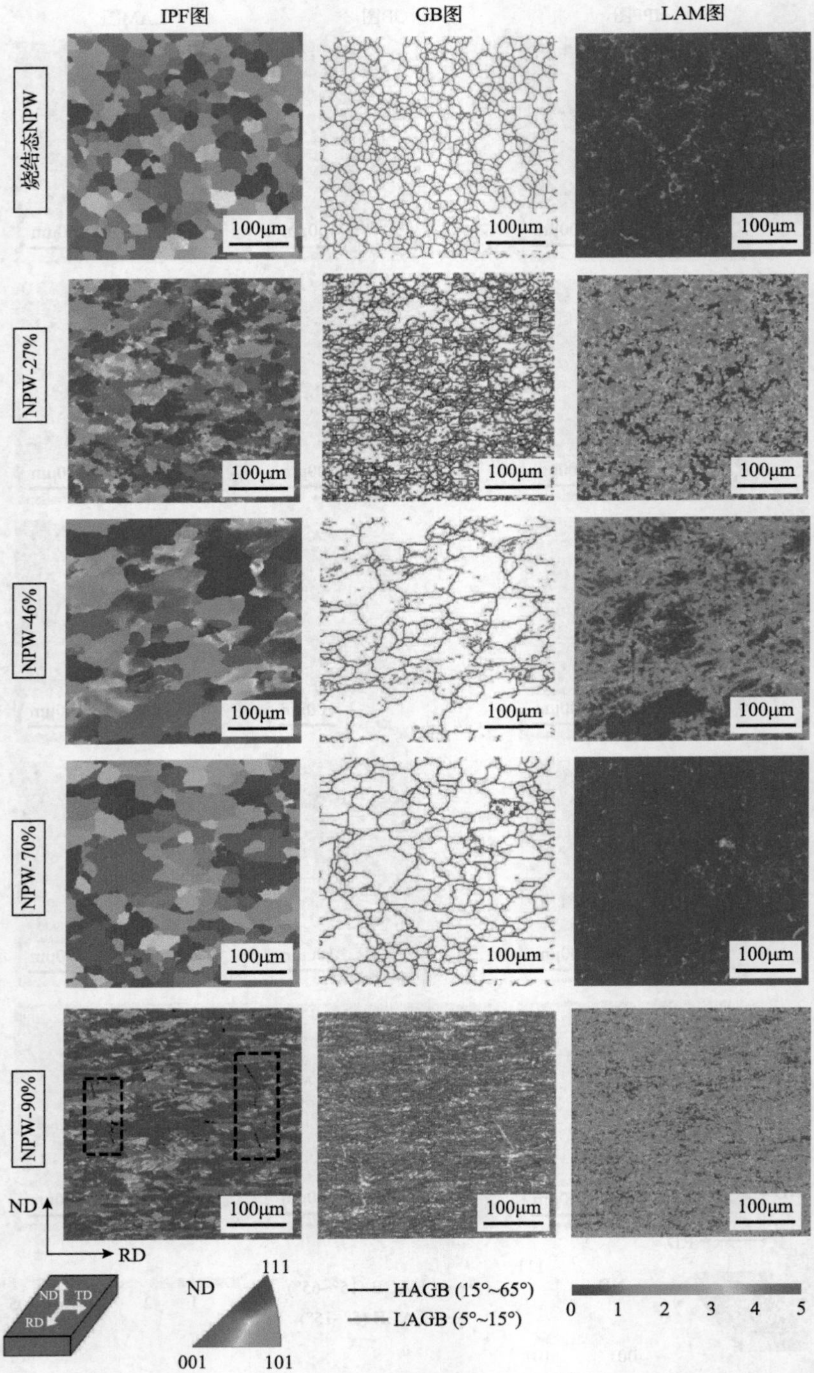

图 4-3　掺杂钨经过不同形变量热轧后的 EBSD 结果[5]

示异常长大的再结晶晶粒，晶粒内部的局部取向差较小，绿色区域表示细小的形变亚结构组织，该区域的局部取向差较大。这一结果也说明热轧中间阶段动态再结晶的发生造成了非均匀的异质组织。随着轧制量增大，在 PW-70%和 PW-90%中观察到细长的纤维晶粒，经 70%轧制后变形程度越高，晶粒不断细化并且晶界密度不断增加。另外，大形变量的板材中未观察到再结晶相关的组织结构，组织均匀性提高。这是因为大形变量下钨板轧制温度降低，低至钨的再结晶温度以下，从而避免了再结晶的发生。由此可以推断，纯钨在热轧过程中微观组织经历了“晶粒破碎-动态再结晶-晶粒纤维化”的演变。

图 4-3 显示了掺杂钨在热轧过程中的微观组织演变。掺杂钨也经历了与纯钨类似的演化过程，但区别显示在中间的再结晶过程。值得注意的是，对于 NPW-46%，LAM 图只显示小面积的蓝色区域，GB 图显示晶粒内部存在红色的小角度晶界。说明该状态虽然发生再结晶，但大多数晶粒内部仍然存在大量形变亚结构，与相同轧制条件下的纯钨样品(PW-46%)形成鲜明对比。另外，NPW-70%表现出近似等轴的再结晶晶粒结构而非纤维晶粒结构，NPW-90%的纤维晶粒结构也较 PW-90%更粗大，即晶粒长度较短且晶粒厚度较大，纤维晶粒的长径比更小，细长的蓝色{111}晶粒和{100}晶粒被绿色的{110}晶粒所中断，在 NPW-90%样品中甚至出现部分切断纤维晶粒的横向裂纹(虚线方框所示)。以上结果表明，掺杂钨在 46%～70%形变量范围内有较温和缓慢的再结晶过程，从而影响了 70%～90%大形变量下的晶粒结构。

用线性截距法可以定量分析各个板材的晶粒尺寸。由于轧制后的晶粒产生各向异性，分别沿轧向和法向统计出晶粒长度和晶粒厚度。图 4-4(a)比较了纯钨和掺杂钨的晶粒尺寸演变。晶粒长度随形变量增大而单调增大，晶粒厚度随形变量增大总体上减小但并不是单调变化。也就是说，中间的动态再结晶过程发生晶粒长大使晶粒厚度增大，但总体上晶粒的长径比(晶粒长度与晶粒厚度的比值)随形变量增大不断增大。图 4-4(b)为晶粒长径比随形变量的变化。当轧制量达到 70%

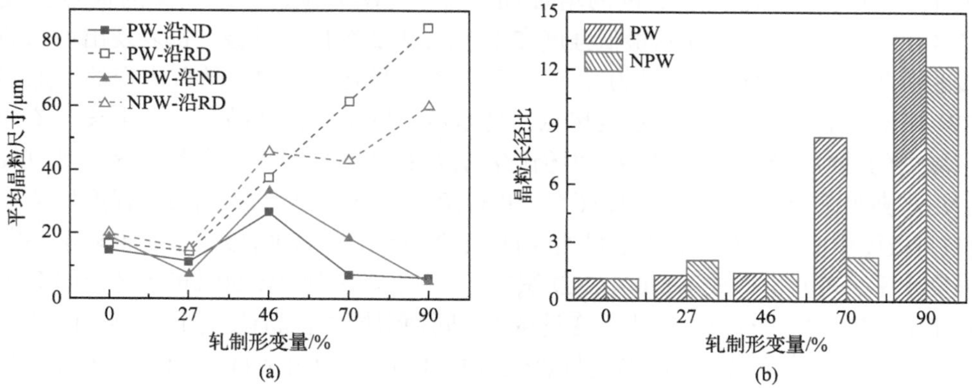

图 4-4　热轧钨的(a)平均晶粒尺寸及(b)晶粒长径比随形变量的变化[5]

之后，纯钨的晶粒长径比才会出现明显变化，而掺杂钨的晶粒长径比直到轧制量达到 90%之后才会明显增大。表明轧制量需达到 70%才会出现纤维晶粒，而掺杂会导致需要更大的形变量来促使纤维晶粒的形成。对比纯钨和掺杂钨，发现各个形变量下掺杂钨的晶粒长径比均小于纯钨样品，说明杂质会减小钨晶粒的长径比。晶粒尺寸及长径比的结果反映了热轧过程中晶粒结构演变是一个复杂的过程，受到塑性变形与再结晶相互作用。而杂质的影响主要体现在中间的再结晶阶段，并进一步影响轧制后期的纤维晶粒形态。

图 4-5 为热轧钨不同形变量样品的晶界取向差角分布，以取向差角 15°区分大角度晶界和小角度晶界。烧结态显示了最低的小角度晶界比例，27%轧制样品表现出小角度晶界显著增加。然而，中间的再结晶过程会造成小角度晶界比例减小，46%轧制样品中观察到大角度晶界增多而小角度晶界减少。NPW-70%的取向差角分布与 PW-46%的取向差角分布相似，说明掺杂导致动态再结晶这一过程一直持续到更大的形变量 70%。在更高的轧制量下(90%)，纯钨和掺杂钨的小角度晶界再次显著增大。由此得出结论，大、小角度晶界的比例与变形和再结晶程度之间存在相关性，一般小角度晶界比例越高说明变形程度越高，大角度晶界比例越高说明变形程度越低或再结晶程度高。对于热轧钨，小形变量(0%～30%)和大形变量(70%～90%及 90%以上)都会导致小角度晶界增加，小角度晶界的增加可归因于晶粒破碎引起的位错胞等亚结构形成。而中等形变量下发生再结晶则会导致相反的趋势，再结晶导致的小角度晶界减少与位错的湮灭及晶界的长程迁移有关。在再结晶过程中，形核新晶粒最初由小角度晶界组成，随着小角度晶界的不断合并，晶界的取向差角逐渐增加，直到达到典型的大角度晶界，这是由位错相关的形变储存能量驱动的[7]。

图 4-6 为纯钨经不同形变量热轧后的{100}、{110}和{111}极图。以极点的名称命名极图名称，例如，{100}极图代表{100}极点在样品坐标系中的极射投影，此时，图形中心点代表{100}晶面平行于 RD-TD 面(ND 面)。粗略观察，极图组的最大强度随着轧制形变量的增加而增加。PW-90%显示出最高的极点强度(7.48)，而 PW-27%则显示最低强度(2.76)。PW-27%的三种极图都表现出均匀的投影强度分布，表明形变量为 27%时不会产生明显的织构。随着应变的增加，PW-46%各极图中出现一些强度斑点，这是由于发生了再结晶和晶粒生长，统计区域内的晶粒个数较少所造成，但仍然没有观察到明显织构。当形变量达到 70%后出现典型 BCC 板织构的极图图案。PW-70%和 PW-90%的极图最大强度均位于{111}极图中心，这表明形成了强烈的{111}//ND 织构，{100}极图中心也显示一定强度水平，表明也形成了{100}//ND 织构。另外，观察到 PW-90%极图环形图案相较于 PW-70%更加连续，说明形变量越大，同种织构中各晶粒取向分布更加连续。

图 4-7 为掺杂钨经不同形变量热轧后的{100}、{110}和{111}极图。27%形变量状态下，掺杂钨和纯钨的极图相似，都没有显示出任何明显织构。而对于

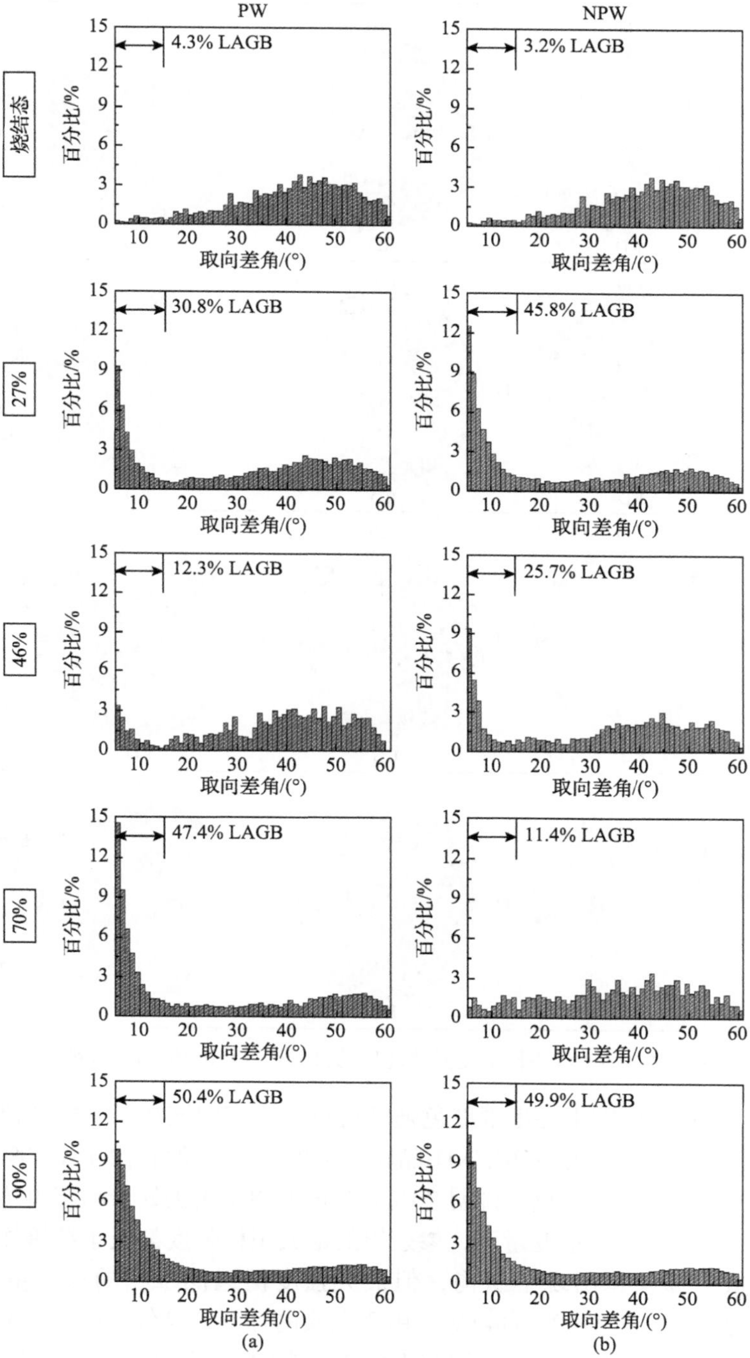

图 4-5　热轧钨不同形变量下的晶界取向差角分布图[5]

(a)纯钨；(b)掺杂钨

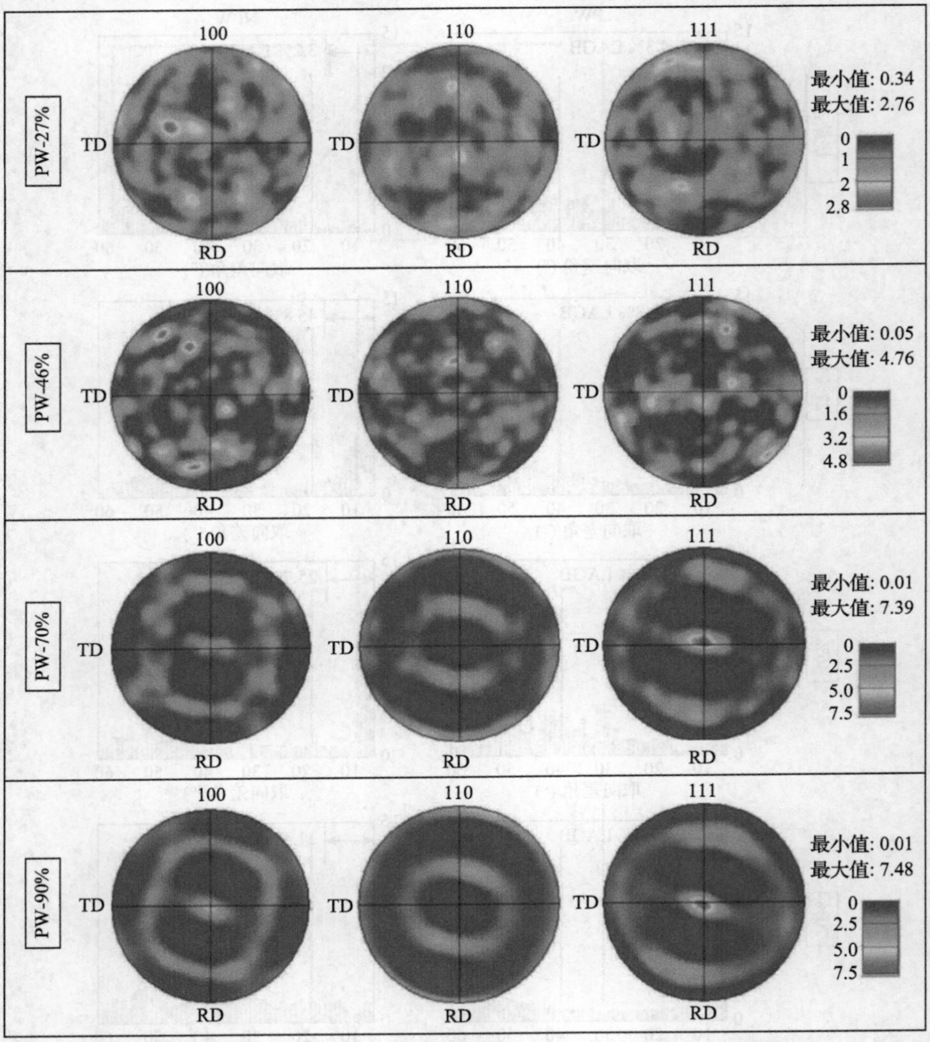

图 4-6　纯钨经不同形变量热轧后的{100}、{110}和{111}极图[5]

NPW-46%，{110}极图中心出现红色强度斑点，这表明该状态下掺杂钨由于发生动态再结晶出现了较多的{110}//ND 晶粒。NPW-70%并没有像 PW-70%出现织构环，极图仍表现出零散斑点，说明 70%形变量下掺杂钨仍处于动态再结晶状态。值得注意的是，在各个形变量下，掺杂钨的最大织构强度都低于纯钨样品，虽然 90%形变量下掺杂钨出现了织构，但最大强度仍远低于相同形变量下的纯钨(PW-90%为7.48，NPW-90%为4.69)。由于杂质的存在，掺杂钨在动态再结晶时容易产生{110}//ND 取向的晶粒，而纯钨中的轧制织构以{111}//ND 和{100}//ND 为主，这些{110}晶粒的存在弱化了主要织构{111}的强度。以上极图的分析结果

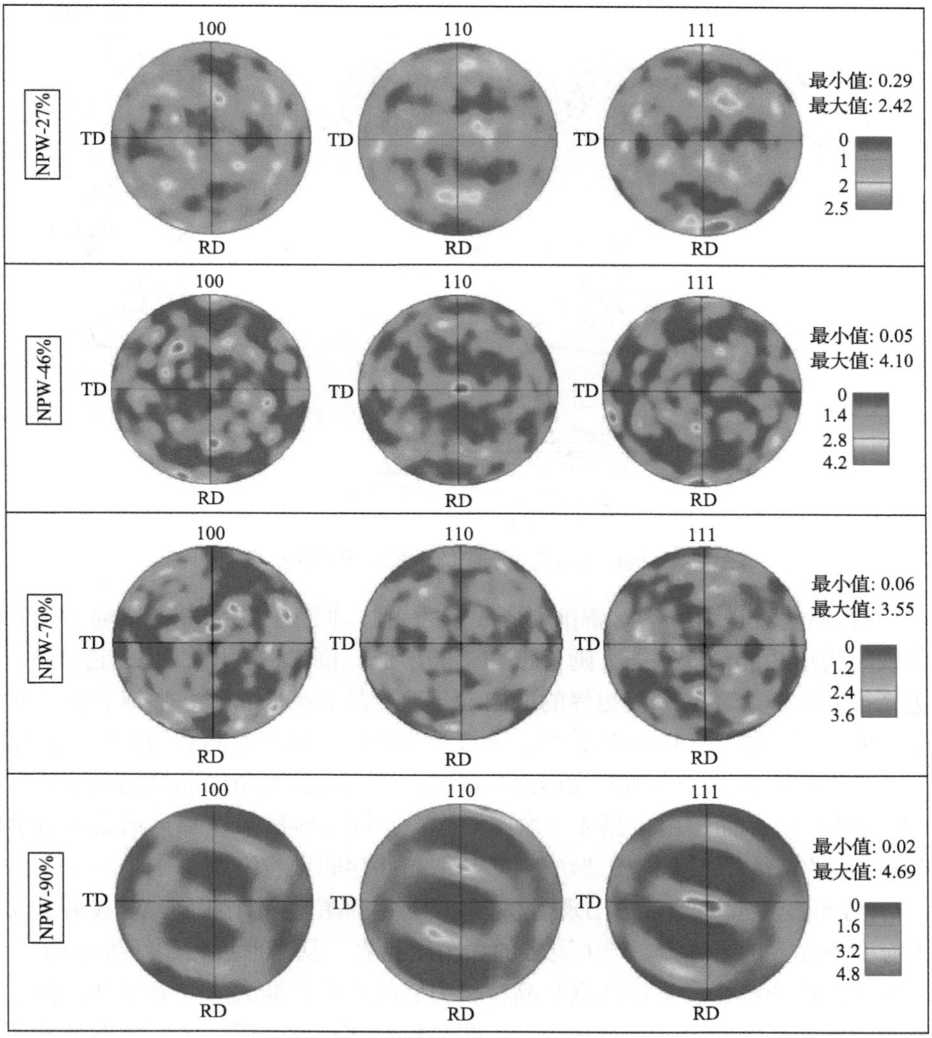

图 4-7　掺杂钨经不同形变量热轧后的{100}、{110}和{111}极图[5]

也印证了前面晶粒结构结果，掺杂钨中纤维晶粒的连续性更差，细长{111}晶粒和{100}晶粒被{110}晶粒中断。由此可以得出结论，杂质在热轧钨中间的动态再结晶阶段促进{110}//ND 取向的形成，从而弱化了热轧钨的织构。

图 4-8 显示了钨板在热轧过程中微观组织演变示意图，包括晶粒破碎、动态回复/动态再结晶(形核和晶粒生长)和晶粒纤维化。因此，热轧的三个阶段可以用以下相应的机制来解释：

(1)位错胞等亚结构形成。在变形早期的各向异性应力作用下，烧结态等轴晶粒开始破碎，为随后的再结晶提供驱动力。

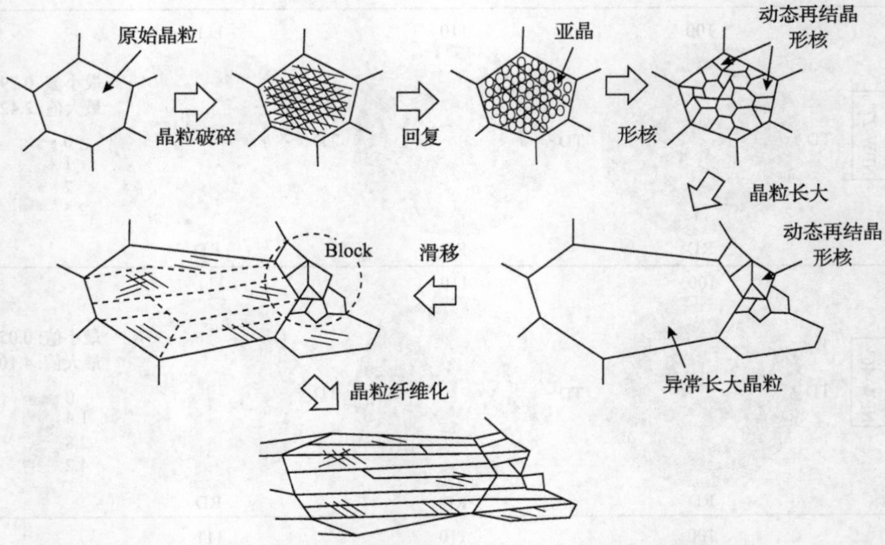

图 4-8　钨板在热轧过程中的微观组织演变示意图[5]

(2) 在回复过程中位错重新排列形成新的晶粒。回复和再结晶的驱动力是以位错等缺陷为形式的形变储能，随着形变量的增加，位错密度增加到一定水平，位错重新排列形成边界，一些边界的取向差角达到足够高的水平，形成亚晶。对于高层错能金属，如 W(480mJ/m^2)[8]，一般认为形核在形变亚晶粒的基础上演化形成，亚晶界的取向差角会随着变形逐渐增大，直到达到大角度晶界的典型值，形成新的晶粒[7]。然而，由于晶体学取向效应，不同晶粒的形核和再结晶动力学具有差异，部分晶粒快速长大，形成粗晶与细晶并存的异质组织。

(3) 在形变带或剪切带中出现滑移行为，导致晶粒相对于相邻晶粒旋转，以及在大应变下晶界的合并[9]，产生更多的大角度晶界，从而形成典型纤维结构。

纯钨和掺杂钨在发生再结晶和晶粒长大后的变形后期大形变量下具有相似的纤维晶粒结构。中间再结晶过程中，一些晶粒迅速长大，而一些新的再结晶晶粒仍然保持稳定细小，形成异质组织。粗晶间的细晶(此处称为“Block”)会引起不均匀应力导致粗晶内部特定取向的滑移系统启动，BCC 金属一般为〈111〉方向[10]。因此，软的粗晶在硬的细晶下变形形成纤维晶粒。这种粗晶和细晶并存的异质组织能促进塑性变形进行，有利于轧制变形后期纤维晶粒的形成。此外，掺杂钨的热稳定性导致其较温和的再结晶过程，从而延迟了变形后期的晶粒纤维化过程。

综上微观组织分析结果，钨板在热轧过程中的组织演变是复杂的，主要表现为塑性变形(伴随位错运动)和动态再结晶(伴随热变形环境下的再结晶、晶粒长大所涉及的晶界运动)两者的相互作用。因此，热轧过程中钨的微观组织参数演变呈现非单调变化。而杂质对热轧组织的影响主要表现在中间的动态再结晶过程，进而影响变形后期的纤维晶粒结构。

显微硬度可以反映材料的力学性能与微观组织的关系。由加工硬化和再结晶导致的硬度增加或减小可以反映热轧的不同阶段变化，与微观组织演变对应。图 4-9 显示了纯钨和掺杂钨在不同轧制变形下样品 RD-ND 面上的显微硬度 ($HV_{0.1}$)。可以将图 4-9(a)中的硬度变化分为三个阶段。第一阶段(Ⅰ)：在烧结状态下，纯钨和掺杂钨的显微硬度分别为 $395HV_{0.1}\pm22.6HV_{0.1}$ 和 $391.9HV_{0.1}\pm22.7HV_{0.1}$。经过 27%变形后，两种材料的硬度都有了显著的提高，这可以归因于变形初期的加工硬化。第二阶段(Ⅱ)：由于再结晶作用，纯钨和掺杂钨的硬度均略有下降，分别为 $497HV_{0.1}\pm35.2HV_{0.1}$ 至 $482HV_{0.1}\pm26.2HV_{0.1}$ 和 $503HV_{0.1}\pm25.1HV_{0.1}$ 至 $444HV_{0.1}\pm16.4HV_{0.1}$。PW-46%的硬度高于 NPW-46%，这可能是由于纯钨中存在更细小的再结晶晶粒，掺杂钨的这一阶段由于缓慢的再结晶过程而变得更宽。第三阶段(Ⅲ)：随着进一步轧制变形，硬度急剧增加，这表明超细纤维晶粒显著增加了硬度。纯钨和掺杂钨的硬度分别为 $584HV_{0.1}\pm17.7HV_{0.1}$ 和 $567HV_{0.1}\pm19.6HV_{0.1}$。

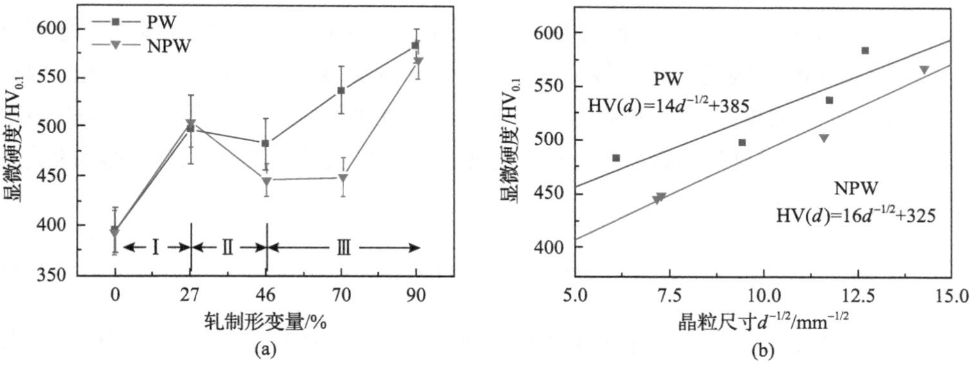

图 4-9　热轧钨的显微硬度数据[5]

(a) 显微硬度变化；(b) Hall-Petch 拟合曲线

图 4-9(b)为硬度与晶粒尺寸($d^{-1/2}$)的曲线图，反映了 Hall-Petch 关系拟合情况。由图可见，数据点均拟合良好，表明热轧过程中纯钨和掺杂钨的硬度演变均遵循 Hall-Petch 关系。纯钨和掺杂钨的拟合函数分别在式(4-1)和式(4-2)中给出。晶粒尺寸减小意味着晶界的增多，导致位错更容易在晶界处阻塞堆积，导致硬度增加。此外，发现纯钨拟合曲线的斜率(14)低于掺杂钨的斜率(16)。该斜率值与位错的移动能力有关，若位错的可动性较差，位错运动时需要强制克服其他位错的应力场，称为位错硬化[11]。说明在热轧态纯钨的位错可动性较好，而掺杂钨受杂质影响，位错运动受阻。

$$HV(d)=14d^{-1/2}+385 \tag{4-1}$$

$$\mathrm{HV}(d)=16d^{-1/2}+325 \tag{4-2}$$

另外，钨轧板力学行为还可以通过纳米压痕实验来评估。压痕硬度取决于压痕深度或尺寸，即压痕尺寸效应（ISE）。这种现象是应变梯度引入的几何必要位错（geometrically necessary dislocation，GND）造成的[12]。对于纯钨和掺杂钨样品，可以通过 Nix-Gao 模型进行 ISE 分析[13]：

$$\frac{H}{H_0}=\sqrt{1+\frac{h^*}{h}} \tag{4-3}$$

式中，H 为压痕深度 h 下的硬度；H_0 为特征硬度（随深度趋于稳定时的硬度）；h^* 为特征长度。通过绘制 $(H/H_0)^2$ 与 $1/h$ 曲线并拟合即可得到 h^*。

图 4-10 显示了纳米压痕数据，并用 Nix-Gao 模型描述了 H_0 和 h^*。图 4-10（a）和图 4-10（c）分别显示了热轧纯钨和掺杂钨的硬度与压痕深度的函数关系。可以看出，硬度随着压头深入而下降。值得注意的是，曲线在 50～250nm 深度处急剧下降，在较大深度处接近平坦曲线。这里在 2000nm 深度处的硬度取为 H_0 值。根据各样品的 H_0 值数据结果，纳米压痕数据与显微硬度测量结果一致。图 4-11 显示了各个样品的显微硬度（HV）和纳米压痕硬度（H_0）的关系。H_0 和 HV 之间的关系可以用式（4-4）描述：

$$\mathrm{HV}=1.60+0.62H_0 \tag{4-4}$$

拟合的斜率为 0.62，与文献报道值大致相似。例如，不锈钢的斜率系数为 0.73[14]，辐照后不锈钢的斜率为 0.76[15]。因此，纳米压痕硬度值与显微硬度值具有关联性，可以证明纳米压痕实验评估硬度数据的有效性。

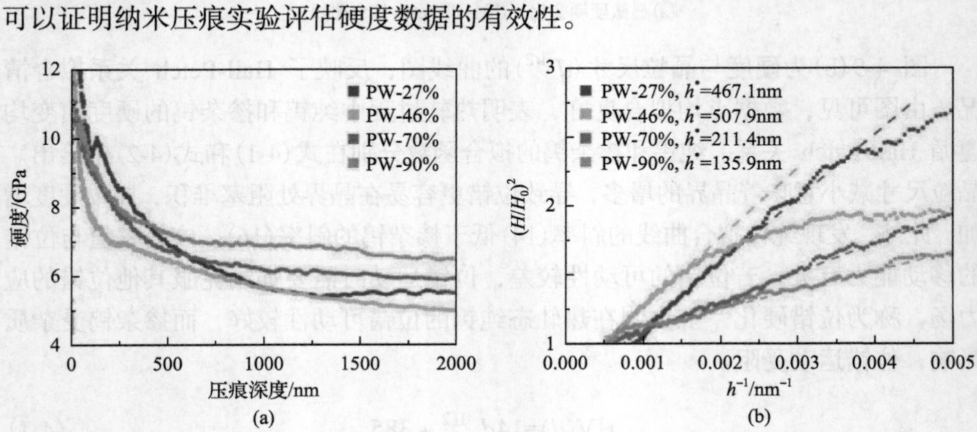

(a) (b)

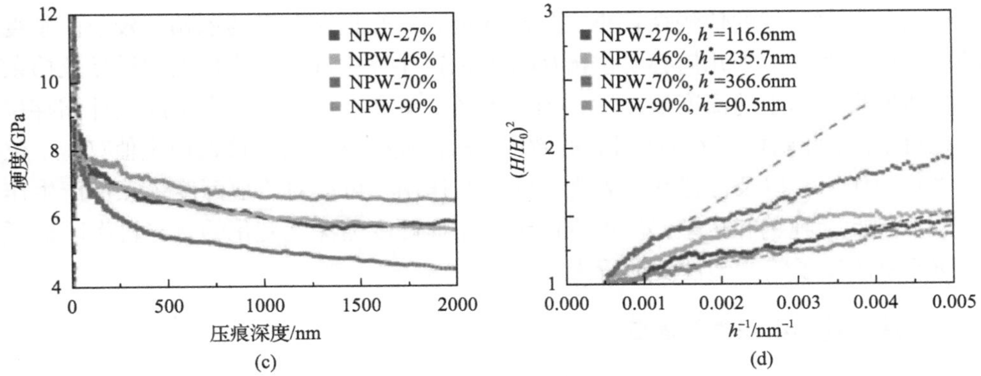

图 4-10　热轧钨的纳米压痕数据[5]

(a)纯钨和(c)掺杂钨的纳米压痕实验的硬度随压痕深度变化；根据 Nix-Gao 模型对(b)纯钨和(d)掺杂钨的纳米压痕数据进行$(H/H_0)^2$与h^{-1}拟合

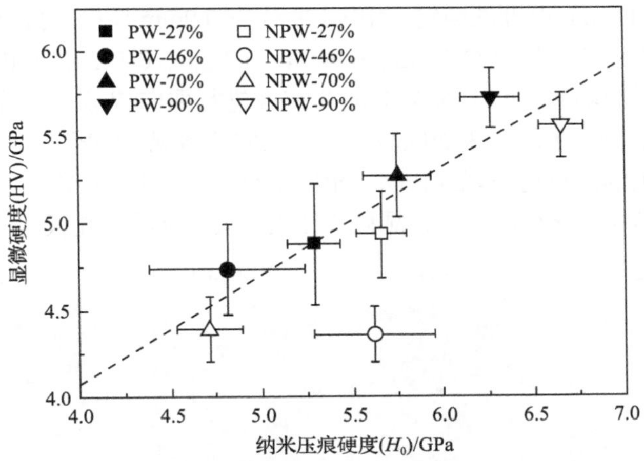

图 4-11　各种热轧钨样品的显微硬度(HV)和纳米压痕硬度(H_0)的关系[5]

为了进一步验证纳米压痕实验中的压痕尺寸效应，图 4-10(b)和图 4-10(d)分别显示了纯钨和掺杂钨的$(H/H_0)^2$与h^{-1}的关系图。由于在深度较浅时压痕接触面积的不确定性，该数据分析排除了 200nm 压痕深度以下的硬度数据。结果表明，在大变形的样品中绘制的线性拟合曲线与 Nix-Gao 模型非常吻合。而发生动态再结晶的样品在约 500nm(h^{-1}=0.002nm^{-1})深度处的斜率似乎发生偏离，表明压痕引起的变形区达到了再结晶区和非再结晶区之间的边界，这在文献中被称为“基底效应”[15-17]。在图 4-10(b)和图 4-10(d)中，只对 600～2000nm 的压痕深度范围内进行了近似线性拟合，计算拟合曲线的斜率可作为h^*值。发现h^*值较小的样品具有较大的H_0值，对比再结晶钨和超细晶钨的纳米压痕实验中也发现类似现象[12]。值得注意的是，形变量越大的样品或掺杂钨样品的斜率更陡(h^*值更大)，表明掺杂钨的硬度对深度的依赖性较小，且形变量大的轧板对深度的依赖性较小。硬度的深度依赖性是由于几何必要位错(GND)的产生而引起，形变量大的样品及掺杂样品所展现出的小的深度依赖性，因为大形变量和杂质会导致大量的统计储存位错(SSD)，由此削弱了 GND 引起的效应，从而使硬度更快地接近稳定值(H_0)。位错之间的作用，以及位错和晶界之间的相互作用，可能对压痕深度依赖性产生作用[18]。因此，纯钨和掺杂钨所展现的纳米压痕硬度随深度变化的差异再次印证了杂质元素改变了钨的塑性变形行为。

4.1.2　冷轧钨的组织性能演变

热轧使钨的塑性得到改善，也为更大变形量下的低温轧制创造了前提条件。当钨板经轧制减薄到一定程度时，可采用低温轧制进行更大变形量的变形，其轧制温度远低于再结晶温度，通常称之为冷轧。本节以厚度特征命名不同的冷轧钨样品，如 PW-12 代表 1.2mm 厚度的纯钨，NPW-09 代表 0.9mm 厚度的掺杂钨。图 4-12 为纯钨在冷轧过程中不同厚度(1.2mm、0.9mm、0.7mm、0.5mm)下 RD-ND 面(法向为 TD)的微观结构特征，以 ND 方向为基准进行取向成像。图片采集尺寸均为 300μm×100μm，涵盖了轧板表面区域到芯部区域的微观组织特征。由图 4-12 可见，四种冷轧纯钨板的晶粒均呈现细长状。相比于热轧钨，由于冷轧避免了再结晶的影响，冷轧钨的晶粒细化程度更大，晶粒长径比更大，且随着轧板变薄，沿 RD 方向

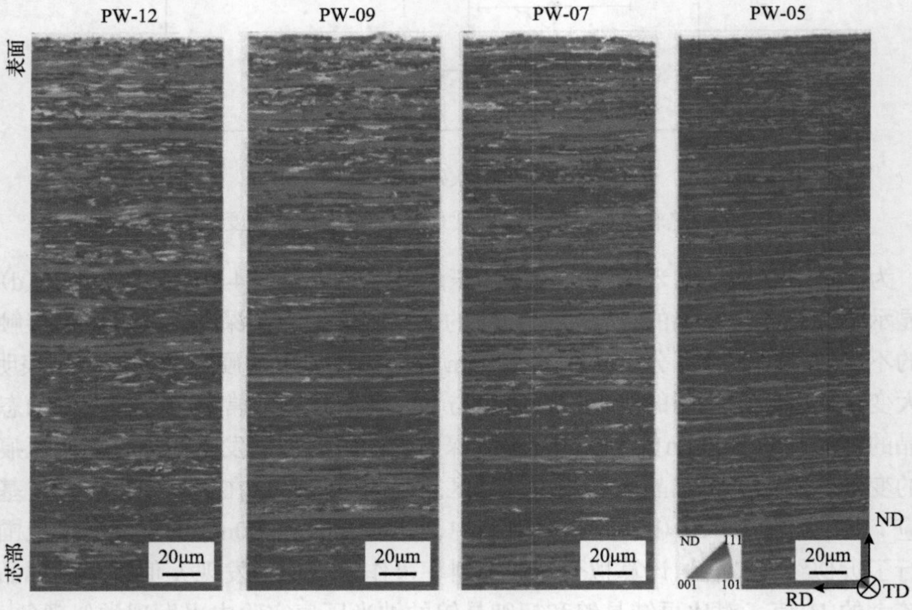

图 4-12　纯钨经过不同形变量冷轧的低倍率取向成像图[3]

晶粒逐渐被拉长，而沿 ND 方向晶粒厚度逐渐减小，即纤维晶粒与 RD 方向完全平行。四种冷轧纯钨板的晶粒取向均以{111}和{100}为主，且两种晶粒交替分布。PW-12 和 PW-09 中含有少量{110}晶粒，随着形变量增大，{110}晶粒逐渐消失，PW-05 的晶粒取向完全由{111}和{100}晶粒所取代。值得注意的是，冷轧板从表面到芯部区域的晶粒形貌和晶体学取向基本保持一致，说明冷轧态纯钨的微观组织均匀性良好。

图 4-13 为掺杂钨在冷轧过程中不同厚度(1.2mm、0.9mm、0.7mm、0.5mm)下 RD-ND 面(法向为 TD)的微观结构特征。与纯钨冷轧板相似，掺杂钨各个冷轧板均展现细长的纤维状晶粒，样品表面至芯部的均匀性良好。不同的是，相比于纯钨，掺杂钨晶粒形状显得更加弯折(即纤维晶粒与 RD 方向并非完全平行)，织构更加不连续。特别是对于 NPW-12 和 NPW-09，{111}和{100}晶粒之间存在大量{110}晶粒，弱化了纤维晶粒的连续性。但随着形变量增大，{110}晶粒逐渐减少，NPW-05 的晶粒取向完全由{111}和{100}晶粒所取代。

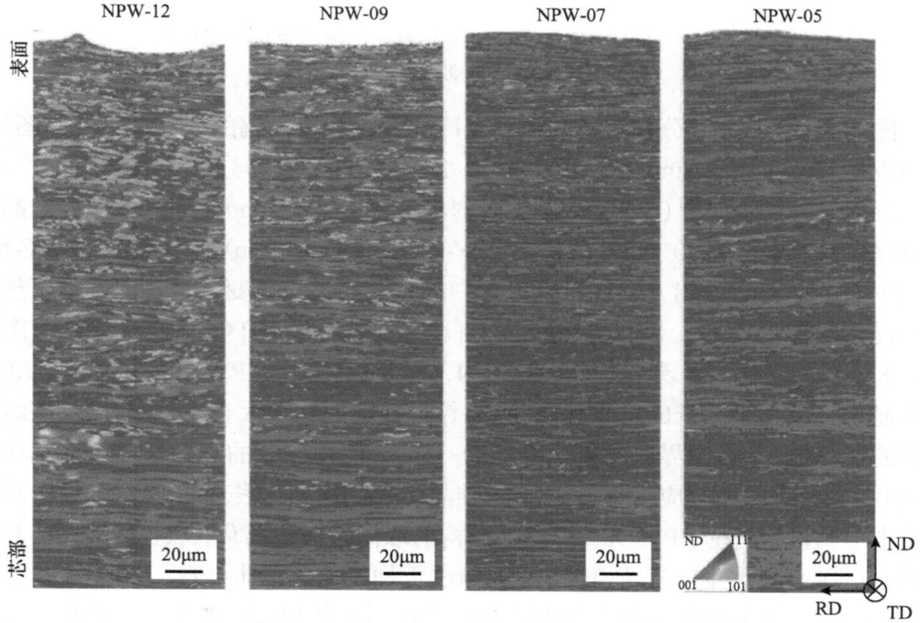

图 4-13　掺杂钨经过不同形变量冷轧的低倍率取向成像图[3]

{111}、{100}和{110}这三种晶粒比例随形变量的变化如图 4-14 所示。纯钨中三种晶粒整体的比例大小排序为{111}>{100} ≫ {110}，且随冷轧形变量增大，纯钨中{111}晶粒逐渐增多而{110}晶粒减少，{100}晶粒比较稳定；相比于纯钨，掺杂钨中{111}晶粒和{100}晶粒的比例相当，三种晶粒随形变量的变化趋势与纯钨类似，但{100}晶粒整体多于纯钨。由以上结果可以初步判断，纯钨和掺杂钨在冷轧过程中经历的微观组织变化大体相似，相较于热轧样品，晶粒细化明显，随着轧制厚度变薄，晶粒被显著拉长，{111}和{100}织构显著加强。另一方面，杂质的存在可能会引起冷轧钨晶粒形状、晶界性质及织构类型的变化，细节将在下文讨论。

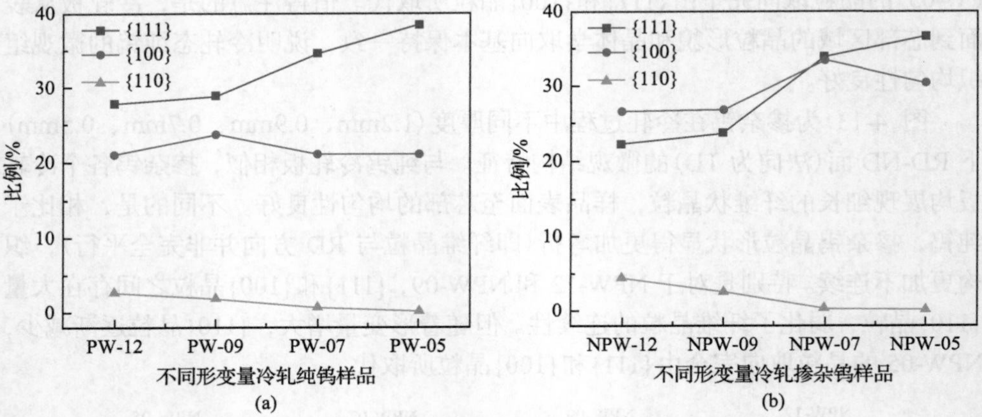

图 4-14　{111}、{100}和{110}晶粒比例随形变量的变化[3]

(a)冷轧纯钨样品；(b)冷轧掺杂钨样品

图 4-15 和图 4-16 分别为不同形变量冷轧纯钨和掺杂钨的高倍率 EBSD 图片，采集板材芯部区域 20μm×20μm，包含以 ND 为基准的取向成像图(IPF-ND)、以 RD 为基准的取向成像(IPF-RD)图、带衬度成像(band contrast，BC)图以及晶界(GB)图。将形变量为 90%热轧态样品(PW-90%，厚度为 4mm)加入比较。由 IPF-ND 和 IPF-RD 图可以看出，钨在冷轧过程中晶粒取向无显著变化，基本继承了热轧钨的晶体学取向状态，以{111}〈*uvw*〉、{100}〈*uvw*〉和{*hkl*}〈110〉为主。BC 图和 GB 图显示了轧制钨表现为多级组织结构，对于热轧样品(PW-90%和 NPW-90%)尤其显著，包含了细长的纤维状晶粒(晶粒边界取向差角大于 15°)，以及该结构内部的亚晶粒(亚晶边界取向差角为 2°～15°)。值得注意的是，这些亚晶结构在 PW-90%中具有取向效应，即在{111}纤维晶粒中亚晶细化表现明显，而{100}纤维晶粒中不明显；而在 NPW-90%中亚晶结构的取向效应被弱化，{111}和{100}晶粒内部均存在亚晶，并且亚晶相较于 PW-90%更加粗大。总体上看，对比图 4-15 和图 4-16，初步判断纯钨和掺杂钨在冷轧阶段经历大致相似的微观组织变化，并不像上一节所分析的热轧态的纯钨和掺杂钨在微观组织上显示出巨大差异，因为杂质对热轧微观组织的影响是多方面的，在中间发生的再结晶过程中被放大显现。然而，冷轧过程在再结晶温度以下进行，从而杂质元素对组织的影响程度在这一过程不明显。因此，杂质对冷轧组织产生的变化一方面继承于热轧阶段所保留的变化，另一方面来源于冷轧过程中杂质对塑性变形的单方面影响(而非热-力耦合作用导致的多方面影响)。为了更好地验证整个冷轧过程的微观组织演变以及杂质

对冷轧钨的细微影响，将在下文结合定量数据对晶粒形状、晶界性质以及织构类型进行详细分析讨论。

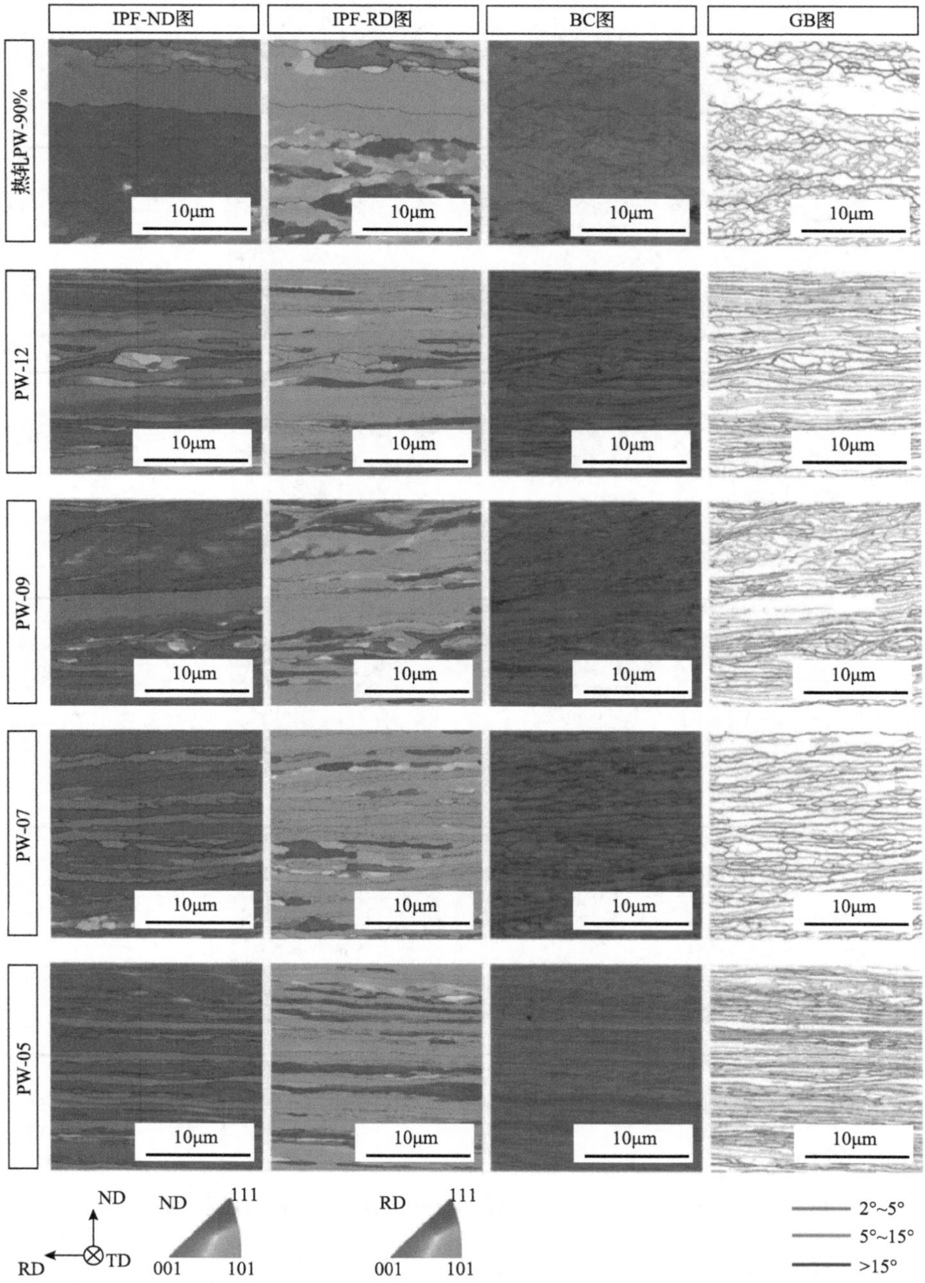

图 4-15　纯钨经过不同形变量冷轧的高倍率 IPF-ND 图、IPF-RD 图、BC 图和 GB 图[3]

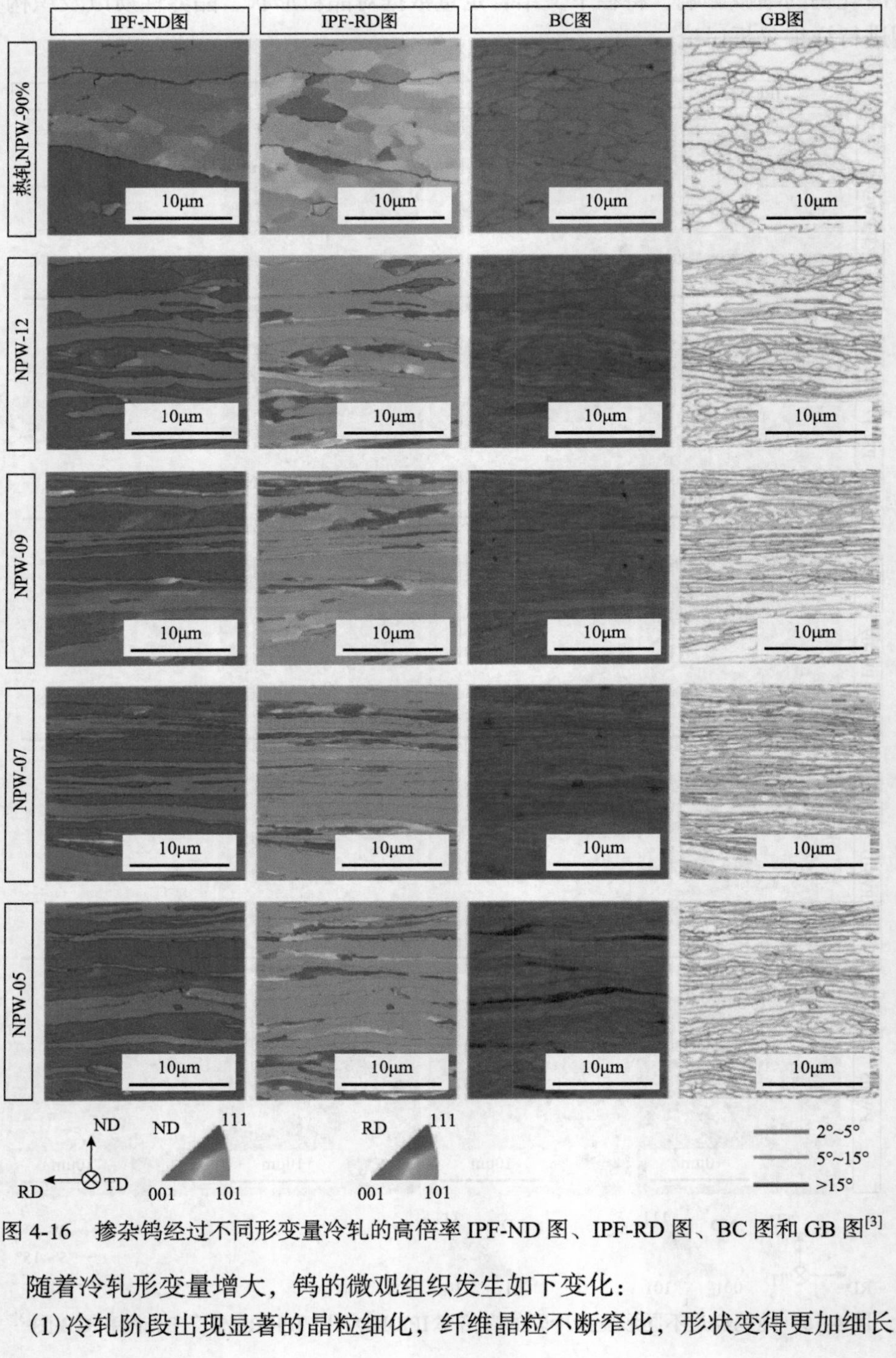

图 4-16 掺杂钨经过不同形变量冷轧的高倍率 IPF-ND 图、IPF-RD 图、BC 图和 GB 图[3]

随着冷轧形变量增大，钨的微观组织发生如下变化：

(1)冷轧阶段出现显著的晶粒细化，纤维晶粒不断窄化，形状变得更加细长，同时，亚晶变得更加细小。采用截距法对亚晶尺寸进行定量统计，所统计的晶粒边界角度阈值设置为 2°，图 4-17 为不同形变量冷轧钨沿 RD 和 ND 方向的晶粒尺寸累积频率分布，可以看出冷轧钨沿 RD 方向的晶粒尺寸(亚晶长度)和沿 ND 方向的晶粒尺寸(亚晶厚度)均小于热轧钨，说明冷轧阶段晶粒细化显著，稳定的{100}纤维晶粒也逐渐破碎细化。结合表 4-1 可知，随着冷轧进行，纯钨的亚晶长度增大而厚度减小，而掺杂钨的亚晶长度变化不大(图 4-17(c))。各种钨板的亚晶长径比在图 4-18 中进行了对比，可以看出热轧钨的亚晶平均长径比约为 1.5∶1，而冷轧钨长径比达 3∶1～5∶1，纯钨最薄的冷轧样品 PW-05 展现出最大平均晶粒长径比(7.6∶1)和最小平均亚晶厚度(0.29μm)。另外，在相同形变量的情况下，纯钨的晶粒厚度小于掺杂钨，且长径比大于掺杂钨。例如，PW-07 和 NPW-07 的平均亚晶厚度分别为 0.41μm 和 0.47μm，平均长径比分别为 4.3∶1 和 3.1∶1，PW-05 和 NPW-05 的平均亚晶厚度分别为 0.29μm 和 0.33μm，平均长径比分别为 7.6∶1 和 4.6∶1，这一结果进一步验证杂质降低了晶粒长径比。

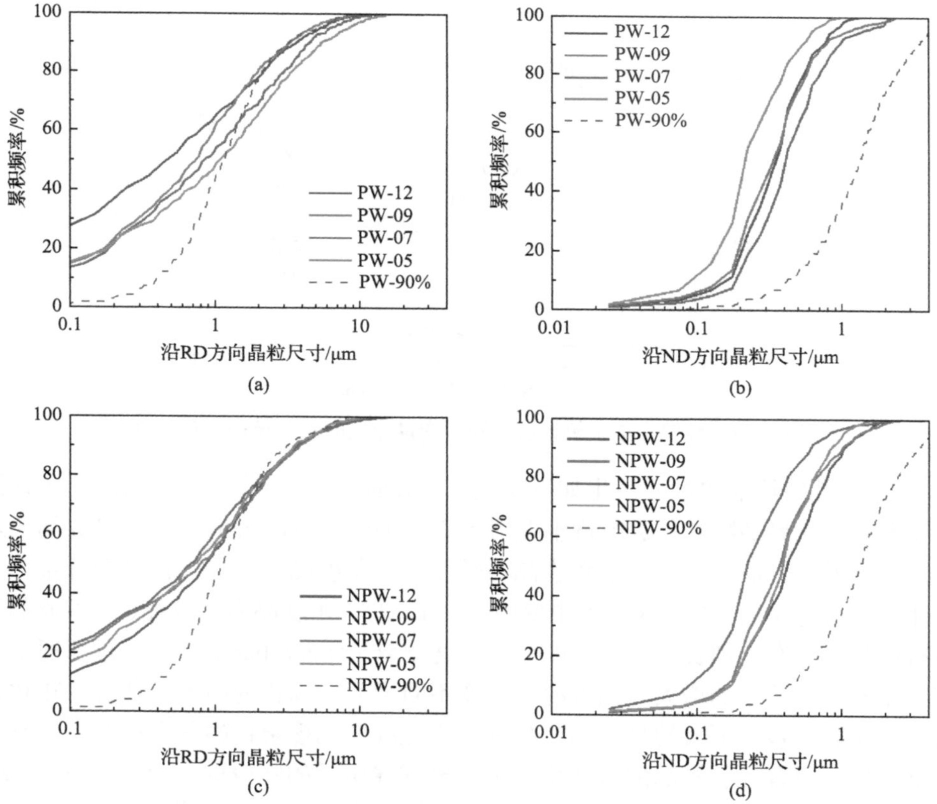

图 4-17　不同形变量冷轧钨的晶粒尺寸累积频率分布[3]

(a)纯钨，沿 RD 方向；(b)纯钨，沿 ND 方向；(c)掺杂钨，沿 RD 方向；(d)掺杂钨，沿 ND 方向

表 4-1 各种轧制纯钨和掺杂钨的平均晶粒尺寸及长径比统计结果[3]

样品	沿 RD 平均晶粒尺寸/μm	沿 ND 平均晶粒尺寸/μm	平均晶粒长径比
PW-90%	2.36	1.61	1.5∶1
PW-12	1.34	0.41	3.3∶1
PW-09	1.32	0.44	3.0∶1
PW-07	1.78	0.41	4.3∶1
PW-05	2.19	0.29	7.6∶1
NPW-90%	2.96	1.60	1.9∶1
NPW-12	1.59	0.55	2.9∶1
NPW-09	1.56	0.50	3.1∶1
NPW-07	1.46	0.47	3.1∶1
NPW-05	1.51	0.33	4.6∶1

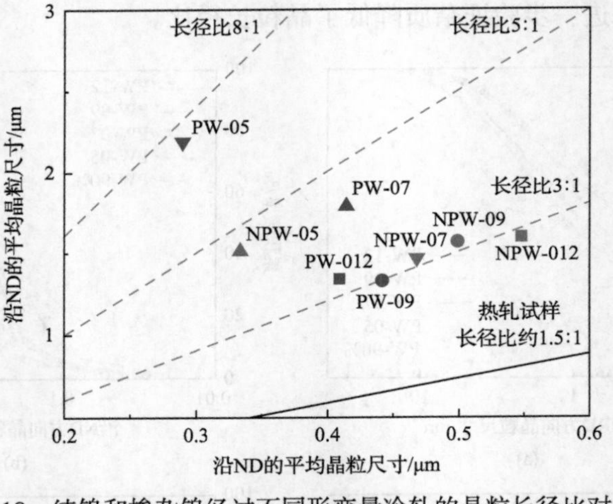

图 4-18 纯钨和掺杂钨经过不同形变量冷轧的晶粒长径比对比[3]

(2)冷轧阶段晶界性质发生如下变化。一方面，晶界形貌发生变化，由 GB 图可以看出，晶界随冷轧的进行逐渐变得平直且平行于 RD 方向，并且晶界间距逐渐减小；另一方面，一部分小角度晶界转变为大角度晶界。热轧样品中纤维晶粒内部存在大量亚晶，这些亚结构主要由 2°～15°的小角度晶界所分隔，这些亚晶界不断合并从而产生细长的晶界，被称为“显微带”(microband)，这一过程通常伴随着晶界取向差角的增大。随着冷轧应变不断增大，细长的晶界不断合并粗化，从而形成取向差角更大的晶界。图 4-19 为冷轧纯钨和掺杂钨的晶界取向差角频率分布变化，所有轧制样品的分布均严重偏离虚线所示的随机取向分布(Mackenzie distribution)，说明晶粒或晶界性质的各向异性。由图 4-19(a)和图 4-19(c)看出，热轧样品 PW-90%和 NPW-90%展现出高比例的 2°～15°小角度晶界，经过冷轧变形后小角度晶界比例减少，而>15°大角度晶界比例增加。另外，冷轧钨样品的分布曲线在 55°附近出现一个峰值，且随冷轧形变量增大而不断增大(图 4-19(b)和图 4-19(d))，这可能预示着某些特殊晶界或重合位置点阵边界会随着冷轧变形而产生。

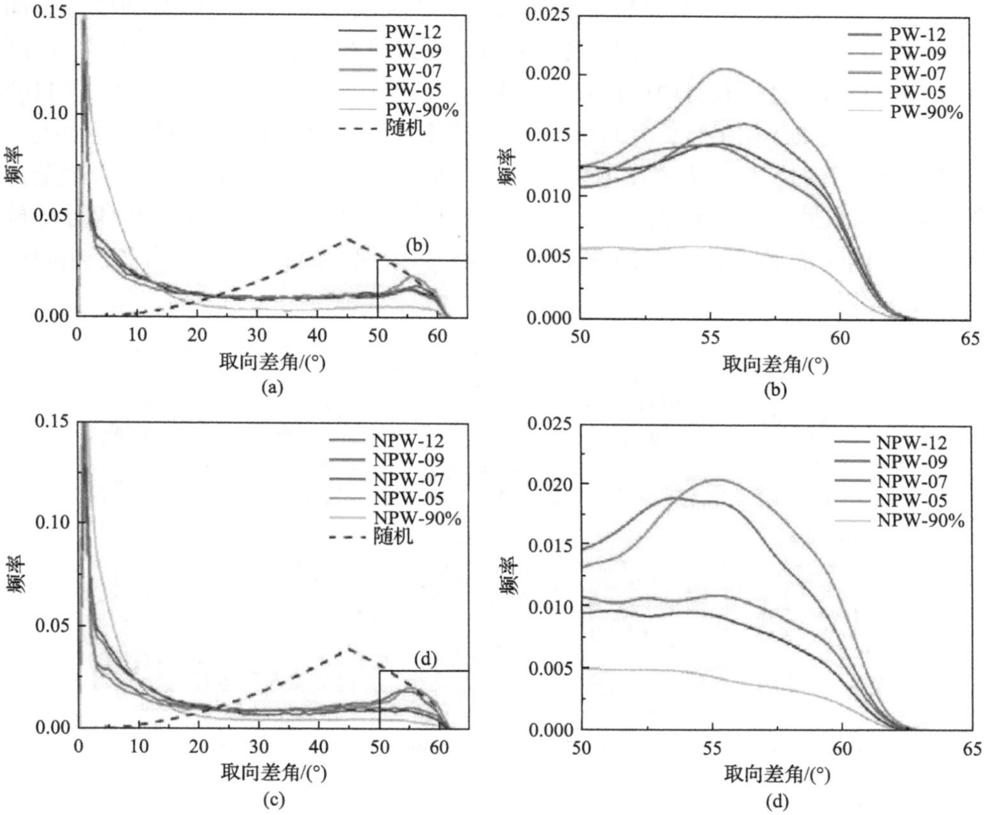

图 4-19　不同形变量冷轧钨样品的晶界取向差角频率分布[3]

(a)(b)纯钨；(c)(d)掺杂钨

(3)冷轧阶段织构发生如下变化。图 4-20 为纯钨和掺杂钨经过不同形变量冷轧后织构的取向分布函数(orientation distribution function，ODF)图。各轧板具有典型的 BCC 金属织构，包括以{100}⟨110⟩、{111}⟨110⟩、{112}⟨110⟩为代表的 α 纤维织构，以{111}⟨110⟩、{111}⟨112⟩为代表的 γ 纤维织构，以{100}⟨110⟩、{100}⟨001⟩为代表的 θ 纤维织构。经过 90%形变量热轧后，纯钨具有完整的 α 纤维织构(⟨110⟩//RD)、γ 纤维织构({111}//ND)，以及较完整的 θ 纤维织构({100}//ND)，掺杂钨与纯钨具有相似类型的织构，但织构强度相对分散且不连续。经过冷轧后，纯钨和掺杂钨的织构都变得更加集中。其中，随着冷轧形变量的增加，纯钨中γ纤维织构逐渐减弱，而α纤维织构逐渐增强，同时，θ纤维织构变得不完整且完全被左右上角的{100}〈110〉取向所主导，这说明冷轧使纯钨的γ纤维织构和θ纤维织构强度均向α取向（{*hkl*}〈110〉）靠拢，晶粒的〈110〉晶体学方向逐渐与 RD 平行。{100}〈110〉织构的增强与{112}〈111〉滑移系的启动有关[19]。掺杂钨经冷轧后织构演变与纯钨大体相似，θ纤维织构变得不完整且强度显著向{100}〈110〉取向集中，但相比于纯钨，掺杂钨γ纤维织构强度衰减更加明显，α纤维织构中{111}〈110〉和{112}〈110〉组分更弱，说明冷轧不仅使掺杂钨晶粒的〈110〉晶体学方向与 RD 相平行，并且使{100}面逐渐与 ND 面相平行。值得注意的是，纯钨和掺杂钨的织构最大强度值均随冷轧不断增大，但在相同形变量下，掺杂钨织构的最大强度值大于纯钨。这一现象可以归因于掺杂钨中{100}〈110〉组分的显著增强，同时也辅证了图 4-20 的结果，四种掺杂钨板的{100}晶粒均多于相同形变量下的纯钨。

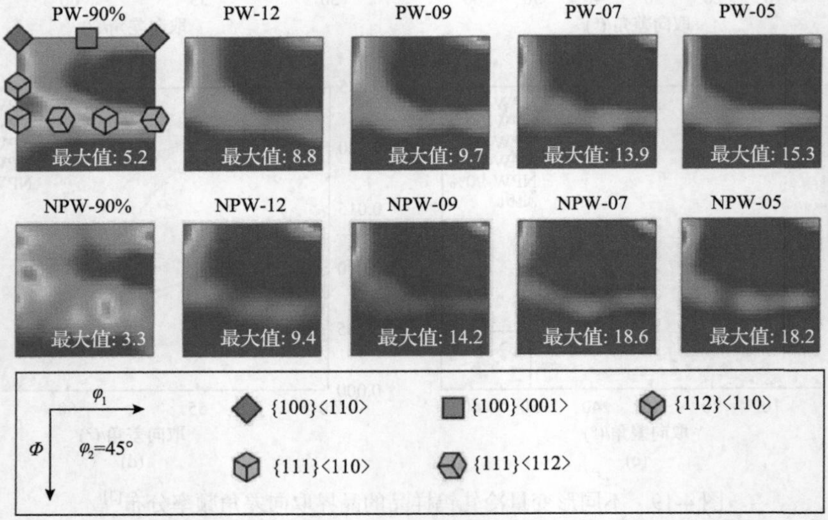

图 4-20　纯钨和掺杂钨经过不同形变量冷轧后织构的 ODF 图[3]

结合表 4-2 和表 4-3 定量分析各织构面积分数随冷轧的变化可见，{100}〈110〉和{112}〈110〉组分增加明显，其中纯钨的{112}〈110〉组分增加更为明显（最薄板 PW-05 为热轧态的两倍），掺杂钨的{100}〈110〉组分增加更为明显（最薄板 NPW-05 为热轧态的两倍以上），印证了 ODF 图所示的α纤维织构增强。图 4-21 为{100}〈110〉和{112}〈110〉组分比例随冷轧形变量的演变，可以看出，掺杂钨在冷轧整个过程中{100}〈110〉组分比例高于纯钨，而纯钨的{112}〈110〉组分比例高于掺杂钨。另外，表中数据显示，纯钨和掺杂钨的γ纤维织构保持稳定，甚至{111}〈110〉组分比例略有增加，与 ODF 图的结果有一定差异，这是因为 ODF 图的强度值是基于极图极密度分布的复杂计算结果，涉及每个晶粒的频率分数权重，而表 4-2 和表 4-3 是简单的面积分数统计。

表 4-2　纯钨经过不同形变量冷轧后的织构面积分数统计结果[3]

织构类型	所属织构线	面积分数/%				
		PW-90%	PW-12	PW-09	PW-07	PW-05
{100}⟨001⟩	θ	3.5	1.6	1.7	1.4	1
{100}⟨110⟩	θ/α	6.4	11	13.5	12.8	15.1
{112}⟨110⟩	α	15.1	19.8	18	26.2	31.1
{111}⟨110⟩	γ/α	12.8	8.4	8.6	15.7	17.4
{111}⟨112⟩	γ	12.4	12.8	13.7	12	14.2

表 4-3　掺杂钨经过不同形变量冷轧后的织构面积分数统计结果[3]

织构类型	所属织构线	面积分数/%				
		NPW-90%	NPW-12	NPW-09	NPW-07	NPW-05
{100}⟨001⟩	θ	2.2	2.3	1.7	1.8	1.9
{100}⟨110⟩	θ/α	6.4	15.1	17.4	23.5	22.5
{112}⟨110⟩	α	10.8	12.8	16	17.1	21.2
{111}⟨110⟩	γ/α	8.3	8.6	7.5	13.4	15.3
{111}⟨112⟩	γ	6.5	7.3	10.1	13.1	13.8

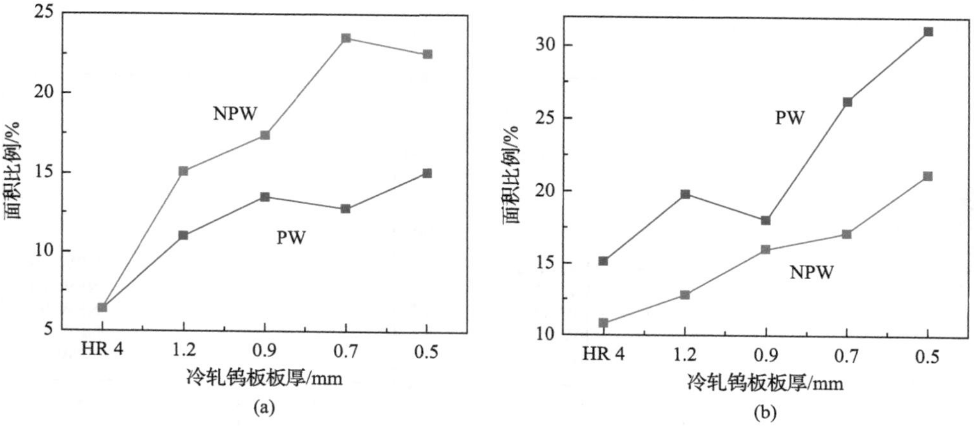

图 4-21　织构面积比例随冷轧形变量的变化[3]

(a) {100}⟨110⟩；(b) {112}⟨110⟩

综上所述，冷轧过程中钨的微观组织参数演变基本呈单调变化。其中，冷轧显著细化了钨的晶粒尺寸，窄化了纤维晶粒，亚晶厚度由热轧态的 1.6μm 减小至 0.3μm，长径比由热轧态的 1.5 增大到 8。晶粒细化的同时大角度晶界比例不断增加，尤其是取向差角为 55°的晶界比例随冷轧形变量增加而增加。冷轧还增强了钨的α纤维织构，弱化了γ纤维织构。杂质对冷轧钨的影响不如对热轧钨的影响明显，主要体现在杂质降低了晶粒长径比。同时，杂质的存在增强了α纤维织构中{100}⟨110⟩组分而弱化{112}⟨110⟩组分，假设排除冷轧过程中动态回复或动态再结晶的杂质效应，这一结果预示着杂质可能改变冷轧钨的位错滑移方式。

图 4-22 为纯钨和掺杂钨经过不同形变量冷轧后的室温拉伸工程应力-应变曲线。表4-4 为纯钨和掺杂钨经过不同形变量冷轧后的室温拉伸结果。热轧样品（PW-90%和NPW-90%）在室温下完全是脆性的，两者的抗拉强度（σ_m）分别为 369MPa 和108MPa，在远低于表观压缩屈服强度（约 1000MPa）时就发生断裂，展现了钨典型的室温脆性。由图 4-22（a）和表 4-4 可以看出，经过冷轧后，纯钨的强度和塑性均有显著提升，抗拉强度达 1700～1800MPa，断后伸长率达 1%～5%。四种纯钨板的拉伸应力-应变曲线完全不同于热轧样品，具有窄的理想弹性区，均达到屈服点并出现稳定塑性平台。由于没有典型的屈服平台，对每条曲线的弹性区域进行拟合并计算 0.2%塑性应变下的应力为屈服强度，屈服强度接近最大抗拉强度，说明塑性变形持续的同时没有发生应变硬化[20,21]。结合表 4-4，对比四种冷轧纯钨样品，发现抗拉强度（σ_m）变化不大，而屈服强度（$\sigma_{0.2}$）和断后伸长率（ε）随冷轧形变量的增大而增大。其中，PW-05 的断后伸长率高达 4.4%，说明纯钨经冷轧后出现了较好的室温塑性，且韧脆转变温度低于室温。室温塑性在钨这种脆性金属中并不常见，钨的室温塑性只被少数几篇文献报道[21-25]，共同点是都使用了剧烈塑性变形技术或低温冷轧技术。

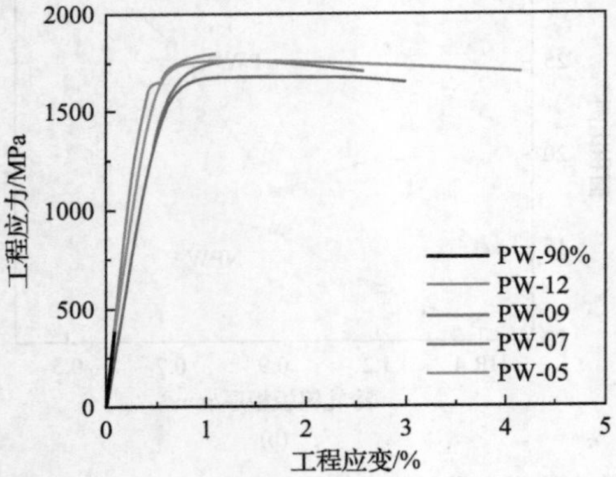

(a)

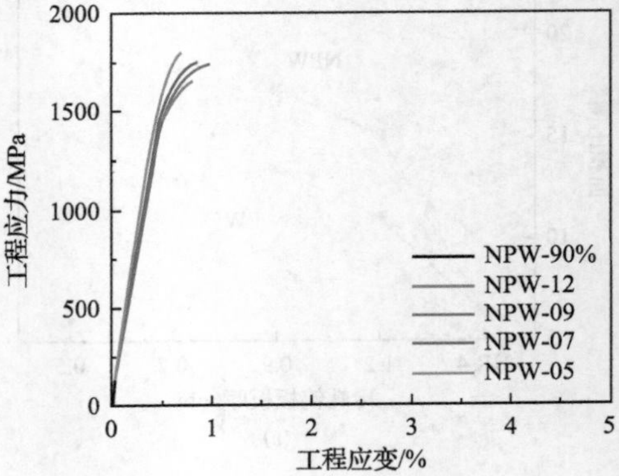

(b)

图 4-22　不同形变量冷轧钨样品的室温拉伸工程应力-应变曲线[3]

(a) 纯钨；(b) 掺杂钨

表 4-4　纯钨和掺杂钨经过不同形变量冷轧后的室温拉伸结果

样品	抗拉强度 σ_m /MPa	屈服强度 $\sigma_{0.2}$ /MPa	断后伸长率 ε/%
PW-90%	369	—	—
PW-12	1792	1620	1.4
PW-09	1754	1673	2.5
PW-07	1681	1616	2.8
PW-05	1765	1707	4.4
NPW-90%	108	—	—
NPW-12	1647	1587	0.8
NPW-09	1738	1668	0.9
NPW-07	1746	1678	0.9
NPW-05	1792	—	0.4

由图 4-22(b)和表 4-4 可以看出，经过冷轧后，掺杂钨的抗拉强度虽然较热轧态有明显提升，但相较于纯钨样品塑性大大下降（ε<1%）。由拉伸应力-应变曲线看出，四种冷轧掺杂钨均能经历完整的弹性阶段，类似于纯钨具有非常窄的理想弹性区，但曲线没有稳定塑性平台，即使轧制至最薄 0.5mm，曲线在刚出现拐点即达到塑性变形初期时就发生断裂，说明经冷轧后的掺杂钨并不是完全脆性，但不具有稳定塑性变形的能力，可以称为“准塑性”。该结果表明，杂质对冷轧钨的强度影响不大，但显著降低了塑性。造成这一现象可归因于两点：一是杂质富集在晶界处，降低了晶界强度，从而造成钨的脆性。文献报道了剧烈塑性变形可改善钨的脆性，因为随着晶粒细化，晶界增多，晶界处的杂质含量降低，从而改善了钨的晶界脆性。但本实验中对掺杂钨进行大形变量冷轧后仍然无法改善杂质的脆化效应，因此这一猜想需要进一步证实。二是杂质的存在可能影响了位错的滑移方式，降低了位错的可动性，从而造成位错局部聚集而形成微裂纹，限制了钨持续的塑性变形能力。这一猜想需要结合断口形貌以及 TEM 分析进行进一步验证。

图 4-23 为不同形变量冷轧纯钨和掺杂钨经过室温拉伸后的断口形貌图。首先可以看出，纯钨四种冷轧样品主要以沿晶断裂和穿晶断裂混合为特征，PW-12 和 PW-09 能观察到部分晶粒发生穿晶断裂，但随着形变量增加，PW-07 和 PW-05 呈现完整的台阶状的沿晶断裂，这种断裂模式被称为“分层式”（delamination）断裂[22,26-28]，是脆性材料韧塑性增强的标志，表现为裂纹在扩展过程中不断发生偏转，同时，纤维晶粒之间观察到较深的裂纹，说明平直细长的晶界在拉伸过程中承担了大量塑性应变。相比之下，掺杂钨四种冷轧样品均展现了以穿晶断裂为主的断裂模式，从 NPW-12、NPW-09、NPW-07 断口形貌可以看出，劈裂式裂纹垂直于晶界面并且穿越数个纤维晶粒内部。不同于纯钨的台阶状分层式沿晶断裂，掺杂钨中的裂纹垂直于晶界面并呈现劈裂式传播，这说明位错具有较差的可动性，

在较大的应力集中下，位错在晶粒内部累积从而萌生微裂纹，失效始于晶粒内部。由以上结果可以判断，前文所述的第一个猜想不成立，即杂质对晶界的脆化效应并不是降低冷轧钨塑性的主要原因。因此，杂质对位错运动的抑制作用可能是掺杂钨脆化的直接原因。另外，杂质间接改变冷轧钨微观结构也可能是其力学性能降低的另一个重要原因。下面结合晶粒结构对冷轧钨的力学行为进行讨论分析。

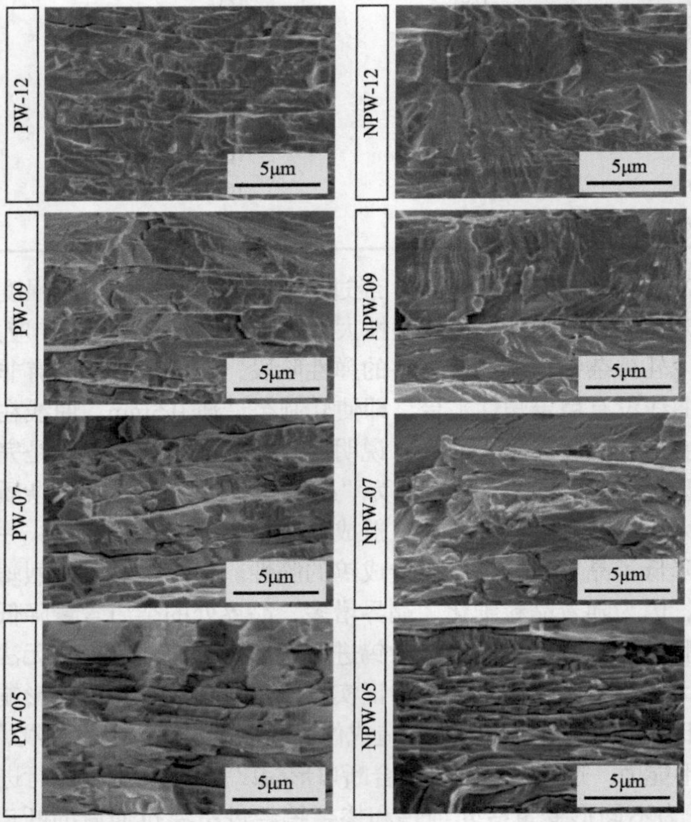

图 4-23　不同形变量冷轧纯钨和掺杂钨经过室温拉伸后的断口形貌图[3]

首先对纯钨冷轧样品的晶粒尺寸/形状与力学性能进行关联分析。图 4-24 总结了拉伸断后伸长率、沿 ND 平均晶粒尺寸、晶粒长径比随冷轧形变量的变化。这里用拉伸断后伸长率来衡量钨的塑性程度。可以看到，四种冷轧样品的晶粒尺寸随形变量变化不大，但相比于热轧样品下降明显，这一变化对应了钨由脆性向塑性的转变，说明晶粒细化可能是钨出现塑性的必要条件。低温轧制钨的韧脆转变温度相较于热轧钨显著下降，其主导因素在于位错源间距 λ(纤维晶粒尺寸)的减小，从而提高了螺型位错的滑移能力[11]。本节研究结果与之类似，冷轧钨室温塑性的出现伴随着沿 ND 平均晶粒尺寸(纤维晶粒厚度)的显著减小。同时，由图 4-24

可见，冷轧钨的塑性随形变量增大而不断提高，晶粒长径比也随形变量不断增大，说明冷轧钨塑性的提升和晶粒长径比的增加可能存在相关性。另一方面，掺杂钨较差的塑性可归因于不连贯的纤维晶粒形状以及较小的晶粒长径比。图 4-25(a)和图 4-25(b)更加清晰地对比了纯钨样品 PW-05 和掺杂钨样品 NPW-05 的纤维晶

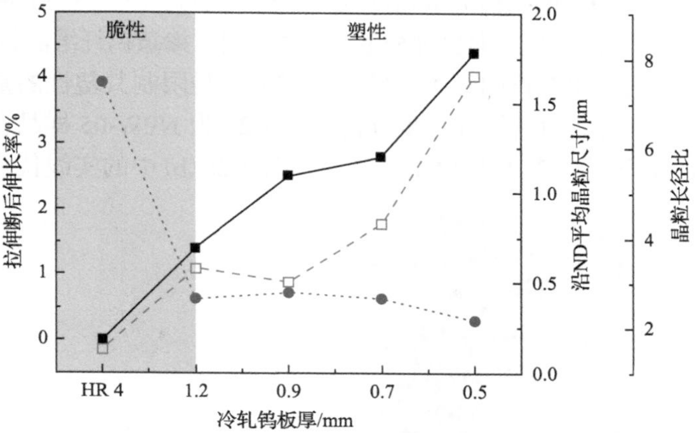

图 4-24　拉伸断后伸长率、沿 ND 平均晶粒尺寸、晶粒长径比随冷轧形变量的变化[3]

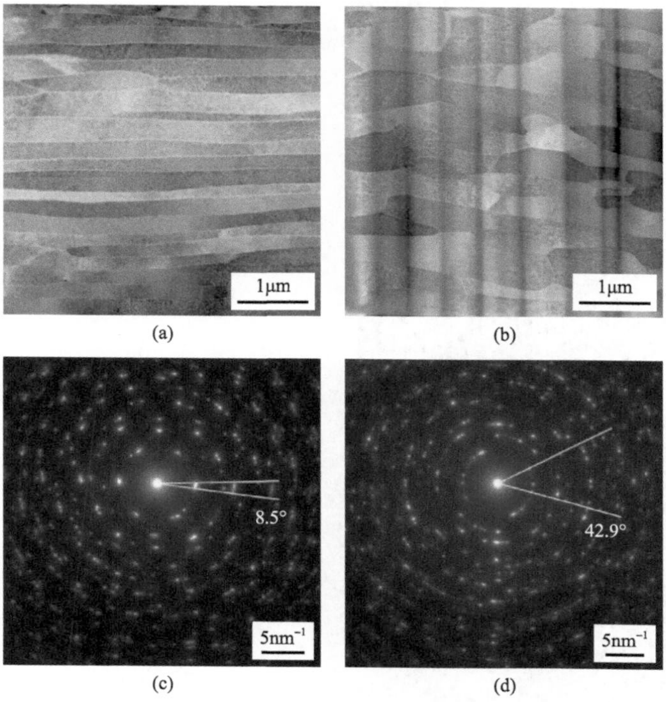

图 4-25　(a)PW-05 和(b)NPW-05 的 STEM-HAADF 图像以及对应的(c)PW-05 和(d)NPW-05 的衍射图像[3]

粒的形态，可以看到 PW-05 的纤维晶粒细长，晶界平直且完全平行于轧向，而 NPW-05 的晶界不连续且与轧向形成各种角度，纤维晶粒被分叉的晶界中断。另外，图 4-25(c)和图 4-25(d)对比了 PW-05 和 NPW-05 的衍射图像，两者分别提取自图 4-25(a)和图 4-25(b)的大范围区域，可见 NPW-05 的衍射斑点更加分散，分散角度为 42.9°，对比 PW-05 的衍射分散角度仅为 8.5°，说明 NPW-05 中的纤维晶粒之间的取向差角更大，局部晶粒取向更加分散，这也说明了掺杂钨纤维晶粒的不连贯性。

以上结果表明，掺杂钨的纤维晶粒不连贯形态是限制其塑性的重要原因。接下来结合晶界、位错结构进行进一步分析。图 4-26 为 NPW-05 样品在拉伸后断口附近区域的 TEM 图像及其晶界位错重构图。图 4-26(b)中的实线代表原始存在的

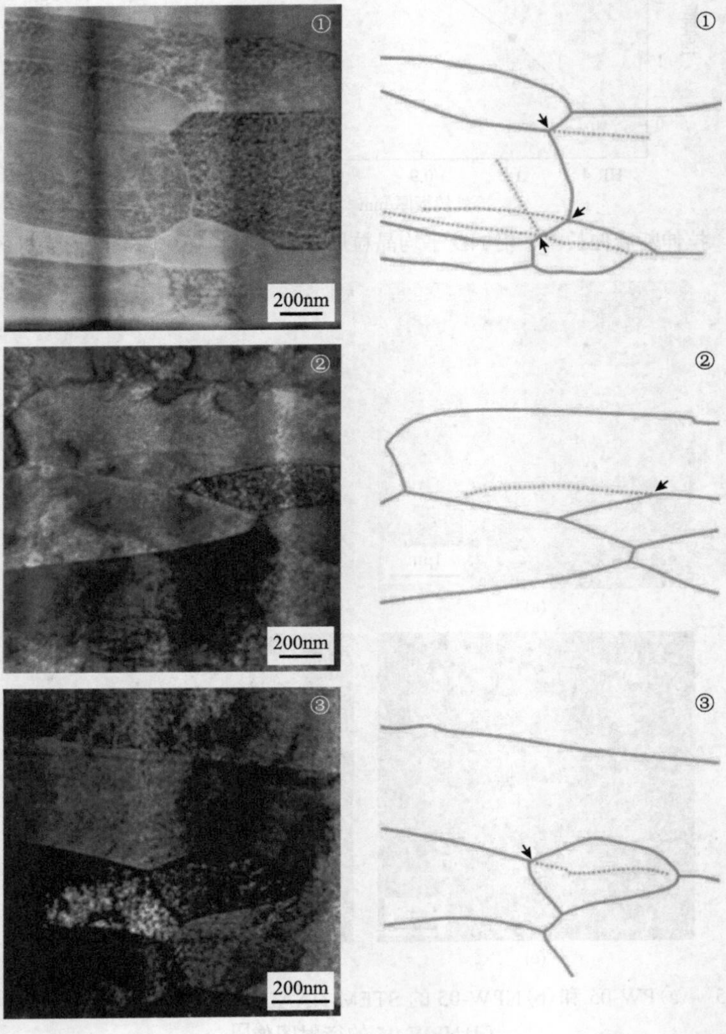

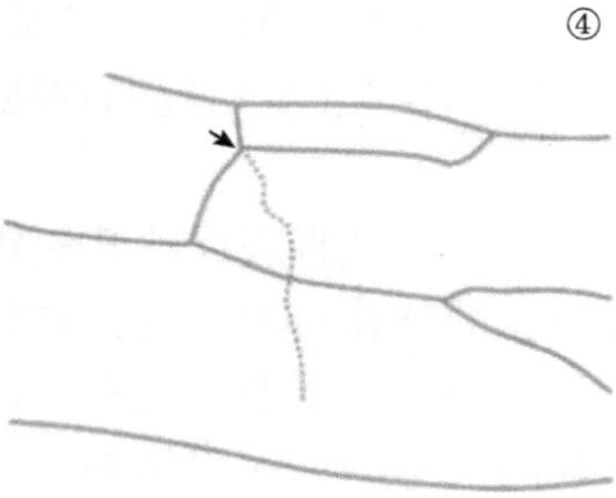

图 4-26　NPW-05 样品拉伸后断口附近区域的 (a) TEM 图像及其 (b) 晶界位错重构图[3]

晶界，虚线代表拉伸后产生的位错线。在四个典型图像中，由于晶界分叉中断了纤维晶粒，形成大量三叉晶界区域。值得注意的是，这些三叉晶界区域(如箭头所示)相比于平直晶界在拉伸过程中更容易形成位错源而发射位错，位错线由三叉晶界向晶粒内部延伸(①、③和④号图片所示)，有些甚至穿越多个晶粒(④号图片所示)。除了三叉晶界，晶界曲率大的区域也会成为位错源(②号图片所示)。这是由于位错源一般由应力产生/松弛所控制，而三叉晶界或大曲率晶界相比于平直晶界具有更大的应力集中。BCC 金属中位错类型主要为 1/2<111>螺型位错，它们具有本征的较差的可动性，同时杂质原子与这些位错的交互作用使得位错迁移更加困难。在此基础上，三叉晶界或大曲率晶界在塑性变形过程中不断向晶粒内部发射位错，造成位错在晶粒内部相互交叉缠结进而萌生微裂纹，使得裂纹源发生于晶粒内部而不是晶界。在裂纹扩展过程中，晶粒内部的微裂纹聚合生长，加速了钨的断裂。这解释了为什么掺杂钨的塑性变形能力受限(图 4-22(b))，以及以穿晶断裂主导的断裂模式(图 4-23)。在纯钨样品中，微观组织由细长平直的晶界构成，由于缺少三叉晶界和大曲率晶界的影响，螺型位错会沿着平直晶界进行有序滑移，从而提高了钨的塑性。以上结果说明，影响钨塑性的主要因素不仅是晶粒尺寸，还有晶粒形态(晶粒长径比)，平直晶界有利于塑性，而三叉晶界、大曲率晶界不利于塑性。而杂质对冷轧钨力学行为的影响主要体现在两方面，一是直接对位错运动的抑制作用，二是间接造成不连贯的纤维晶粒结构，这两方面都对钨的塑性产生不利影响。

4.2　退火对轧制钨板组织及均匀性的影响

钨板在轧制过程中需要结合多次退火。大尺寸钨轧板的组织均匀性控制非常困难，因为制备过程中板材各部分所经历的热、力环境差异大，如板材表面和内部的再结晶行为可能表现不同，导致板材不同区域的组织差异，严重恶化材料性能和使用稳定性。本节主要研究两种纯度轧制钨板的再结晶基本特征、组织演变及均匀性。

首先利用硬度测试直观反映轧制钨的热稳定性，在退火过程中硬度的减少反映了变形材料的软化行为。退火软化行为一般分为两个阶段，即回复和再结晶。回复过程一般发生于低温退火，该过程主要涉及点缺陷的消除、位错的湮灭和重排等热激活运动；而再结晶一般发生于回复阶段之后，通过形核和晶粒长大消除形变亚结构，涉及大角度晶界的迁移。回复和再结晶的驱动力均为形变储能。图 4-27 为两种形变量轧制纯钨和掺杂钨的硬度随退火温度的变化曲线。由图 4-27(a)可以看出，PW-27%在 1100℃后硬度随温度平缓下降，至 1500℃退火后由变形态的 505$HV_{0.1}$ 下降至 449$HV_{0.1}$，而 NPW-27%在 1200℃后硬度才随温度平缓下降，至 1500℃退火后由变形态的 509$HV_{0.1}$ 下降至 461$HV_{0.1}$。由图 4-27(b)可以看出，90%轧制样品的硬度曲线不像 27%轧制样品平缓下降，而是存在一个转变温度，在高于该温度时硬度值发生骤降，可将该温度粗略定义为再结晶温度，PW-90%的再结晶温度在 1200℃和 1300℃之间，而 NPW-90%在 1300℃和 1400℃之间。并且，PW-90%和 NPW-90%的硬度随温度的变化程度远大于 27%轧制样品，经 1500℃退火后，PW-90%的硬度由变形态的 583$HV_{0.1}$ 下降至 454$HV_{0.1}$，NPW-90%的硬度由变形态的 567$HV_{0.1}$ 下降至 496$HV_{0.1}$。值得注意的是，两组形变量样品经完全再结晶后，掺杂钨的硬度值均大于纯钨。

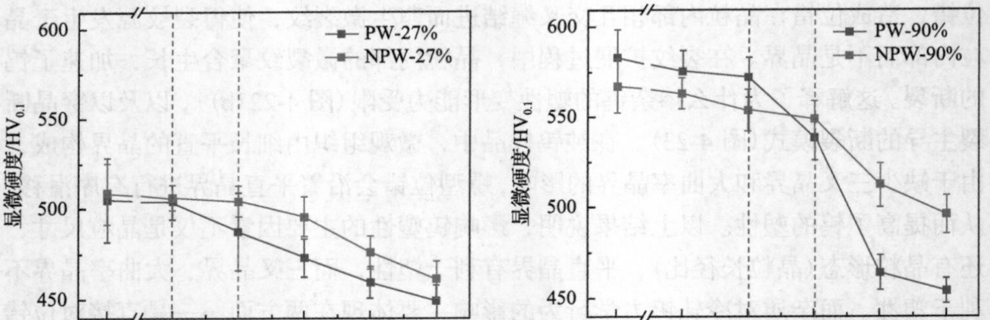

图 4-27　不同形变量轧制钨的硬度随退火温度的变化[3]

(a) 27%形变量；(b) 90%形变量

以上结果表明，轧制钨的再结晶行为或热稳定性受轧制形变量和杂质元素的影响。在低形变量下(27%)，钨板随温度的软化程度较小且较平缓，可认为低形变量样品储能较小，在回复过程已经释放了大部分储能；在高形变量下(90%)，钨板随温度的软化程度较大较陡，可认为再结晶主导了软化行为。也就是说，低形变量钨板在退火时趋于回复机制，而高形变量钨板在退火时趋于再结晶机制。另外，杂质也影响了回复和再结晶的进程。一方面，杂质原子钉扎位错，抑制了位错的热激活运动，从而提高了低形变量钨回复所需的温度(图 4-27(a))；另一方面，杂质提高了高形变量钨的再结晶温度。铝中有类似的现象，低纯度的铝回复释放的储能甚至大于再结晶阶段的储能[29]。这一现象可理解为，低纯度样品更倾向于以回复主导的软化行为，使大部分储能在回复阶段释放，而延缓了后续的再结晶进程。

退火钨板的微观组织采用 EBSD 进行表征，各退火样品的测试区域均选择在样品芯部，以排除区域差异造成的误差。图 4-28 为纯钨 PW-90%样品经不同温度退火后的 RD-ND 面微观结构特征，所有退火温度下的保温时间均为 1h。IPF 图以 ND 方向为基准进行取向成像，晶界图显示了晶界的分布特征，小角度晶界(LAGB，2°～15°)和大角度晶界(HAGB，15°～65°)分别以红线和黑线显示。由图 4-28 可以看出，轧制态钨板呈现出典型的纤维晶粒结构，晶粒取向以{001}//ND 和{111}//ND 主导，晶界图显示了大量的红色的小角度晶界，说明轧制试样内部存在大量的形变亚结构。1200℃退火后，晶粒结构无明显变化，但有少量再结晶形核形成，形核为大角度晶界包裹的单晶。经 1300℃退火后，可以观察到明显的异质结构，某些再结晶形核发生异常长大，晶粒尺寸达 50μm 以上，内部没有位错或亚结构，而其他晶粒仍为细长状态并保留晶粒内部精细的亚结构。随着进一步升温，1400℃和 1500℃退火样品的小角度晶界显著减少，基本上实现了完全再结晶并形成等轴晶组织。

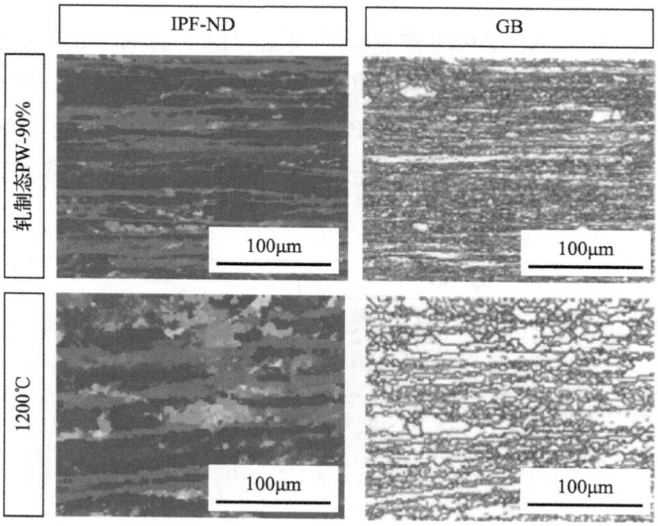

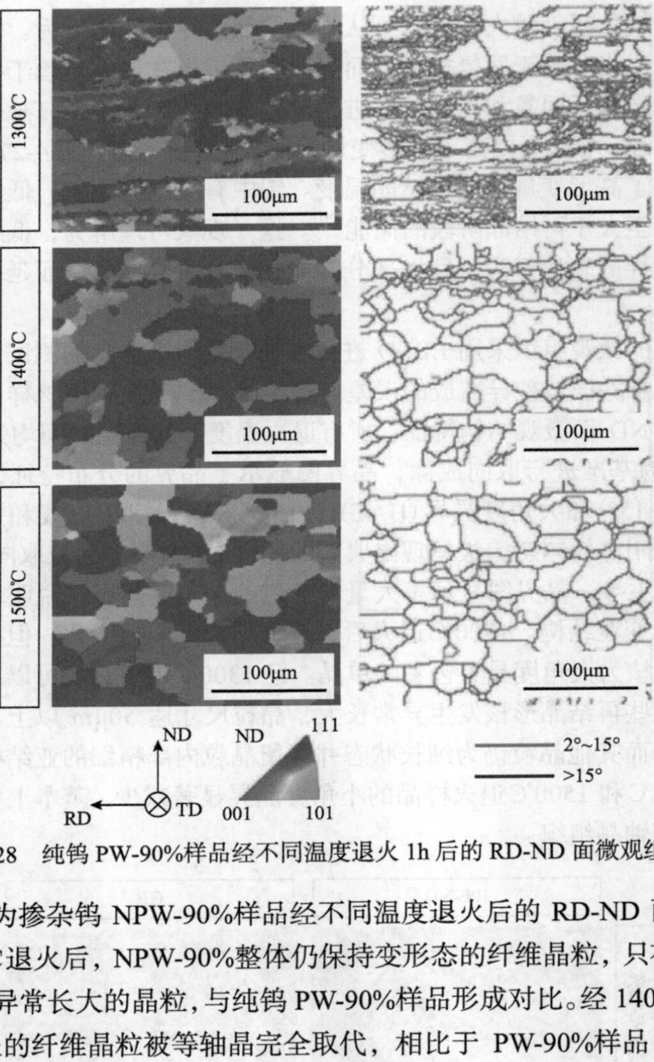

图 4-28　纯钨 PW-90%样品经不同温度退火 1h 后的 RD-ND 面微观组织[3]

图 4-29 为掺杂钨 NPW-90%样品经不同温度退火后的 RD-ND 面微观结构特征。经 1300℃退火后，NPW-90%整体仍保持变形态的纤维晶粒，只有少数形核产生，未观察到异常长大的晶粒，与纯钨 PW-90%样品形成对比。经 1400℃和 1500℃退火后，细长的纤维晶粒被等轴晶完全取代，相比于 PW-90%样品，晶粒结构更均匀。

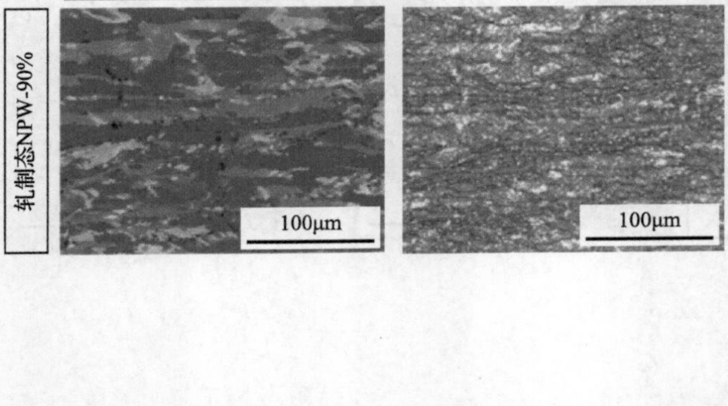

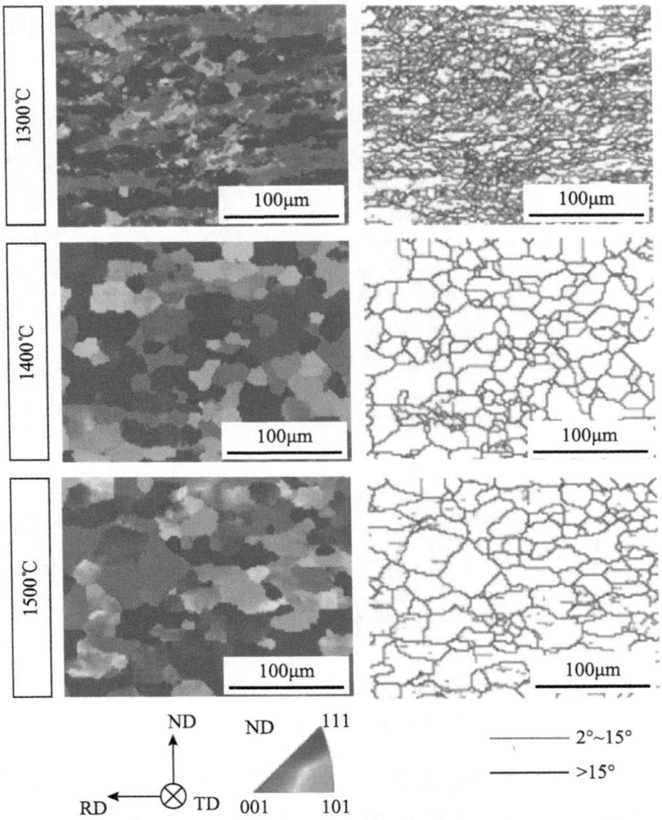

图 4-29　掺杂钨 NPW-90%样品经不同温度退火 1h 后的 RD-ND 面微观组织[3]

在整个退火过程中，钨晶粒的形貌和尺寸虽然发生显著变化，但晶粒取向变化不明显，即使经过 1500℃退火 1h 后发生完全再结晶，晶粒取向仍保留了{001}//ND 和{111}//ND，未产生完全随机取向分布状态。这是因为钨属于高层错能金属，退火时更倾向发生连续静态再结晶(continuous static recrystallization，cSRX)，新的再结晶晶粒是在形变亚晶的基础上逐渐粗化的结果，该过程的特点是微观组织保持较均匀，且晶粒的晶体学取向不发生明显变化。相比之下，其他低层错能金属中更倾向发生非连续静态再结晶(discontinuous static recrystallization，dSRX)，该过程会产生随机取向的形核并发展为新晶粒[7]。然而，延长退火保温时间后，钨晶粒会出现随机取向分布。图 4-30 为钨轧板经 1300℃退火 10h 的微观组织及极图，可见纯钨和掺杂钨的晶粒形态均变为完全等轴状，同时出现随机取向分布，图 4-30(c)和图 4-30(d)的极图结果也显示出虽然还存在微弱的{100}//ND 织构，但相较于短时间退火样品，长时间退火样品的织构强度明显减弱，晶粒取向呈现随机分布。因此，轧制钨板在短时间退火过程中的微观组织演变仅表现在晶粒形态和尺寸的变化，织构依然保留。而长时间退火能明显减弱织构，使晶粒取向随机化分布。

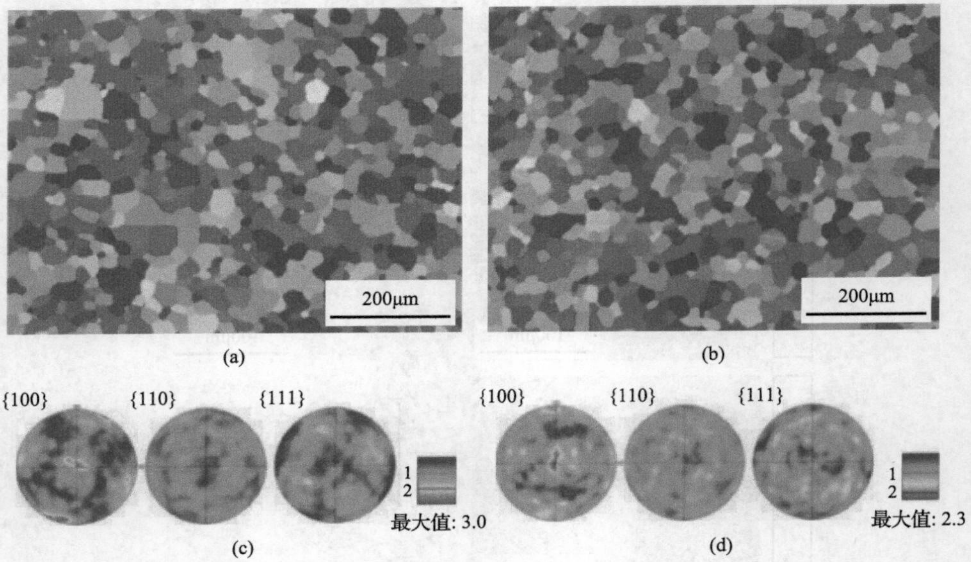

图 4-30　钨轧板经 1300℃退火 10h 后的微观组织及极图[3]

(a) (c) 纯钨 PW-90%；(b) (d) 掺杂钨 NPW-90%

采用线截距法统计了各个退火样品沿 ND 方向的晶粒尺寸，设置晶粒边界角度阈值为 2°，由此可认为统计值包含了亚晶尺寸。图 4-31 对比了 PW-90%和 NPW-90%经不同温度退火后晶粒尺寸变化。随着退火温度升高，累积分布曲线逐渐向右移动，平均晶粒尺寸不断增大。由图 4-31(a)可以看出，PW-90%的晶粒尺寸分布的显著变化发生于 1300℃至 1400℃之间，而硬度的骤降发生于 1200℃至 1300℃之间(图 4-27(a))。微观组织和硬度的数据似乎并不吻合，造成这一现象的原因是，1300℃时已经产生异常长大的晶粒(图 4-28)，这些晶粒并不会对晶粒尺寸的频率分布产生影响(即 1200℃和 1300℃退火态的晶粒尺寸频率分布差异很小)，而实际上这些异常长大的晶粒具有较大的体积分数，由 Hall-Petch 关系可知，大尺寸的晶粒会直接造成样品硬度显著减小(即 1200℃和 1300℃退火态的硬度差异很大)。由图 4-31(b)可以看出，NPW-90%的晶粒尺寸分布的显著变化也发生于 1300℃至 1400℃之间，这一结果与硬度的结果相吻合。图 4-31(c)反映了 PW-90%和 NPW-90%在不同温度退火后晶粒长径比变化，实心点代表边界角度阈值设置为 15°的统计值(排除亚晶)，空心点代表边界角度阈值为 2°的统计值(包含亚晶)。可以看出，轧制态的晶粒长径比(排除亚晶)约为 3∶1，随着退火温度升高，长径比略微减小，在 2∶1 至 1∶1 之间，但包含亚晶的晶粒长径比随退火的变化不明显，说明退火减小了轧制钨纤维晶粒的长径比，而对亚晶的长径比影响不明显。另外，在相同退火温度下，NPW-90%的晶粒尺寸均略小于 PW-90%，说明杂质抑制了轧制钨再结晶晶粒长大。

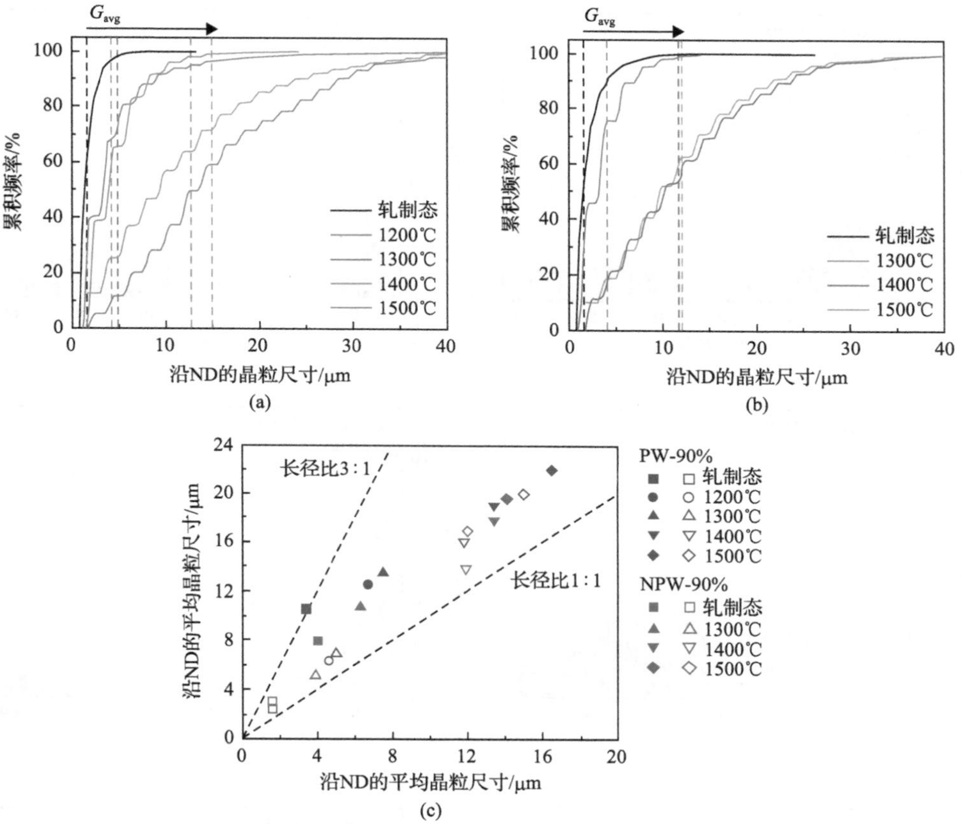

图 4-31　不同温度退火后晶粒尺寸分布[3]

(a) PW-90%沿 ND 晶粒尺寸累积频率分布；(b) NPW-90%沿 ND 晶粒尺寸累积频率分布；(c) PW-90%和 NPW-90%在不同温度退火后晶粒长径比变化

回复和再结晶行为也反映在晶界特征的变化，图 4-32 显示了不同退火温度样品的取向差角分布，图中的虚线代表 Mackenzie 随机取向晶界分布。由图 4-32(a)和图 4-32(d)可见，PW-90%和 NPW-90%的晶界状态十分相似，轧制态样品显示了较高比例的小角度晶界(LAGB)，并完全偏离 Mackenzie 随机取向分布。随着退火的进行，小角度晶界的比例减少，而大角度晶界的比例增加。对于纯钨 PW-90%，经 1300℃退火，LAGB 的比例显著下降，由 52.1%减小至 24.7%，说明该温度已经发生了部分再结晶，通常伴随着大角度晶界的迁移，以及位错、小角度晶界等亚结构的湮灭。经 1500℃退火，取向差角分布越来越接近 Mackenzie 随机取向分布，表明基本实现完全再结晶，晶界状态更加接近平衡状态[30]。对于掺杂钨 NPW-90%，经 1300℃退火后分布相比于轧制态变化不大，LAGB 比例由 51.9%减小至 46.3%，说明该温度下 NPW-90%仍以回复的形式释放形变储能，不

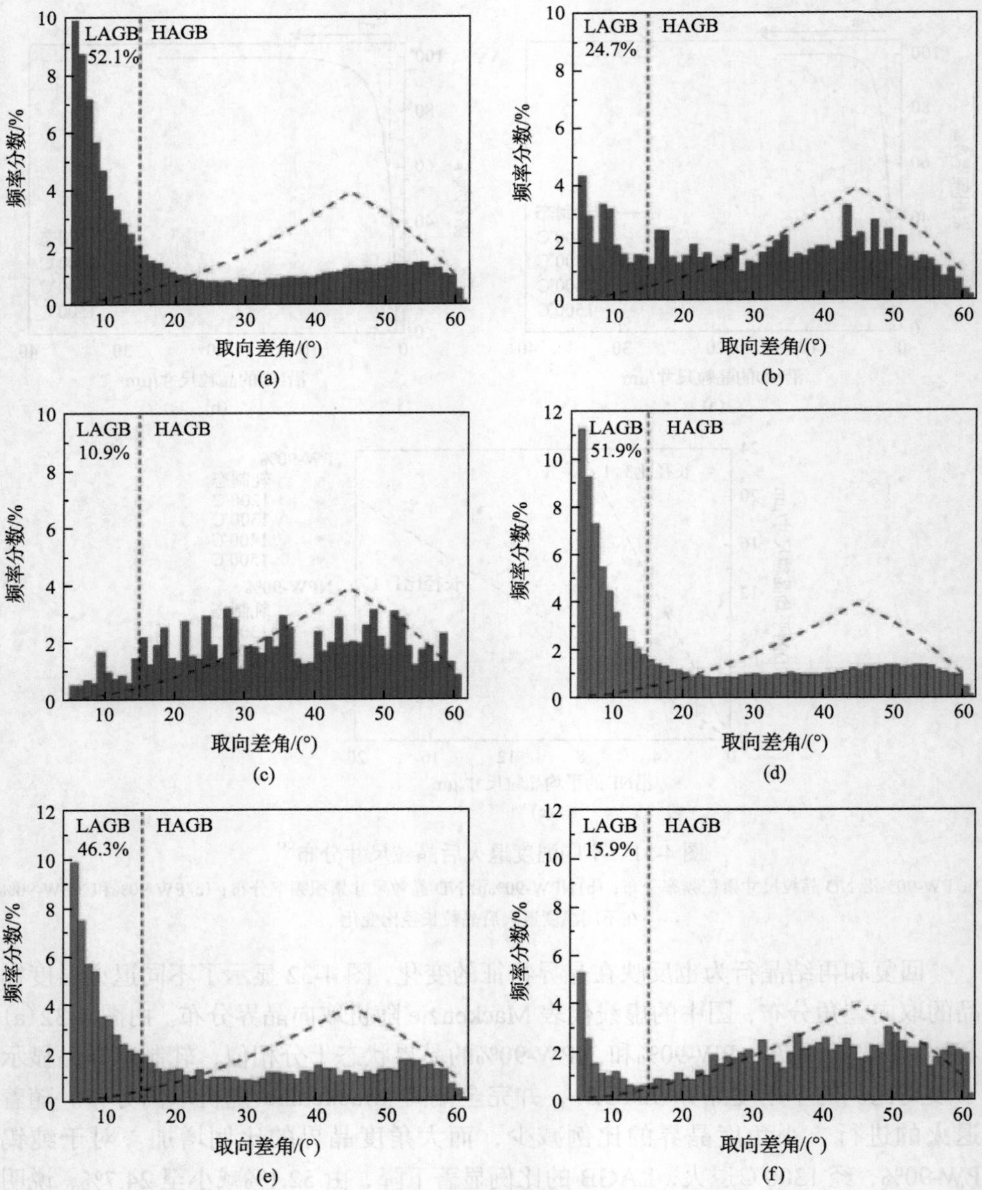

图 4-32　不同退火温度下的取向差角分布[3]

(a) PW-90%轧制态；(b) PW-90%在 1300℃退火态；(c) PW-90%在 1500℃退火态；(d) NPW-90%轧制态；(e) NPW-90%在 1300℃退火态；(f) NPW-90%在 1500℃退火态

涉及大角度晶界的变化。经 1500℃退火后，LAGB 比例显著下降至 15.9%，但仍偏离 Mackenzie 随机分布，说明发生了再结晶，但未完全达到晶界平衡状态。这一结果再次印证了杂质对再结晶的抑制作用。此外，PW-90%的 1500℃退火样品在某些大角度处出现一些频率峰值(图 4-32(c))，这些峰与再结晶过程中新形成的晶粒取向有关，包括再结晶织构的发展或重合点晶格(CSL)晶界的迁移[31-33]。例如，有文献证明硅钢中戈斯(Goss)晶粒的发展与取向差角为 20°～45°的晶界迁移有关[34,35]。退火过程中取向角分布的变化表明，晶界性质变化不仅反映了微观组织的演变，而且反映了织构的演变。

以上微观组织的结果表明，纯钨 PW-90%的再结晶发生在 1300℃以下，而掺杂钨 NPW-90%的再结晶发生在 1300℃以上。纯钨样品在退火过程中会出现再结晶晶粒异常长大的情况，从而造成不均匀的异质结构，这与热轧纯钨中间的动态再结晶组织十分相似，可能归因于纯钨不同晶粒之间储能的差异。而相比之下，掺杂钨样品的再结晶组织演变更加均匀，说明杂质的存在可能改变了不同晶粒的差异，这一现象将在下一节进行进一步分析。

4.3　轧制钨板退火组织不均匀性的机理

前面结果显示，纯钨在热轧阶段和静态退火阶段的微观组织及织构演变均存在显著的不均匀性，本节将针对钨轧板组织不均匀性的内在机理展开研究。实验选用轧制形变量为 90%的纯钨和掺杂钨样品以及不同退火条件下的样品作为对象。将钨轧板组织不均匀性分为两个方面进行讨论，一是宏观尺度上的不均匀特征，表现在轧板不同区域之间，主要为表面和芯部的差异，称之为“贯穿厚度效应”；二是局部的不均匀特征，表现在晶粒个体之间，主要为不同晶体学取向晶粒的差异，称之为“取向依赖效应”。

4.3.1　贯穿厚度效应

金属板材在轧制过程中各部分经历的热、力环境差异大，如板材芯部受到平面应变而表面层易受到剪切应变，常导致板材沿厚度方向的织构不均匀性。据文献报道，低层错能金属如铜及铜合金、FCC 结构奥氏体钢中，织构梯度不易形成[36]，而在高层错能金属如铝及铝合金[37-39]、钽[40,41]、BCC 结构硅钢[42,43]等材料的轧制加工过程中，易产生严重的织构梯度。钨作为典型 BCC 结构高层错能金属，可以猜想轧制过程中也会产生类似的沿厚度方向的织构梯度。

图 4-33(a)为轧制态纯钨 PW-90%样品的微观组织，图片采集尺寸为 0.2mm×1.0mm，涵盖了由轧板表面区域到芯部区域跨度 1mm 的组织特征，划分三个区域 A、B、C 表示表层、次表层、内层。由图可见，晶粒呈细长纤维状，晶

粒取向以{111}//ND 和{100}//ND 为主，且两种晶粒交替分布，{110}//ND 取向晶粒的数量极少。图 4-33(b)、图 4-33(c)、图 4-33(d)分别为轧制态样品 A、B、C 三个区域的 IPF 图，三个区域的 IPF 图看起来几乎一样，显示出晶粒取向均以{111}<110>和{100}<110>为主。说明轧制态 PW-90%的微观组织及织构均匀性良好，从表面到芯部区域的晶粒形貌和晶体学取向基本没有明显变化。

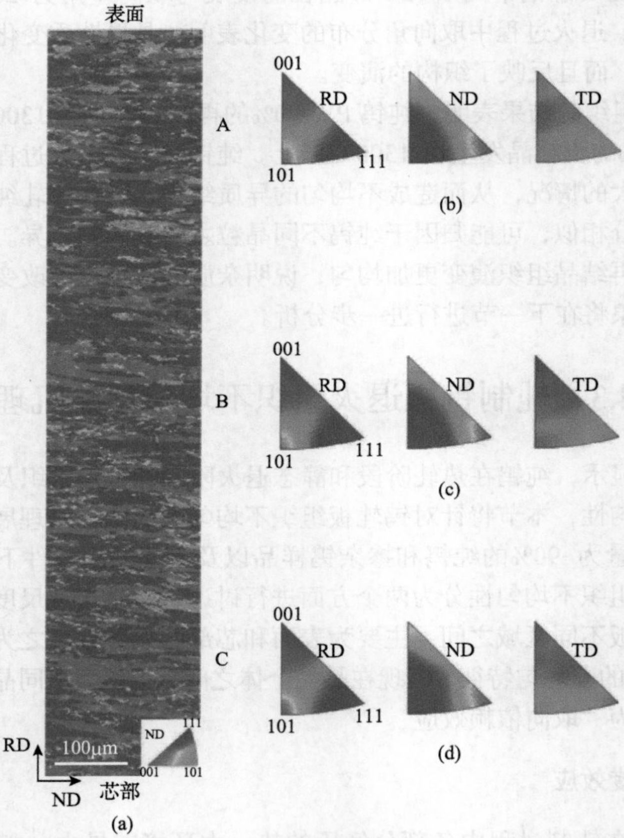

图 4-33　(a)纯钨 PW-90%的贯穿厚度方向微观组织变化；(b)A 区域的 IPF 图；(c)B 区域的 IPF 图；(d)C 区域的 IPF 图[3]

图 4-34(a)为退火态纯钨 PW-90%样品的微观结构特征，图片采集尺寸为 0.2mm×1.2mm。由图可见，靠近表面区域的晶粒优先发生再结晶，晶粒异常长大且呈等轴状，再结晶晶粒的取向以{110}//ND 为主，该结构向厚度方向延伸约 0.5mm。然而，芯部区域仍然保持轧制态的微观组织状态，晶粒呈现纤维状且取向仍保持{111}//ND 和{100}//ND。图 4-34(b)、图 4-34(c)、图 4-34(d)分别为退火态样品 A、B、C 三个区域的 IPF 图，区域 A 的晶粒取向主要为{100}//RD、

{210}//RD、{332}//RD、{114}//ND、{210}//ND、{310}//ND 和{110}//ND，区域 B 的取向主要为{100}//RD、{110}//RD、{100}//ND 和{111}//ND，而区域 C 的取向与轧制态样品一致，主要为{110}//RD、{100}//ND 和{111}//ND。钨板经 1100℃的低温退火后，表面区域的织构完全被 Goss 取向({110}〈100〉)取代，而芯部区域即使经 1200～1500℃退火后，织构也均未发生变化。图 4-35 定量分析了 PW-90%中各织构比例随轧板厚度位置的变化，轧制态样品中{111}、{100}和{110}三种取向的比例在不同板厚区域基本保持不变(图 4-35(a))，比例大小排序为{111}>{100}>{110}，经 1200℃退火后出现织构梯度，表面区域{110}取向的比例显著增多，{111}取向显著减小，这归因于表面区域发生再结晶而产生大量 Goss 取向晶粒，而内层

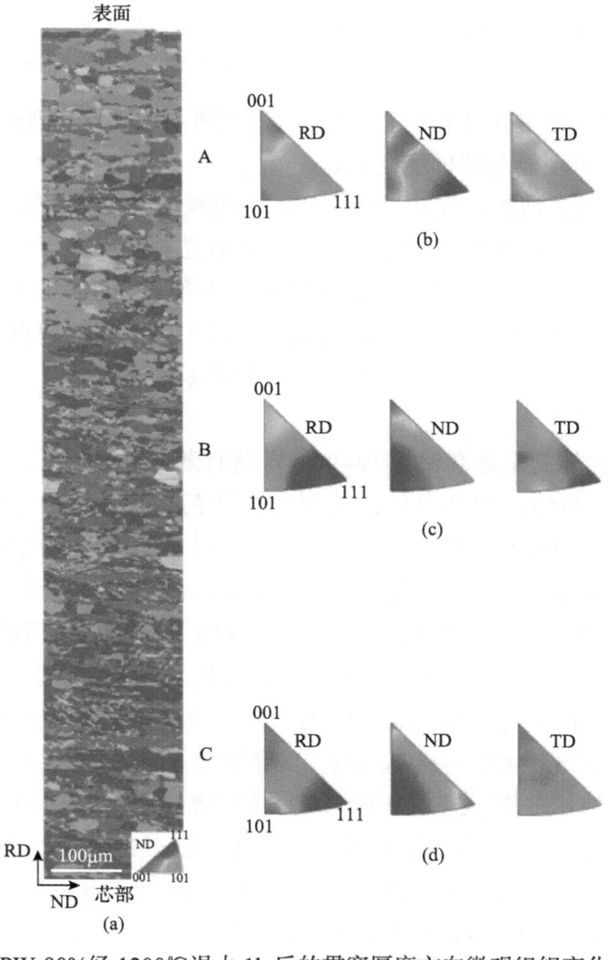

图 4-34　(a)纯钨 PW-90%经 1200℃退火 1h 后的贯穿厚度方向微观组织变化；(b)A 区域的 IPF 图；(c)B 区域的 IPF 图；(d)C 区域的 IPF 图[3]

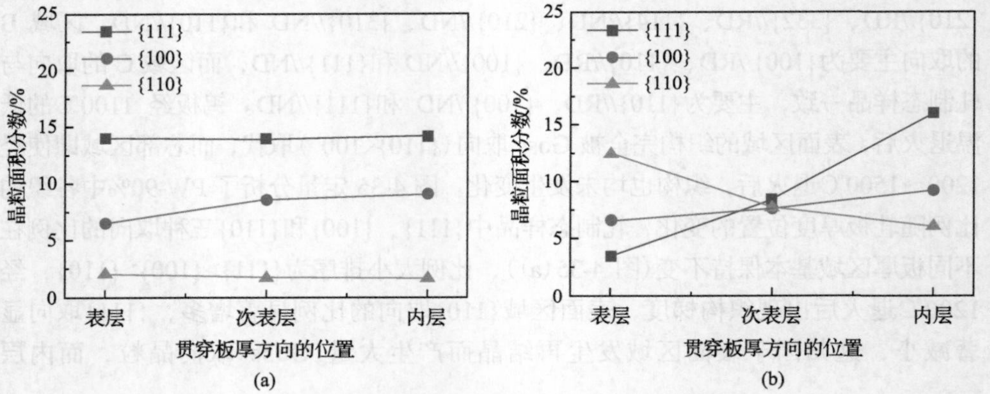

图 4-35　PW-90%中各织构比例随轧板厚度位置的变化[3]

(a) 轧制态；(b) 1200℃退火态

区域的三种织构均基本保持轧制态的比例状态(图 4-35(b))。因此，{111}和{110}取向随厚度位置出现显著的梯度变化。

以上结果表明，纯钨在轧制过程中并不会出现“贯穿厚度效应”，而退火态样品出现了显著的“贯穿厚度效应”，钨板从表面到芯部的晶粒形貌和晶体学取向在退火后均产生较大差异。这说明轧制过程中板材所受到的不均匀应力的状态并不会直接导致微观组织的不均匀性，而是退火过程中发生非均匀再结晶行为从而导致微观组织的不均匀性。简言之，是“热”的因素而非“力”的因素触发了钨板中的“贯穿厚度效应”。

图 4-36(a)为轧制态掺杂钨 NPW-90%样品的微观组织特征，图片采集尺寸为 0.2mm×1.0mm。与纯钨样品类似，轧制态掺杂钨 NPW-90%的微观组织及织构均匀性良好，从表面到芯部的晶粒形貌和取向也基本无明显变化。图 4-36(b)、图 4-36(c)、图 4-36(d)分别为轧制态掺杂样品 A、B、C 三个区域的 IPF 图，显示出各区域的晶粒取向均以{111}<110>和{100}<110>为主，但相比于纯钨样品，IPF 图的强度分布更分散，说明掺杂钨的晶粒各向异性相对更弱。图 4-37(a)为退火态掺杂钨 NPW-90%样品的微观组织特征，图片采集尺寸为 0.2mm×1.35mm。靠近表面区域并没有出现粗大的再结晶晶粒，贯穿厚度方向的晶粒形貌整体相似，基本保持轧制态样品的状态。退火态晶粒取向随厚度位置的变化如图 4-37(b)、图 4-37(c)、图 4-37(d)所示，区域 B 和 C 的晶粒取向相对于轧制态变化不大，区域 A 出现一些细微的取向变化，在轧制态的基础上产生一些新的取向，如{110}//ND、{210}//RD、{211}//RD、{432}//RD。虽然 NPW-90%在退火后也产生厚度方向织构梯度，但并不像 PW-90%样品中表面区域出现取向的剧烈变化。图 4-38 定量分析了 NPW-90%中各织构比例随轧板厚度位置的变化，轧制态的{111}、{100}

和{110}三种取向的比例随位置基本稳定，而退火态的表层{110}取向增多并随位置出现梯度变化。对比图 4-35(b)和图 4-38(b)可以看出，在同样的退火状态下，掺杂钨 NPW-90%的取向梯度变化明显小于纯钨 PW-90%。

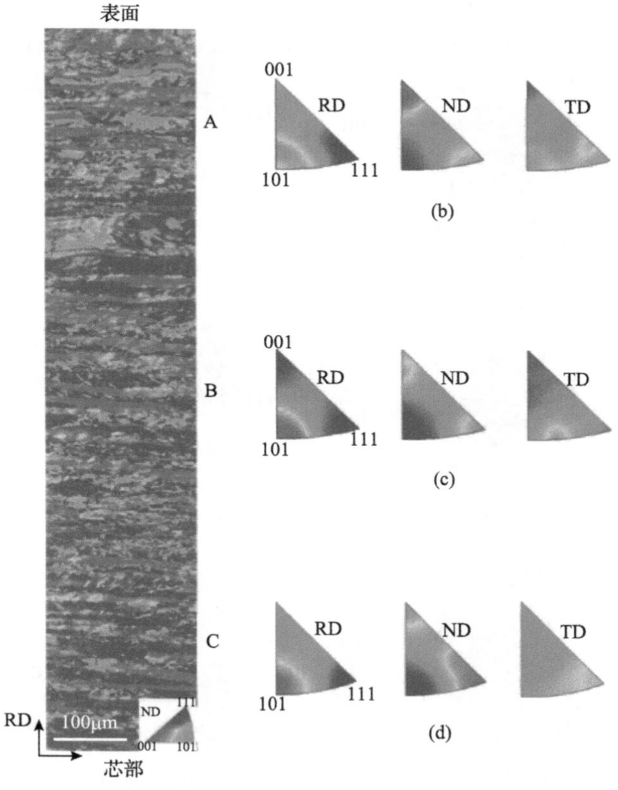

图 4-36　(a)掺杂钨 NPW-90%的贯穿厚度方向微观组织变化；(b)A 区域的 IPF 图；(c)B 区域的 IPF 图；(d)C 区域的 IPF 图[3]

通过对比发现，类似于纯钨，掺杂钨在轧制过程中也不会出现“贯穿厚度效应”，而退火态样品会出现“贯穿厚度效应”。但是，无论对于晶粒形貌还是晶粒取向，掺杂钨随厚度位置的组织梯度变化都远小于纯钨，这可以归因于杂质对再结晶的抑制作用，特别是表面区域的再结晶受到抑制，从而弱化了板材表面到芯部的微观组织差异。另外，如 4.2 节所述，相比于纯钨，掺杂钨样品在中低温退火时更倾向于以回复机制释放形变储能，回复过程中晶粒的形貌和取向都不会发生显著变化，所以沿厚度方向的微观组织不像形核再结晶机制那样出现剧烈变化。因此，在一定程度上，杂质通过对再结晶的抑制作用会弱化“贯穿厚度效应”，从而有利于轧制钨板的整体组织均匀性。

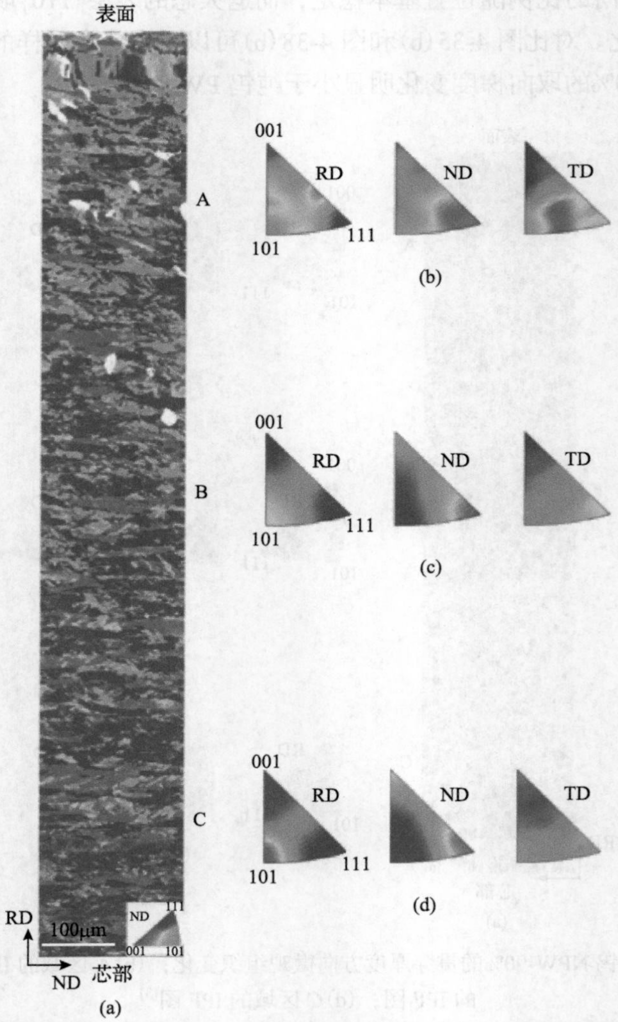

图 4-37　(a) 掺杂钨 NPW-90%经 1200℃退火 1h 后的贯穿厚度方向微观组织变化；(b) A 区域的 IPF 图；(c) B 区域的 IPF 图；(d) C 区域的 IPF 图[3]

4.3.2　取向依赖效应

钨板在热轧和静态退火时均出现显著的异质结构，表现为一部分形核发生异常长大，而另一部分仍保持形变晶粒形貌，这是一种典型的变形金属组织不均匀特征。这可能是因为不同晶粒内部启动滑移系数目的不同[44]，且晶体塑性理论也表明塑性变形能量取决于晶粒的晶体取向[45,46]，从而变形金属的再结晶行为及组织演变会随晶粒取向而变化，这一现象被称为所谓的“取向依赖效应”（orientation-dependent effect），在 Al[47]、Nb[48]、Mo[49]、Ta[50]等金属材料中均有报道。

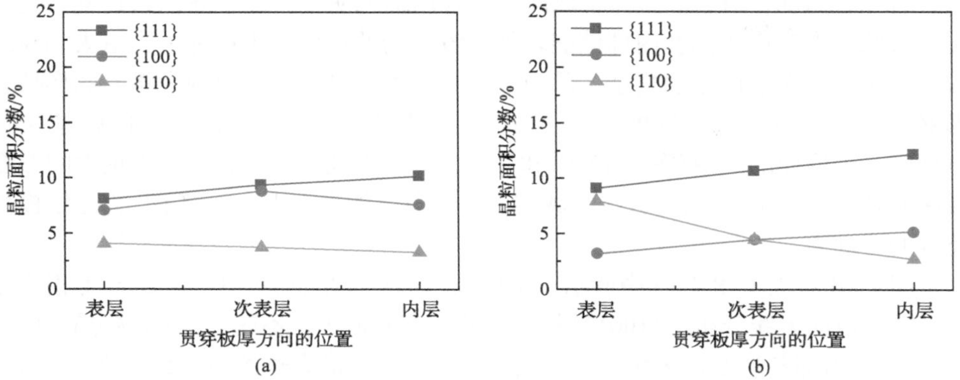

图 4-38　NPW-90%中各织构比例随轧板厚度位置的变化[3]

(a) 轧制态；(b) 1200℃退火态

鉴于退火过程中位错和晶界运动为热激活过程，采用低温长时间退火可能放大不同取向晶粒之间的差异，进而更好观察“取向依赖效应”。图 4-39 为 PW-90%经 1100℃退火 10h 后不同区域的晶粒形貌。由图可观察到两种截然不同的退火晶

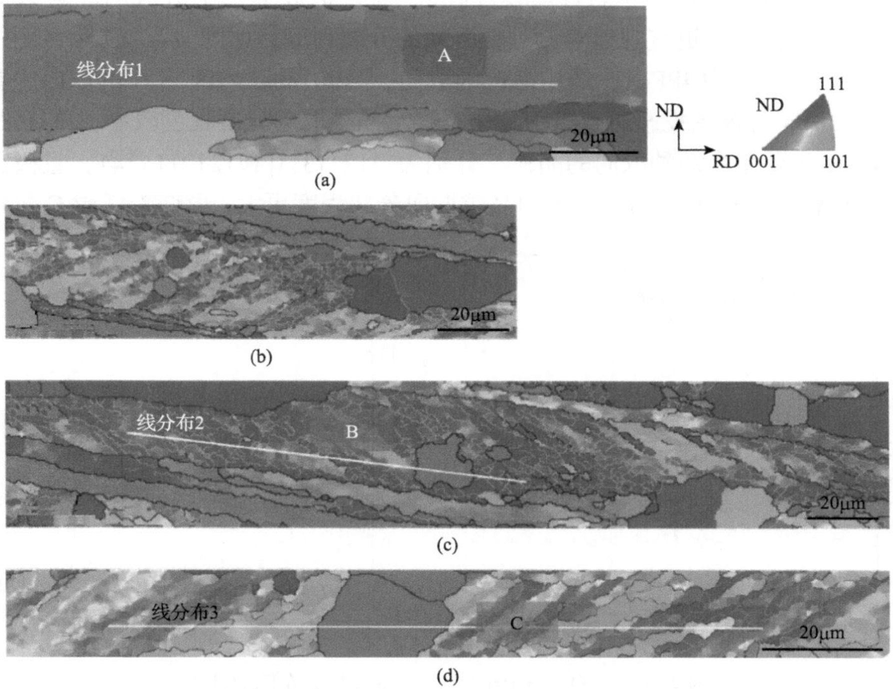

图 4-39　PW-90%经 1100℃退火 10h 后不同区域的晶粒形貌[3]

(a) {100}变形基体区域；(b) {111}变形基体区域；(c) {111}变形基体区域；(d) 形变带区域

粒结构，一种是图 4-39(a)所示的“平坦”的长带状晶粒，这种晶粒在变形阶段一般具有接近{100}⟨011⟩的晶体学取向，晶粒内部无明显分裂，在退火过程中仍然保持带状形态，由于晶粒内部储能较低，没有新的形核产生；另一种退火晶粒结构表现为，晶粒取向更加复杂，晶粒分裂更显著，晶粒内部出现大量新的形核，形核由大角度晶界所包裹，这种退火晶粒结构一般出现在变形基体接近{111}⟨*uvw*⟩取向的区域(图 4-39(b)和(c))，或者出现在晶粒分裂程度更大的形变带区域(图 4-39(d))。因为这些区域在变形阶段可能具有更大的储能，为形核提供充分的驱动力。

图 4-40 对比了图 4-39 中所示三个区域内的局部取向差。图 4-40(a)为相邻像素点之间取向差线分布，{100}晶粒内部的取向差最小，不超过 10°(线分布 1)，{111}晶粒内部和形变带区域产生了较大的取向差，最大达到 50°(线分布 2、3)，其中形变带区域大于 15°的界面数量多于{111}晶粒。较大的取向差角反映了晶粒取向分裂程度大，同时也反映了形核行为更活跃，因为形核一般由大于 15°的大角度晶界所包裹。图 4-40(b)为像素点和初始点之间取向差线分布，反映了局部取向差的起伏变化，每一个峰跨越的区域表示形核晶粒。{100}晶粒内部取向差变化较为平坦(线分布 1)，说明没有任何形核晶粒产生。由线分布 2、3 可以看出，形变带区域的形核晶粒多于{111}晶粒内部。通过把以上三个区域的晶粒取向在{111}极图上投影，更直观地对比晶粒取向的分裂程度，如图 4-41 所示，图中的颜色代表图 4-39 中 IPF-ND 图中晶粒的取向。{100}晶粒内区域 A 的取向主要为(001)[$\bar{2}$30]，且极图投影斑点较为集中，表示晶粒取向分裂程度较小；{111}晶粒内区域 B 主要包含两种取向的晶粒，分别为(112)[$\bar{3}$11]和(212)[5$\bar{2}\bar{4}$]，且极图投影分布相较于区域 A 更分散，表明晶粒取向分裂程度更大；形变带区域 C 包含的

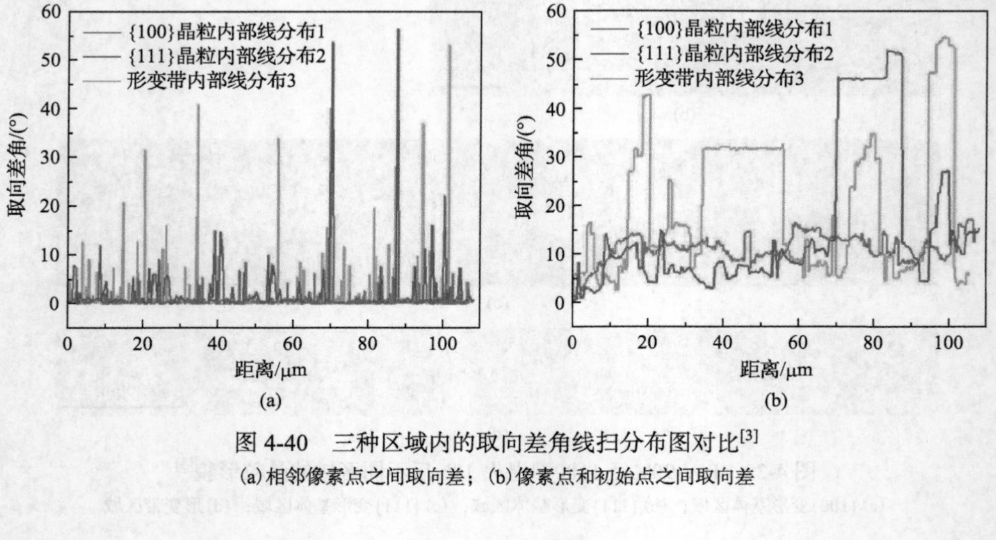

图 4-40　三种区域内的取向差角线扫分布图对比[3]

(a)相邻像素点之间取向差；(b)像素点和初始点之间取向差

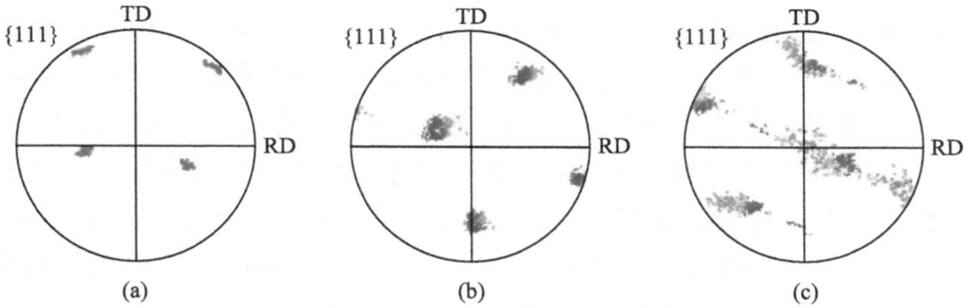

图 4-41　三种区域晶粒取向在{111}极图上的投影[3]

(a){100}晶粒内 A 区域；(b){111}晶粒内 B 区域；(c)形变带 C 区域

晶粒取向更复杂且投影最分散，表明取向分裂程度最大。因此退火后的局部取向差大小及取向分裂程度取决于变形基体的晶粒取向，由大到小排序为：形变带>{111}变形基体>{100}变形基体。

以上结果表明，轧制钨板在退火过程中同一区域会产生截然不同的晶粒形貌以及取向分裂行为，这取决于变形基体的晶体学取向。造成这一现象的原因在于，变形过程中不同晶粒内部滑移系激活的方式和数量不一样，塑性储存能取决于晶粒的晶体取向，因此变形之后的回复和再结晶行为也取决于晶粒取向。可以得出结论：轧制钨板退火组织不均匀来源于再结晶行为的“取向依赖性”，两种取向的变形基体中展现了不同的再结晶方式。{100}变形基体在轧制过程中具有较低的形变储能，退火时更倾向于以回复的方式释放形变储能，回复过程中位错重新分布而形成小角度晶界构成的亚晶结构，不涉及大角度晶界的迁移，可认为该过程是“连续”的。因此整个回复过程中{100}变形基体的晶体学取向不会发生显著变化(图 4-39(a))，从而维持稳定的带状晶粒形貌(图 4-42(a))和较小的局部取向差；{111}变形基体或形变带在轧制过程中具有较高的形变储能，并具有较大的局部取向差和显著的晶粒分裂，退火时更倾向于以形核并晶粒长大的方式释放形变储能，在原始变形基体上首先形成细小的形核，进而新形核发生晶粒长大并吞并周围的变形基体，涉及大角度晶界的产生和迁移，可认为该过程是“不连续”的。由于形核取向的随机性，{111}变形基体的晶体学取向会发生显著变化，原本较大的局部取向差和取向分裂在退火时进一步增大。

4.4　杂质元素对轧制钨板组织的影响

针对杂质元素如何影响轧制钨板退火组织的均匀性，下文通过对轧制纯钨 PW-90%和掺杂钨 NPW-90%进行不同温度长时间退火，对比分析微观组织演变并阐明杂质的作用。

图 4-42 对比了 PW-90%和 NPW-90%经不同温度退火 10h 后的微观组织。经

1100℃和 1200℃退火 10h 后，PW-90%样品中仍保留一些取向为{001}//ND 的细长带状晶粒（图 4-42（a）和（c）），其他晶粒完成再结晶并形成等轴结构。这展现了典型取向依赖的再结晶行为，不同取向的晶粒之间存在再结晶动力学的差异，导致在某一条件下产生非均匀的组织结构。相比之下，NPW-90%样品晶粒演变更加均匀，且晶粒尺寸更加细小，未观察到{001}带状晶粒或者某种取向发生异常长大的晶粒。经 1300℃退火 10h 后，两种样品均完成再结晶并形成等轴粗大的晶粒结构，晶粒尺寸为 40～50μm，但 NPW-90%的晶粒均匀性略优于 PW-90%。

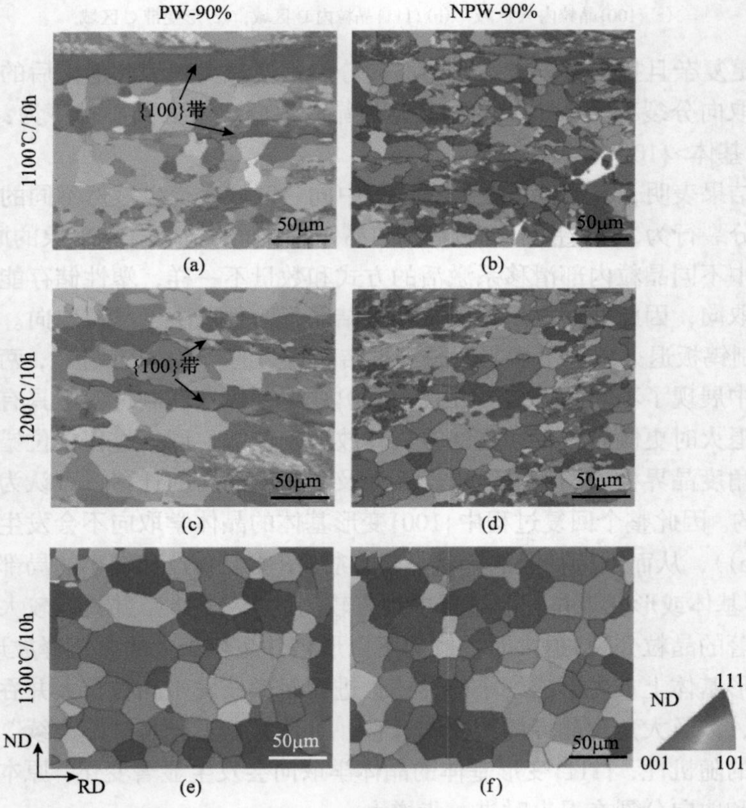

图 4-42　PW-90%和 NPW-90%经不同温度退火 10h 后的微观组织[6]

为了定量分析晶粒生长和晶粒取向之间的相关性，统计单个晶粒的尺寸及 Euler 角，将晶粒尺寸作为 Euler 角 φ_1 和 Φ 的函数，固定 φ_2=45°，绘制三维散点图和二维等高线分布图，如图 4-43 所示。1100℃退火态的 PW-90%在 θ 纤维织构区域附近存在晶粒尺寸峰值，特别是{100}〈011〉取向（图 4-43（b）），说明该取向的晶粒在 1100℃退火后具有较大的尺寸，这对应着图 4-42（a）中的红色带状晶粒。对于 1200℃退火态的 PW-90%，晶粒尺寸峰值出现在γ纤维织构区

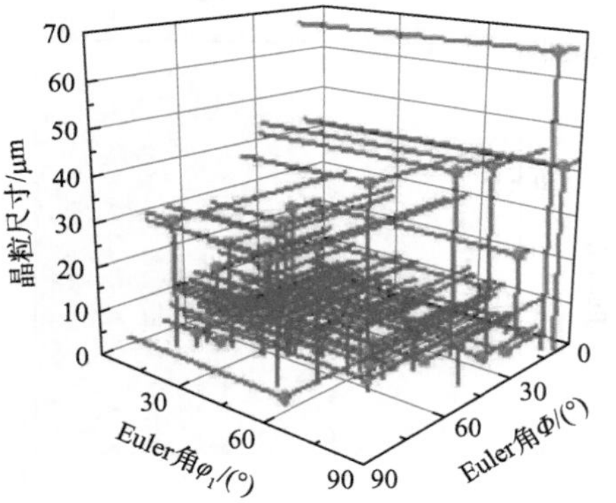
晶粒尺寸/μm
Euler角φ_1/(°)
Euler角Φ/(°)

(a)

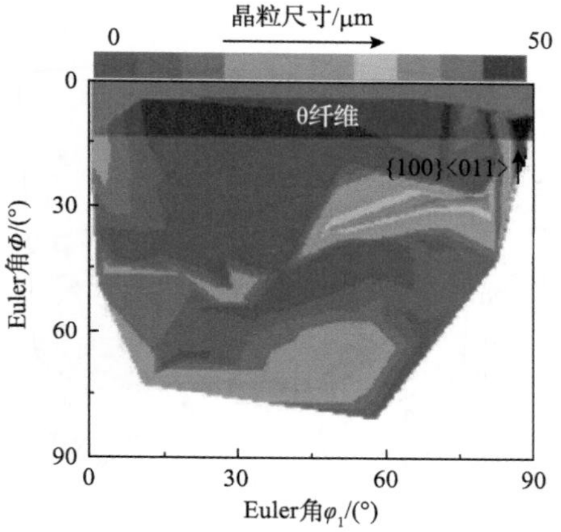
晶粒尺寸/μm
0
50
θ纤维
{100}<011>
Euler角Φ/(°)
Euler角φ_1/(°)

(b)

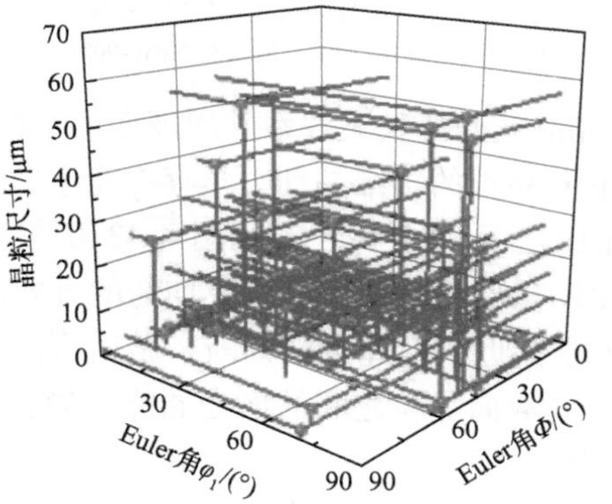
晶粒尺寸/μm
Euler角φ_1/(°)
Euler角Φ/(°)

(c)

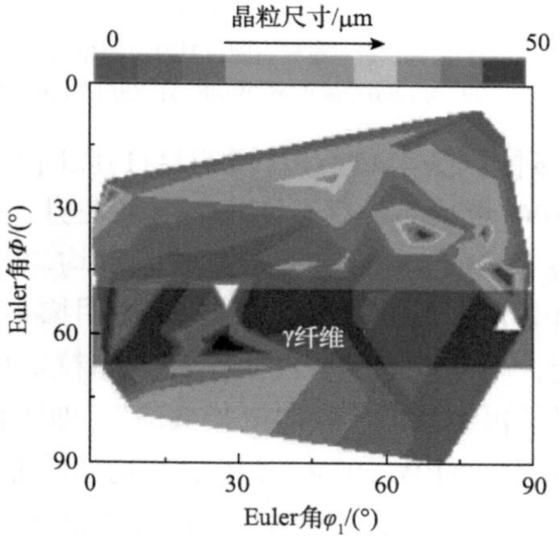
晶粒尺寸/μm
0
50
γ纤维
Euler角Φ/(°)
Euler角φ_1/(°)

(d)

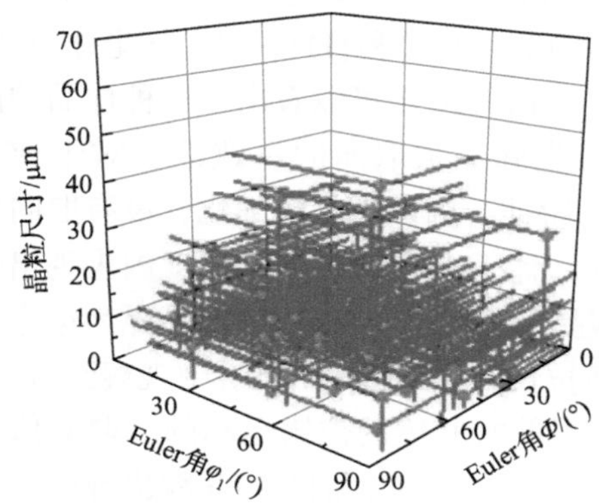
晶粒尺寸/μm
Euler角φ_1/(°)
Euler角Φ/(°)

(e)

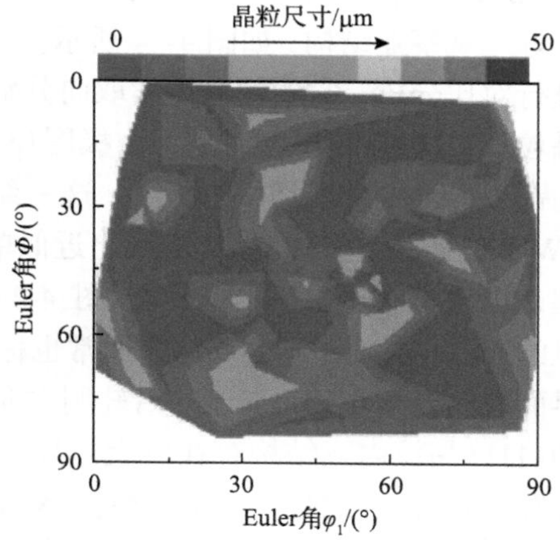
晶粒尺寸/μm
0
50
Euler角Φ/(°)
Euler角φ_1/(°)

(f)

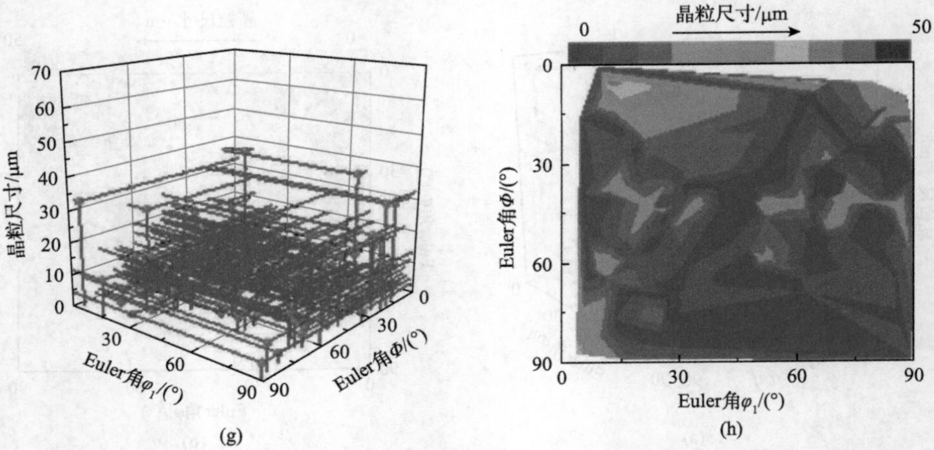

图 4-43　晶粒尺寸在 Euler 空间的分布[6]

(a) (c) (e) (g) 三维散点图以及对应的 (b) (d) (f) (h) 等高线分布图；(a) (b) 1100℃退火态 PW-90%；(c) (d) 1200℃退火态 PW-90%；(e) (f) 1100℃退火态 NPW-90%；(g) (h) 1200℃退火态 NPW-90%

域附近(图 4-43(d)),说明{111}取向的再结晶晶粒开始长大并吞并周围变形基体，{100}带状晶粒逐渐变小。结果表明，不同取向晶粒的再结晶动力学存在竞争，纯钨 PW-90%样品中晶粒生长是不均匀的。相比之下，图 4-43(f)和图 4-43(h)展现出非常平坦的等高线分布图,说明掺杂钨 NPW-90%的微观组织以更均匀的方式演变，不同取向晶粒的再结晶、晶粒生长动力学接近。由此可以判断，杂质可能减弱了再结晶的“取向依赖效应”，即弱化了不同取向晶粒之间的形变储能差异，从而造成 NPW-90%样品中更加均匀的晶粒结构。

将上述假设追溯到轧制态样品中不同取向晶粒内部的亚结构和形变储能。采用 EBSD 对{100}和{111}晶粒进行局部高分辨表征，设置采集步长为 50nm，以便更好地观察亚结构，如图 4-44 所示。PW-90%和 NPW-90%均选择两种取向的晶粒进行对比分析，它们的晶体学取向分别接近{100}<110>和{111}<110>，记作{100}晶粒和{111}晶粒以便对比。由极图(pole figure，PF)图可以看出，两种样品的两种晶粒取向的投影几乎重合，这一结果首先确保了取向的一致性。对于纯钨 PW-90%样品，{100}晶粒表现出近似单晶的特征，内部无晶粒细化，没有取向分裂，也没有明显的亚结构界面(图 4-44(a))，而{111}晶粒在微米尺度内表现出明显的亚晶结构(图 4-44(c))，通常也称为胞晶(cell)[51,52]，以小角度晶界为边界，界面取向差角小于 15°，并沿轧制方向略微拉长。在纯钨 PW90%中观察到{100}和{111}晶粒内亚结构存在巨大差异，印证了前文所述的位错运动的“取向依赖性”。值得注意的是，对于掺杂钨 NPW-90%样品，{100}和{111}晶粒出现趋于相似的亚结构特征，一方面，{100}晶粒出现明显的晶粒细化(图 4-44(b))，另一方面，{111}晶粒的亚晶粒相比于纯钨中的{111}晶粒更粗大，并且一些界面出现缠结(图 4-44(d))。以上结果说明,杂质元素改变了亚结构形貌,减小了{100}和{111}晶粒内部亚结构的差异。

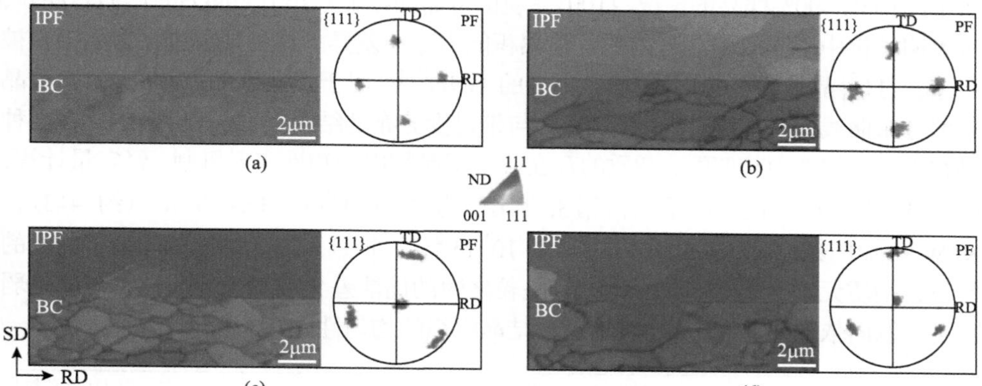

(a)　(b)　(c)　(d)

图 4-44　{100}和{111}晶粒内部亚结构特征[6]

(a) PW-90%-{100}晶粒；(b) NPW-90%-{100}晶粒；(c) PW-90%-{111}晶粒；(d) NPW-90%-{111}晶粒

形变储能的大小可以通过 BC 图定性描述, BC 图中暗对比度表明该区域的应变或形变储能较大[53,54]，发现添加杂质会改变{100}和{111}晶粒内的储能差异。图 4-45 显示了{100}和{111}晶粒的带衬度分布图，PW-90%样品的带衬度分布揭示了{100}和{111}晶粒之间存在显著的储能差异，{100}的带衬度分布窄，而{111}的带衬度分布宽(图 4-45(a))。NPW-90%样品中{100}和{111}晶粒的带衬度分布几乎重叠(图 4-45(b))，表明掺杂样品中“取向依赖效应”被减弱。由亚结构和形变储能的这些变化可以判断，杂质会导致不同取向晶粒内部位错运动/重排等相关的塑性变形机制发生变化。

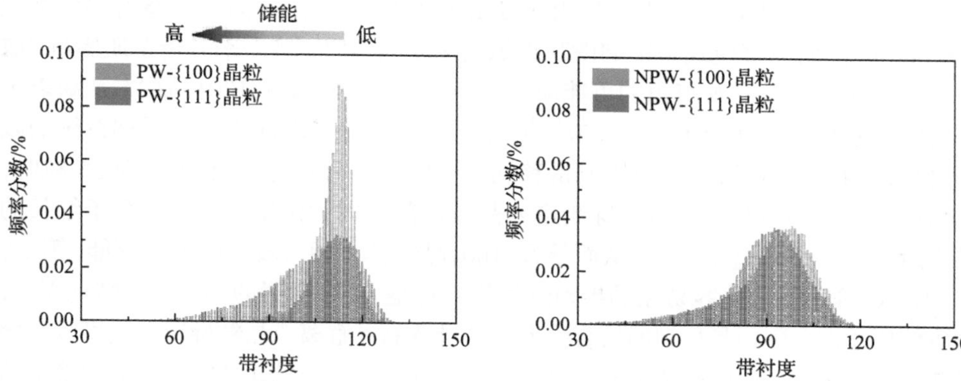

(a)　(b)

图 4-45　{100}和{111}晶粒内的储能差异[6]

(a) PW-90%；(b) NPW-90%

此外，基于EBSD计算局部取向差的原理可以计算位错密度(主要是几何必要位错，GND)[55]。图4-46为{100}和{111}晶粒内的GND密度分布曲线。图4-46(a)显示了纯钨PW-90%样品的情况，{100}晶粒的分布曲线显示出其GND低于{111}晶粒，这表明纯钨中不同取向晶粒内的位错累积能力存在差异。这种现象也在多晶铝中被报道，{111}晶粒比{100}晶粒积累更多的GND[56]。对于掺杂钨NPW-90%，两种晶粒的分布曲线几乎重叠(图4-46(b))，与带衬度分布的结果类似，表明GND在两种晶粒中的存储能力相匹配，杂质的存在改变了晶粒内的塑性变形机制。经定量计算，PW-90%中两种晶粒内的平均位错密度比值为 $4.8\times10^{14}m^{-2}:3.6\times10^{14}m^{-2}$(约 4∶3)，NPW-90%中该比值为 $4.5\times10^{14}m^{-2}:4.1\times10^{14}m^{-2}$(约 1∶1)。以上结果都印证了前面的假设，杂质元素会缩小{100}和{111}晶粒之间的储能差异或塑性异质性，也就是弱化了“取向依赖效应”，从而增加了再结晶组织的均匀性。

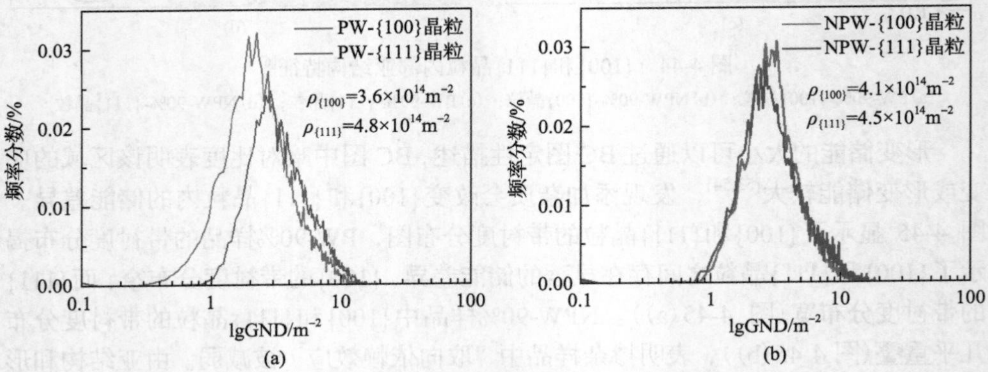

图4-46　{100}和{111}晶粒内的GND密度分布曲线[6]

(a) PW-90%；(b) NPW-90%

钨作为一种典型的高层错能($480mJ/m^2$)的材料[8]，更倾向于位错滑移作为主要变形机制，而滑移模式是影响微观组织的主要因素[57]。接下来分析杂质影响“取向依赖效应”以及微观组织的可能原因。第一，PW-90%中{100}晶粒本征缺乏丰富的滑移系统，这在纯Cu[58]和Ta[54]中也报道过。除了取向因素对滑移系统的限制之外，晶粒的几何形状也是限制滑移的另一因素，当位错到达{100}带状晶粒时，大角度的细长晶界会阻隔位错穿越进入晶粒内部，因为位错更容易平行于细长的晶界运动而不是垂直于晶界，从而导致{100}晶粒具有相对较低的形变储能。第二，O、N、C等间隙杂质容易在晶界附近偏析，这是BCC金属的一个重要特征[59-65]，杂质偏析通常会削弱晶粒间的结合强度，并导致晶界解离或晶粒旋转，这可以解释掺杂钨NPW-90%样品的晶粒长径比更小，并且晶粒各向异性被弱化。虽然稳定的{100}带状晶粒的滑移模式受限，但易于解离的晶界会激活晶粒内部额外的滑移系统，从而增强了NPW-90%-{100}晶粒中亚结构的产生(图4-44(b))，并增加GND

的密度(图 4-46(b))。第三，杂质可能会影响钨的层错能从而影响位错滑移行为，因为本征层错能直接决定 BCC 金属交滑移的程度[66]，并且有文献报道了 BCC 金属中杂质溶质原子会与螺型位错相互作用而影响位错运动[64,67-70]。总体来说，杂质元素会改变金属钨取向相关的塑性变形行为，进而影响后续退火的再结晶行为，从而影响退火过程中的微观组织演变以及均匀性。

参 考 文 献

[1] Bodine G. Tungsten sheet rolling program final report[R]. North Chicago: Fasteel Metallurgical Corporation, 1963.

[2] Butler B G, Paramore J D, Ligda J P, et al. Mechanisms of deformation and ductility in tungsten—A review[J]. International Journal of Refractory Metals and Hard Materials, 2018, 75: 248-261.

[3] 李星宇. 金属钨的细晶化及组织均匀化技术原理及方法[D]. 北京：北京科技大学, 2023.

[4] 张晓新. 钨合金的塑性加工对组织和性能的影响研究[D]. 北京：北京科技大学, 2016.

[5] Li X, Zhang L, Wang G, et al. Microstructure evolution of hot-rolled pure and doped tungsten under various rolling reductions[J]. Journal of Nuclear Materials, 2020, 533: 152074.

[6] Li X, Zhang L, Wei Z, et al. Impurity-induced microstructural uniformity by narrowing stored energy difference between {111} and {100} grains in rolled W[J]. International Journal of Refractory Metals and Hard Materials, 2021, 99: 105593.

[7] Sakai T, Belyakov A, Kaibyshev R, et al. Dynamic and post-dynamic recrystallization under hot, cold and severe plastic deformation conditions[J]. Progress in Materials Science, 2014, 60: 130-207.

[8] Pegel B. Stacking faults on {110} planes in the B.C.C. lattice[J]. Physica Status Solidi B, 1968, 28(2): 603-609.

[9] Hughes D A, Hansen N. High angle boundaries formed by grain subdivision mechanisms[J]. Acta Materialia, 1997, 45(9): 3871-3886.

[10] Weinberger C R, Boyce B L, Battaile C C. Slip planes in bcc transition metals[J]. International Materials Reviews, 2013, 58(5): 296-314.

[11] Bonnekoh C, Hoffmann A, Reiser J. The brittle-to-ductile transition in cold rolled tungsten: On the decrease of the brittle-to-ductile transition by 600K to − 65℃[J]. International Journal of Refractory Metals and Hard Materials, 2018, 71: 181-189.

[12] Maier V, Schunk C, Göken M, et al. Microstructure-dependent deformation behaviour of bcc-metals – indentation size effect and strain rate sensitivity[J]. Philosophical Magazine, 2015, 95(16-18): 1766-1779.

[13] Nix W D, Gao H. Indentation size effects in crystalline materials: A law for strain gradient plasticity[J]. Journal of the Mechanics and Physics of Solids, 1998, 46(3): 411-425.

[14] Qian L, Li M, Zhou Z, et al. Comparison of nano-indentation hardness to microhardness[J]. Surface and Coatings Technology, 2005, 195(2-3): 264-271.

[15] Yabuuchi K, Kuribayashi Y, Nogami S, et al. Evaluation of irradiation hardening of proton irradiated stainless steels by nanoindentation[J]. Journal of Nuclear Materials, 2014, 446(1-3): 142-147.

[16] Takayama Y, Kasada R, Sakamoto Y, et al. Nanoindentation hardness and its extrapolation to bulk-equivalent hardness of F82H steels after single- and dual-ion beam irradiation[J]. Journal of Nuclear Materials, 2013, 442(1-3): S23-S27.

[17] Heintze C, Bergner F, Akhmadaliev S, et al. Ion irradiation combined with nanoindentation as a screening test procedure for irradiation hardening[J]. Journal of Nuclear Materials, 2016, 472: 196-205.

[18] Yang B, Vehoff H. Dependence of nanohardness upon indentation size and grain size—A local examination of the interaction between dislocations and grain boundaries[J]. Acta Materialia, 2007, 55(3): 849-856.

[19] Zhang N, Mao W. Study on the cold rolling deformation behavior of polycrystalline tungsten[J]. International Journal of Refractory Metals and Hard Materials, 2019, 80: 210-215.

[20] Bonk S, Reiser J, Hoffmann J, et al. Cold rolled tungsten (W) plates and foils: Evolution of the microstructure[J]. International Journal of Refractory Metals and Hard Materials, 2016, 60: 92-98.

[21] Wei Q, Kecskes L J. Effect of low-temperature rolling on the tensile behavior of commercially pure tungsten[J]. Materials Science and Engineering A, 2008, 491(1-2): 62-69.

[22] Reiser J, Hoffmann J, Jäntsch U, et al. Ductilisation of tungsten (W): On the increase of strength and room-temperature tensile ductility through cold-rolling[J]. International Journal of Refractory Metals and Hard Materials, 2017, 64: 261-278.

[23] Bonk S, Hoffmann J, Hoffmann A, et al. Cold rolled tungsten (W) plates and foils: Evolution of the tensile properties and their indication towards deformation mechanisms[J]. International Journal of Refractory Metals and Hard Materials, 2018, 70: 124-133.

[24] Ren C, Fang Z Z, Xu L, et al. An investigation of the microstructure and ductility of annealed cold-rolled tungsten[J]. Acta Materialia, 2019, 162: 202-213.

[25] Dong Z, Ma Z, Liu Y. Accelerated sintering of high-performance oxide dispersion strengthened alloy at low temperature[J]. Acta Materialia, 2021, 220: 117309.

[26] Pfeifenberger M J, Nikolić V, Žák S, et al. Evaluation of the intergranular crack growth resistance of ultrafine grained tungsten materials[J]. Acta Materialia, 2019, 176: 330-340.

[27] Rieth M, Hoffmann A. Influence of microstructure and notch fabrication on impact bending properties of tungsten materials[J]. International Journal of Refractory Metals and Hard

Materials, 2010, 28(6): 679-686.

[28] Conte M, Aktaa J. Manufacturing influences on microstructure and fracture mechanical properties of polycrystalline tungsten[J]. Nuclear Materials and Energy, 2019, 21 (August 2018): 100591.

[29] Haessner F, Schmidt J. Recovery and recrystallization of different grades of high purity aluminium determined with a low temperature calorimeter[J]. Scripta Metallurgica, 1988, 22(12): 1917-1922.

[30] Mackenzie J K. Second paper on statistics associated with the random disorientation of cubes[J]. Biometrika, 1958, 45(2): 229.

[31] He W, Hu R, Gao X, et al. Evolution of Σ3n CSL boundaries in Ni-Cr-Mo alloy during aging treatment[J]. Materials Characterization, 2017, 134: 379-386.

[32] Hayakawa Y, Kurosawa M. Orientation relationship between primary and secondary recrystallized texture in electrical steel[J]. Acta Materialia, 2002, 50(18): 4527-4534.

[33] Lin P, Palumbo G, Harase J, et al. Coincidence Site Lattice(CSL) grain boundaries and Goss texture development in Fe-3% Si alloy[J]. Acta Materialia, 1996, 44(12): 4677-4683.

[34] Hayakawa Y, Szpunar J A. The role of grain boundary character distribution in secondary recrystallization of electrical steels[J]. Acta Materialia, 1997, 45(3): 1285-1295.

[35] Hayakawa Y, Muraki M, Szpunar J A. The changes of grain boundary character distribution during the secondary recrystallization of electrical steel[J]. Acta Materialia, 1998, 46(3): 1063-1073.

[36] Engler O, Huh M Y, Tomé C N. A study of through-thickness texture gradients in rolled sheets[J]. Metallurgical and Materials Transactions A: Physical Metallurgy and Materials Science, 2000, 31(9): 2299-2315.

[37] Mishin O V, Bay B, Jensen D J. Through-Thickness Texture Gradients in Cold-Rolled Aluminum[J]. Metallurgical and Materials Transactions A, 2000, 31(6): 1653-1662.

[38] Ghosh M, Miroux A, Kestens L A I. Correlating r-value and through thickness texture in Al-Mg-Si alloy sheets[J]. Journal of Alloys and Compounds, 2015, 619: 585-591.

[39] Chen M B, Li J, Zhao Y M, et al. Comparison of texture evolution between different thickness layers in cold rolled Al-Mg alloy[J]. Materials Characterization, 2011, 62(12): 1188-1195.

[40] Liu S F, Fan H Y, Deng C, et al. Through-thickness texture in clock-rolled tantalum plate[J]. International Journal of Refractory Metals and Hard Materials, 2015, 48: 194-200.

[41] Liu Y, Liu S, Lin N, et al. Effect of strain path change on the through-thickness microstructure during tantalum rolling[J]. International Journal of Refractory Metals and Hard Materials, 2020, 87: 105168.

[42] Matsuo M, Sakai T, Suga Y. Origin and development of through-the-thickness variations of

texture in the processing of grain-oriented silicon steel[J]. Metallurgical Transactions A, 1986, 17(8): 1313-1322.

[43] Huh M Y, Kim H C, Park J J, et al. Evolution of through-thickness texture gradients in various steel sheets[J]. Metals and Materials, 1999, 5(5): 437-443.

[44] Kocks U F, Tome C N, Wenk H R, et al. Texture and Anisotropy:Preferred Orientations in Polycrystals and Their Effect on Materials Properties[M]. Cambridge: Cambridge University Press, 1998.

[45] Hosford W F. Mechanical Behavior of Materials[M]. Cambridge: Cambridge University Press, 1974.

[46] Kestens L A I, Pirgazi H. Texture formation in metal alloys with cubic crystal structures[J]. Materials Science and Technology, 2016, 32(13): 1303-1315.

[47] Guiglionda G, Borbély A, Driver J H. Orientation-dependent stored energies in hot deformed Al-2.5%Mg and their influence on recrystallization[J]. Acta Materialia, 2004, 52(12): 3413-3423.

[48] Srinivasan R, Viswanathan G B, Levit V I, et al. Orientation effect on recovery and recrystallization of cold rolled niobium single crystals[J]. Materials Science and Engineering A, 2009, 507(1-2): 179-189.

[49] Primig S, Clemens H, Knabl W, et al. Orientation dependent recovery and recrystallization behavior of hot-rolled molybdenum[J]. International Journal of Refractory Metals and Hard Materials, 2015, 48: 179-186.

[50] Liu Y, Liu S, Fan H, et al. Crystallographic analysis of nucleation for random orientations in high-purity tantalum[J]. Journal of Materials Research, 2018, 33(12): 1755-1763.

[51] Hansen N, Huang X, Pantleon W, et al. Grain orientation and dislocation patterns[J]. Philosophical Magazine, 2006, 86(25-26): 3981-3994.

[52] Hughes D A, Hansen N. Deformation structures developing on fine scales[J]. Philosophical Magazine, 2003, 83(31-34): 3871-3893.

[53] Hazra S S, Gazder A A, Pereloma E V. Stored energy of a severely deformed interstitial free steel[J]. Materials Science and Engineering A, 2009, 524(1-2): 158-167.

[54] Fan H, Liu S, Li L, et al. Largely alleviating the orientation dependence by sequentially changing strain paths[J]. Materials & Design, 2016, 97: 464-472.

[55] Konijnenberg P J, Zaefferer S, Raabe D. Assessment of geometrically necessary dislocation levels derived by 3D EBSD[J]. Acta Materialia, 2015, 99: 402-414.

[56] Zhang S, Liu W, Wan J, et al. The grain size and orientation dependence of geometrically necessary dislocations in polycrystalline aluminum during monotonic deformation: Relationship to mechanical behavior[J]. Materials Science and Engineering A, 2020, 775: 138939.

[57] Hansen N, Mehl R F, Medalist A. New discoveries in deformed metals[J]. Metallurgical and Materials Transactions A, 2001, 32(12): 2917-2935.

[58] Sun Q, Ni Y, Wang S. Orientation dependence of dislocation structure in surface grain of pure copper deformed in tension[J]. Acta Materialia, 2021, 203: 116474.

[59] Gludovatz B, Wurster S, Weingärtner T, et al. Influence of impurities on the fracture behaviour of tungsten[J]. Philosophical Magazine, 2011, 91(22): 3006-3020.

[60] Krasko G L. Effect of impurities on the electronic structure of grain boundaries and intergranular cohesion in iron and tungsten[J]. Materials Science and Engineering A, 1997, 234-236: 1071-1074.

[61] Krasko G L. Site competition effect of impurities and grain boundary stability in iron and tungsten[J]. Scripta Metallurgica et Materialia, 1993, 28(12): 1543-1548.

[62] Leitner K, Felfer P J, Holec D, et al. On grain boundary segregation in molybdenum materials[J]. Materials and Design, 2017, 135: 204-212.

[63] Leitner K, Scheiber D, Jakob S, et al. How grain boundary chemistry controls the fracture mode of molybdenum[J]. Materials and Design, 2018, 142: 36-43.

[64] Pan Z, Kecskes L J, Wei Q. The nature behind the preferentially embrittling effect of impurities on the ductility of tungsten[J]. Computational Materials Science, 2014, 93: 104-111.

[65] Wu R, Freeman A J, Olson G B. First principles determination of the effects of phosphorus and boron on iron grain boundary cohesion[J]. Science, 1994, 265(5170): 376-380.

[66] Cao Y, Ni S, Liao X, et al. Structural evolutions of metallic materials processed by severe plastic deformation[J]. Materials Science and Engineering R: Reports, 2018, 133(5): 1-59.

[67] Hachet G, Caillard D, Ventelon L, et al. Mobility of screw dislocation in BCC tungsten at high temperature in presence of carbon[J]. Acta Materialia, 2022, 222: 117440.

[68] Hachet G, Ventelon L, et al. Screw dislocation-carbon interaction in BCC tungsten: An ab initio study[J]. Acta Materialia, 2020, 200: 481-489.

[69] You Y W, Kong X S, Wu X B, et al. Interaction of carbon, nitrogen and oxygen with vacancies and solutes in tungsten[J]. RSC Advances, 2015, 5(30): 23261-23270.

[70] Wang Y, Li Q, Li C, et al. Dislocation core structures of tungsten with dilute solute hydrogen[J]. Journal of Nuclear Materials, 2017, 496: 362-366.

第 5 章 钼的形变加工

钼板材有两个重要的应用：一个是用作微电子、新一代信息产业领域的高纯钼靶材，其对板材的纯净度、晶粒均匀性有很高的要求；另一个是大型高温炉的热场组件，所需钼板材的规格越来越大，对板材的大尺寸及其形状尺寸精确控制、显微组织及其均匀性控制、表面粗糙度与缺陷防控等方面提出了更高的要求。钼作为 BCC 结构金属，其形变加工方式与钨板材相似，轧制过程包括开坯体轧制、热轧、温轧、冷轧、中间退火、表面清理等工序。轧制钼板的性能与轧制温度、中间退火温度、轧制变形量、轧制方式和轧制速度等工艺参数密切相关。通过交叉轧制能够使晶粒在不同轧向上各有变形，由纤维条状变为平面饼状，且纵横交错，从而有效提高板材的组织均匀性，并消除由变形不均匀带来的缺陷。钼相对于钨，其熔点较低，再结晶温度较低。钼的热导率高，在热轧过程中的温度下降迅速。钼在高温下容易氧化，会降低轧棍和板坯之间的摩擦系数。这些特点使钼在轧制过程中有其自身的特点。

本章介绍钼在不同轧制变形量下的微观组织演变(晶粒尺寸及形态、织构特征和组织均匀性的演变)及其与力学性能之间的对应关系、轧制方式(单向轧制与交叉轧制)对钼板织构和性能的影响，研究杂质元素如何影响钼在形变和退火过程中的组织演变及力学性能。

5.1 钼在轧制过程的组织及性能演变

图 5-1 是不同轧制形变量的纯钼的 EBSD 结果，给出了轧制之后的 IPF 图。烧结态的纯钼晶粒具有随机取向，晶界清晰可见。在形变量 47.6%时发生晶粒破碎，晶界变得模糊，晶粒尺寸明显减小，〈101〉//ND 取向晶粒基本消失。形变量为 70.6%时发生了动态再结晶，破碎后的晶粒迅速长大，这归因于热轧阶段的动态再结晶，晶粒尺寸明显增大。动态再结晶后，晶粒被拉长，呈纤维状。形变量为 90.6%时产生明显的剪切带，剪切带主要分布在红色小角度晶界集中区域。位错数量先增大后减少，这是由于在热轧初始阶段产生大量位错，随着轧制进行发生了动态再结晶，位错数量逐渐减少。红色小角度晶界随形变量增大逐渐增大，在形变量 94.8%时已经分布在整个晶粒中，晶粒沿着轧制方向形成纤维状组织。

图 5-2 是形变量 90.6%的剪切带的局部放大 EBSD 结果。图 5-2(a)是 IPF 图，可以看出剪切带的取向和基体晶粒取向很不同，不易滑移，与周围的晶粒产生不

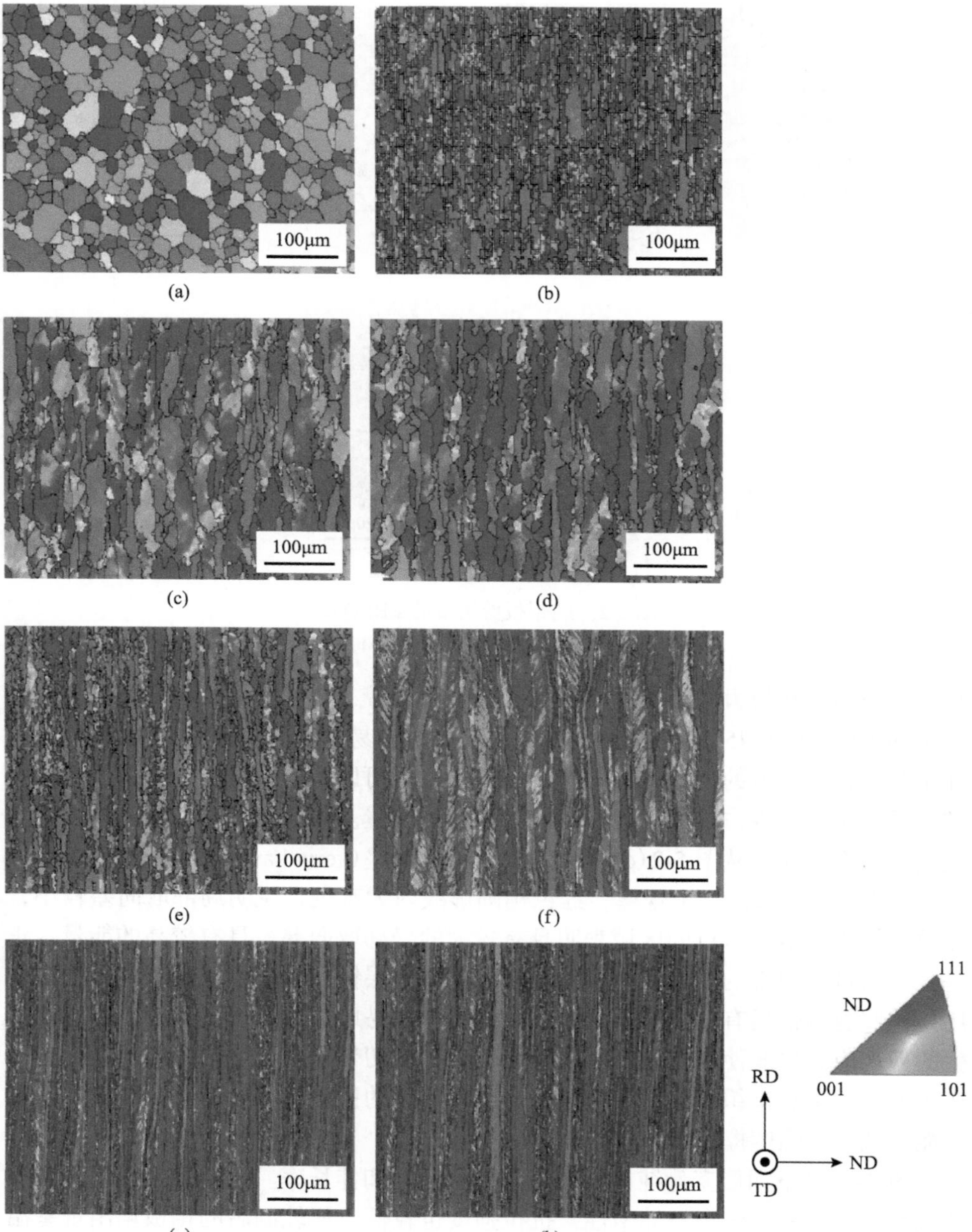

图 5-1 不同轧制形变量纯钼板的 IPF 图

(a) 0%；(b) 47.6%；(c) 70.6%；(d) 78.8%；(e) 83.3%；(f) 90.6%；(g) 93%；(h) 94.8%

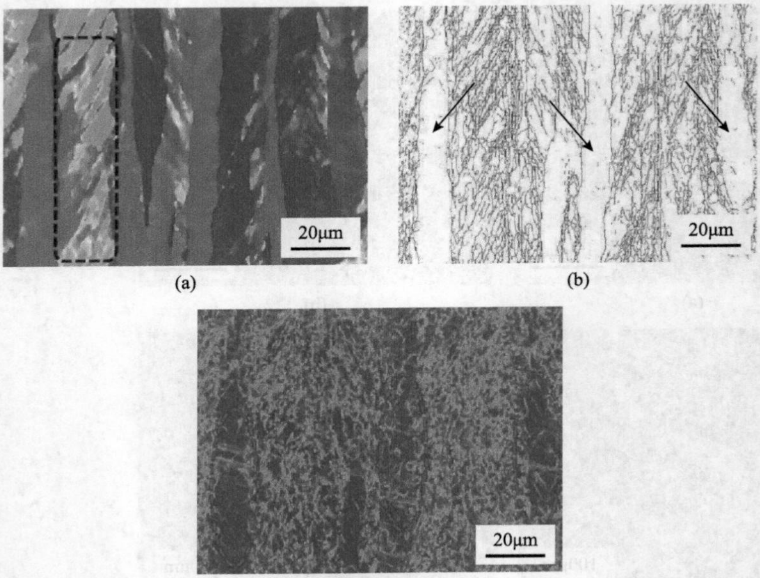

图 5-2　纯钼板剪切带的 EBSD 图

(a) IPF 图；(b) GB 图；(c) KAM 图

均匀的应力。在较大的形变量时较容易产生剪切带，剪切带的方向与轧制方向呈一定的角度(接近 45°)。{111}和{101}晶粒内较容易产生剪切带，而{001}晶粒内几乎看不到剪切带的产生。由图 5-2(b)的 GB 图可以看出，没有产生剪切带的晶粒内部小角度晶界占比很小，如黑色箭头所示位置。而产生剪切带的晶粒内部有大量小角度晶界，从图 5-2(c)所示的核平均取向差(kernel average misorrentation，KAM)图也可以看出这个规律，红色椭圆虚线内为蓝色，说明局部取向差较小，晶粒结构不复杂，绿色的区域表明具有较大的局部取向差，具有较高的能量。正是由于大量剪切带的出现，不容易发生滑移而且层错能较高，从而起到了强化作用。这些剪切带具有较高的能量，在再结晶时容易成为形核位置。冷轧过程中产生的剪切应力也能使晶粒内部形成了剪切带，剪切带是由不均匀的局部塑性变形产生的一种微观组织。剪切带等组织会阻碍后续的位错滑移和孪生，导致均匀变形能力减小，强度提高。

图 5-3 是不同形变量纯钼板的室温抗拉强度和伸长率。烧结态钼表现出典型的脆性断裂，完全没有拉伸塑性，抗拉强度也较低。经轧制后的钼板均出现室温塑性，且抗拉强度相较于烧结态显著提升。抗拉强度的总体趋势是随形变量的增大而增大，这归因于晶粒破碎、晶粒尺寸变小、位错密度增大。伸长率和抗拉强度没有明显的关联，即抗拉强度较好的钼板伸长率不一定高。在形变量大于 79%时，随着形变量的增加，钼板的伸长率逐渐降低，这是由于形变量增加，钼板的

大角度晶界比例提升、微观缺陷增加，导致韧塑性降低。

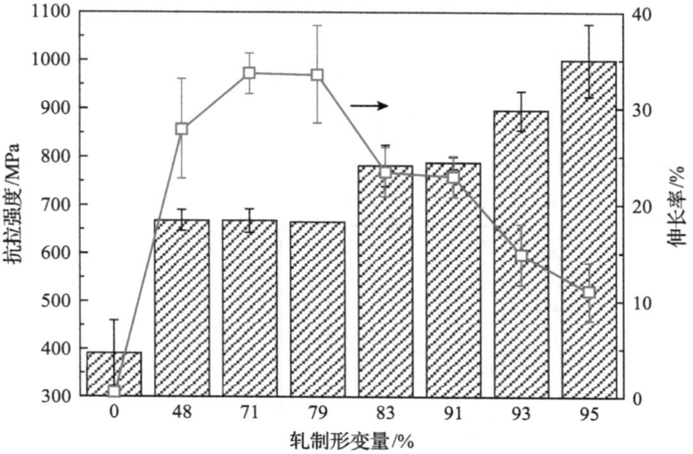

图 5-3　不同形变量纯钼板的室温拉伸性能

图 5-4 所示为各个形变量的 ODF 图，表征了织构演变。图 5-4(a)是烧结阶段，主要以 γ 织构为主，说明烧结态晶粒取向并不是随机的，而是呈现一定特定取向，这说明了烧结过程{111}取向的晶粒优先生长，但强度很低；图 5-4(b)是晶粒破碎阶段，主要织构为 γ 织构，没有发生明显的转变，但织构强度增加近一倍；图 5-4(c)是动态再结晶阶段，可以明显地看出，γ 织构转变为θ-{001}<100>织构，这是晶粒破碎后重新长大发生再结晶的结果；图 5-4(d)是晶粒纤维化阶段，主要为 γ 织

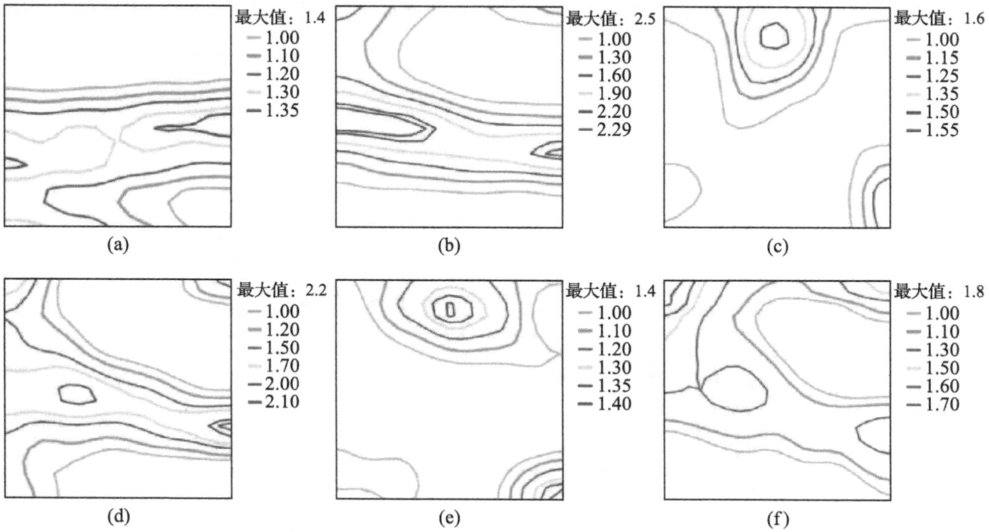

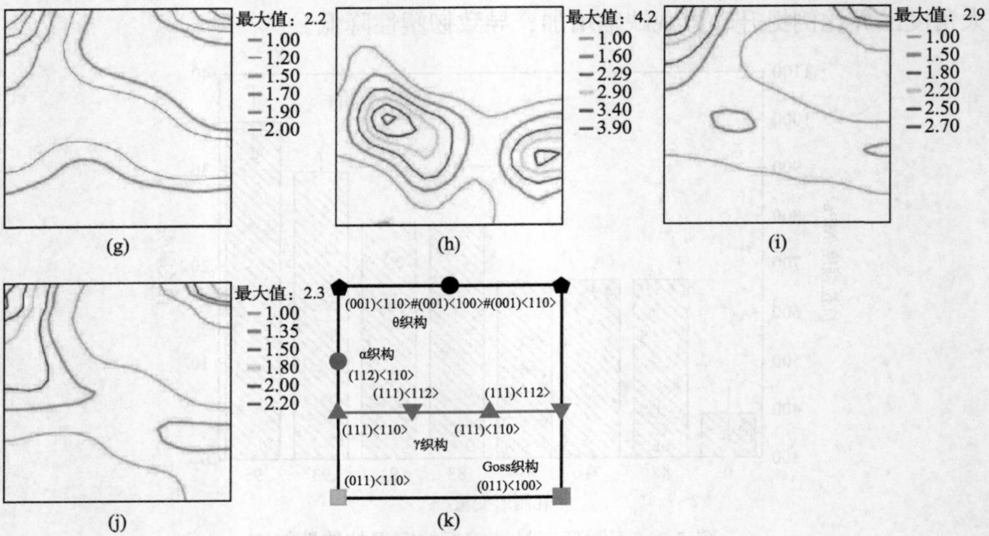

图 5-4　不同形变量纯钼板的 ODF 图

(a) 0%；(b) 47.6%；(c) 55.5%；(d) 70.6%；(e) 78.8%；(f) 83.3%；(g) 87.6%；(h) 90.6%；(i) 93%；(j) 94.8%

构；继续轧制到 78.8%的形变量，即图 5-4(e)，织构突变为 θ-{001}⟨100⟩织构和 Goss 织构；形变量到达 83.3%，即图 5-4(f)，织构突变为 θ-{001}⟨110⟩织构；在轧制程度进一步加深时，织构最终为 θ-{001}⟨110⟩织构。

为了弄清楚 α 织构和 γ 织构的演变，总结对形变量的依赖性，进行了取向线分析和最大强度分析。图 5-5 示出了具有各种形变量的轧制纯钼板的α 织构、γ 织构和 θ 织构的取向线分析。纯钼板应变范围从 0%(烧结态)到 94.8%，θ 织构的强

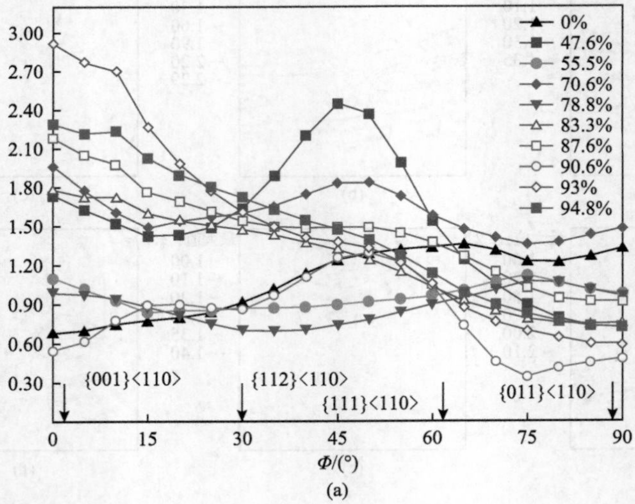

(a)

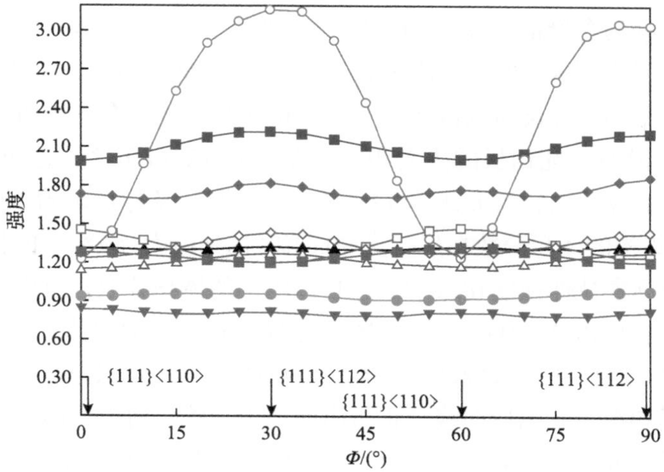

(b)

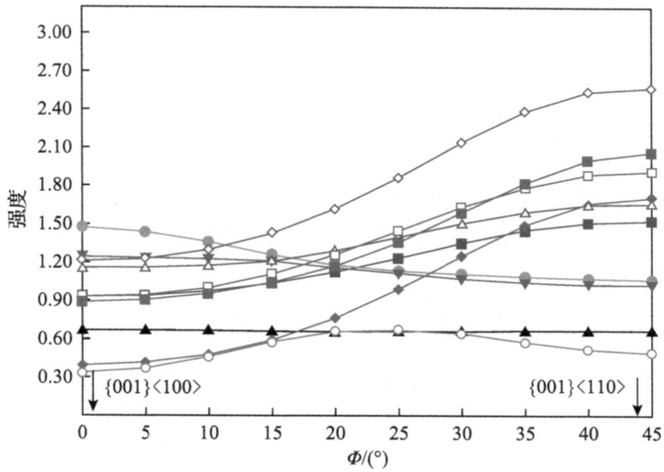

(c)

图 5-5　不同形变量轧制纯钼板织构的取向线分析

(a) α 织构；(b) γ 织构；(c) θ 织构

度增加到中等水平，除了{001}<110>织构附近的成分，其他仍处于较低水平。但在 94.8%的形变量时{001}<110>水平最低，说明该形变量下发生了织构转变。与θ织构相比，γ 织构的强度随应变的变化没有规律性，大致趋势是形变量越大 γ 织构越强。90.6%的 γ 织构线发生了明显的变化，在{111}<112>出现两个峰值，织构强度达 3 以上。93%和 94.8%形变量下织构强度处在同一水平，但趋势相反。93%形变量的钼板{111}<112>强度较高，94.8%形变量的钼板{111}<110>强度较高。该结果对于控制轧制工艺进而控制织构类型和强度具有重要的指导意义。

图 5-6 显示出了轧制的钼板的织构体积分数相对于形变量的变化。Goss 织构

在整个轧制过程的含量都比较少，在 78.8%的形变量时达到了峰值。α-{112}<110>织构的变化在低应变区(形变量 47.6%～70.6%)先降低再增高，这是由于在 55.5%发生了动态再结晶，在高应变区 α-{112}<110>织构的体积分数随着形变量增加呈降低的趋势，说明冷轧钼板的主要织构不是 α-{112}<110>织构。明显地看出，γ-{111}<112>和 γ-{111}<110>织构在所有形变量下都有比较高的体积分数，γ-{111}<112>织构的体积分数在形变量 90.6%时达到最大，该钼板的拉伸强度也达到最大，仔细观察拉伸强度和 γ-{111}<112>织构的体积分数，可以发现二者具有一定的相关性。θ-{001}<100>织构的体积分数没有一定的规律性。θ-{001}<110>织构在低形变量时体积分数较低，随着形变量的增加其体积分数也在逐渐增加。这些结果与图 5-5 所示的取向线分析得出的结论一致。通过极图、反极图、ODF和定向线分析，可以得出结论：轧制钼板表现出 θ 织构和 γ 织构。

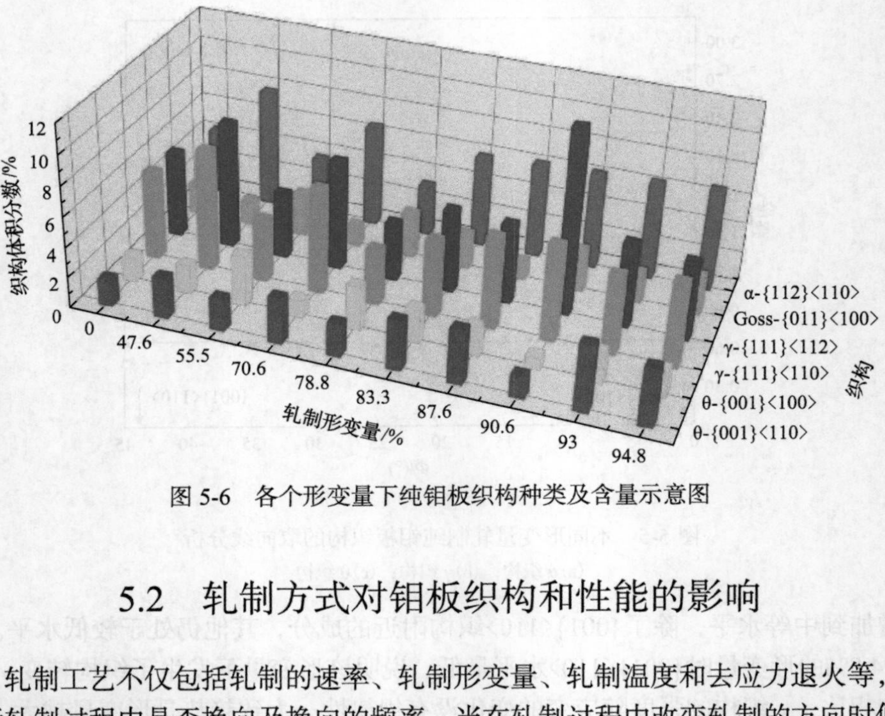

图 5-6　各个形变量下纯钼板织构种类及含量示意图

5.2　轧制方式对钼板织构和性能的影响

轧制工艺不仅包括轧制的速率、轧制形变量、轧制温度和去应力退火等，还包括轧制过程中是否换向及换向的频率。当在轧制过程中改变轧制的方向时便不再是顺轧。常用的换向轧制方式有交叉轧制和时钟轧制。交叉轧制是将轧板旋转90°后继续轧制的轧制工艺。文献报道了单向轧制(UNR)、交叉轧制(CRR)和时钟轧制(CLR)等轧制方式对钨、钽、钢、铜、镍、镁等材料织构演变的影响[1-5]。然而，在不同轧制方式下钼的织构演变却一直没有得到重视。本节介绍两种轧制方式(顺轧和交叉轧)对温轧钼板织构和性能的影响，在不同形变量(90.6%、93%和

94.8%）下，取两种轧制方式的纯钼板和掺杂钼板，检测其拉伸性能（分别 RD 和 TD 方向切割拉伸条，表征 RD 和 TD 方向的拉伸性能，观察是否有区别），并用 XRD 检测方法探究这两种轧制方式掺杂钼板和纯钼板织构的组分和含量，探究力学性能和轧制方式以及形变量的关系。

5.2.1　交叉轧和顺轧对温轧钼板织构和性能的影响

图 5-7（a）是顺轧纯钼板和掺杂钼板的抗拉强度柱形图，图 5-7（b）是交叉轧纯钼板和掺杂钼板的抗拉强度柱形图。由图 5-7（a）可以看出，顺轧的纯钼板随着形变量的增加抗拉强度逐渐下降，这是由于随着形变量的增加，缺陷增加，微观裂纹增加导致抗拉强度下降的幅度大于轧制产生的位错等强化抗拉强度的幅度，因此抗拉强度下降；而掺杂钼板抗拉强度逐渐增加是掺杂改变了断裂形式、增加了晶界结合力所致，这和第 3 章的抗弯实验结果一致。轧向的抗弯强度明显高于横向抗弯强度，这是由于轧向晶粒呈纤维状，横向晶粒呈饼状，抗变形能力较弱。

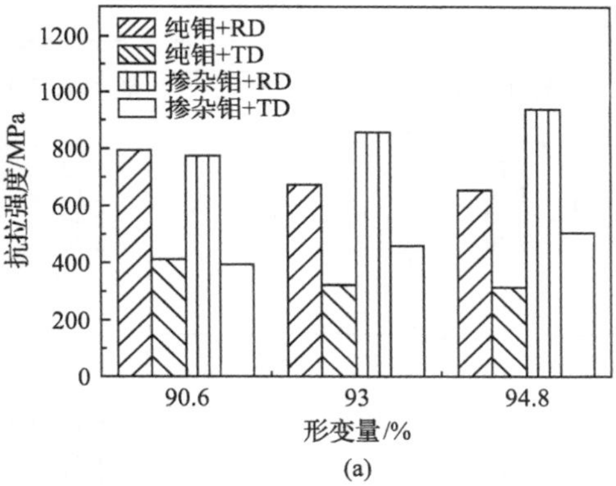

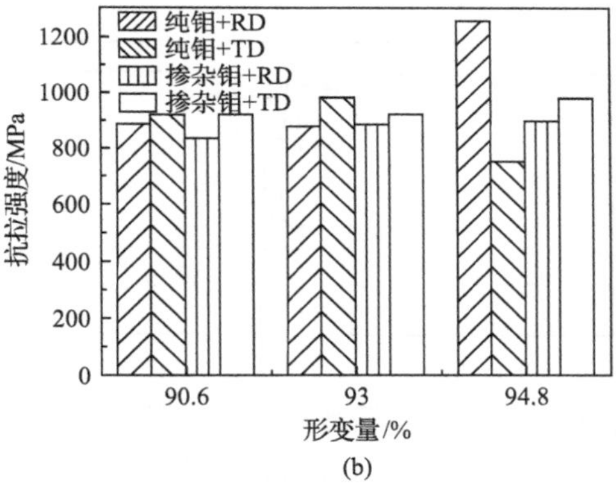

图 5-7　不同轧制方式纯钼板和掺杂钼板的抗拉强度
（a）顺轧；（b）交叉轧

相对来说，掺杂钼板的抗拉强度整体高于纯钼板。在 90.6%和 93%的形变量时 RD 和 TD 方向的抗拉强度差别不大，说明交叉轧制起到了降低各向异性的作用，使两个方向的力学性能保持基本一致。随着轧制的深入（形变量达 94.8%时），各向异性逐渐增强，即 RD 和 TD 方向的力学性能又有了很大的差别，说明换向之后达到这个较大形变量时在特定方向又产生了差异性。但在刚换向时各向异性差别较小，这是由于换向之后改变了织构形态。因此可以得到这样的结论：交叉轧制减弱各向异性是有条件的，即只有频繁换向才能保持良好的各向异性。

图 5-8 是顺轧和交叉轧的织构演变规律，其中（a）和（b）是顺轧，（a_1）、（a_2）和（a_3）是纯钼板，（b_1）、（b_2）和（b_3）是掺杂钼板；（c）和（d）交叉轧，（c_1）、（c_2）和（c_3）

是纯钼板，(d_1)、(d_2)和(d_3)是掺杂钼板，研究了两种变量(杂质元素和轧制方式)对织构演变规律的影响。

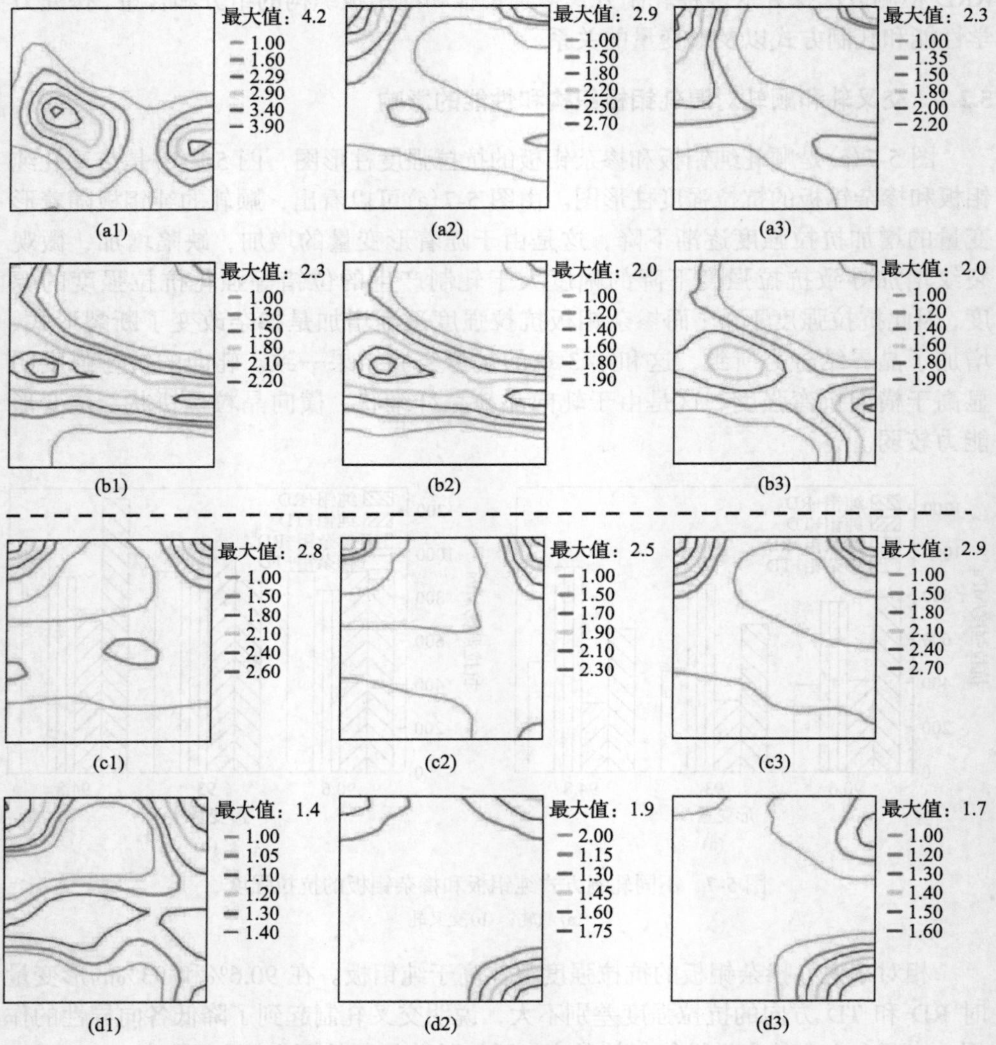

图 5-8　顺轧和交叉轧的纯钼板和掺杂钼板织构图

(a) (b) 顺轧；(c) (d) 交叉轧

从图 5-8 看出，同样的形变量(90.6%)顺轧的织构类型是γ织构，而交叉轧制是旋转立方织构。随着轧制的进行，顺轧纯钼板经历 γ 织构向旋转立方织构的转变，掺杂钼板的顺轧织构类型没有发生明显变化，始终保持 γ 织构，只不过是强度发生了变化，说明杂质元素偏聚在晶界处增加了结合力，抑制了晶粒在变形过程中的取向转动。

交叉轧制的纯钼板织构类型始终以旋转立方织构为主，随着形变量的增加（从 90.6%到 94.8%），旋转立方织构 θ-{001}⟨100⟩强度逐渐增加。而交叉轧制的掺杂钼板没有继续保持旋转立方织构 θ-{001}⟨100⟩，而是发生了旋转立方织构向 Goss 织构的转变。由此可见，轧制方式、形变量和杂质元素都会对轧制过程中织构的类型产生重要的影响。从织构线的走势变化可以分析出各类织构在空间的密度分布，也可以直观形象地表示各个不同织构含量的差别。由图 5-9 判断的织构类型的转变和强度的变化和图 5-8 一致。其中，图 5-9(a)、(b)和(c)表示顺轧纯钼板和掺杂钼板的织构演变规律；图 5-9(d)、(e)和(f)表示交叉轧制纯钼板和掺杂钼板的织构演变规律；UR 表示采用的轧制方式是不换向的顺轧；CR 表示采用的轧制方式是在 90.6%形变量时换一次方向的交叉轧。

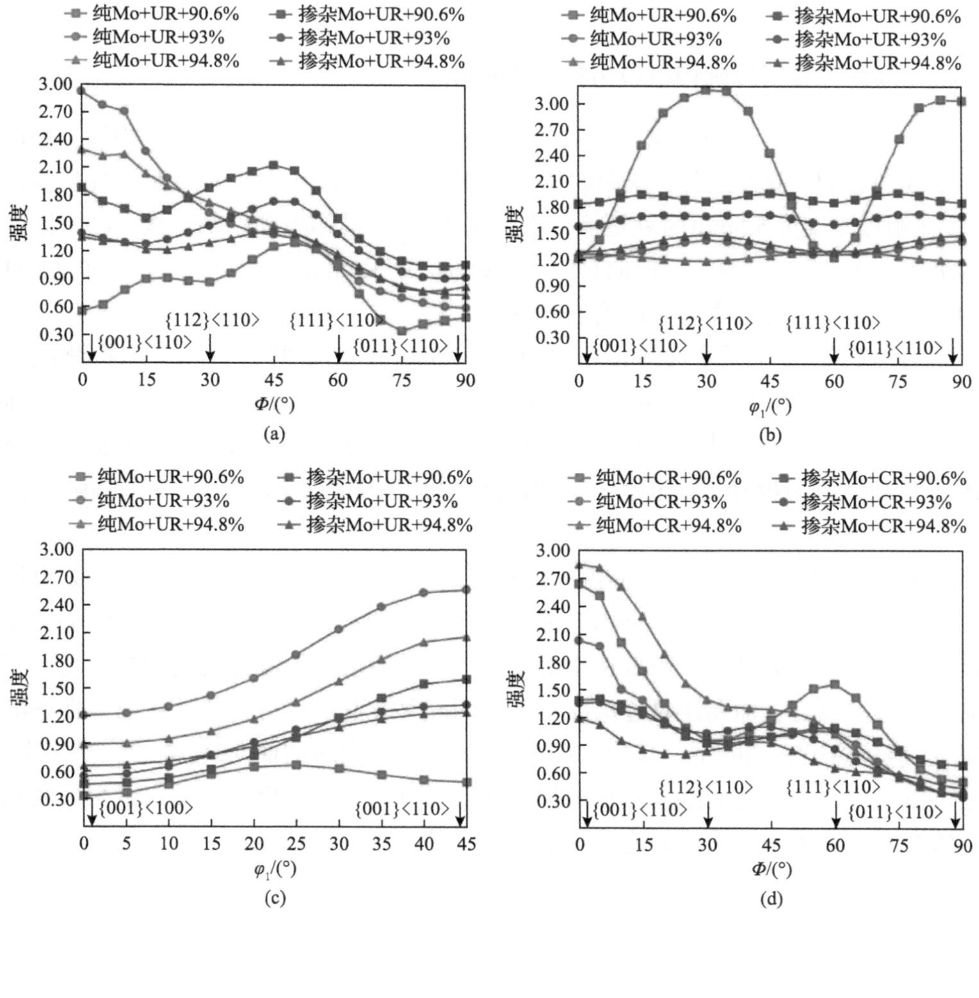

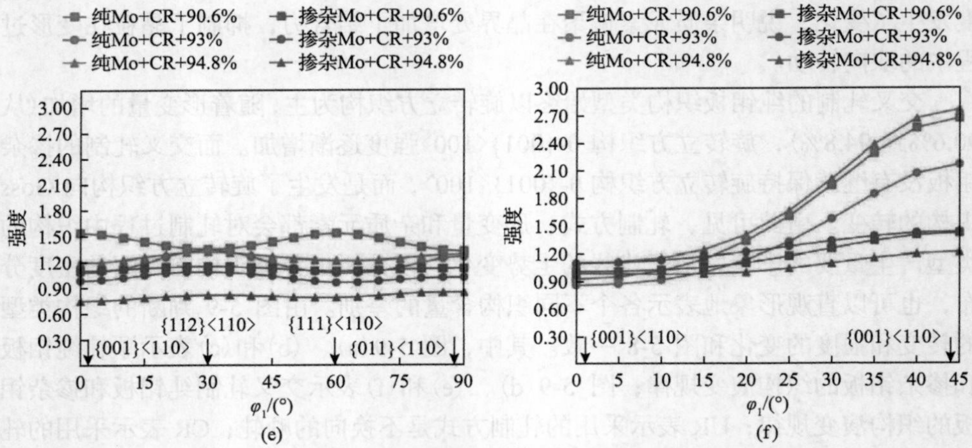

图 5-9　顺轧和交叉轧的纯钼板和掺杂钼板织构线演变

(a) (b) (c) 顺轧；(d) (e) (f) 交叉轧

5.2.2　换向位置对冷轧钼板织构和性能的影响

上一节介绍了轧制方式、形变量和杂质元素都会对轧制过程中织构的类型产生重要的影响。除此之外，换向的早晚对此也有重要影响。图 5-10 是热轧后换向（即在钼板厚度为 5.5mm 时就更换一次轧制方向）的纯钼板和掺杂钼板在各个厚度的极图。图 5-11 是温轧后换向（即在钼板厚度为 1.6mm 时才更换一次轧制方向）的纯钼板和掺杂钼板在各个厚度的极图。

对冷轧钼板分别在 1000μm、700μm、500μm 时取样进行宏观织构测试。综合结果可以看出，冷轧钼板在最终厚度的宏观织构强度位置是一致的，即 <111>取向。换向时间的早晚并不影响织构类型，影响的是织构的强度。此外还注意到，纯钼板和掺杂钼板的织构类型也是一样的，掺杂钼板的织构强度高于纯钼板的。

图 5-12 表示热轧后换向和温轧后换向的拉伸强度统计结果。由图 5-12 可以看出，交叉轧后的轧制方向和横向的抗拉强度差别不大，说明交叉轧制降低了钼板的各向异性。另外一个需要指出的是，交叉轧后沿着轧制方向的抗拉强度低于横向的抗拉强度，但差距是逐渐减小，说明随着轧制的进行，虽然各向异性逐渐减少，但仍然没有消除上一步换向前在拉伸方向（换向后的横向）较高的抗拉强度。还可以发现，交叉轧后掺杂钼板的抗拉强度明显低于纯钼板，这是由于交叉轧制导致微观缺陷增多，顺轧的这一现象并不明显。

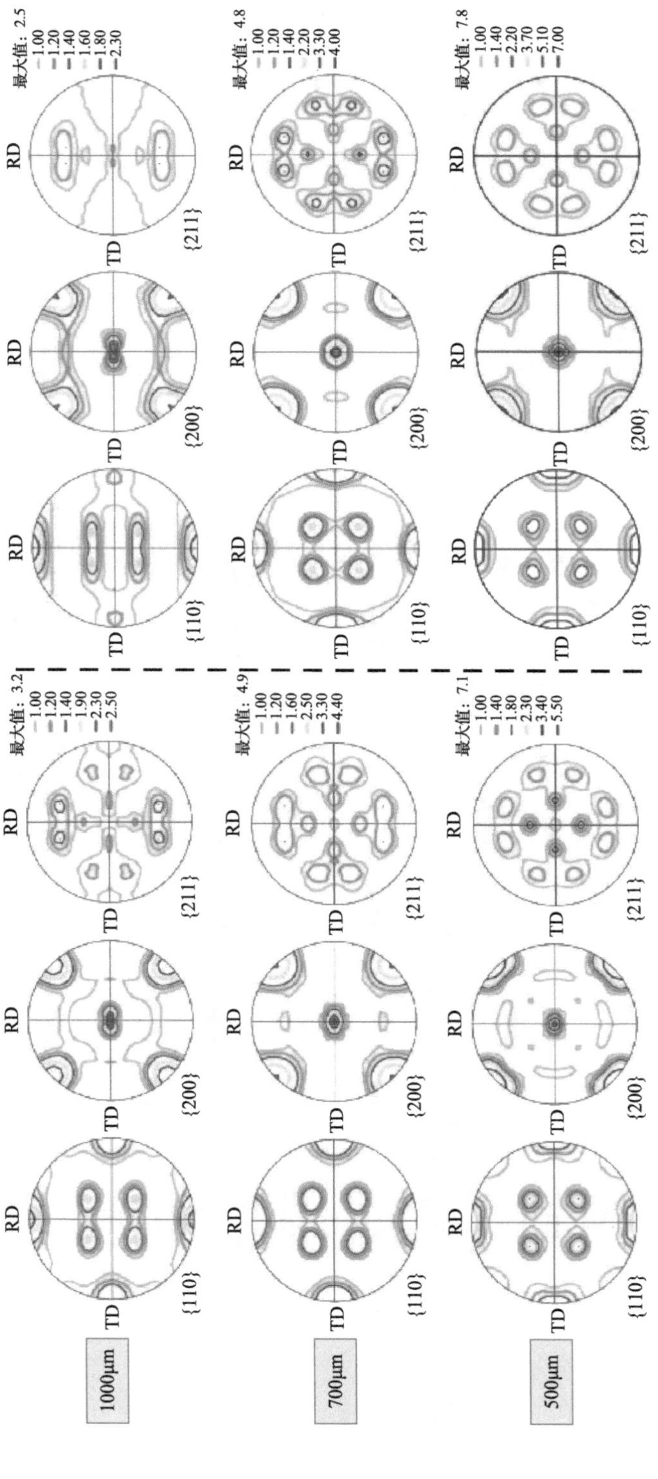

图5-10　热轧后换向冷轧纯钼板和掺杂钼板在各个厚度(1000μm、700μm、500μm)的极图

(a) 纯钼板；(b) 掺杂钼板

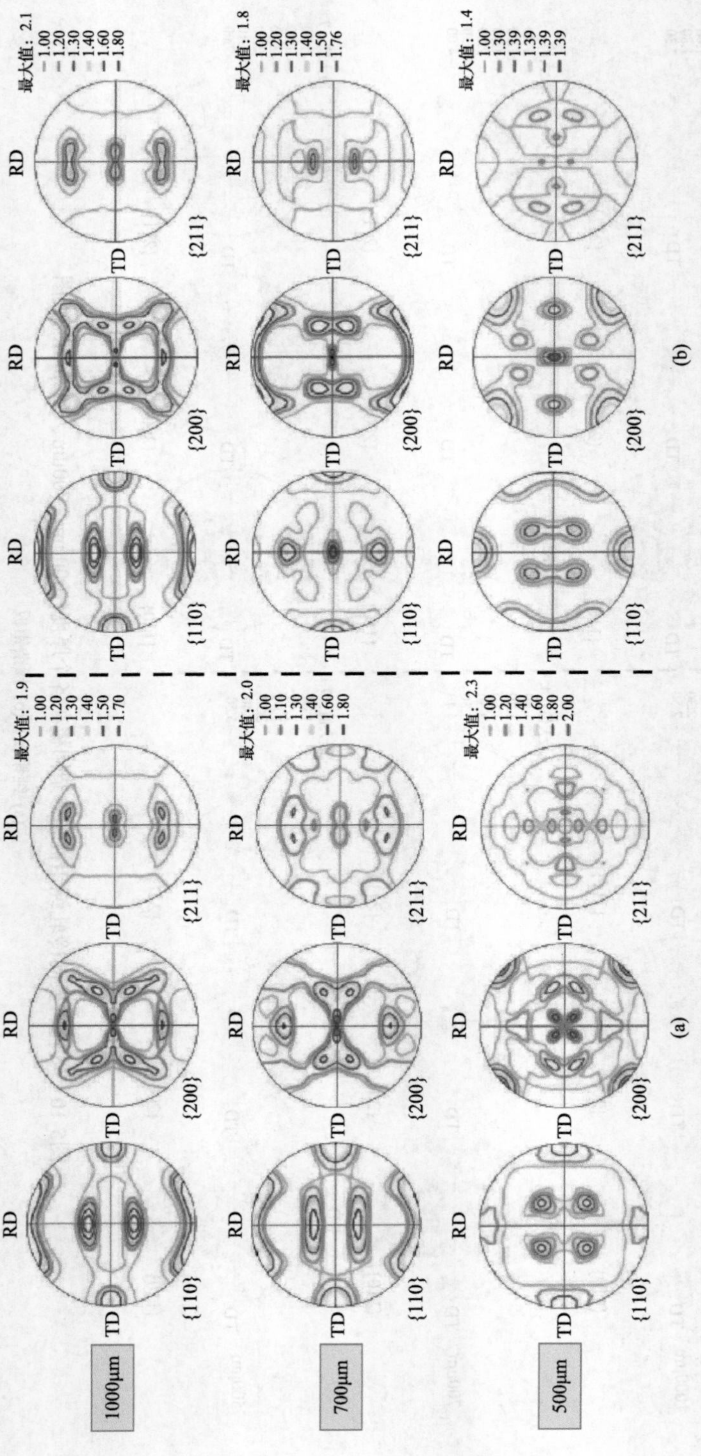

图5-11　温轧后换向冷轧纯钼板和掺杂钼板在各个厚度(1000μm、700μm、500μm)的织构图

(a) 纯钼板；(b) 掺杂钼板

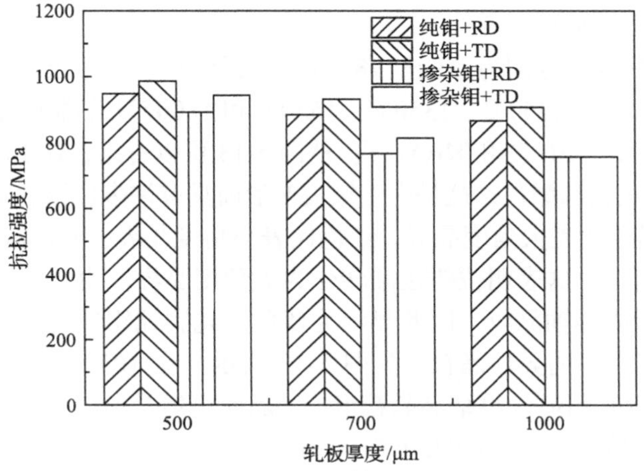

(a)

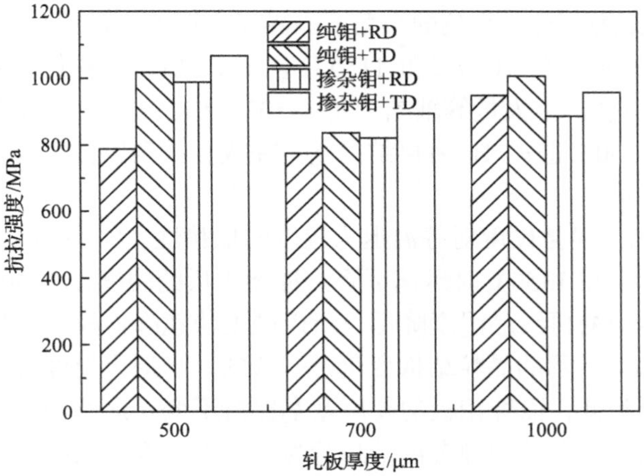

(b)

图 5-12 换向后冷轧钼板的拉伸强度

(a) 热轧后换向；(b) 温轧后换向

5.3 杂质元素对钼板再结晶行为的影响

钼板的再结晶行为受热历史、第二相颗粒和杂质原子的影响。间隙杂质(如碳、氮，尤其是氧)的存在对晶粒尺寸分布、再结晶温度、织构演变及其所产生的机械性能有明显影响。另外，当在高温下使用时，再结晶导致钼脆化。因此，揭示杂质对钼再结晶行为的影响具有重要意义。本节研究杂质元素对形变量 78.8%的钼板再结晶行为的影响，研究热轧钼板在 1050～1800℃时的静态再结晶行为。此外，本节将详细讨论杂质降低再结晶温度的原因，比较纯钼板和掺杂钼板在热处理过程中的组织和织构演变。

图 5-13 和图 5-14 分别为形变量 78.8%的纯钼板和掺杂钼板在不同热处理温度下(1050℃、1150℃、1250℃、1350℃、1550℃和 1800℃)等温退火 1h 后的 EBSD 结果，包括 IPF 图、GB 图和 KAM 图。从图 5-13 可以看出，处于轧制态的纯钼板 KAM 图显示为黄色和绿色，这是由于钼板变形而具有许多位错和缺陷。从 GB 图也可以看出，黑色代表大角度晶界，红色代表小角度晶界。随着退火温度的升高，红色晶界越来越少，这表明位错逐渐转化为大角度晶界。由于再结晶晶粒不会在内部变形并且形成等轴晶粒，因此显示为蓝色。轧制纯钼板的晶粒结构在轧制方向上拉长，它们是各向异性晶粒。如图 5-13 所示，在 1050℃、1150℃和 1250℃下退火 1h 后，没有明显的再结晶晶粒形成。晶粒仍然是各向异性的，并且仍然存在大量的小角度晶界。在 1350℃下退火 1h 后，发现在各向异性晶粒群中产生少量的等轴晶粒。在 1550℃和 1800℃下退火 1h 后，各向异性晶粒完全转变为等轴晶体，KAM 图案为蓝色，红色的小角度晶界完全消失，再结晶已完成。

如图 5-14 所示，在 1050℃和 1150℃退火 1h 后，晶粒仍保持各向异性，在 1250℃退火 1h 后会产生大量等轴晶，在 1350℃退火 1h 后，再结晶基本完成。相较于纯钼板在 1550℃退火 1h 后再结晶基本完成，掺杂钼板更容易再结晶，杂质使再结晶温度降低。

图 5-15 给出了显微硬度对等温退火温度的依赖性。在 1350℃之前，纯钼板的硬度缓慢下降，但在 1350℃时迅速下降。掺杂钼板的硬度在 1250℃后迅速下降。这是因为掺杂钼板的再结晶温度降低，所以硬度快速降低较早发生。这种现象与图 5-13 和图 5-14 所示的晶粒结构变化是一致的。当退火温度继续升高时，掺杂钼板的硬度继续降低，而纯钼板的硬度基本保持不变。众所周知，掺杂会增加金属的再结晶温度，而金属的静态再结晶行为在很大程度上取决于变形的初始微观结构[6,7]。上述实验揭示了相反的结果。在下面的讨论中，将讨论与亚晶回复和粗化有关的热轧钼板的再结晶动力学。此外，还将讨论杂质对退火影响的分析。

图 5-16 中 EBSD 表征了纯钼板和掺杂钼板的 ODF 图，可以看出，处于轧制状态的纯钼板和掺杂钼板具有高强度的 γ 织构线。随着退火温度的升高，γ 织构线逐渐减弱，但 γ 织构仍然占据主要部分，这表明在再结晶之后仍保留原始织构。掺杂钼板中的 γ 织构线消失的速度比纯钼板快。从图 5-16 还可以看出，纯钼板的退火温度为 1350℃、掺杂钼板的退火温度为 1250℃时，会产生高强度的{001}<100>织构。这表明杂质会降低金属的热稳定性，因此掺杂钼板的织构转变在较低温度下发生。轧制态钼板中的 α-{112}<110>织构强度较低，但随着退火温度的升高，织构逐渐消失。

钼是一种体心立方结构金属，退火过程中除了晶粒形状的明显变化外，晶界性能也会发生显着变化。图 5-17 所示为在不同退火温度下的大角度晶界和小角度晶界的含量变化。纯钼板的小角度晶界含量在 1550℃退火时急剧下降，而掺杂钼

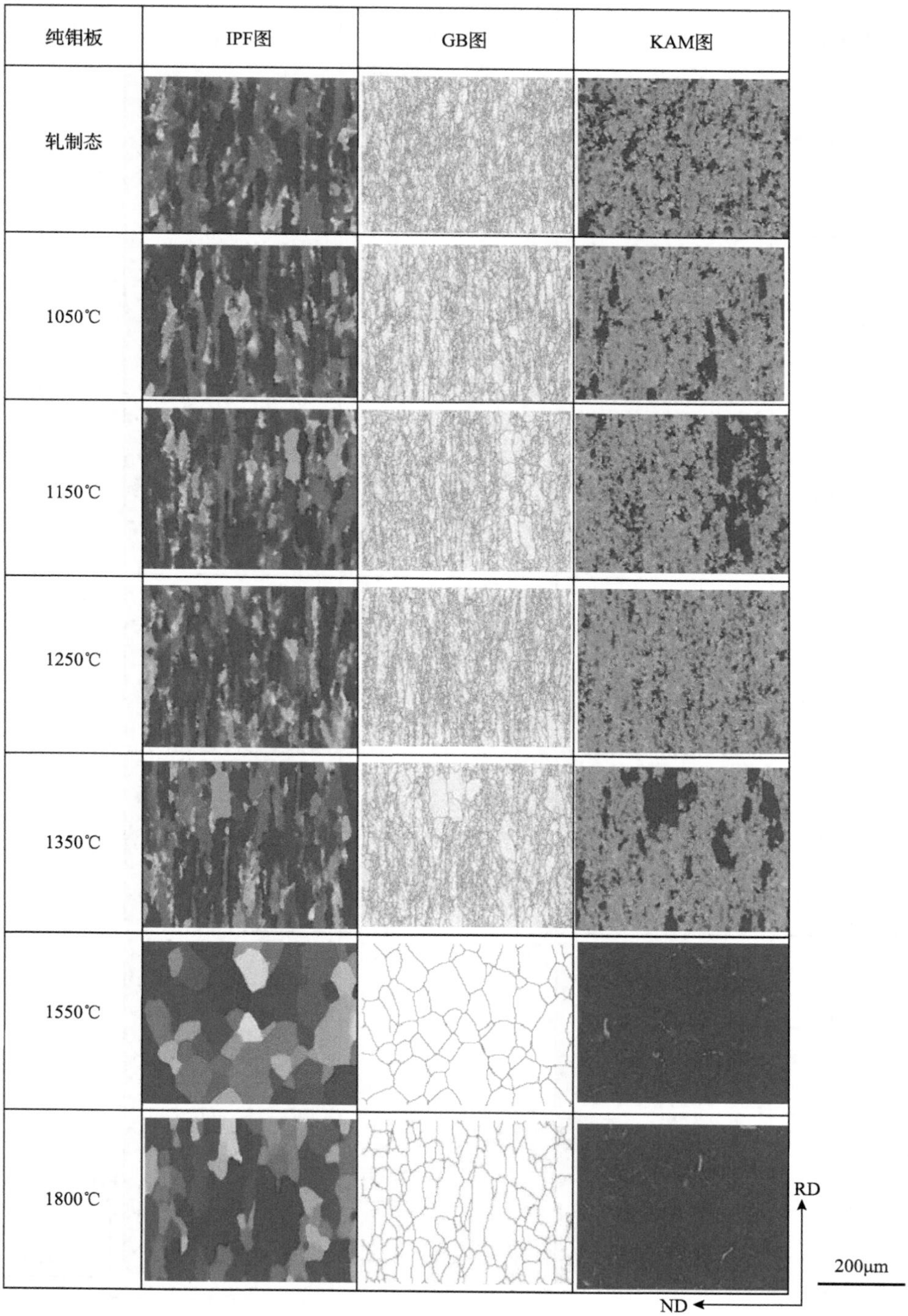

图 5-13　1050～1800℃等温退火 1h 纯钼板的 IPF 图、GB 图和 KAM 图

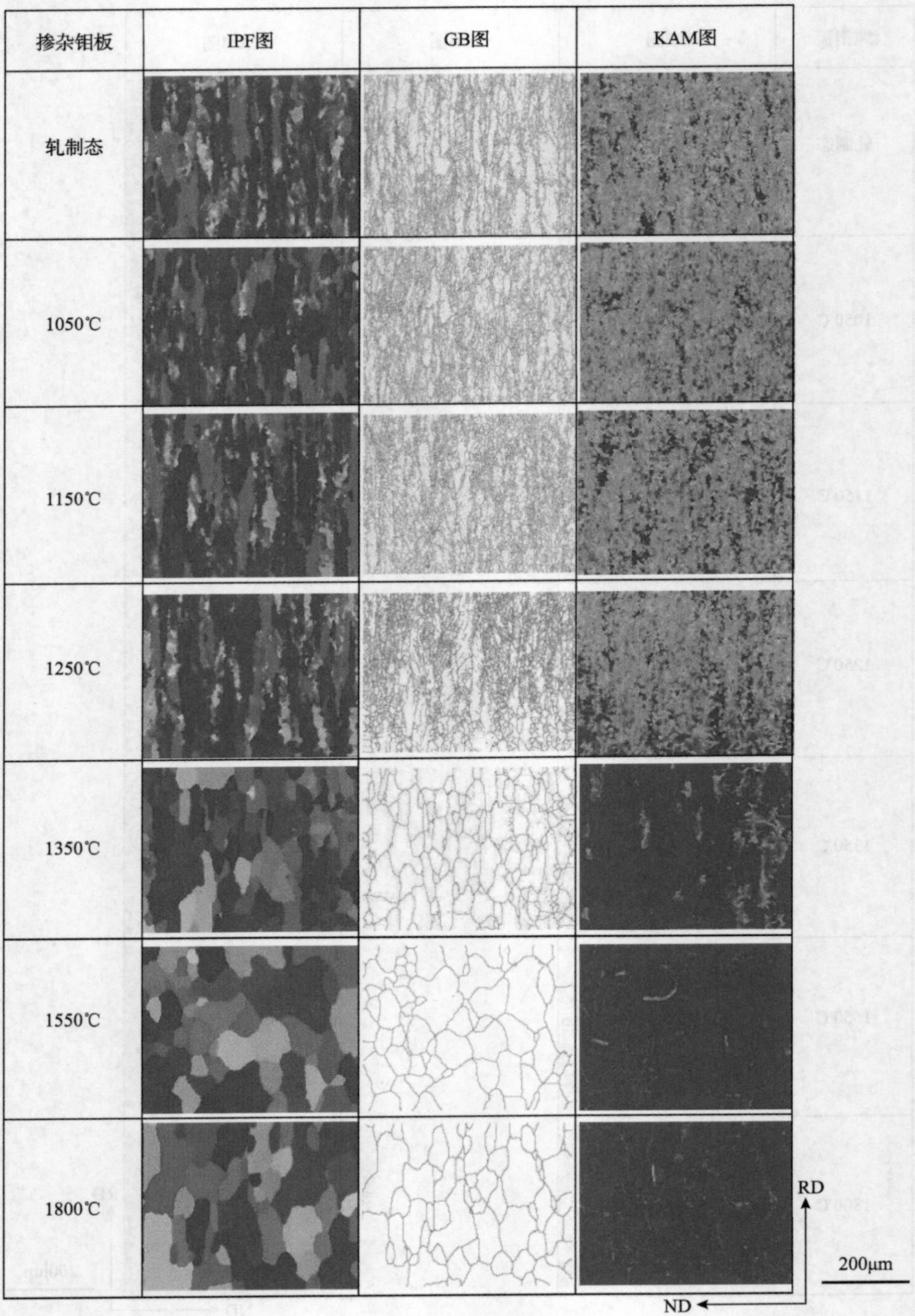

图 5-14　1050～1800℃等温退火 1h 掺杂钼板的 IPF 图、GB 图和 KAM 图

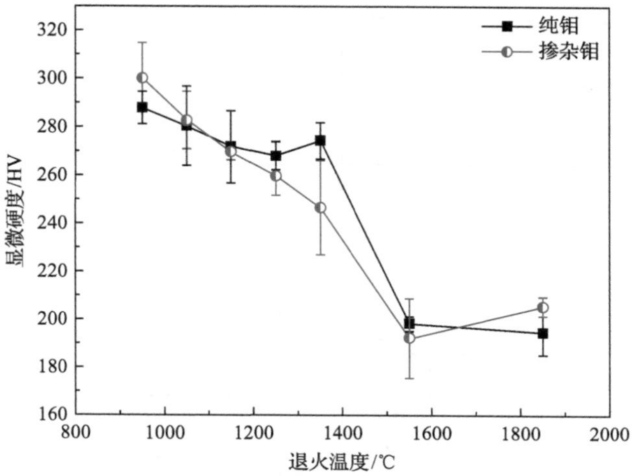

图 5-15 退火钼板显微硬度与退火温度的关系

板在 1350℃退火时便迅速下降。轧制钼板产生大量位错，主要由小角度晶界占主导。随着退火温度的升高，小角度晶界消失，大角度晶界迁移，这是再结晶的典型特征。完成再结晶后，晶界网络基本上由大角度晶界主导。随着退火温度的升高，严重塑性变形的板中存储的位错逐渐消失，小角度晶界逐渐变为大角度晶界。

在实际运用中，钼板经常长时间在高温环境中使用，因此选择在 1150℃下进行了 1h 和 40h 的等温退火，以揭示组织性能变化。图 5-18 给出了在 1150℃下通过等温退火在纯钼板和掺杂钼板中的组织变化。在 1150℃热处理 40h 后，纯钼和掺杂钼没有发生完全再结晶。在掺杂钼板中于 1150℃热处理 40h 后，观察到亚晶的回复和位错湮灭。在 1150℃下经过 40h 的时间后，纯钼板仍保持高密度小角度晶界且晶粒为纤维状，但显然发现掺杂钼板具有较大的再结晶程度，部分为等轴晶粒。KAM 图中掺杂钼板的蓝色区域占 50%以上。

图 5-19 是钼板等温退火 1h 和 40h 后的 ODF 图。处于轧制态的纯钼板具有高密度的 γ 织构和少量的 α 织构。退火 40h 后，γ 织构的密度仍然很强，但是 α 织构的密度却很低。掺杂钼板的 γ 织构明显弱于纯钼板的 γ 织构，这也表明杂质降低了轧制钼板的热稳定性。经过长达 40h 的长时间退火后，织构从{111}<110>转变为{001}<110>。

前述实验表明，掺杂钼板的再结晶温度降低，这与再结晶模式的变化有关。再结晶过程涉及大角度晶界的迁移和小角度晶界的湮灭。先前的研究证实，晶粒可以通过应变诱导的边界迁移(SIBM)长大，该现象通常发生在大角度晶界处。钼是一种典型的 BCC 结构金属，具有较高的层错能，因此在退火处理过程中容易发生位错迁移和攀升。在回复过程中发生能量释放。文献中对低碳钢的研究表明，存储能量越大，回复率就越高[8,9]。

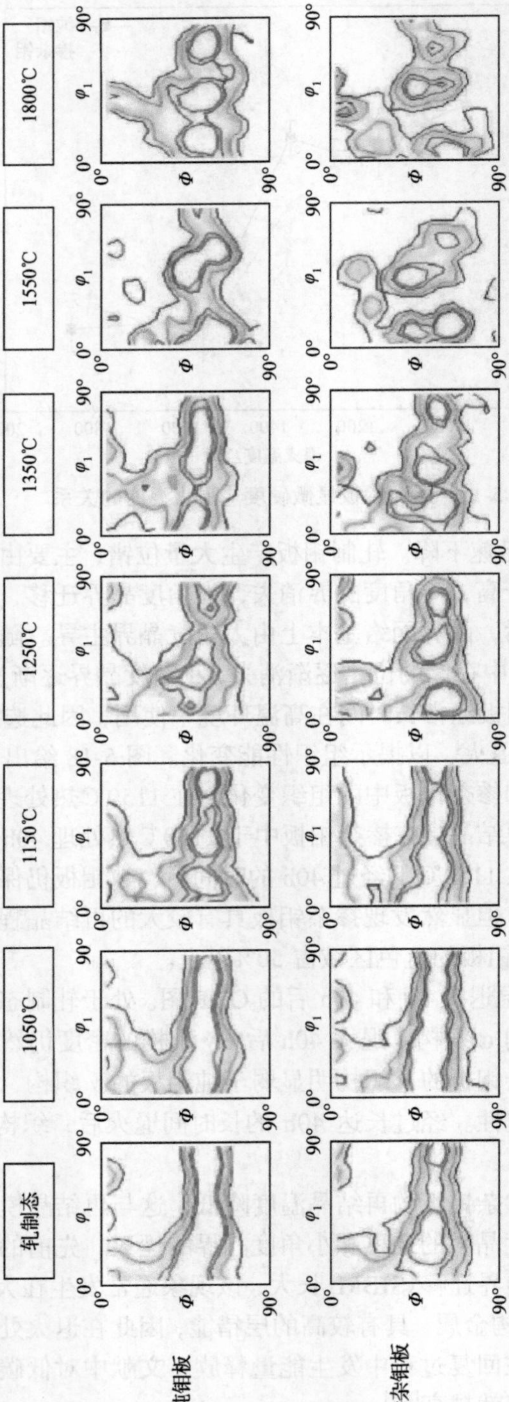

图5-16 不同退火温度下的钼板ODF图

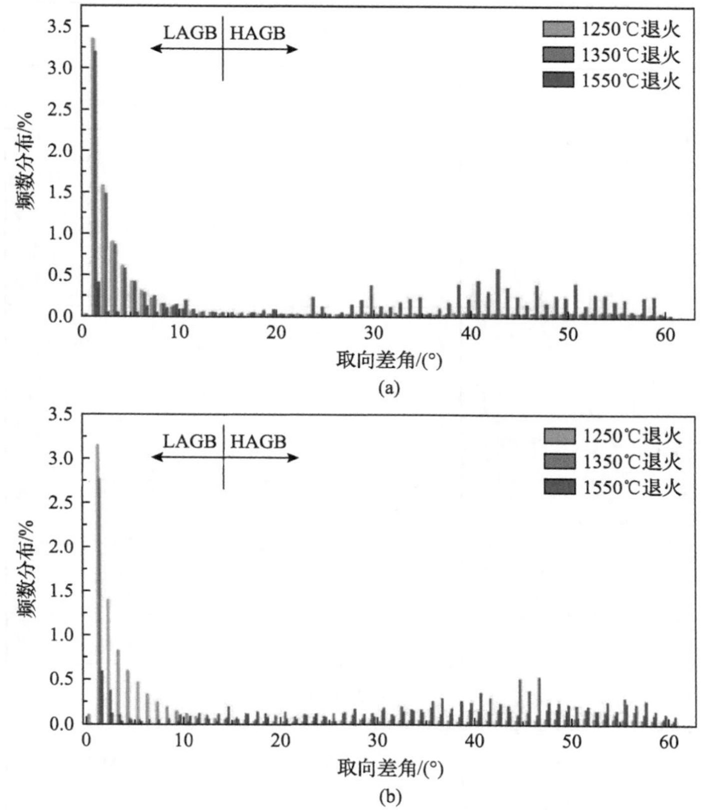

图 5-17　不同退火温度下 LAGB 和 HAGB 的变化

(a) 纯钼板；(b) 掺杂钼板

杂质会大大降低钼板的热稳定性，原因将在下面的讨论中进一步揭示和分析。再结晶有多种形式，包括连续再结晶和不连续再结晶[10]。那么，什么决定了再结晶的方式呢？是晶界迁移和储能高低。晶界的迁移和储能与杂质密切相关，杂质对钼板的再结晶行为有不同的影响：一方面，杂质起钉扎效应，阻碍晶界迁移，减缓再结晶速度并提高再结晶温度；另一方面，杂质的存在增加了位错密度和存储能量，加速了再结晶并降低了再结晶温度。当杂质的抑制作用起主导效应时，再结晶模式是典型的不连续再结晶，包括亚晶回复、形核和晶粒长大。当杂质的促进作用起主导效应时，再结晶模式是连续再结晶，包括亚晶回复和亚晶粗化。轧制纯钼板显示出高比例的不连续再结晶晶粒，而观察到轧制掺杂钼板是连续再结晶。

图 5-20 (a) 和 (b) 是在不同温度下退火的纯钼板和掺杂钼板的 IPF 图。在图 5-20 (a) 中用椭圆标记的区域是纯钼板不连续再结晶晶粒形成。回复中，在晶界形核，然后通过大角度晶界的迁移形成等轴晶。图 5-20 (b) 是掺杂钼板的亚晶回复过程。在回复过程中，位错会重新排列，然后消失。在形成亚晶之后，小角度晶界减少。

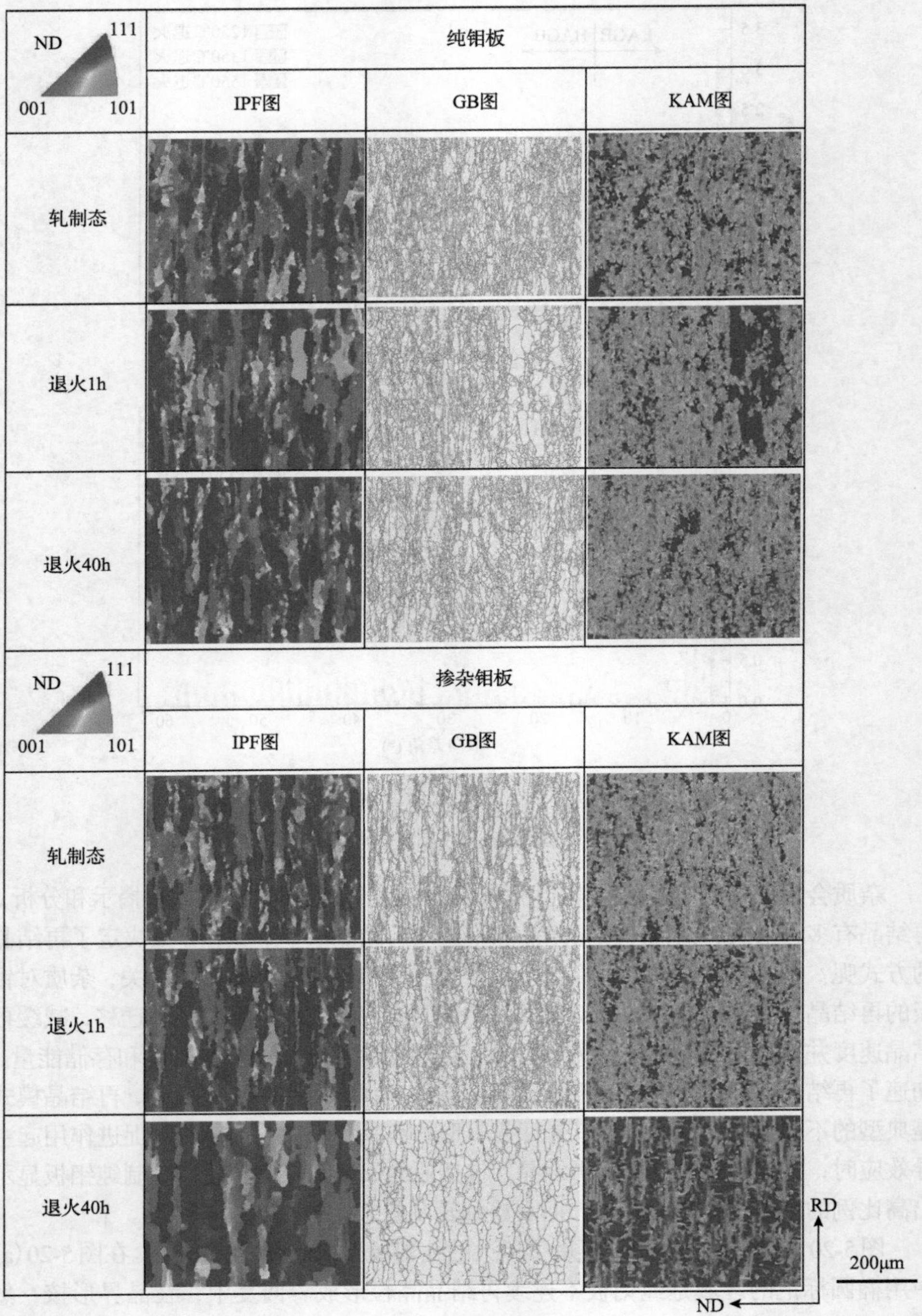

图 5-18　1150℃等温退火对纯钼板和掺杂钼板晶粒结构的影响

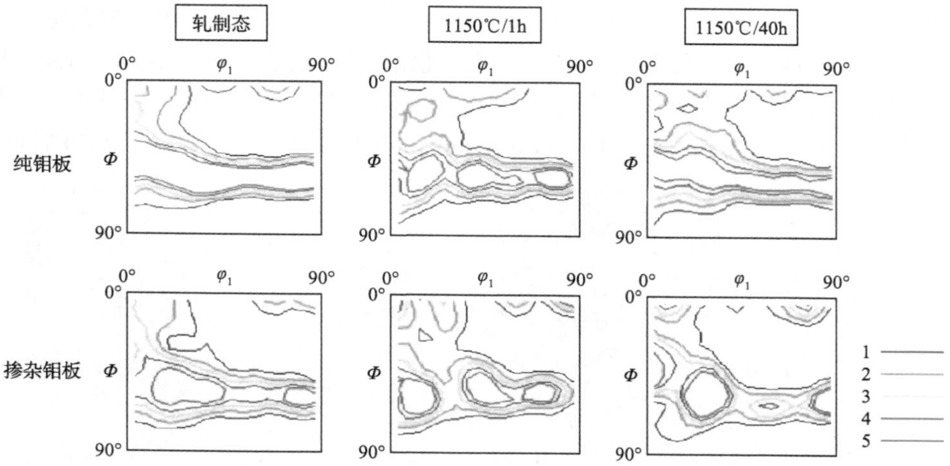

图 5-19　钼板等温退火 1h 和 40h 后的 ODF 图

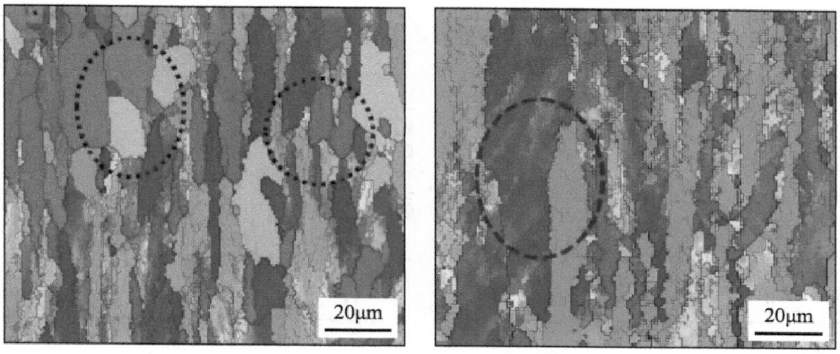

(a)　　(b)

图 5-20　不同温度下退火的轧制钼板的 IPF 图

(a) 1350℃退火的纯钼板；(b) 1250℃退火的掺杂钼板

通过降低位错密度和调整晶粒的取向来进行亚晶回复和亚晶粗化，这是连续再结晶的典型特征。

轧制纯钼板的再结晶过程是不连续的再结晶，包括回复、形核和晶粒长大。纯钼板的内部储能不均匀，在位错密度高且储能高的区域形核（图 5-20(a) 中的椭圆为形核位置）。晶粒长大是通过晶界迁移实现的。晶界迁移所需的能量较高，但纯钼板的储能较低，因此晶粒生长缓慢。对于掺杂钼板，再结晶模式是连续再结晶，包括亚晶回复和亚晶粗化。亚晶回复和生长需要高存储能量，掺杂杂质后位错密度的增加提供了所需的能量。通过亚晶回复和亚晶粗化，在基体中形成等轴晶粒，并完成再结晶。杂质引起位错的积累，导致钼板更高的存储能量。因此，掺杂钼板比纯钼板更容易发生再结晶。换句话说，掺杂钼板的再结晶温度低于纯钼板的再结晶温度。图 5-21 显示了晶粒内部的局部取向差线分布与距离的关系。黑色箭头表示⟨111⟩取向晶粒，白色箭头表示⟨001⟩取向晶粒。可以看出，掺杂钼板的⟨111⟩和⟨001⟩取向晶粒的取向差波动性都比纯钼板强，这表明掺杂钼板的内部结构更加复杂，并且它含有更多的位错、变形、孔隙等缺陷。掺杂钼板的储能大，因此更容易发生亚晶回复和亚晶粗化。纯钼板的内部取向差很低，因此不容易再结晶。

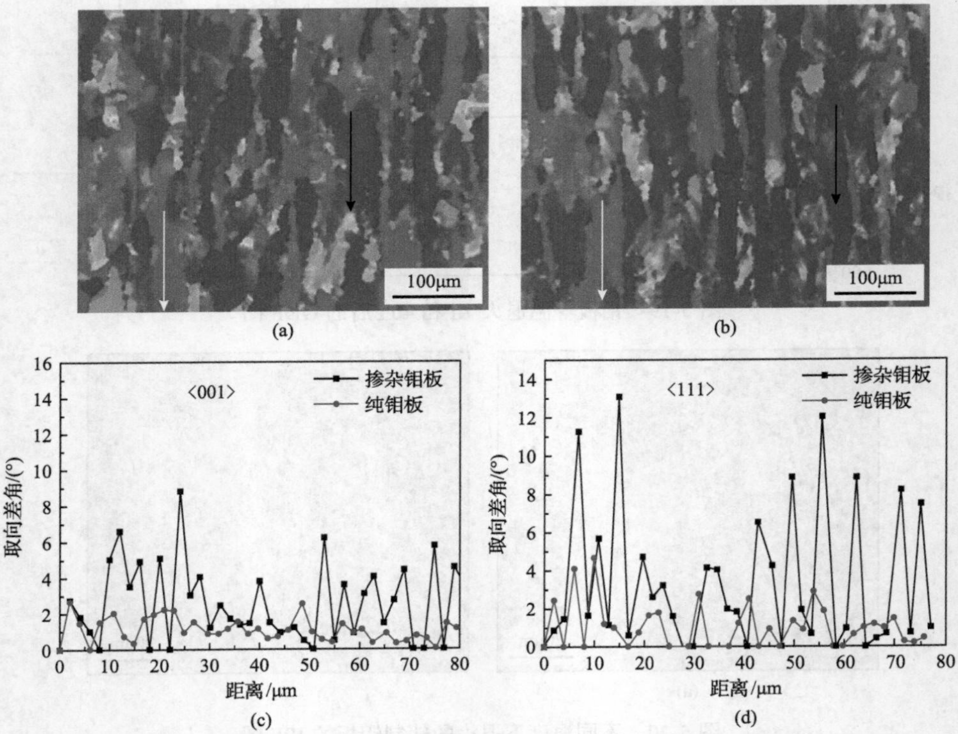

图 5-21　轧制钼板 IPF 图和晶粒内部局部取向差分布

(a)纯钼板 IPF 图；(b)掺杂钼板 IPF 图；(c){001}晶粒局部取向差分布；(d){111}晶粒局部取向差分布

通过 TEM 图表征位错分布。图 5-22 示出了掺杂钼板和纯钼板的 BF-TEM(明场)图像，可以看出，掺杂钼板的位错分布均匀且位错密度更高。TEM 方法表征微区的位错密度，XRD 表征材料宏观区域的位错密度。由于微观结构特性，TEM 方法仅适用于低变形和低位错密度的材料，而 XRD 方法不需要考虑这种变形。

轧制纯钼板和掺杂钼板的 XRD 图谱显示在图 5-23 中。基于 XRD 衍射的 WH(Williamson-Hall)方法已被广泛用于测试金属材料的内部位错密度。Takebayashi 等[11]改进了 WH 方法，并指出改进方法(MWH)和原始方法(WH)的测试结果具有相同的数量级。采用 WH 方法确定纯钼板和掺杂钼板的位错密度：

$$\delta_{hkl}=\sqrt{\delta_{hklm}{}^{2}-\delta_{hkl0}{}^{2}} \tag{5-1}$$

其中，δ_{hklm} 和 δ_{hkl0} 分别是被测钼板和标准样品(未变形的硅粉)的半高全宽；δ_{hkl} 是钼{*hkl*}面衍射峰的半高宽：

$$\delta_{hkl}\frac{\cos\theta_{hkl}}{\lambda}=\frac{1}{D}+2e\frac{\sin\theta_{hkl}}{\lambda} \tag{5-2}$$

其中，λ 是波长(0.15418nm)；D 是粒径；e 是平均有效微应变。

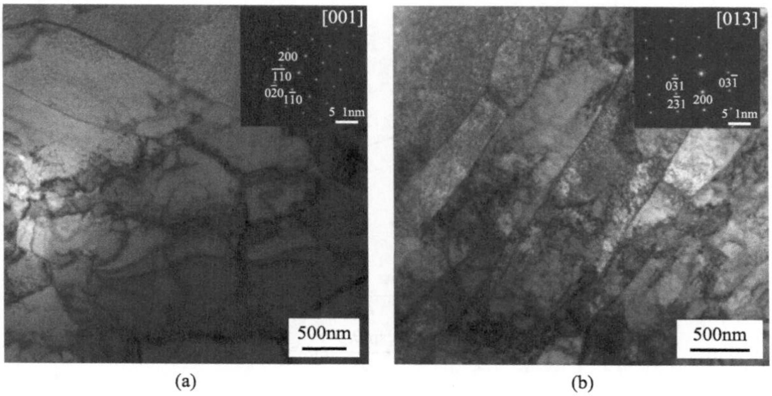

图 5-22　轧制钼板的 BF-TEM 图像

(a)纯钼板；(b)掺杂钼板

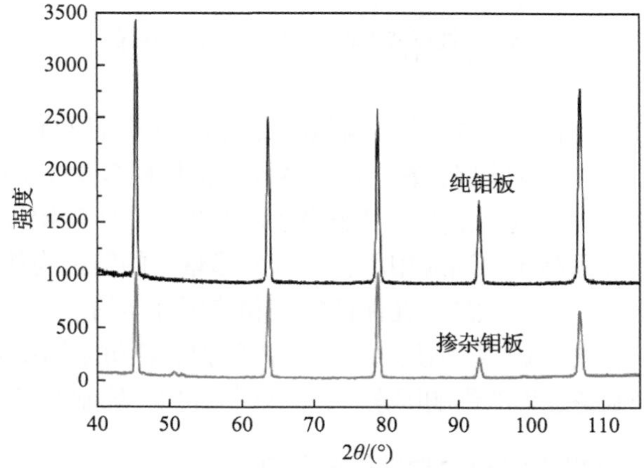

图 5-23　轧制钼板的 XRD 图

对于不同的衍射峰，通过线性拟合 $\frac{\cos\theta_{hkl}}{\lambda}$ 和 $2\frac{\sin\theta_{hkl}}{\lambda}$ 可以得到斜率(图 5-24)，线性拟合斜率即平均有效微应变 e。位错密度 ρ 与 e 具有以下关系[12]：

$$\rho=14.4\frac{e^2}{\boldsymbol{b}^2} \tag{5-3}$$

其中，***b***是钼的伯格斯矢量(0.248nm)。纯钼板和掺杂钼板内部的位错密度可以通过式(5-3)计算。计算得知纯钼板的位错密度为 $1.732\times10^{18}m^{-2}$，低于掺杂钼板的位错密度($4.235\times10^{18}m^{-2}$)，因此，杂质显著增加了基体的位错密度。

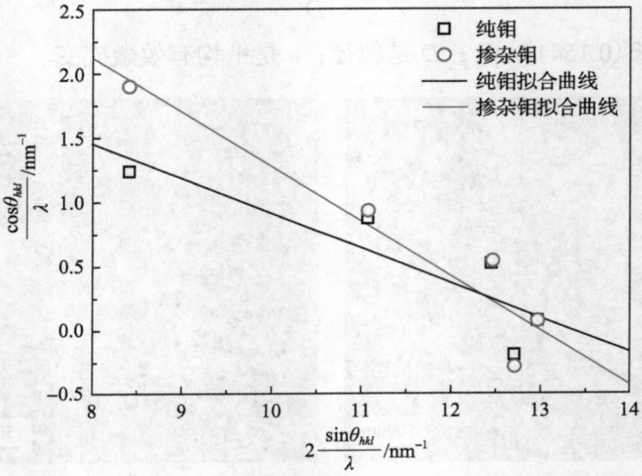

图 5-24 纯钼和掺杂钼 XRD 衍射数据 $2\frac{\sin\theta_{hkl}}{\lambda}$-$\frac{\cos\theta_{hkl}}{\lambda}$ 关系图

5.4 钼箔材变形工艺研究

由于钼及其合金具有高熔点、高高温强度及低蒸气压、低热膨胀系数等特点，较钨成本低、密度低且加工性能好，真空电子器件结构材料多倾向于选用钼及其合金。因为加工过程复杂、对精度要求严苛且服役条件恶劣，对所需钼板、带、箔、棒、管材的性能要求往往远高于普通应用场合。以变形量大的箔材为例，电真空用钼箔材要求组织均匀细小、强塑性高。在保证加工和使用性能的前提下，对钼箔材的尺寸规格及精度要求愈加苛刻，特别是 0.10mm 以下厚度钼箔的应用日渐增多。本节将介绍钼箔材在整个制备过程的影响因素，包括轧制方式、轧制厚度和退火温度。

5.4.1 轧制方式与显微组织和力学性能的关系

已有研究采用交叉轧制的方式来改善单向轧制形成的各向异性，但对交叉轧制的不同方式并未进行系统的研究。王广达等[13]研究了三种交叉轧制工艺对钼板的显微组织、室温力学性能及高温力学性能的影响，并和单向轧制钼板进行对比(表 5-1)；使用市场销售的纯度≥99.95%的纯钼粉，粒度为 3.2～3.6μm，烧坯密度>9.5g/cm^3，使用四辊热轧机进行轧制，终轧厚度为 2mm，总变形率为 92%，轧制完成后进行去应力退火。

表 5-1　三种交叉轧制工艺及一种单向轧制工艺

工艺标号	换向次数	换向前变形率/%	换向后变形率/%
ZF-1	1	60	80
ZF-2	1	80	60
ZF-3	1	72	72
ZF-4(单向轧制)	0	92	—

钼板的力学性能由其内部组织决定。单向轧制会在钼板内部产生带状晶胞组织，使钼板产生明显的各向异性。交叉轧制从长度和宽度两个方向对钼板进行压下变形，变形后晶粒细长呈纤维状，相互搭接交错，内部存在大量位错和孪晶，能有效地减少材料的各向异性。图 5-25 为钼板的金相显微组织。由于钼板的变形率较大(大于 90%)，长度方向上的晶粒基本呈细长的纤维状，相关金相组织可参见其他文献，本书仅列出宽度方向上的显微组织。观察可知，不同的轧制方式对钼板垂直两方向的晶粒变形影响程度存在较明显差异。单向轧制工艺(ZF-4)轧制的钼板，宽度和长度方向晶粒明显不同，宽度方向上的晶粒细小，长度方向的晶粒较短，存在一定的弯曲。交叉轧制工艺 ZF-1 和 ZF-2 轧制的钼板的显微组织较接近，宽度方向上的晶粒变形延伸长度不大。ZF-3 工艺轧制的钼板，垂直两方向的晶粒形貌较接近，晶粒长度相对其他三种工艺较细长。

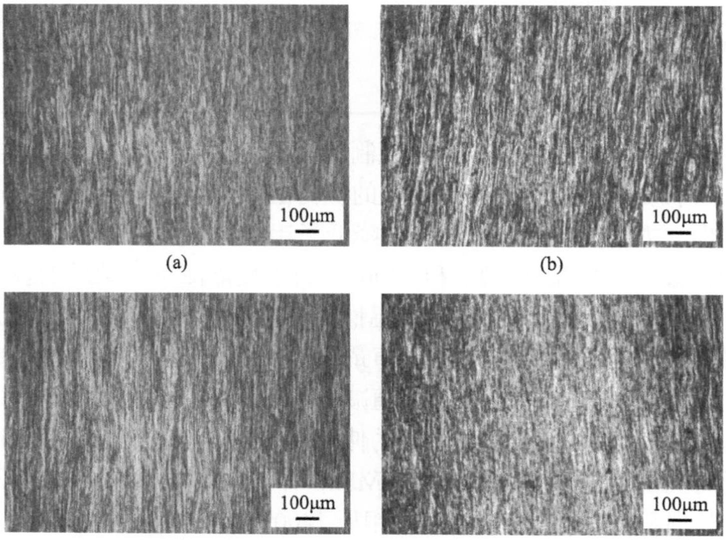

(a)　(b)　(c)　(d)

图 5-25　不同轧制方式钼板宽度方向的显微组织[13]

(a) ZF-1；(b) ZF-2；(c) ZF-3；(d) ZF-4

不同的轧制变形方式造成钼板显微组织的差异，进而影响性能，室温力学性能实验结果见表 5-2，交叉轧制可使钼板长度、宽度两方向的晶粒组织相互搭接交错，分布更加均匀，也使钼板的性能更加均匀一致。由表 5-2 可知，ZF-3 工艺轧制的钼板，长度、宽度两方向抗拉强度差值仅为 30MPa，伸长率一致，硬度值也最小。作为对比，单向轧制 ZF-4 工艺轧制的钼板的长度、宽度两方向的抗拉强度相差最大，为 70MPa，伸长率相差 8%，各向异性较明显。ZF-1 和 ZF-2 两种工艺交叉轧制的钼板，长度、宽度两方向的抗拉强度差值小于单向轧制，表明交叉轧制有效改善了各向异性。同时，钼板强度均下降，且伸长率的差异非常明显，ZF-2 工艺轧制的钼板长度方向的伸长率为宽度方向的两倍多，明显表现出轧制方式对性能的影响作用。

表 5-2　不同的轧制变形方式钼板的室温力学性能[13]

工艺标号	方向	抗拉强度/MPa	抗拉强度差值/MPa	伸长率/%	伸长率差值/%	显微硬度/HV
ZF-1	宽度	850	50	10	−4	265
	长度	800		14		
ZF-2	宽度	825	55	11	−16	253
	长度	770		26		
ZF-3	宽度	810	30	9	0	250
	长度	780		9		
ZF-4	宽度	880	70	11	−8	270
	长度	810		19		

结合图 5-25 和表 5-2 可知，交叉轧制的金相组织中呈现出相互搭接交错的纤维状组织，且长宽向的差别较小，钼板的织构由单向轧制状态的强各向异性的旋转立方织构向立方织构转变，从而显著降低了钼板的各向异性。

对四种钼板进行高温（1200℃和 1400℃）力学性能测试，结果如表 5-3 所示。由表 5-3 可知，轧制工艺对于钼板的高温性能影响不同。对于四种轧制工艺钼板的 1200℃高温抗拉强度，宽度方向上差值最大为 28MPa，长度方向上差值最大为 20MPa，比表 5-2 中的室温抗拉强度差值减小约 1/2，同一方向的伸长率差也很小，单向轧制的 ZF-4 在 1200℃长度方向上的伸长率较高。当退火温度提高到 1400℃，不同工艺间的抗拉强度的差值已小于 10MPa，伸长率均增加 4～5 个百分点，垂直两方向的伸长率几乎一致，轧制工艺对钼板 1400℃的高温性能的影响已经消失。

为了分析轧制方式对钼板高温性能的影响机理，对室温各向同性的 ZF-3 钼板进行高温热处理，热处理采用氢气气氛，温度为 1000℃、1200℃和 1400℃，保温 1h。由图 5-26 可知，经过 1000℃热处理后，钼板的晶粒仍呈变形态，存在多种位错组织和多个滑移系的滑移线；晶粒中各处出现大量再结晶形核，滑移线和位错线

表 5-3 不同的轧制变形方式钼板的高温力学性能[13]

温度/℃	方向	工艺标号	抗拉强度/MPa	屈服强度/MPa	伸长率/%
1200	宽度	ZF-1	228	221	10.0
		ZF-2	211	209	9.5
		ZF-3	201	197	10.0
		ZF-4	200	195	11.0
	长度	ZF-1	216	212	8.5
		ZF-2	202	196	10.0
		ZF-3	220	217	9.5
		ZF-4	196	191	13.5
1400	宽度	ZF-1	98	69	14.5
		ZF-2	96	68	14.5
		ZF-3	92	61	15.0
		ZF-4	95	64	14.0
	长度	ZF-1	93	63	14.5
		ZF-2	91	62	15.0
		ZF-3	94	61	15.0
		ZF-4	100	68	15.5

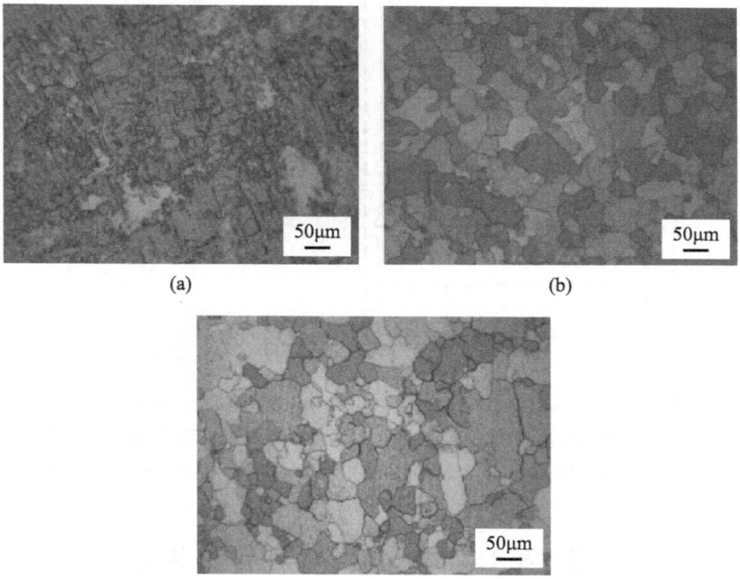

(a) (b) (c)

图 5-26 ZF-3 钼板不同温度热处理的微观组织[13]

(a) 1000℃；(b) 1200℃；(c) 1400℃

密度大的变形区的再结晶晶核较多。1200℃高温热处理后，钼板已发生回复和再结晶，出现了部分尺寸较大的晶粒，表明 1200℃已超过钼板的再结晶温度，将退火温度提高到 1400℃，晶粒长大现象非常明显，尺寸较小的晶粒逐步被大晶粒吞并。

5.4.2　轧制厚度与显微组织和力学性能的关系

厚度 25mm 的钼烧结板坯经多道次交叉热轧、温轧、冷轧变形及热处理后得到厚度为 0.02mm 和 0.06mm 的退火态钼箔，两种钼箔的制备工艺保持一致[14]。

图 5-27 为 0.02mm 和 0.06mm 钼箔样品在 ND-RD 面的 EBSD 取向成像衬度图(0.02mm 钼箔因制样过程减薄造成相对较大的厚度损失)。对比可以发现，在 ND-RD 平面内两种厚度钼箔的晶粒均呈沿 RD 方向的细长纤维状，相互搭接交错。变形量稍小的 0.06mm 钼箔晶粒纤维层宽多在 0.5～1.0μm，长径比相对较小，局部为颗粒状、棒状晶粒，也存在多个层宽大于 3μm 的云片状大晶粒。0.02mm 钼箔组织则更为均匀，晶粒皆为细长纤维状或颗粒状，层宽多在 0.2～0.5μm，长径比更大，有的晶粒甚至横贯 RD 方向整个视场。

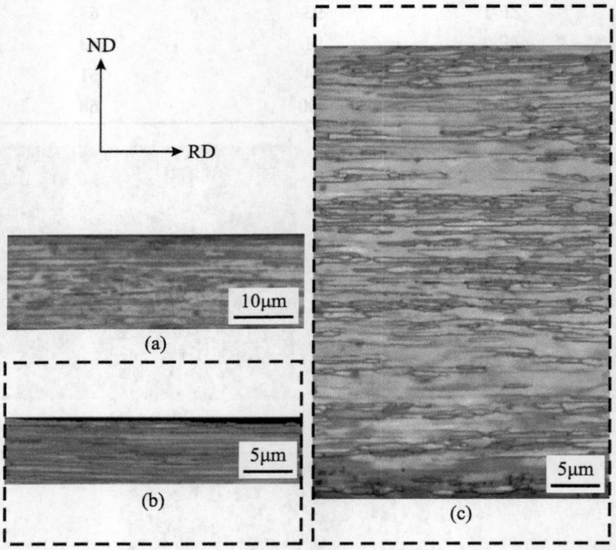

图 5-27　0.02mm 和 0.06mm 钼箔样品的 EBSD 取向成像衬度图[14]

(a) 0.02mm 钼箔样品的金相图；(b) 0.02mm 钼箔样品的 EBSD 取向成像衬度图；(c) 0.06mm 钼箔样品的 EBSD 取向成像衬度图

0.02mm 钼箔的 5°晶界和 15°晶界均匀、密集分布，说明其变形量大且组织内部晶粒变形均匀。0.06mm 钼箔中，表面层、亚表面层和中心层的显微组织存在明显不同：表面层、中心部位与 0.02mm 钼箔组织比较相似，晶界分布明显密集，晶粒“破碎化”更为严重，多为纤维状、颗粒状或短棒状；亚表面层明显晶界稀疏，组织多为横贯 RD 方向的云片状晶粒。这说明 0.06mm 钼箔内部变形程度存在一定差异，表面层、中心部位变形程度高，晶粒细化程度高且经退火后部分细长纤维状的形变晶粒发生再结晶形成了极细小的等轴晶粒；亚表面层变形程度相对低，晶粒沿 ND 方向变形较小，晶粒细化不明显，且由于形变储存能相对较低，同等强度下退火后并未发生明显的回复和再结晶。

图 5-28 为两种厚度钼箔样品的晶界取向差及分布。两种厚度钼箔样品的小角度晶界所占比例较高，均超过 60%，0.06mm 钼箔甚至达到 75%；大角度晶界相对较少。这一点同钼箔显微组织观察中得到的结果是一致的，且说明该退火温度下大变形量钼箔组织内部产生的大量亚晶界和小角度晶界依然得以保留，两钼箔样品的退火过程处于回复和部分再结晶阶段，并未进展到完全再结晶状态。较之于 0.06mm 钼箔，0.02mm 钼箔中大角度晶界占比更高，小角度晶界占比更低，尤其是亚晶界的差别更为明显。这是因为随着应变的增加，晶粒边界处存储的位错数量越

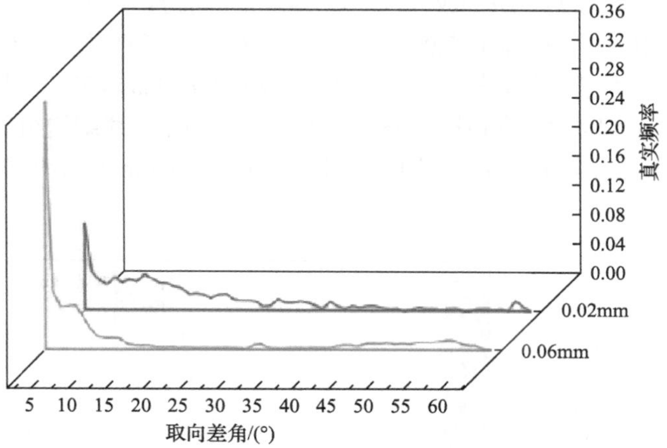

(a)

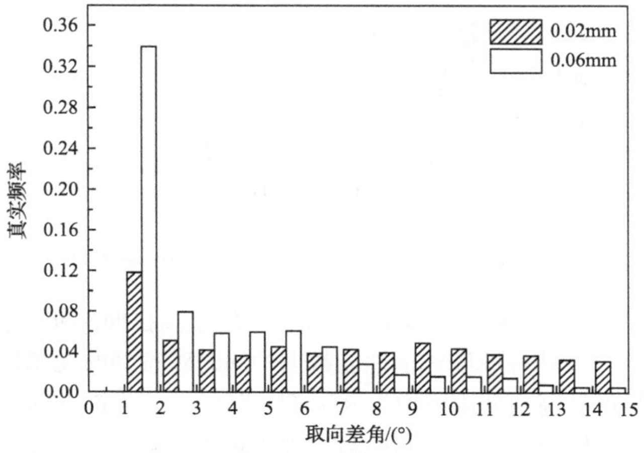

(b)

图 5-28　0.02mm 和 0.06mm 钼箔样品的晶界取向差及分布[14]

(a) 立体图；(b) 平面图

来越多，导致边界的平均取向差增加，大角度晶界的数量增多。并且同样的退火制度下，变形量更大、储存能更高的 0.02mm 钼箔回复过程进行得相对充分，形变损伤形成的各种缺陷得到了更为充分的消除，位错对消和位错环收缩形成亚晶界、重排列成低能量的小角度晶界之后形成大角度晶界的进程明显趋前，也造成小角度晶界特别是亚晶界的部分消失。0.02mm 钼箔大角度晶界取向差集中分布于 15°～30°区间，而 0.06mm 钼箔大角度晶界取向差则集中分布于 40°～60°区间。仅从大角度晶界取向差部分考量，0.06mm 钼箔的晶界取向差分布相对更趋近于随机状态。

0.02mm 和 0.06mm 钼箔样品在 ND-RD 平面的典型织构组分比例如图 5-29 所示。主织构成分均为 α 线织构的{001}<110>成分，但不同于 0.06mm 钼箔的主织构成分占比 85.6%，0.02mm 的主织构成分仅占比 59.4%，同为 α 线织构的{112}<110>织构组分占比高达 20.9%，远高于 0.06mm 钼箔的 2.1%。其原因在于 0.06mm 钼箔向 0.02mm 减薄时，由于设备规格限制主要采取了单向轧制而非交叉轧制，随变形量的增加，{112}<110>织构得到强化。另外，0.02mm 钼箔中 γ 线织构组分{111}<110>、{111}<112>占比均远低于 0.06mm 钼箔，因此造成了 0.02mm 钼箔中 γ 线织构的明显弱势。

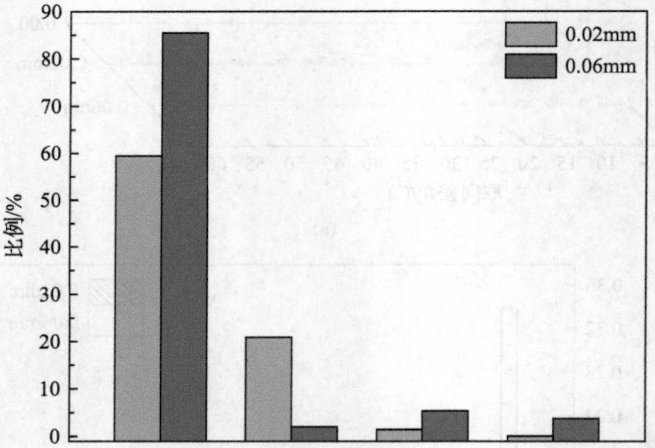

图 5-29　0.02mm 和 0.06mm 钼箔样品典型织构组分比例[14]

0.02mm 钼箔与同工艺下所得 0.06mm 钼箔的室温拉伸性能如表 5-4 所示。对比数据可以发现，在两种厚度钼箔性能数据中同时观察到的规律是，不同方向抗拉强度、屈服强度从高到低排序均为 RD>TD>45°-RD，不同方向伸长率从高到低排序均为 45°-RD>RD>TD。可以看出，较之于 0.06mm 钼箔，变形量更大的 0.02mm 钼箔强度、伸长率的各向异性程度均有不同程度的提升，其中抗拉强度各向异性程度的增幅最为明显。这说明后续附加的变形量赋予 0.02mm 钼箔更大的室温拉伸各向异性。在多晶体形变过程中，晶粒取向的择优即织构的出现，使得原来随机取向的伪各向同性的多晶演变为类似于单晶的各向异性，从而造成性能上的各向异性。同时，随着厚度减薄，钼箔不同方向的力学性能参数如抗拉强度、屈服强度和伸长率、屈强比呈现不同的变化趋势，揭示出 RD、TD 方向加工硬化，45°-RD 方向则形变韧化。

表 5-4　0.02mm 钼箔与同工艺下所得 0.06mm 钼箔的室温拉伸性能[14]

钼箔厚度/mm	方向	抗拉强度/MPa	屈服强度/MPa	伸长率/%
0.02	RD	832	759	4.8
	TD	798	725	2.4
	45°-RD	671	630	16.2
0.06	RD	728	727	7.2
	TD	687	681	4.9
	45°-RD	686	636	11.7

5.4.3　退火温度与显微组织和力学性能的关系

对轧制态 0.06mm 钼箔在真空氢气两用高温炉中进行退火实验，设定温度分别为 700℃、750℃、800℃、850℃、900℃、950℃、1000℃及 1050℃，加热速率为 10℃/min，保温时间为 60min，在氢气气氛下进行退火实验，退火后随炉冷却[15]。

图 5-30 为轧制态 0.06mm 钼箔与不同温度退火钼箔的室温拉伸性能。从图中可以看出，轧制态钼箔样品 RD 方向的屈服强度和抗拉强度均高于 900MPa，其次为 TD 方向，45°-RD 方向强度最低；但 45°-RD 方向的伸长率最高，为 8.4%，RD 方向次之，TD 方向最小，仅为 2.7%。经过退火后，在 700～1050℃范围内，屈服强度和抗拉强度基本呈线性下降趋势，屈服强度的大小顺序继承了退火前的状态：RD>TD>45°-RD，且三者间差异较为明显。而对于抗拉强度而言，虽然 RD 方向明显高于另外两个方向，但 TD 和 45°-RD 方向的差异却并不明显。当退火温度达到 1050℃时，RD 方向上的屈服强度和抗拉强度分别为 633MPa 和 638MPa，TD 方向分别为 603MPa 和 608MPa，45°-RD 分别为 560MPa 和 612MPa。与轧制态相比，退火钼箔 RD 和 TD 方向的屈服强度和抗拉强度降幅均达到 31%左右，而 45°-RD 方向上屈服强度的降幅约为 26%。经过退火后，伸长率呈波动上升，且继承了轧制态的大小顺序：45°-RD>RD>TD。当退火温度达到 1050℃时，TD 方向上升至 7.4%，是轧制态的约 2.7 倍；RD 方向上升至 8.7%，是轧制态的约 2.6 倍；45°-RD 方向上升至 12.6%，是轧制态的约 1.5 倍；整体上的塑性显著改善。

经过交叉轧制后，轧制态钼箔的金相组织如图 5-31 所示。由图 5-31(a)可见，在 ND-RD 平面内，晶粒沿 RD 方向呈细长的纤维状，相互搭接交错；在 ND-TD 平面内，晶粒为层状分布，呈短棒状，且中心部位晶粒长径比更大。这说明在轧

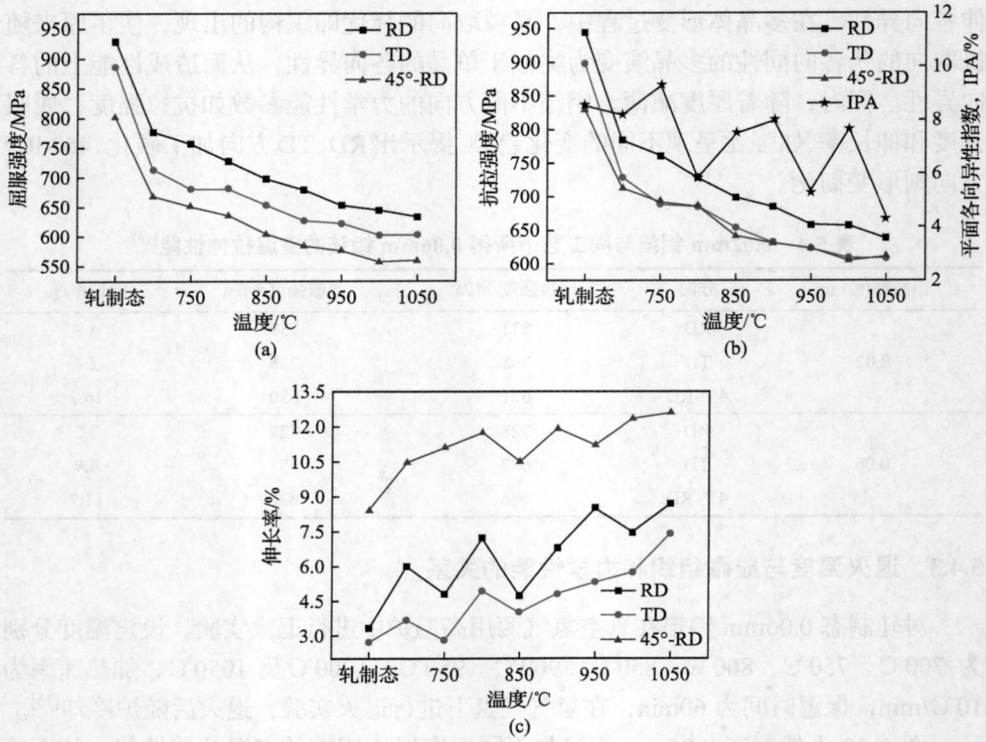

图 5-30　轧制态 0.06mm 钼箔与不同温度退火钼箔的室温拉伸性能[15]

(a) 屈服强度；(b) 抗拉强度；(c) 伸长率

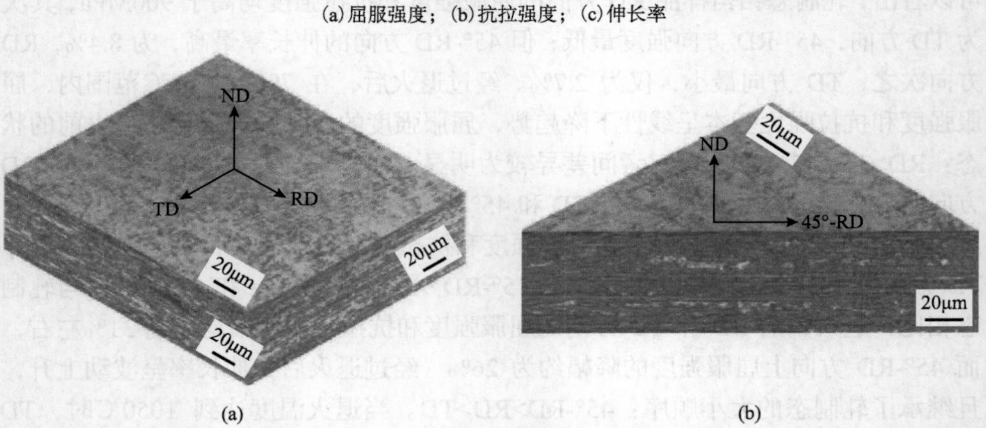

图 5-31　轧制态钼箔的金相组织[15]

(a) 三维组织图；(b) ND-45°-RD 截面组织图

制过程中，钼箔在沿轧制方向上的变形量高于宽展方向上的变形量。在 RD-TD 平面上，晶粒排布杂乱，晶粒边界不清晰。由此可见，晶粒在空间中呈现出不规则饼状形貌，相互交错搭接。图 5-31(b) 为 ND-45°-RD 截面的金相组织。图 5-31 中深色部分表示的是被腐蚀的晶界。

根据力学性能实验得到的结果，选取其中交叉轧制态，以及 750℃、950℃、1050℃退火态在 RD 方向做金相组织分析及 EBSD 测试，结果如图 5-32 所示，从上至下分别为金相组织、IPF 图及对应的衬度图。IPF 图及衬度图中黑色线条表示大角度(>15°)晶界。从图 5-32 中可以得出以下几个结论：①轧制态钼箔的晶粒呈条带状，以高长径比的<001>//ND(浅色区域)晶粒为主，还有部分相对短粗的<111>//ND(深色区域)晶粒，主要分布在箔材厚度方向上的中心部位。经过退火后，晶粒仍以<001>//ND 和部分<111>//ND 取向为主。但随着退火温度的升高，<111>//ND 取向逐渐消失，而<001>//ND 逐渐增多。②经过大变形量轧制后，钼箔中主要以小角度晶界为主。随着退火温度的升高，大角度晶界和小角度晶界的面积、密度逐渐降低，且大角度晶界减少得更多。③在退火过程中晶粒的平均层

图 5-32　轧制态及不同温度退火后钼箔的金相组织、IPF 图及对应的衬度图[15]

(a)(a1)(a2)轧制态；(b)(b1)(b2)750℃退火；(c)(c1)(c2)950℃退火；(d)(d1)(d2)1050℃退火

宽不断增大，组织的纤维化程度不断减弱。此外，在较低温度退火时发现晶界周围有细小的等轴晶生成(图 5-32 中箭头所示)。

通过以上分析可知，交叉轧制态钼箔样品的再结晶过程以带状晶的宽化过程为主，并保留了大部分的小角度晶界，且仅在低温退火时的极少量区域发现了经典的再结晶迹象，这说明该钼箔样品发生了与经典的再结晶形核长大不同的再结晶现象。在样品退火期间，亚晶通过小角度的旋转或亚晶界的分解使两个或多个亚晶粒取向变为一致，发生长大粗化，逐渐恢复为变形前的状态。这个过程内没有发现“形核”和“长大”，所以是一种连续再结晶。因为这个过程主要是回复过程，所以也被称为“扩展回复”原位再结晶。

参 考 文 献

[1] Oertel C G, Hünsche I, Skrotzki W, et al. Influence of cross rolling and heat treatment on texture and forming properties of molybdenum sheets[J]. International Journal of Refractory Metals and Hard Materials, 2010, 28(6): 722-727.

[2] Wronski S, Wrobel M, Baczmanski A, et al. Effects of cross-rolling on residual stress, texture and plastic anisotropy in f.c.c. and b.c.c. metals[J]. Materials Characterization, 2013, 77: 116-126.

[3] Gurao N P, Sethuraman S, Suwas S. Effect of strain path change on the evolution of texture and microstructure during rolling of copper and nickel[J]. Materials Science and Engineering A, 2011, 528(25-26): 7739-7750.

[4] Ju D, Hu X. Effect of casting parameters and deformation on microstructure evolution of twin-roll casting magnesium alloy AZ31[J]. Transactions of Nonferrous Metals Society of China, 2006, 16: s874-s877.

[5] Zhang H, Huang G, Roven H J, et al. Influence of different rolling routes on the microstructure evolution and properties of AZ31 magnesium alloy sheets[J]. Materials and Design, 2013, 50: 667-673.

[6] Jakani S, Baudin T, de Novion C H, et al. Effect of impurities on the recrystallization texture in commercially pure copper-ETP wires[J]. Materials Science and Engineering A, 2007, 456(1-2): 261-269.

[7] Doherty R D, Hughes D A, Humphreys F J, et al. Current issues in recrystallization: A review[J]. Materials Today, 1998, 1(2): 14-15.

[8] Every R L, Hatherly M. Oriented nucleation in low-carbon steels[J]. Texture, 1974, 1(3): 183-194.

[9] Martínez-de-Guerenu A, Arizti F, Díaz-Fuentes M, et al. Recovery during annealing in a cold rolled low carbon steel. Part I: Kinetics and microstructural characterization[J]. Acta Materialia, 2004, 52(12): 3657-3664.

[10] Huang K, Logé R E. A review of dynamic recrystallization phenomena in metallic materials[J]. Materials and Design, 2016, 111: 548-574.

[11] Takebayashi S, Kunieda T, Yoshinaga N, et al. Comparison of the dislocation density in martensitic steels evaluated by some X-ray diffraction methods[J]. ISIJ International, 2010, 50(6): 875-882.

[12] Williamson G K, Smallman R E. III. Dislocation densities in some annealed and cold-worked metals from measurements on the X-ray debye-scherrer spectrum[J]. Philosophical Magazine, 1956, 1(1): 34-46.

[13] 王广达, 刘国辉, 熊宁. 轧制方式对钼的力学性能的影响[J]. 粉末冶金工业, 2021, 31(3): 81-84.

[14] 李艳, 陈文帅, 周增林, 等. 0.02mm 厚钼箔材的显微组织、织构及性能[J]. 稀有金属材料与工程, 2023, 52(4): 3-8.

[15] 付霄荧, 周增林, 李艳, 等. 退火温度对交叉轧制钼箔显微组织、织构及性能的影响[J]. 稀有金属, 2020, 46(2): 137-143.

第 6 章　铼的形变加工

金属铼是一种特殊的密排六方结构难熔金属，没有韧脆转变温度，其轴比 c/a=1.613，小于理想轴比 c/a=1.633。铼的层错能低，各滑移系统的 CRSS 很低，但铼是纯金属中加工硬化率最高的金属，约为钨的 3.5 倍。铼的主要孪晶系统不同于常见的镁、钛、锌等，既不是拉伸孪晶也不是压缩孪晶，而是$\{11\bar{2}1\}\langle\bar{1}\bar{1}26\rangle$孪晶。铼的形变主要涉及孪生、滑移两种机制。这些特点使金属铼在轧制过程中表现出与钨、钼的形变很大的不同。孪生和滑移系统会受到织构、晶粒尺寸、温度等因素的影响，目前还缺乏深入的研究。在铼的轧制过程中，通常存在以下几个问题：一是可加工性差，在冷变形过程中极容易开裂，单道次变形量通常不会超过 20%；二是极高的加工硬化率使其在加工时需要进行高温退火，板材组织会因退火变得极其均匀，晶粒会逐渐生长，甚至超过 100μm；三是在形变工艺后会表现出显著的各向异性，如冷轧后往往有着强的{0001}基面织构，强的各向异性会削弱铼板的塑性变形能力。

本章围绕室温、高温塑性变形及热处理工艺开展，研究纯铼在大形变量冷轧过程的微观组织演变规律，包括塑性变形机制、晶粒尺寸及形态、织构特性，以及热处理对微观组织和力学性能的影响规律，并介绍晶粒尺寸、形变温度和应变速率如何影响铼在形变过程中的组织演变及力学性能。

6.1　粉末冶金铼板坯制备

纯铼金属制品可以通过粉末冶金方法制备，即将高纯铼粉压制成型，然后进行高温烧结，得到较致密的坯料，再根据需要进一步进行变形加工，最终得到所需的纯铼制件。同钨粉和钼粉进行压制遇到的问题类似，将铼粉进行压制时铼的形貌及粒度分布等特性会对纯铼坯料的烧结致密度产生重要的影响，进一步影响后续变形加工和产品性能。本节从两个方面进行了研究：一是从粉末特性出发，对三种形貌和粒度分布的铼粉进行配比烧结实验，比较分析粉末形貌对纯铼坯料致密度的影响；二是从粉体改性出发，对铼粉进行分散处理得到两种不同粒度分布的铼粉，研究粉末粒度对纯铼坯料烧结致密度、力学性能的影响。

6.1.1　粉末特性对纯铼烧坯烧结致密度和性能的影响

采用市售纯度≥99.99%的高纯铼粉，分别为平均粒度 D_{50}<30μm 的常规铼粉、

平均粒度 D_{50}>5μm 的超细铼粉和平均粒度 D_{50}<30μm 的球形铼粉，对三种粉末进行了合批处理，获得 1～5 号粉末样品，配比如表 6-1 所示。纯铼粉末压制成板坯，经过 2350℃的高温烧结，得到纯铼坯料[1]。

表 6-1　铼粉粉末配比

样品编号	粒度质量分数/%		
	常规铼粉	超细铼粉	球形铼粉
1	100	—	—
2	—	100	—
3	70	30	—
4	70	—	30
5	60	10	30

图 6-1 是采用的三种铼粉颗粒的 SEM 形貌，常规铼粉的粒度范围较大，形貌多样，含有几微米细小颗粒聚集的大颗粒，也含有大颗粒团聚体，还存在一些不规则片状颗粒。超细铼粉的颗粒形貌基本呈片状，部分颗粒团聚在一起，形成松散的较大尺寸的片状假颗粒。经过处理的球形铼粉呈现出标准的球形形貌，但也存在大小差异，以及小部分片状颗粒。

图 6-1　三种铼粉颗粒的 SEM 形貌图

(a) 常规铼粉；(b) 超细铼粉；(c) 球形铼粉

按表 6-1 中的配比，将常规铼粉、超细铼粉、球形铼粉进行混合。在表 6-1 中，并未出现 100%球形铼粉的成分，这是由于烧结后球形铼粉的坯料致密度较低，因而未在本实验中考虑。3 号粉末为 70%的常规铼粉与 30%的超细铼粉混合，4 号粉末则是 70%常规铼粉与 30%的球形铼粉的混合，5 号粉末混合了三种铼粉颗粒，混合后的粉末形貌见图 6-2 所示。从图 6-2 可以看到，3 号粉末相对于添加球形铼粉的 4 号与 5 号粉末，颗粒形貌更为接近，大小和尺寸搭配更为均匀。五种粉末的粒度分布数据如表 6-2 所示。

(a)　(b)　(c)

图 6-2　三种混合铼粉颗粒的 SEM 形貌图

(a) 3 号；(b) 4 号；(c) 5 号

表 6-2　铼粉的粒度分布与烧结密度

样品编号	尺寸分布/μm			D_{50}/D_{10}	D_{90}/D_{10}	烧结密度/(g/cm^3)
	D_{10}	D_{50}	D_{90}			
1	11.171	28.382	57.734	2.5	5.2	19.50
2	2.194	5.326	11.283	2.4	5.1	19.34
3	4.259	14.294	34.262	3.4	8.0	18.68
4	9.229	24.792	53.561	2.7	5.8	18.20
5	6.679	23.074	52.154	3.5	7.8	18.30

为了检验铼粉粒度对烧结密度的影响作用，表 6-2 列出了在同一烧结制度下，

五种铼坯的烧结密度。其中，D_{10} 为铼粉中 10%的颗粒对应的最大粒径，D_{50} 为铼粉中 50%的颗粒对应的最大粒径，也称平均粒度，D_{90} 为铼粉中 90%的颗粒对应的最大粒径。1 号粉末的平均粒度最大，添加球形铼粉的 4 号与 5 号粉末粒度其次，2 号超细铼粉的粒度最小。对于同一粉末形貌的铼粉，1 号和 2 号的 D_{50}/D_{10} 和 D_{90}/D_{10} 的比值很相近，两种粉末的烧结致密度也均超过了 92%(>19g/cm^3)。4 号粉末的粒度比值虽然与 1 号、2 号粉末很接近，但是致密度要小，可见对于混合铼粉来说，颗粒形貌在烧结过程中起着重要的作用。

将粉末压坯进行高温烧结后，观察铼板的晶粒尺寸和断口形貌，铼板的 EBSD 结果如图 6-3 所示。1 号常规铼粉烧结后，晶粒大小不均匀，既有尺寸在 100μm 左右的大晶粒，也有尺寸小于 20μm 的细晶粒。混入超细铼粉后，铼板的晶粒尺寸明显较小，晶粒均匀性也有较大改善，这表明超细铼粉对于晶粒度有明显降低作用。

(a)　　(b)

图 6-3　不同铼粉烧结后铼板的 IPF 图

(a) 1 号；(b) 3 号

粉末形状的不规则导致颗粒之间的结合强度增加。在 3 号粉末中含有部分超细铼粉，细颗粒均匀分布在大颗粒之间压制烧结可以得到较高的致密度。在含有球形铼粉的 4 号与 5 号粉末中，球形铼粉颗粒在压制时形成骨架结构，骨架之间形成较大的孔洞，易产生拱桥效应，而不规则形貌的粉末不易流动，不易将这些孔洞填补，因而在烧结后致密度只有 87%，低于 1 号和 2 号粉末的 90%以上的致密度。

图 6-4 显示了铼板的 SEM 断口，由于烧坯不完全致密，可以看见明显的孔洞以及晶界和颗粒脱落形成的凹坑，并存在着少部分晶粒撕裂的形态，表明纯铼烧坯的断裂是以晶粒解理为主，以少量穿晶断裂为辅。

常规铼粉制备的纯铼烧坯室温和高温力学性能如表 6-3 所示，高温拉伸断口的 SEM 形貌如图 6-5 所示。由于烧坯致密度为 92.8%，在室温下的抗拉强度只有 628MPa，伸长率也只有 10%，低于轧制态铼板的性能。从图 6-5 中可以看出，在

(a)　(b)　(c)

图 6-4　烧结铼板断口 SEM 形貌图

(a) (b) 1 号；(c) 3 号

表 6-3　纯铼烧坯的力学性能

测试温度/℃	抗拉强度/MPa	伸长率/%
室温	628	10
1200	250	17
1600	141	8

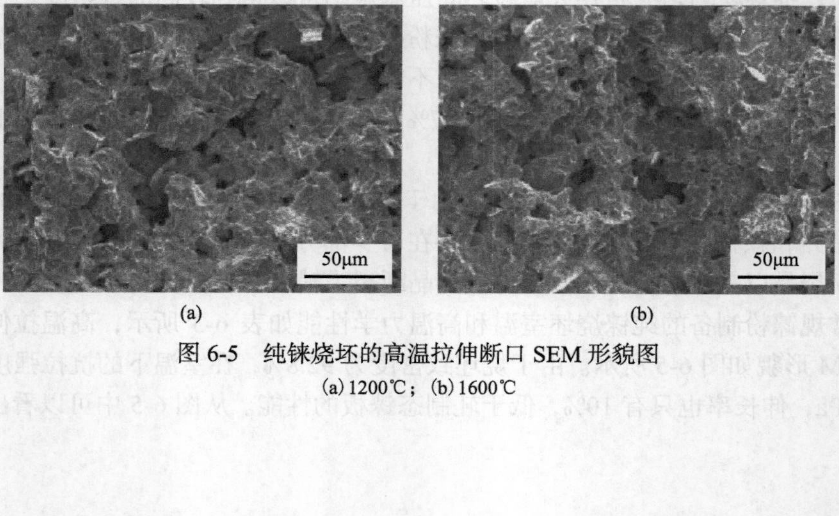

(a)　(b)

图 6-5　纯铼烧坯的高温拉伸断口 SEM 形貌图

(a) 1200℃；(b) 1600℃

1200℃和 1600℃拉伸后，断口的形貌为圆形或规则形状的孔洞，这是烧坯中闭合的烧结收缩孔。在 1200℃下，铼板晶粒尺寸基本未发生变化，存在大量撕裂状晶粒以及少量的晶粒解理。在 1600℃下，晶粒解理现象增多。

6.1.2　粉末粒度对纯铼烧坯烧结致密度和性能的影响

采用对喷式气流处理装置，以氮气为研磨介质，设定研磨腔压力为 0.7MPa，在分选轮的频率为 40～60Hz 的范围对原料铼粉进行处理。气流分散是利用高速氮气带动粒子自身相互碰撞，利用碰撞产生的冲击力使团聚粒子分散，当冲击力大于团聚体的结合力时，团聚体解散。气流粉碎过程中既有强力的体积粉碎，又有表面粉碎。一方面团聚体经过体积粉碎冲击而分散，使气流处理后的粒度分布变窄。另一方面已经解团聚的颗粒之间由于相互摩擦运动而磨削掉颗粒表面的棱角，从而得到球形或近球形的颗粒。

分散处理前后铼粉的 SEM 形貌如图 6-6 所示。未处理粉末多呈枝晶状，有许多大团聚体，粉末粒度较大、粒度分布较宽和形状不规整，较小的粉末颗粒附着在大粉末颗粒表面。经分散处理后，原有团聚体被打散，粉末粒度变小并呈现良好的分散性，小颗粒铼粉的数量明显增多，粒度更加均匀。

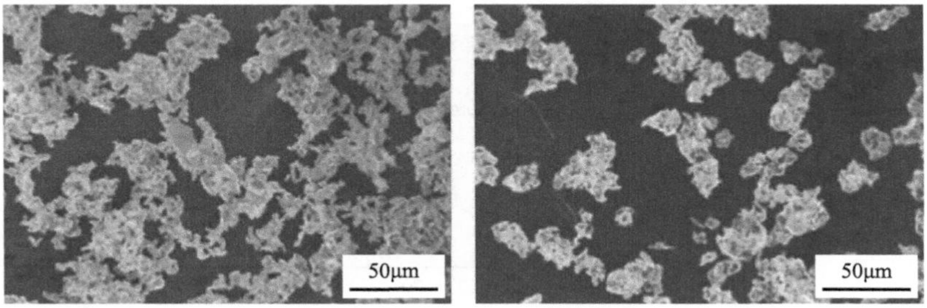

(a)　　(b)

图 6-6　分散处理前后铼粉的 SEM 形貌图

(a) 未处理；(b) 处理后

通过粒度分析测定的粉末粒度分布结果如图 6-7 所示。未处理粉末有较多粒径大于 50μm 的颗粒存在，粒度分布很不均匀，平均粒径为 21.21μm。分散处理后粉末粒径分布范围明显变窄，最大粒径缩小为 40μm，大部分粒径在 10μm 左右，平均粒径降至 9.45μm。

由图 6-8 所示 XRD 图谱可见，分散处理后的铼粉各个晶面的衍射峰强度都有所下降，出现了衍射峰宽化的现象。根据 Debye-Scherrer 公式，XRD 峰的宽度和平均晶粒尺寸成反比。因此，分散处理后，铼粉各晶面衍射峰宽化且强度变弱，说明铼粉颗粒变小，有分散粉末颗粒的效果。

对未处理和处理后的粉末进行冷等静压和高温烧结，得到两种不同烧结温度

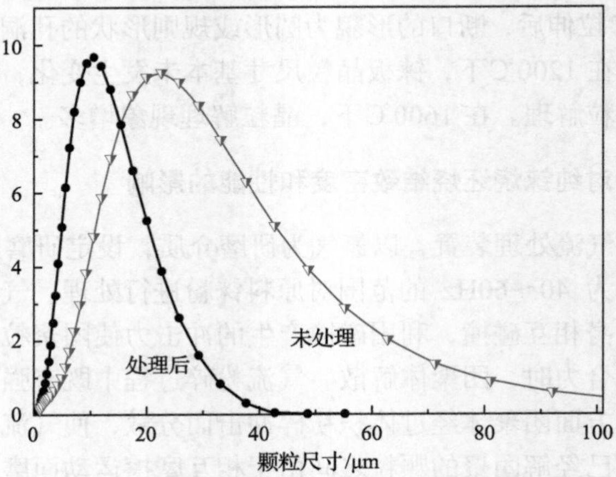

图 6-7　分散处理前后铼粉的粒度分布图

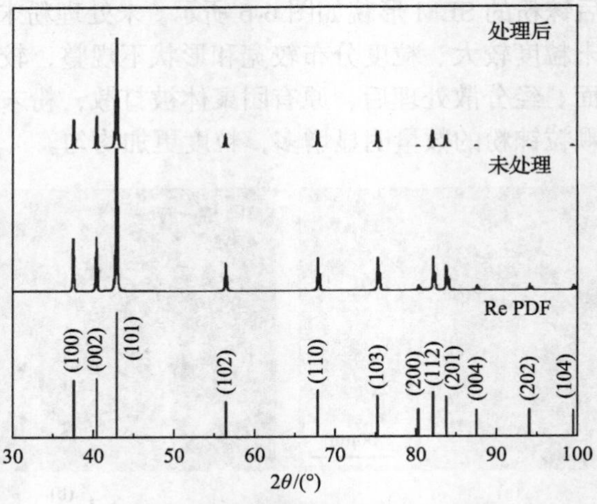

图 6-8　分散处理前后铼粉的 XRD 结果

下的铼坯，烧结温度分别为 2060℃和 2320℃，对比观察烧结态样品的显微组织。图 6-9 为两种温度下未处理粉末的烧结铼坯金相组织。如图 6-9(a)所示，未处理粉末在 2060℃下烧结铼坯中可见分布均匀的孔洞，孔洞的数量较多并且尺寸为 5～50μm。图 6-9(b)是在 2320℃得到的烧结铼坯，孔洞数量明显减少，但晶粒明显长大，这是提高烧结温度导致的正常现象。图 6-10 为两种温度下分散处理后粉末烧结铼坯金相组织，可见晶粒尺寸更加均匀，孔洞数量和大小有了良好的改善，粉末团聚得到改善，粒度分布更加均匀，这对烧结有一定的改善作用，可消除团聚态在烧结过程中的影响，从而提升结构均匀性。

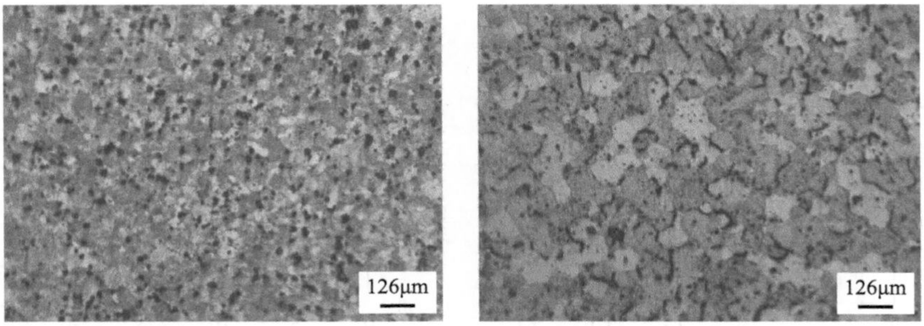

(a)　　(b)

图 6-9　两种温度下未处理粉末的烧结铼坯金相组织

(a) 2060℃；(b) 2320℃

(a)　　(b)

图 6-10　两种温度下分散处理后粉末烧结铼坯金相组织

(a) 2060℃；(b) 2320℃

图 6-11 和图 6-12 分别为分散处理前后的铼粉在 2060℃和 2320℃下的烧结铼坯 EBSD 结果。由图 6-11 和图 6-12 的 IPF 图可见晶粒内部无颜色取向差，颜色分布很均匀，无明显的织构取向。图 6-11 (a) 图中存在较多大于 50μm 的晶粒和局部很小的晶粒，而图 6-11 (b) 中晶粒分布明显更加均匀。从图 6-11 (c) 和 (d) 的晶粒尺寸分布图来看，分散处理后大晶粒占比降低，平均晶粒尺寸为 6.8μm，而未分散

(a)　　(b)

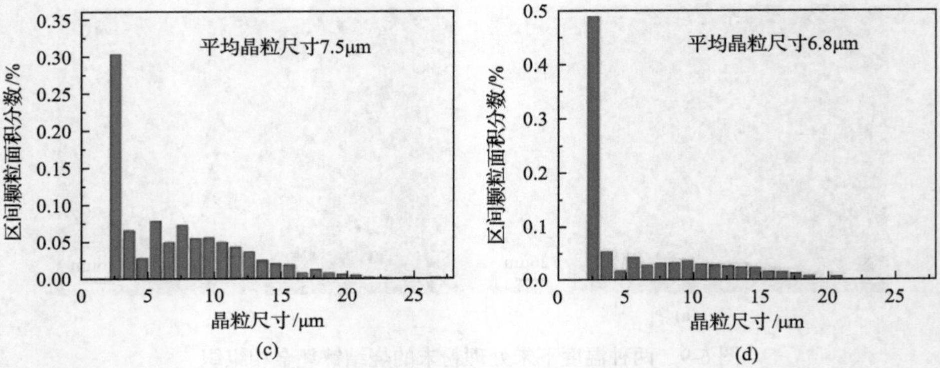

图 6-11　分散处理前后的 2060℃烧结铼坯 IPF 图和晶粒尺寸统计

(a)(c)未处理；(b)(d)处理后

处理的平均晶粒尺寸为 7.5μm。在图 6-12 中，也发现处理后晶粒尺寸分布更加均匀。平均晶粒尺寸从未分散处理的 10.8μm 降到 9.9μm。

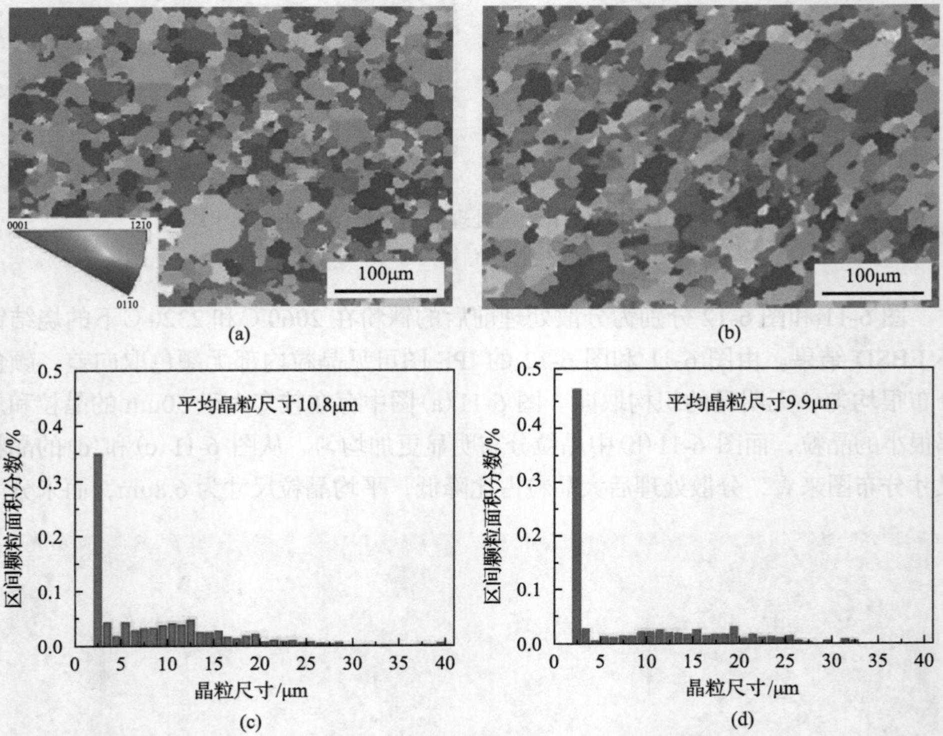

图 6-12　分散处理前后的 2320℃烧结铼坯 IPF 图和晶粒尺寸统计

(a)(c)未处理；(b)(d)处理后

图 6-13(a)为分散处理前后烧结铼坯的致密度测试结果。未处理铼粉在 2060℃

下的烧坯致密度是 93.05%，分散处理后，烧坯致密度提高到 96.72%。未处理铼粉在 2320℃下的烧坯致密度是 94.15%，分散处理后，烧坯致密度达到 98.61%，更为接近理论密度 21.04g/cm^3。图 6-13(b)为分散处理前后烧结铼坯的显微硬度，烧结坯的显微硬度均在 500HV 左右。对比同等温度下处理前后的烧结坯体，由于致密度有提高，晶粒尺寸细小、更加均匀，使得处理后的烧结坯显微硬度提高约 60HV。气流处理后粉末粒度分布更窄，分散性更好，实现良好的堆积性，消除了团聚体在烧结过程中形成的大孔隙，提升了组织均匀性并提高了烧结后期的致密度。结果表明，消除粗孔、提高烧结组织结构均匀性等的主要因素是颗粒尺寸分布。

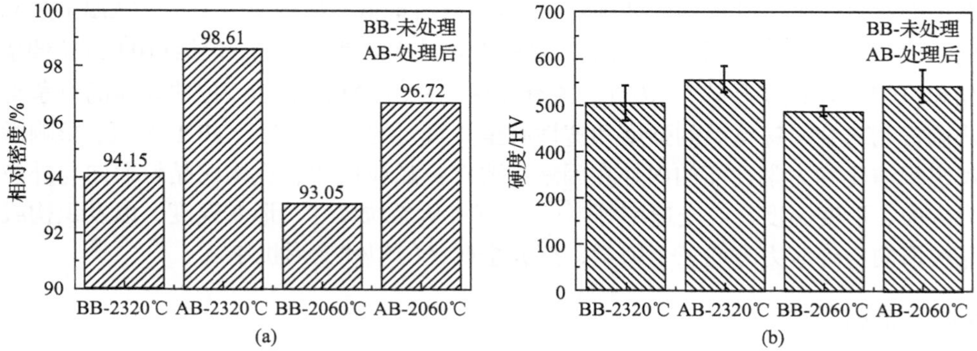

图 6-13　分散处理前后烧结铼坯的致密度(a)和显微硬度(b)

图 6-14 是分散处理前后烧结铼坯的纳米压痕测试结果。对比 2060℃下的未处理和处理后烧结铼坯，发现未处理烧结铼坯硬度在深度几十纳米后就开始下降，最高值也只有 12GPa，而处理后的烧结坯硬度最高值达到 14GPa，随后也维持了

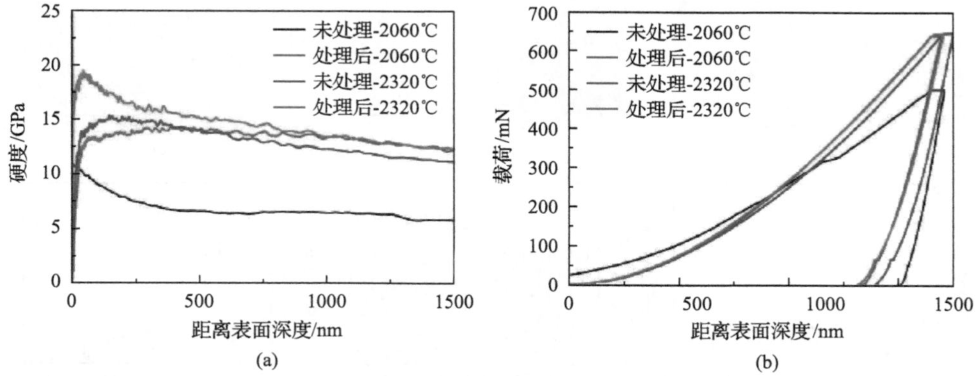

图 6-14　分散处理前后烧结铼坯的纳米压痕测试结果

(a)深度-硬度曲线；(b)深度-载荷曲线

一个较为平行的曲线。在 2320℃下处理前后深度-载荷曲线或深度-硬度曲线大致规律类似，但是处理后的铼坯的最高硬度比原始铼坯高 5GPa。

6.2 铼塑性变形机制的影响因素

本节介绍金属铼在塑性变形时的变形机制以及各影响因素对塑性变形的影响机制。目前已知，在金属铼变形机制中，室温下$\{0001\}\langle 11\bar{2}0\rangle$基面滑移和$\{10\bar{1}0\}\langle 11\bar{2}0\rangle$柱面滑移的 CRSS 相对较低，因而最容易激活。因为它们均无法协调 c 轴方向的应变，所以孪晶对 c 轴方向的应变协调是必不可缺的[2]。以往关于金属铼塑性变形的研究表明，$\{11\bar{2}1\}\langle \bar{1}\bar{1}26\rangle$拉伸孪晶有着最低的形核应力需求，室温下会立刻激活$\{11\bar{2}1\}\langle \bar{1}\bar{1}26\rangle$拉伸孪晶，并且极不容易激活其他孪晶，包括$\{10\bar{1}2\}$拉伸孪晶和$\{10\bar{1}1\}$压缩孪晶等[3]。因此，各滑移系统和$\{11\bar{2}1\}\langle \bar{1}\bar{1}26\rangle$拉伸孪晶的竞争与协调机制对金属铼室温的强度和塑性有至关重要的影响。对于 HCP 金属，影响微观组织演化和力学性能的内外在因素主要有：晶粒尺寸、织构或晶粒取向与外应力方向、形变温度、应变速率等[4,5]。本节将从晶粒尺寸、形变温度，以及织构或晶粒取向与外应力方向三个因素，探究金属铼的塑性变形机制。

6.2.1 晶粒尺寸

为了制备出不同晶粒尺寸的初始样品，对形变铼板进行了退火热处理，退火工艺分别为 1450℃、1600℃和 1900℃下退火 1h，退火过程在氢气气氛中进行。图 6-15 给出了三种退火工艺的纯铼板 EBSD 结果，包括取向成像(IPF)图和

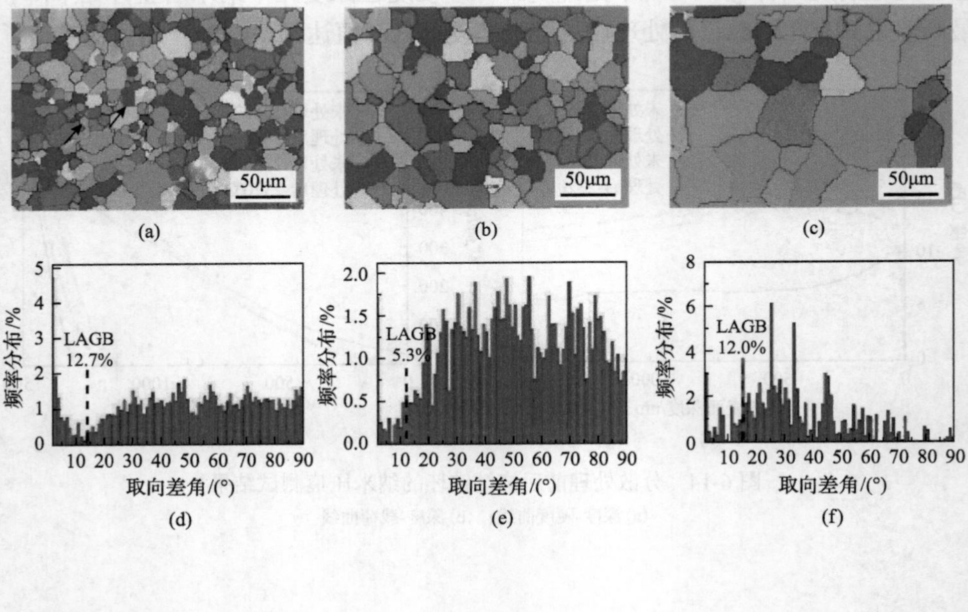

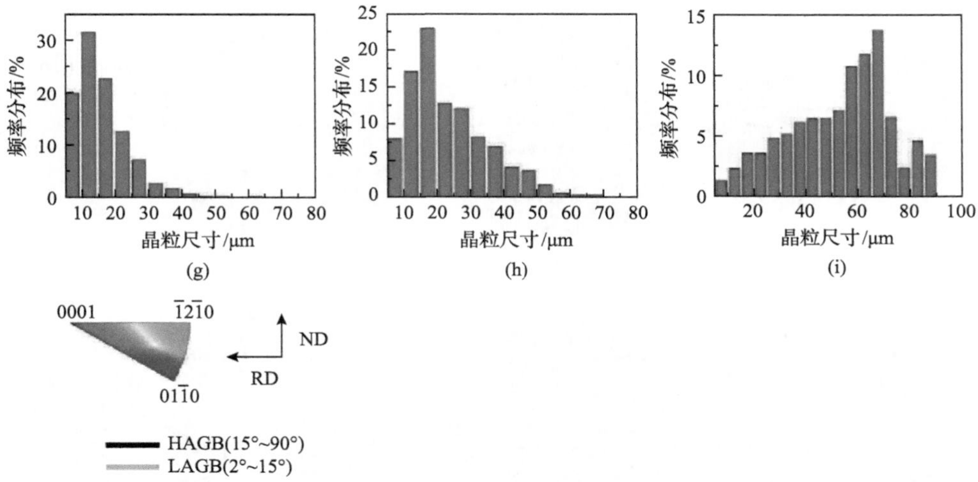

图 6-15　退火后三种不同晶粒尺寸纯铼的 IPF 图和 MAD 图

(a) (d) (g) GS13；(b) (e) (h) GS23；(c) (f) (i) GS50

晶界取向差角(misorient ation degree，MAD)图。IPF 图显示不同颜色的晶体取向，其中大角度晶界(15°～90°)和小角度晶界(2°～15°)分别用黑色和银色线显示。MAD 图从 IPF 图的数据中得到，取向差角低于 2°的不显示。三种板材的晶粒内部没有取向梯度，说明内应力在退火过程基本被消除。小角度晶界的占比很低，分别为 12.7%、5.3%和 12.0%。晶粒尺寸统计如图 6-15(g)、(h)和(i)所示，平均晶粒尺寸分别为 13μm、23μm 和 50μm。在后续的表述中，三种板材依据平均晶粒尺寸分别被命名为 GS13、GS23 和 GS50。

从图 6-15 的 IPF 图可以看出，退火后晶粒取向偏向非基面，图 6-16 给出了三种退火铼板的{0001}、{$11\bar{2}0$}和{$10\bar{1}0$}极图，GS13 和 GS23 表现出弱的非基面织构，GS50 表现出强的非基面织构。三种板材的晶粒 c 轴大都平行于 ND 方向或绕着 ND 方向偏转 45°以内，强度分别为 4.60、5.78 和 22.25。因此，沿 RD 方向拉伸时，这三种板材的多数晶粒的 c 轴和拉伸方向(RD 方向)是垂直的，不利于激活拉伸孪晶的硬取向晶粒。

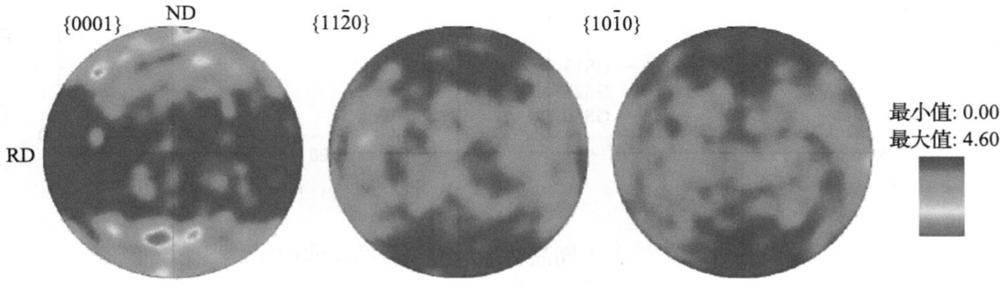

(a)

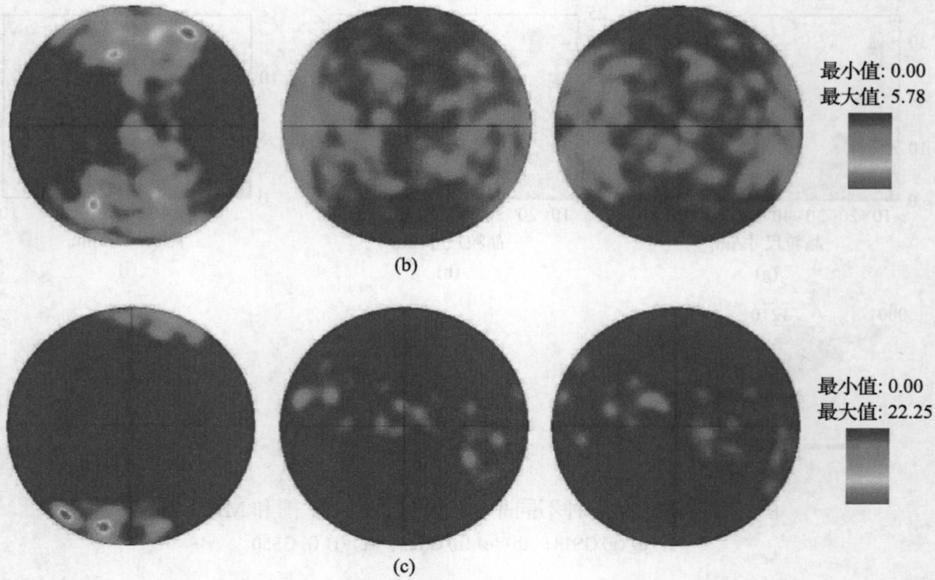

图 6-16　退火后的{0001}、{11$\bar{2}$0}和{10$\bar{1}$0}极图

(a) GS13；(b) GS23；(c) GS50

图 6-17(a)显示了室温和 0.001s^{-1}应变速率下，GS13、GS23 和 GS50 沿 RD 方向拉伸的工程应力-应变曲线，图 6-17(b)为相应的屈服强度、极限抗拉强度和伸长率的统计。很明显，三种晶粒尺寸板材的拉伸性能有明显的差异。三种晶粒尺寸铼板在弹性阶段无明显的区别。弹塑性转变后，最大晶粒尺寸 GS50 的强度最低，为 206MPa。随着平均晶粒尺寸的减小，由于晶界强化作用，屈服强度增加。最小晶粒尺寸 GS13 的屈服强度最高，为 298MPa。这一结果和公认的晶界强化是一致的。在塑性变形阶段，GS13 有最差的伸长率，仅为 10.2%。GS50 有最

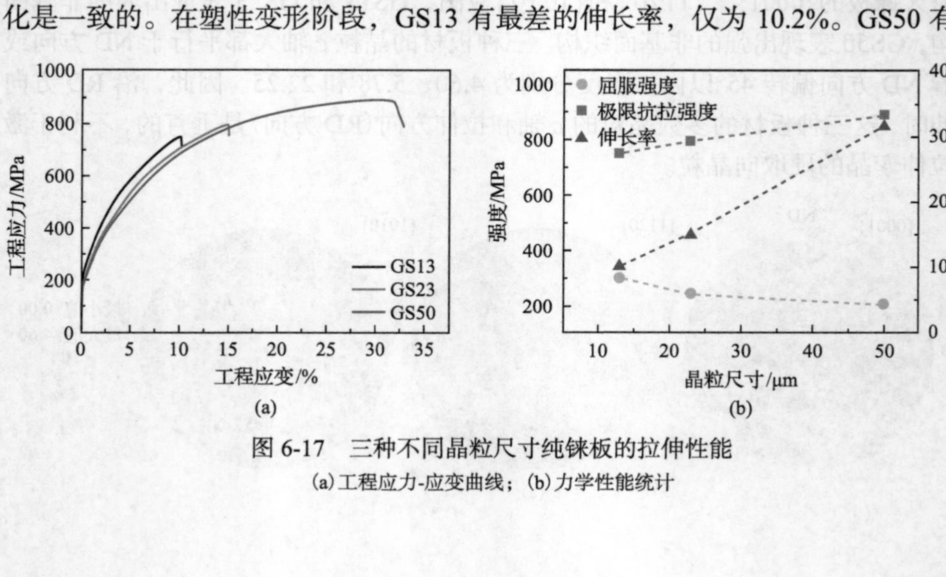

图 6-17　三种不同晶粒尺寸纯铼板的拉伸性能

(a) 工程应力-应变曲线；(b) 力学性能统计

高的伸长率(31.5%)和极限抗拉强度(896MPa)。

图 6-18 显示了三种晶粒尺寸纯铼板拉伸后的断口 SEM 图，在 GS13 中，由于低的塑性变形量，断口形貌展示出大量沿晶断裂。如图 6-18(a)中的黑色箭头所示，裂纹通常起源于三叉晶界或多个晶粒交叉处，裂纹形成后沿晶界扩展。部分晶粒存在塑性变形，在放大的局部区域中，可以看到孪晶和滑移带(图 6-18(b)中白色箭头)。在 GS23 中，断裂面有明显的粗糙解理面和撕裂脊存在，部分晶粒发生了变形，在放大的局部区域(图 6-18(c))，黑色箭头所指的裂纹在沿晶传播中受到两侧晶粒塑性变形的影响，最终裂纹传播被抑制，转变为局部应力向晶内传播，并形成滑移带和孪晶。相比之下，GS50 的断口存在大面积的塑性变形区域(图 6-18(e)中白色箭头)，解理面上有大量河流状的滑移带。如图 6-18(e)中黑色箭头所示，三叉晶界处的裂纹传播时转变为两侧晶粒的塑性变形。图 6-18(f)显示

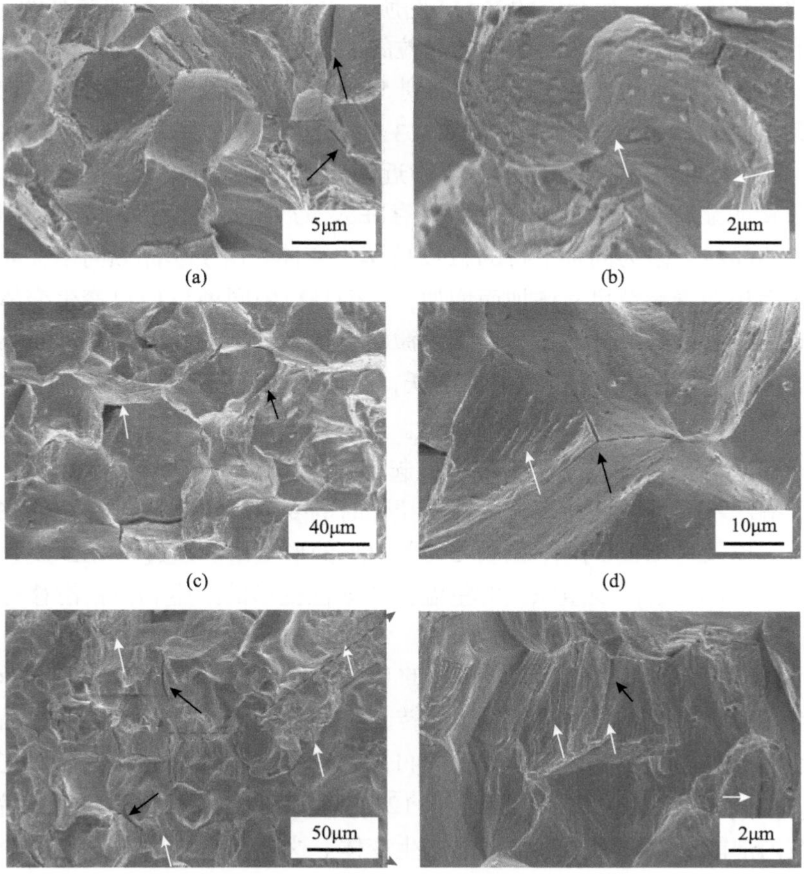

(a)　(b)　(c)　(d)　(e)　(f)

图 6-18　三种晶粒尺寸纯铼板拉伸后的断口 SEM 图

(a)(b)GS13；(c)(d)GS23；(e)(f)GS50

了一个比相邻晶粒更利于塑性变形的晶粒断口形貌，大量的滑移带使得晶粒严重变形，形成了阶梯状侧面，并伴有二次晶内断裂(黑色箭头)。在晶界处还看到了孪晶和滑移跨越晶界传播。这些结果表明，金属铼在拉伸下的断裂模式是沿晶断裂+韧性晶间断裂，当晶粒尺寸较小时，塑性变形机制会激活不充分或局部应力过大，容易提前发生沿晶断裂；随着晶粒尺寸增大，适应局部应力相容性的能力变强，晶粒塑性变形更充分，沿晶断裂延后发生。

为了揭示纯铼板的拉伸变形机制，对不同晶粒尺寸样品的断口附近进行了EBSD分析。如图6-19所示，在GS13中，部分晶粒内部激活了多种不同的$\{11\bar{2}1\}$孪生变体，内部取向差较大。通过晶体学分析可知，其孪晶界为35°/$\langle 10\bar{1}0\rangle$，说明均为$\{11\bar{2}1\}$拉伸孪晶。在MAD图中也可以看到35°处存在峰值，这和$\{11\bar{2}1\}$孪晶是对应的。在没有激活孪晶的晶粒中，局部取向差较小，表明在这些晶粒内位错滑移激活不明显。如对应的KAM图所示，在孪晶附近观察到较高的KAM值(绿色和红色区域)，没有激活孪晶的晶粒的KAM值略低于激活孪晶的。在MAD图中，LAGB占比从初始的12.7%增加到55.1%。在GS23中，部分晶粒内部也激活了多条$\{11\bar{2}1\}$孪晶，但明显少于GS13的，LAGB占比从初始的5.3%增加到50.7%，高的KAM值主要位于孪晶界附近和严重变形晶粒。在GS50中，总激活的孪晶数量明显减少，孪晶宽度增大，存在大量严重塑性变形的晶粒。和GS13相比，基体晶粒内多为同种平行的$\{11\bar{2}1\}$孪生变体。由于孪晶倾向于在晶界处形核，晶界面积随着晶粒尺寸增加而增加，单个晶粒中同种$\{11\bar{2}1\}$孪生变体的数量变多。结果表明，晶粒尺寸对孪生系统的激活有很大的影响，随着晶粒尺寸从13μm增加到50μm，孪晶似乎变得不那么活跃，在GS13中发现了高密度$\{11\bar{2}1\}$孪晶，而在GS50中$\{11\bar{2}1\}$孪晶数量明显减少。金属铼的高伸长率主要归因于晶粒内部的位错滑移激活，$\{11\bar{2}1\}$孪生系统主要起到强化作用。

为了揭示不同晶粒尺寸下金属铼在拉伸时的变形行为，对GS13拉伸2%和5%的形变量，以及对GS50拉伸2%、5%和10%的形变量。通过EBSD观察拉伸试样标距正中心部位的微观组织，对室温拉伸塑性变形的孪生和位错滑移行为进一步分析。

图6-20为GS13在2%和5%形变量的BC图、KAM图和MAD图。如图6-20(a)所示，在2%形变量下，也就是弹塑性转变后，多条$\{11\bar{2}1\}$孪晶在部分晶粒中立刻被激活，部分晶粒中存在不同方向的$\{11\bar{2}1\}$孪晶，根据晶体学特征，它们对应不同的$\{11\bar{2}1\}$孪生变体。结果显示，$\{11\bar{2}1\}$孪晶为两侧界面接近平行的片层状，同一晶粒内部能观察到多个该类型的孪生变体。这是因为$\{11\bar{2}1\}$孪晶的孪生切变量很大(0.619)，而其他孪晶的孪生切变量较小，例如，$\{10\bar{1}2\}$孪晶的孪生切变量为0.175，$\{11\bar{2}2\}$孪晶的孪生切变量为0.218。因此，$\{11\bar{2}1\}$孪晶需要很小的孪

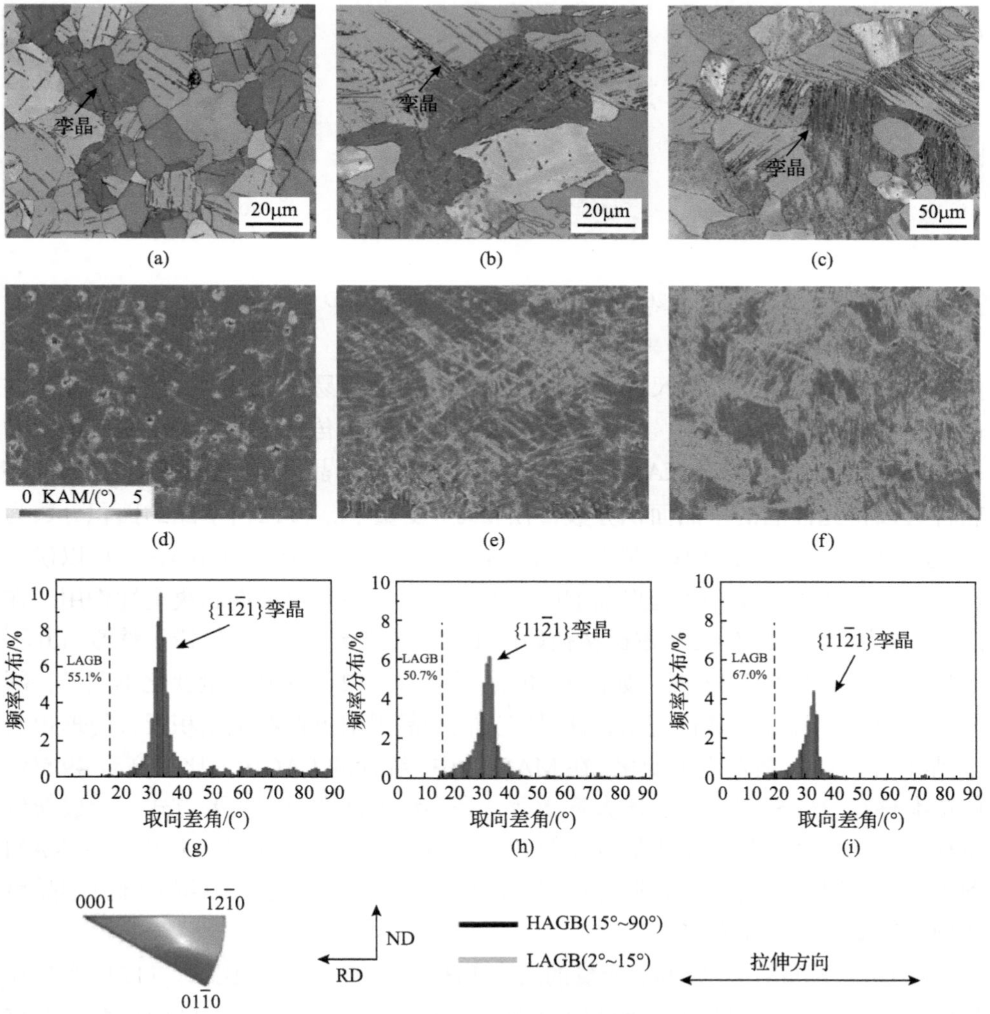

图 6-19　三种不同晶粒尺寸纯铼板拉伸后的 IPF 图、KAM 图和 MAD 图

(a) (d) (g) GS13；(b) (e) (h) GS23；(c) (f) (i) GS50

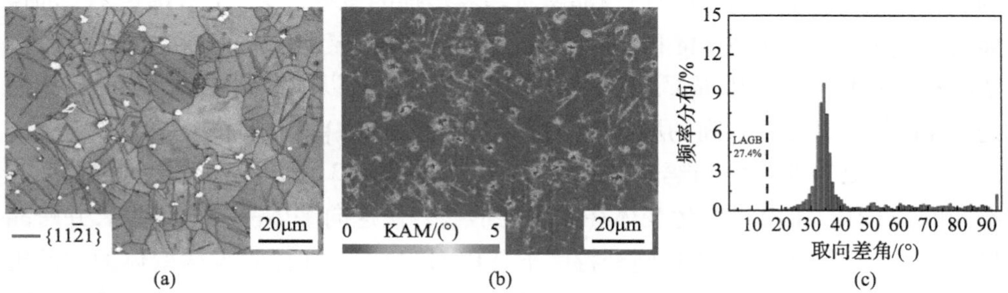

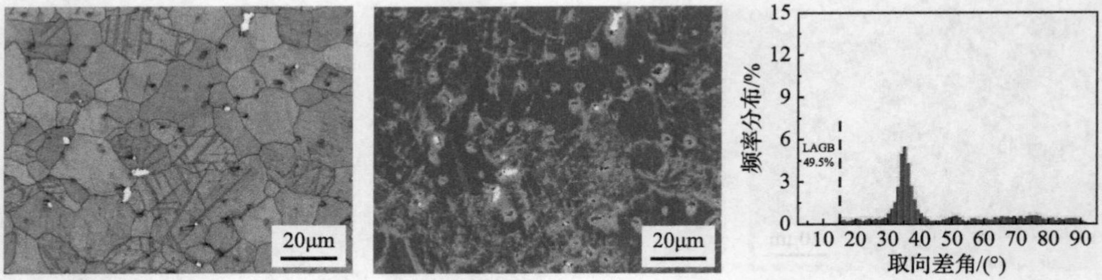

(d)　(e)　(f)

图 6-20　GS13 在不同形变量的 EBSD 结果

(a)(b)(c)2%；(d)(e)(f)5%

生体积来协调应变。晶粒尺寸变小后，晶界处更加容易应力集中，此外孪晶还在晶界处诱导局部应力集中，导致$\{11\bar{2}1\}$孪晶跨越晶界传播。如 KAM 图所示，和基体晶粒相比，绿色的高 KAM 值集中分布在孪晶界和晶界处。通过 HKL Channel5 软件可以得到样品的孪晶面积分数，在 2%形变量下，$\{11\bar{2}1\}$孪晶的面积分数为 3.2%，理论上，$\{11\bar{2}1\}$孪晶能容纳沿 c 轴的塑性变形应变达到 0.619。可以说，$\{11\bar{2}1\}$孪晶承担了 GS13 变形前期的大部分应变，在变形前期起决定性作用。在 MAD 图中，统计的 LAGB 占比从初始的 12.7%提高至 27.4%，位错滑移激活并不明显。形变量增加至 5%时，如图 6-20(d)所示，$\{11\bar{2}1\}$孪晶数量变化不明显，部分$\{11\bar{2}1\}$孪晶界并未被标记出，这是因为在孪晶界附近存在位错积累，使理想的孪晶-基体取向关系发生了变化。在 MAD 图中，统计的 LAGB 占比提高至 49.5%，位错滑移在 2%～5%这一阶段大量激活，是容纳塑性变形的主要方式。形成新位错在晶界和孪晶界附近塞积形成亚结构，使得试样的局部取向差上升。在 KAM 图中，也可以观察到在孪晶附近的 KAM 值明显变高，这也可以解释部分孪晶界和理想的取向关系相差很大。

图 6-21 为 GS13 在 5%形变量的放大 EBSD 结果，可以观察到$\{11\bar{2}1\}$孪晶和晶界相撞后在相邻晶粒内激活$\{11\bar{2}1\}$孪晶。需要指出的是，即使$\{11\bar{2}1\}$孪晶形核所需的 CRSS 会随着晶粒尺寸的下降而增加，$\{11\bar{2}1\}$孪晶的激活似乎也未受到影响。根据研究，在铼中$\{11\bar{2}1\}$孪晶跨越晶界传播的概率很大，LAGB($<25°$)的传播概率接近 100%，而在 Mg 和 Zr 中，孪晶的传输概率分别约为 30%和 50%。$\{11\bar{2}1\}$孪晶和晶界相撞后产生局部应变，在 KAM 图中，可以观察到在孪晶和晶界相撞处 KAM 值明显更高。高的局部应力诱导了新的$\{11\bar{2}1\}$孪晶形核。

根据上述微观组织与孪晶特征分析可知，在 GS13 中，拉伸变形过程初期，不同的$\{11\bar{2}1\}\langle\bar{1}\bar{1}26\rangle$孪生变体在晶界处形核，快速向基体晶粒内部生长并跨晶界传播。因此，有必要通过施密特因子(SF)对$\{11\bar{2}1\}\langle\bar{1}\bar{1}26\rangle$孪生变体的激活机制进行研究。$\{11\bar{2}1\}$孪晶有 6 个不同的孪生变体，图 6-22 为在 GS13 中激活$\{11\bar{2}1\}$

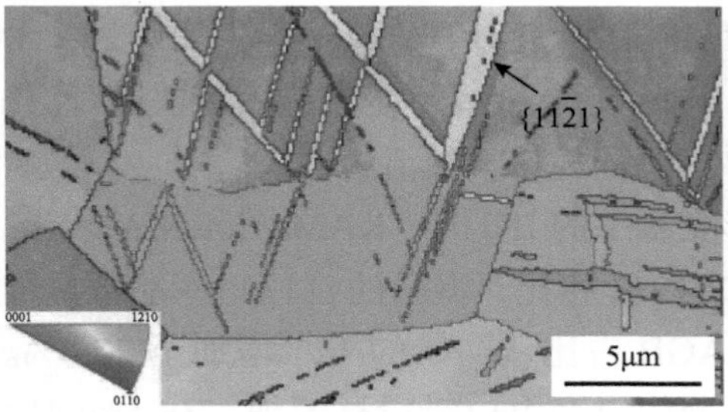

(a)

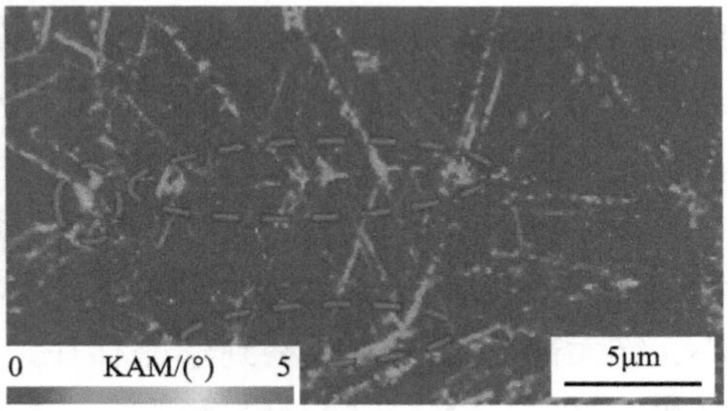

(b)

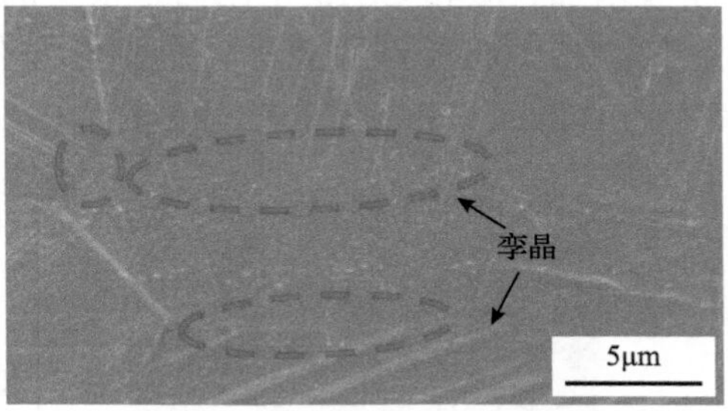

(c)

图 6-21　GS13 在 5%形变量的放大 EBSD 结果

(a) IPF 图；(b) KAM 图；(c) BC 图

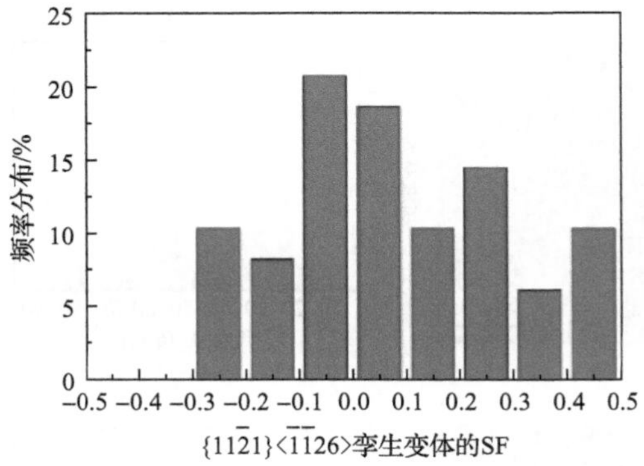

(a)

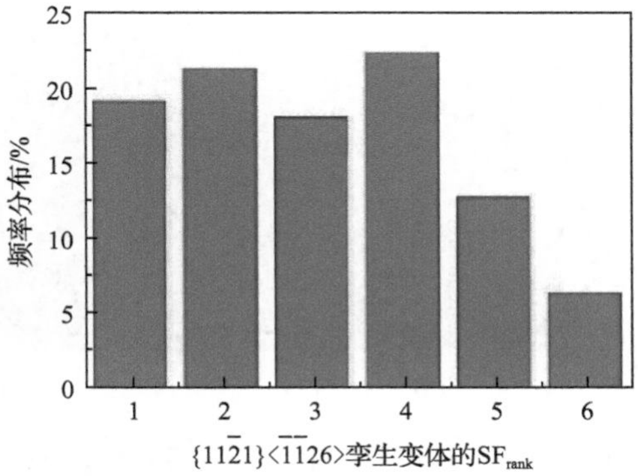

(b)

图 6-22　GS13 中{11$\bar{2}$1}<$\bar{1}\bar{1}$26>孪生变体的 SF 和 SF_{rank} 分布

<$\bar{1}\bar{1}$26>孪生变体不少于 2 个的基体晶粒内部，{11$\bar{2}$1}<$\bar{1}\bar{1}$26>孪生变体的 SF 和 SF_{rank} 分布结果，共统计了 42 个晶粒内激活的 94 个{11$\bar{2}$1}<$\bar{1}\bar{1}$26>孪生变体。SF_{rank}=1～6 分别表示激活的孪生变体在 6 个潜在孪生变体中具有第一到第六高的 SF 值。{11$\bar{2}$1}<$\bar{1}\bar{1}$26>孪生变体 SF 集中分布于−0.3～0.5 范围，峰值在−0.1～0.1。SF 为负值的{11$\bar{2}$1}<$\bar{1}\bar{1}$26>孪生变体占比为 48.6%，只有 16.7%的 SF 大于 0.3。SF_{rank} 的统计结果显示 SF_{rank}=1、2 和 3 的占比分别为 19.1%、21.3%和 18.1%，

SF_{rank}>3 的占比为 41.5%。大部分基体晶粒激活的$\{11\bar{2}1\}\langle\bar{1}\bar{1}26\rangle$孪生变体为 2 个或 3 个，这说明约有一半激活的$\{11\bar{2}1\}\langle\bar{1}\bar{1}26\rangle$孪生变体不是在施密特法则(优先激活施密特因子高的$\{11\bar{2}1\}\langle\bar{1}\bar{1}26\rangle$孪生变体)的规律下激活的。

图 6-23 为 GS50 在 2%、5%和 10%形变量下的 BC 图、KAM 图和 MAD 图。如图 6-23(a)所示，在 2%的形变量下，和 GS13 相比，激活的$\{11\bar{2}1\}$孪晶数量很小，绝大部分晶粒未观察到孪晶存在，LAGB 占比从初始的 12%增加至 27.4%。结果表明，GS50 在弹塑性转变后，大部分的应变由位错滑移容纳。在 5%的形变量下，孪晶的数量略有增加，但和 GS13 相比仍是很少的，GS13 的 LAGB 占比从 27.4%增加至 49.5%。在 10%的形变量下，个别取向有利于拉伸孪晶的晶粒中$\{11\bar{2}1\}\langle\bar{1}\bar{1}26\rangle$孪生变体数量增多，其余部分晶粒内则出现了明显的取向差。

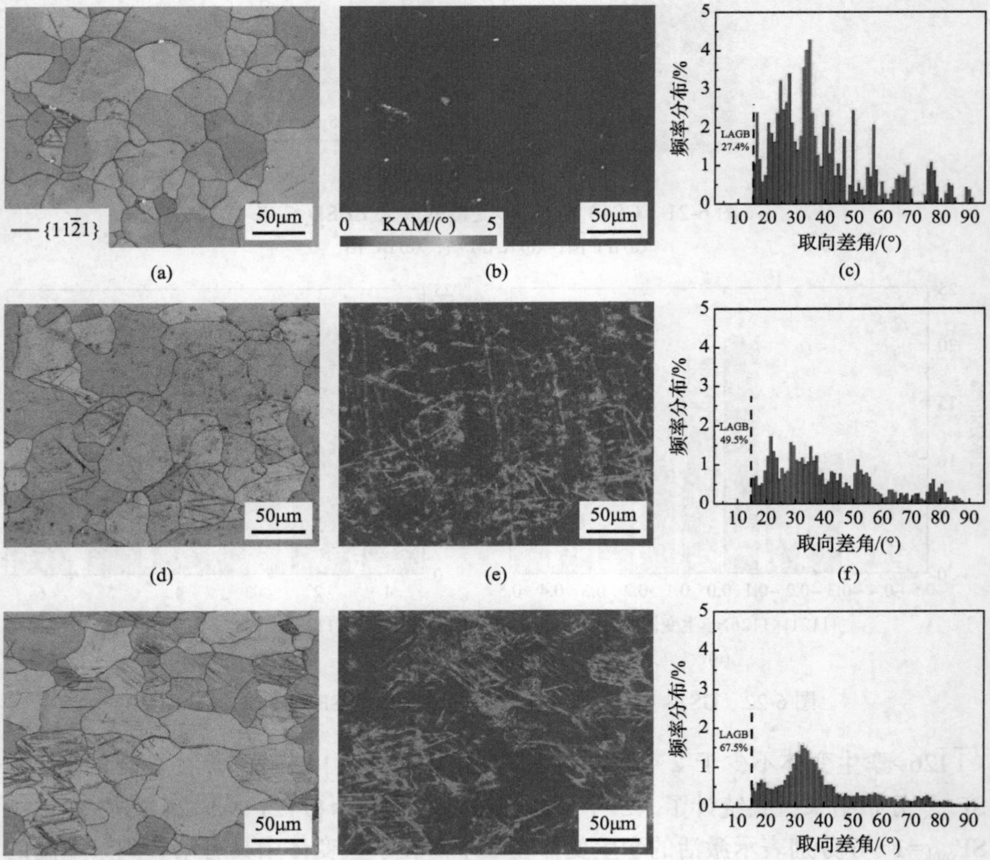

图 6-23　GS50 在不同形变量下的 EBSD 结果

(a)(b)(c) 2%；(d)(e)(f) 5%；(g)(h)(i) 10%

结果表明，晶粒尺寸增大后，$\{11\bar{2}1\}$孪晶数量明显减小，这归因于变形前期位错滑移的局部集中明显减弱，绝大部分的塑性变形由位错滑移容纳。但需要指出的是，当局部应力达到$\{11\bar{2}1\}$孪晶的 CRSS 时，$\{11\bar{2}1\}$孪晶也会立刻激活。在图 6-23(h)中，KAM 值较大的晶粒通常也会存在$\{11\bar{2}1\}$孪晶，$\{11\bar{2}1\}$孪晶在部分晶粒中仍是重要的塑性变形机制，是调控滑移系统必不可缺的。因此，在大尺寸样品的变形后期，$\{11\bar{2}1\}$孪晶也起到至关重要的作用，是提高延展性和强度的有效途径之一。

图 6-24 为在 GS50 中激活$\{11\bar{2}1\}\langle\bar{1}\bar{1}26\rangle$孪生变体不少于 2 个的基体晶粒内部，$\{11\bar{2}1\}\langle\bar{1}\bar{1}26\rangle$孪生变体的 SF 和 SF_{rank}分布结果，共统计了 27 个晶粒内激活的 77 个$\{11\bar{2}1\}\langle\bar{1}\bar{1}26\rangle$孪生变体。$\{11\bar{2}1\}\langle\bar{1}\bar{1}26\rangle$孪生变体 SF 集中分布于–0.1～0.5 范围。SF 为负值的$\{11\bar{2}1\}\langle\bar{1}\bar{1}26\rangle$孪生变体占比仅为 2.9%，有 34.3%的 SF 大于 0.3。SF_{rank}的统计结果显示 SF_{rank}=1、2 和 3 的占比分别为 32.5%、26.0%和 20.8%，SF_{rank}>3 的占比为 20.7%。由于很多基体晶粒激活的$\{11\bar{2}1\}\langle\bar{1}\bar{1}26\rangle$孪生变体不止 3 个，也有部分激活的$\{11\bar{2}1\}\langle\bar{1}\bar{1}26\rangle$孪生变体 SF 很小。这说明晶粒尺寸增大后，绝大部分的$\{11\bar{2}1\}\langle\bar{1}\bar{1}26\rangle$孪生变体是在施密特法则的规律下激活的。

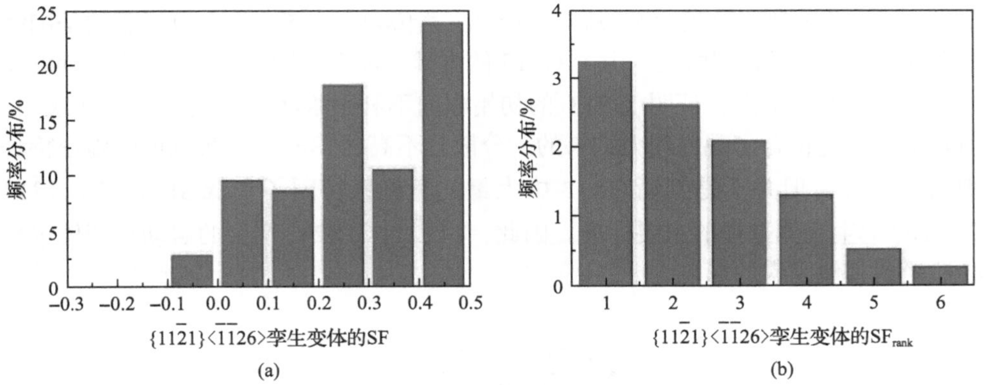

图 6-24　GS50 中$\{11\bar{2}1\}\langle\bar{1}\bar{1}26\rangle$孪生变体的 SF 和 SF_{rank}分布

图 6-25 为 GS50 中激活多个孪生变体晶粒的 EBSD 结果，包含 IPF 图、{0001}方向的极图和$\{11\bar{2}1\}\langle\bar{1}\bar{1}26\rangle$孪生变体的 SF。$T_5^{I}$和$T_4^{I}$孪生变体为基体晶粒中数量多、占比大的两个孪生变体，其 SF 分别为第一高的 0.4984 和第二高的 0.4008，这和外应力主导的施密特法则是相符的。由于$\{11\bar{2}1\}$孪晶的长纵比很大、宽度很小，基体晶粒内部能观察到多个T_5^{I}和T_4^{I}孪生变体。多条孪晶界在基体晶粒内部相当于细化基体晶粒，在孪晶界处容易应力集中，导致其他低的$\{11\bar{2}1\}\langle\bar{1}\bar{1}26\rangle$孪生变体激活。此外，具有相对低的 SF 的$\{11\bar{2}1\}\langle\bar{1}\bar{1}26\rangle$孪生变体宽度和$T_5^{I}$和$T_4^{I}$相比要小很多，能容纳的塑性变形十分有限，仅在缓解局部应力集中起一定

的作用。

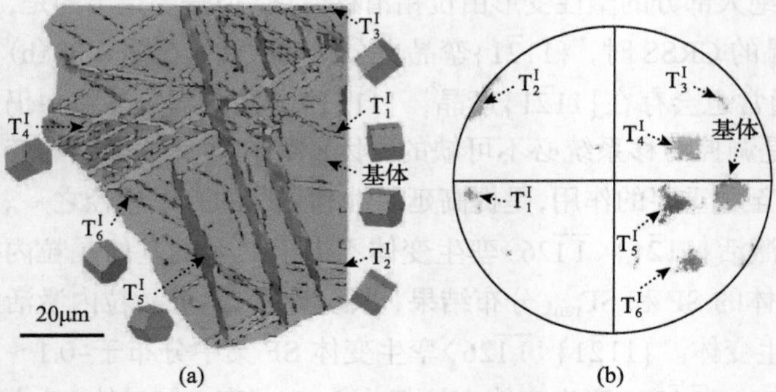

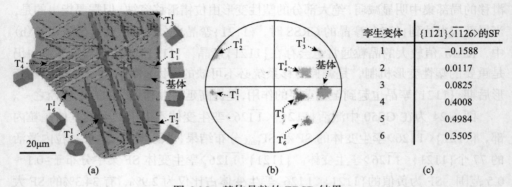

孪生变体	{11$\bar{2}$1}<$\bar{1}\bar{1}$26>的SF
1	−0.1588
2	0.0117
3	0.0825
4	0.4008
5	0.4984
6	0.3505

(c)

图 6-25　基体晶粒的 EBSD 结果

(a) IPF 图；(b) {0001}极图；(c) {11$\bar{2}$1}<$\bar{1}\bar{1}$26>孪生变体的 SF

当拉伸应力轴的方向平行于晶体的 c 轴或者压缩应力轴的方向垂直于晶体的 c 轴时，{11$\bar{2}$1}孪晶容易启动。为进一步证实，图 6-26 给出了金属铼拉伸时{0001}极图中拉伸孪晶的 SF 值(各点取向的最大 SF 值)大小及分布。以不同颜色表示 SF 值大小，从蓝色到红色表示 SF 从 0～0.5。注意{0001}极图上每个点代表的是围绕 c 轴旋转的一系列晶粒取向。由于 GS13 的大部分晶粒 c 轴是垂直于拉伸方向的，结合初始{0001}极图，证明 GS13 的初始取向不利于激活{11$\bar{2}$1}孪晶，导致 SF 值较低，这是符合宏观外应力结果的。分散且不高的 SF_{rank} 分布也说明施密特法则虽然重要，但并不是判断 GS13 中大量的负施密特因子和低 SF_{rank} 的{11$\bar{2}$1}<$\bar{1}\bar{1}$26>孪生变体选择的主要标准。因此，{11$\bar{2}$1}<$\bar{1}\bar{1}$26>孪生的启动与变体选择必然受到其他因素的影响。

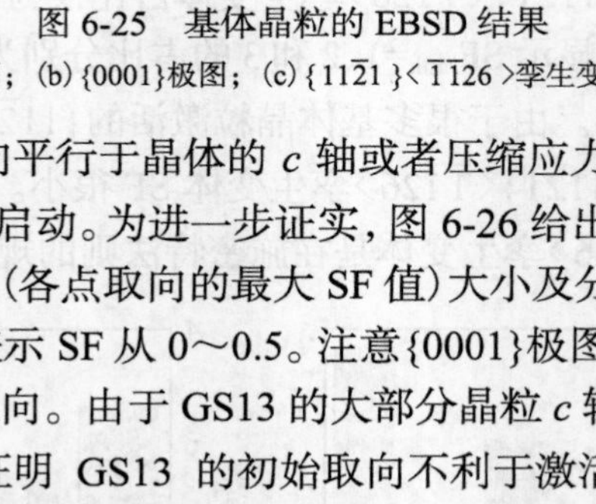

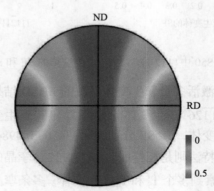

图 6-26　沿 RD 拉伸时{11$\bar{2}$1}<$\bar{1}\bar{1}$26>孪生变体的 SF 分布

之前研究表明，在晶界处激活滑移会导致局部应变不协调，由于 HCP 金属独立的基面滑移和柱面滑移只有 4 个，为了塑性变形的继续，需要在同一晶粒或邻近晶粒中启动孪生机制来协调局部应变。这一结果表明，在拉伸变形过程初期，$SF_{rank}>3$ 的$\{11\bar{2}1\}\langle\bar{1}\bar{1}26\rangle$孪生变体形核与 GS13 中存在较多局部应力集中区域有关。晶粒变小后，晶界处更加容易因滑移激活应力集中，局部应变协调对孪晶的激活也起到了至关重要的作用，导致大量负施密特因子的$\{11\bar{2}1\}\langle\bar{1}\bar{1}26\rangle$孪生变体被激活。

上述结果表明，高伸长率可归因于丰富的滑移机制，可以通过 GS50 的高 LAGB 和 KAM 值证实。金属铼的孪晶主要在低应变和适应附加应变下激活。为了揭示不同晶粒尺寸下的变形机制并解释观察到的显著的拉伸行为差异，通过 EBSD+SEM 辅助的方式研究了滑移线的演化，滑移带的类型可以根据基体晶粒的晶体取向关系来判断。在 GS13 中(图 6-27)，观察到水平和交叉滑移线。Choi 等[6]的研究提出，在晶粒中观察到平行滑移带归因于激活的滑移系统单一，该滑移系统具有高施密特因子。如图 6-27(b-1)所示，基面滑移是主要的变形机制，同时观察到了少量的柱面滑移。

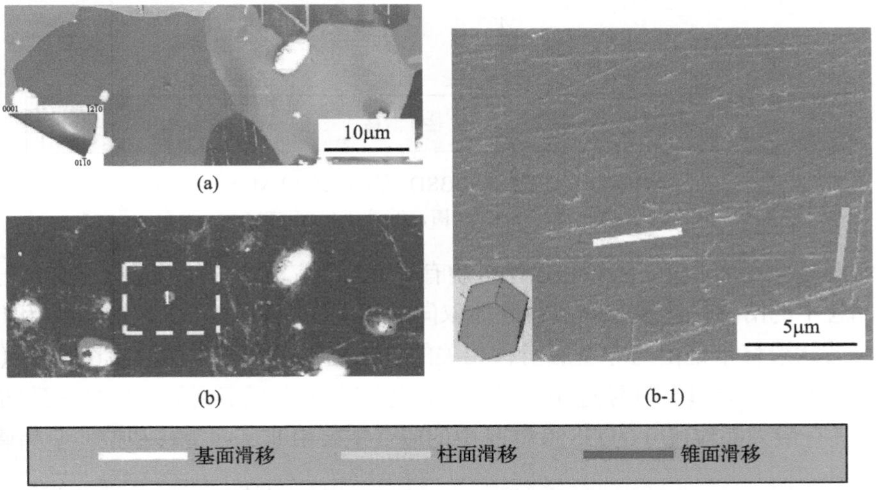

图 6-27　GS13 的 EBSD 及对应的 SEM 图

(a) IPF 图；(b) KAM 图；(b-1) FE-SEM

在 GS23 样品中，较高的 KAM 值(绿色区域)不仅位于孪晶界附近，在晶粒内部也展示出来，其微观结构如图 6-28(b-1)所示，可以看到三种类型的滑移带和拉伸孪晶的存在，非基面滑移(柱面和锥面滑移)的频率明显高于 GS13。观察到一个有趣的现象，在有孪晶存在的晶粒中，大多数滑移线表示为棱柱滑移，而在没有孪晶的晶粒中，锥面滑移被广泛激活。

在 GS50 样品中还观察到另一个有趣的现象，即交叉滑移带的存在。交叉滑

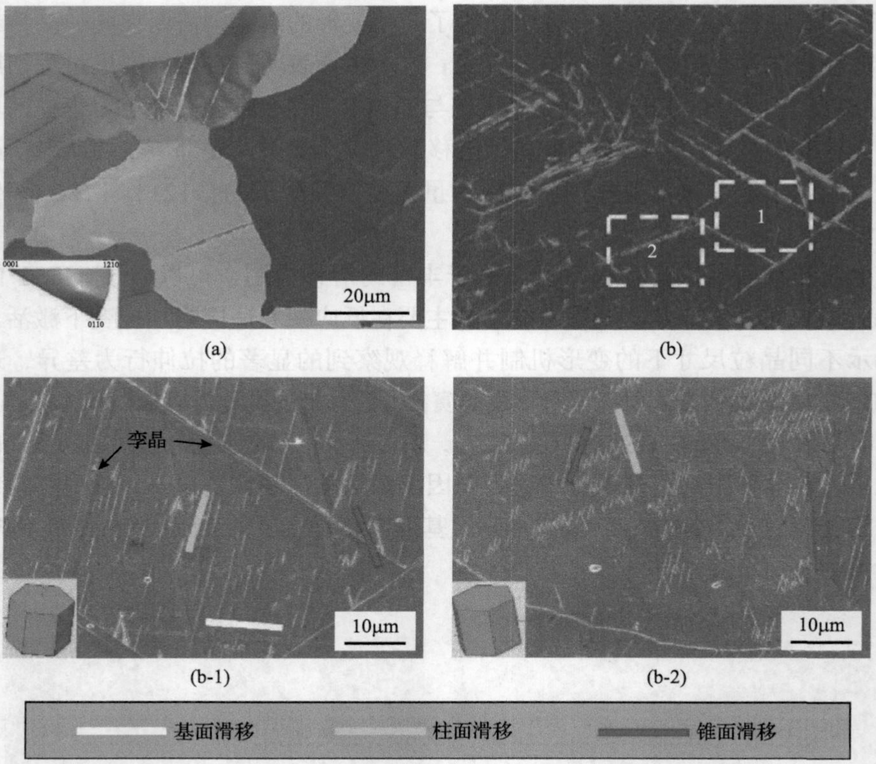

图 6-28　GS23 的 EBSD 及对应的 SEM 图
(a) IPF 图；(b) KAM 图；(b-1) (b-2) FE-SEM

移通常对塑性变形、应变破坏和强化机制有很大影响。对两个晶粒进行了详细分析，每个晶粒中的滑移轨迹及基体晶粒晶体取向的相应晶胞表示如图 6-29(b-1) 和(b-2) 所示。波状滑移带是由与非基底滑移相关的位错交叉滑移产生的。在图 6-29(b-1) 中，一个凹带(即剪切带)穿过相邻晶粒，这与镁合金中观察到的结果是一致的[3]。首先，具有最大晶粒尺寸的 GS50 样品中的应变主要由非基面滑移和拉伸孪晶调节，

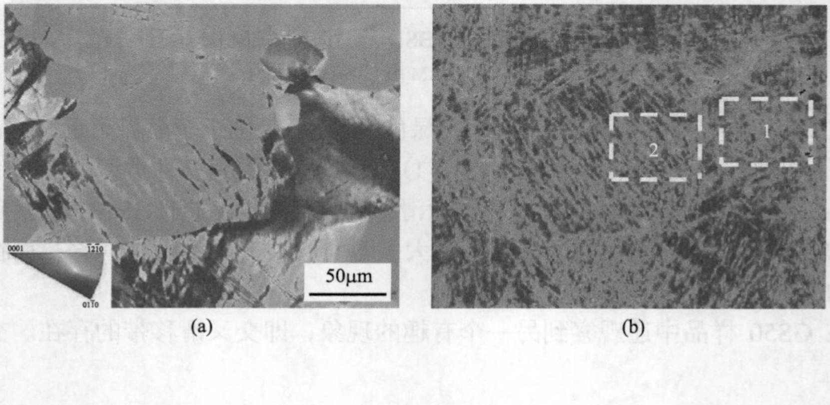

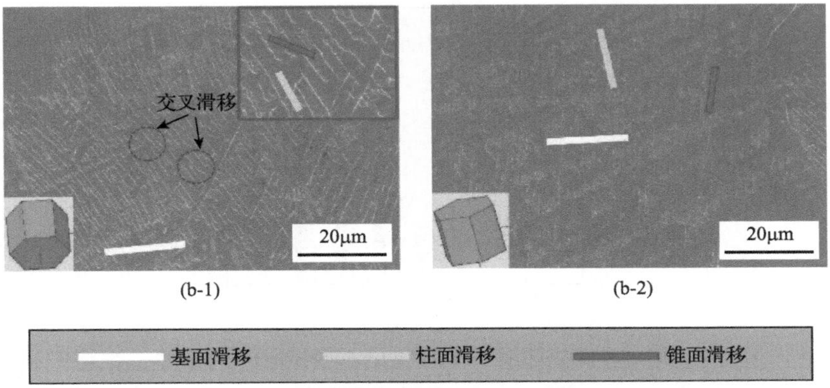

图 6-29　GS50 的 EBSD 及对应的 SEM 图

(a) IPF 图；(b) KAM 图；(b-1) (b-2) FE-SEM

而基面滑移的贡献相对可忽略不计。其次，随着晶粒尺寸的减小，在 GS13 样品中观察到基面滑移的显著激活。因此，随着晶粒尺寸的减小，伸长率的降低主要归因于缺少滑移机制调节塑性变形。

晶粒尺寸对滑移的影响一直是一个有趣的问题。本节通过施密特因子(SF)定性评估三个样品中基面、柱面和锥面滑移激活的可能性。图 6-30 显示了基于图 6-19 的 IPF 图获得的滑移系统 SF 的频率分布，三个样品之间存在的细微结构差异对滑移系统的影响可以忽略不计。滑移系统平衡的观测变化主要受晶粒尺寸的影响。在图 6-30(a)中，GS13 的基面滑移具有高的 SF，并表现出典型的“施密特行为”，即滑移优先出现在 SF 最高的晶粒中。然而，GS23 和 GS50 中的基面滑移具有较低的 SF，并表现出非施密特行为。在图 6-30(b)和(c)中，GS13 的柱面滑移和锥面滑移有着比 GS23 和 GS50 样品更低的 SF，并且它们都表现出典型的“施密特行为”。正如 EBSD 的结果展示的，GS23 和 GS50 中的应变主要由非基面滑移和孪晶调节，而基面滑移的贡献可忽略不计。

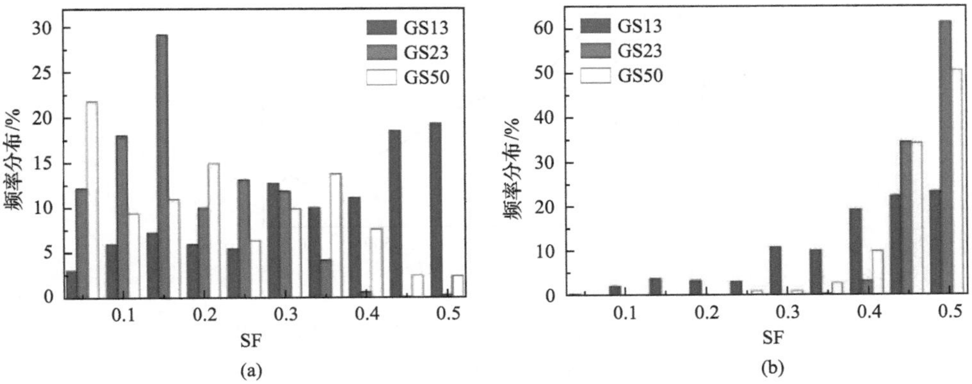

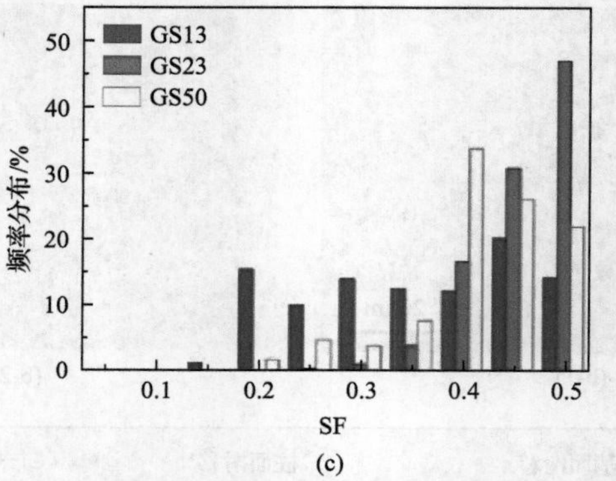

图 6-30　三种滑移系统的 SF

(a) 基面滑移；(b) 柱面滑移；(c) 锥面滑移

真应力-应变曲线表明，当晶粒尺寸从 50μm 降至 13μm 时，屈服应力略有增加，极限强度和延性下降。通过宏观加工硬化率 $\theta = d\sigma/d\varepsilon$ 分析了三种不同晶粒尺寸纯铼板的加工硬化行为，其中 σ 和 ε 分别为宏观真应力和真塑性应变。图 6-31 和图 6-32 分别展示了 θ-$(\sigma-\sigma_{0.2})$ 和 $\theta(\sigma-\sigma_{0.2})$-$(\sigma-\sigma_{0.2})$ 的计算结果。

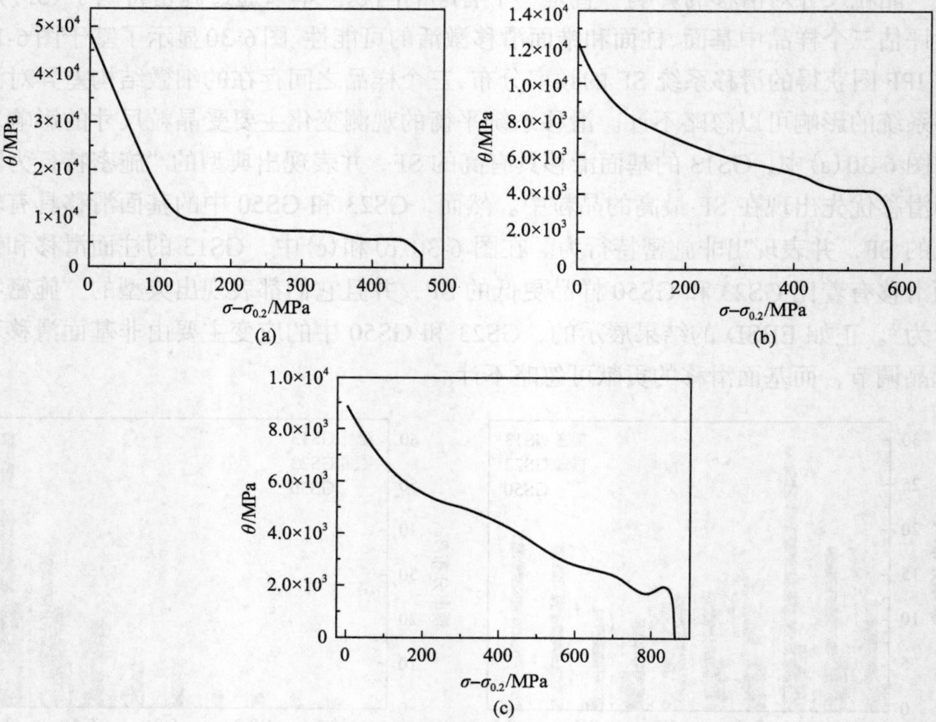

图 6-31　三种不同晶粒尺寸纯铼板的加工硬化率图

(a) GS13；(b) GS23；(c) GS50

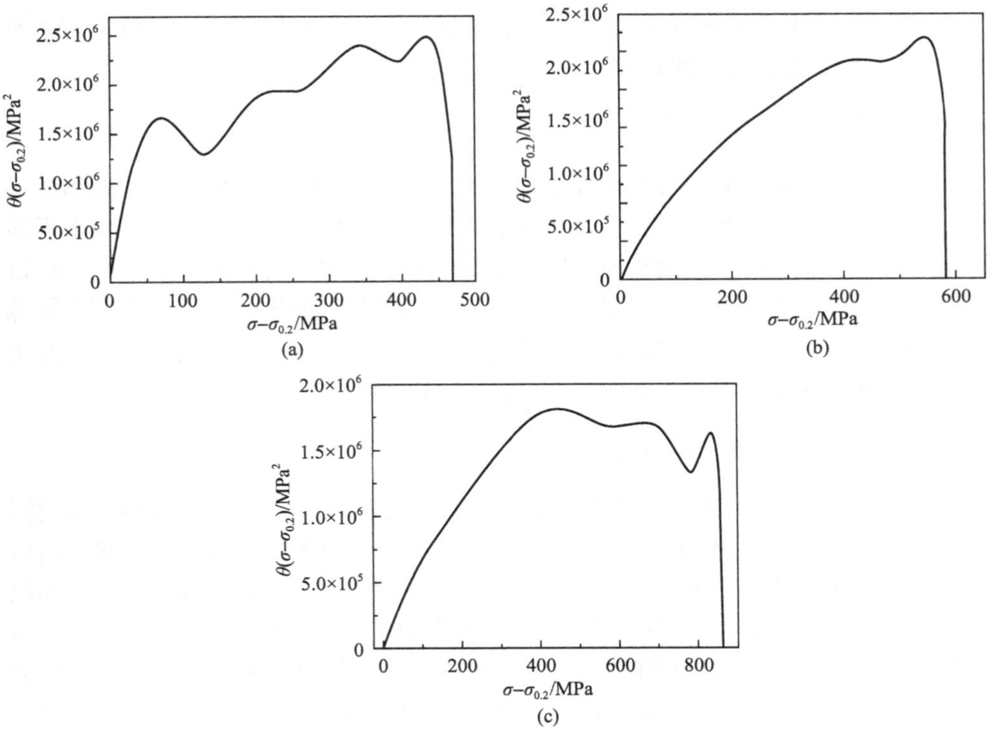

图 6-32　三种不同晶粒尺寸纯铼板的 $\theta(\sigma-\sigma_{0.2})$-$(\sigma-\sigma_{0.2})$ 图

(a) GS13；(b) GS23；(c) GS50

如图 6-31 所示，θ-$(\sigma-\sigma_{0.2})$ 曲线可分为三个阶段：在第一阶段，弹塑性转变后，加工硬化率迅速下降，GS13 有最高的初始加工硬化率，约为 4.8×10^4MPa，GS23 和 GS50 的初始加工硬化率分别约为 1.2×10^4MPa 和 0.9×10^4MPa。GS13 在第一阶段加工硬化率下降速度很快，说明其在弹塑性转变后可能缺少足够的塑性变形机制，而 GS23 和 GS50 的第一阶段下降幅度不大。在第二阶段，加工硬化率下降变缓。在第三阶段，加工硬化率快速下降，直到断裂。

此外，图 6-32 显示的 $\theta(\sigma-\sigma_{0.2})$-$(\sigma-\sigma_{0.2})$ 的关系图可以反映位错演化过程。位错存储的速率随着晶粒尺寸的减小而减小。GS13 最初具有最高斜率，但在 $\sigma-\sigma_{0.2}$ =100MPa 后增加缓慢，这是因为晶界是位错倍增和湮灭的起源区域。GS13 具有更多的晶界，以使位错倍增和湮灭。首先，孪晶边界可以是基面滑移的障碍和加工硬化的来源。弹塑性转变后拉伸孪晶和基面滑移的快速激活导致 GS13 样品的高初始加工硬化率。GS23 和 GS50 的初始斜率没有 GS13 大，但峰值和 GS13 没大的区别，随着晶粒尺寸的增加，孪晶被激活，位错激活机制发生改变，加工硬化率在弹塑性转变后的缓慢下降。如图 6-29 所示，高密度的交叉滑移带是减缓加工硬化的主要因素，孪晶起到了调节的作用，这导致 GS50 的加工硬化率缓慢下降和伸长率更高。

6.2.2　形变温度

本节以烧结纯铼坯为研究对象，研究在 200～1550℃压缩的力学性能和微观组织演化规律。以变形过程是否发生动态再结晶(DRX)为依据，设计了两组不同温度的高温实验。第一组的实验温度为 200～1000℃，应变速率为 $0.001s^{-1}$。通过力学行为和微观组织演化，分析滑移和孪生系统类型及施密特因子，探究金属铼中 $\{11\bar{2}1\}$ 拉伸孪晶和 $\{10\bar{1}2\}$ 拉伸孪晶的相互协调机制。第二组的实验温度为 1150～1550℃，应变速率为 $0.003s^{-1}$，探究金属铼的 DRX 行为。

1. 200～1000℃高温变形行为

图 6-33(a)展示了在不同压缩温度下的真应力-应变曲线，可以看到在不同温度下，真应力-应变曲线呈现出相似的趋势。流动应力在初始阶段迅速增加，然后增加趋势变缓。图 6-33(b)显示了不同压缩温度下相应的加工硬化率曲线。不同应变下的加工硬化率是根据测得的真应力-应变数值斜率计算得出的。图 6-33(b)清楚地显示了纯铼在压缩过程中的多个应变硬化阶段，不同温度下纯铼的硬化行为存在一定差异。在第一阶段，加工硬化率均急剧下降，直到 $\varepsilon \approx 0.015$，即弹塑性转变阶段。随后，在第二阶段，加工硬化率均大致保持不变或略有下降。在 400℃、600℃、800℃和 1000℃下压缩的样品，即第三阶段，其加工硬化率略有增加，直到 $\varepsilon \approx 0.045$。在 200℃下压缩的样品，没有观察到加工硬化率增加的第三阶段。之后的第四阶段，加工硬化率逐渐下降，直到 $\varepsilon \approx 0.09$。在第五阶段，加工硬化率保持缓慢下降。多阶段的加工硬化率与变形过程中滑移和孪晶的激活有关。孪晶对

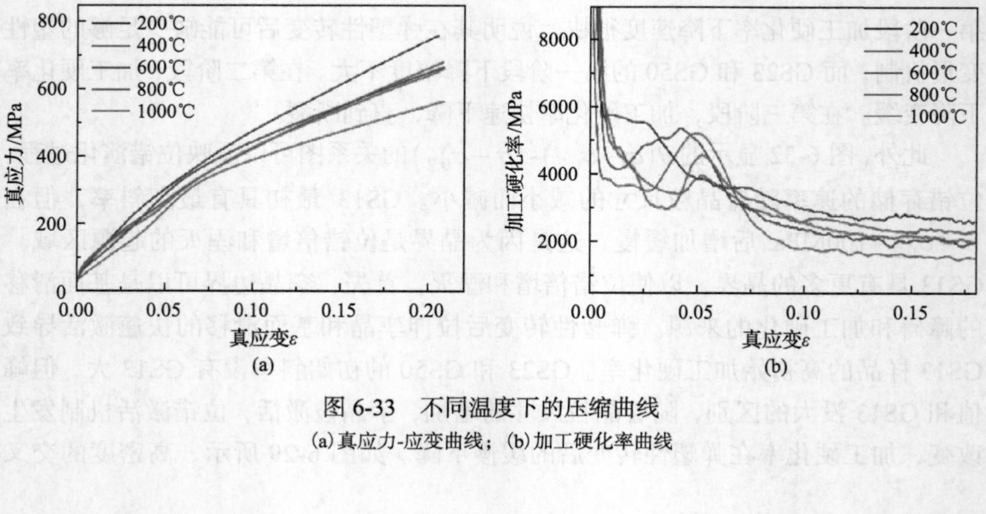

图 6-33　不同温度下的压缩曲线

(a)真应力-应变曲线；(b)加工硬化率曲线

塑性变形行为的影响主要体现在第二阶段和第三阶段。多阶段的加工硬化率与变形过程中滑移和孪晶的相互作用有关。

图 6-34 显示了 20%形变量的纯铼样品在不同温度下的 IPF 图、GB 图与 MAD 图。在所有温度下的压缩变形过程中都观察到了变形孪晶的存在，发现激活的孪晶的数量和类型随变形温度的不同而变化。表 6-4 显示了压缩变形过程中活性孪

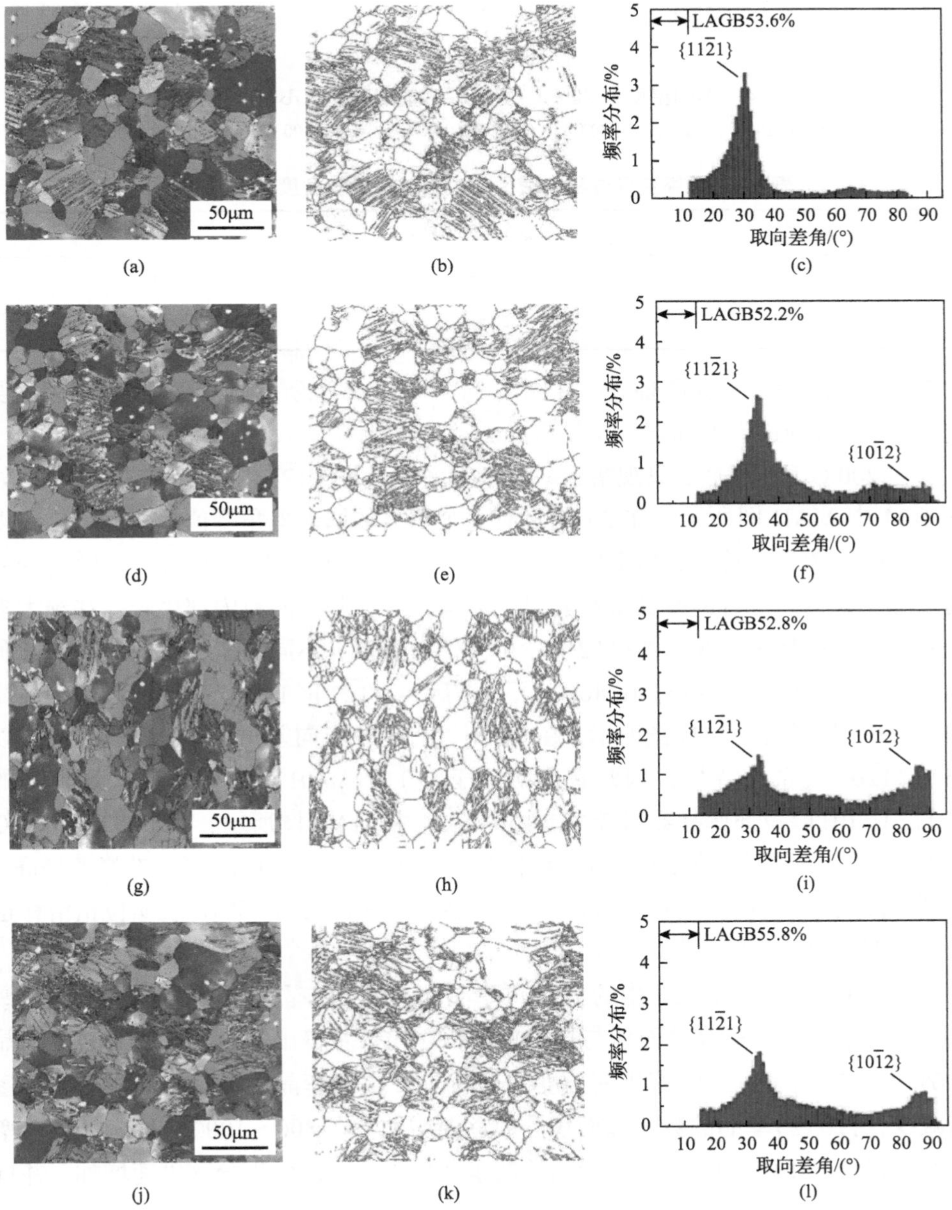

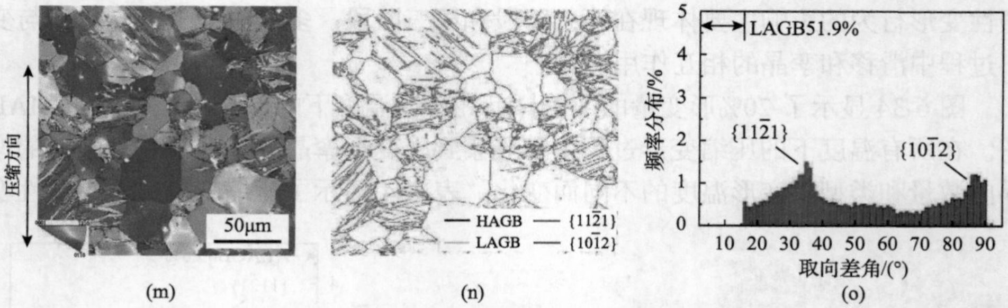

图 6-34 不同温度下 20%形变量压缩的 IPF 图、GB 图和 MAD 图

(a) (b) (c) 200℃；(d) (e) (f) 400℃；(g) (h) (i) 600℃；(j) (k) (l) 800℃；(m) (n) (o) 1000℃

表 6-4 压缩变形过程中活性孪生系统的旋转角度和共同轴线

孪生系统	旋转角度/(°)	公共轴
$\{11\bar{2}1\}\langle\bar{1}\bar{1}26\rangle$	35	$\langle10\bar{1}0\rangle$
$\{10\bar{1}2\}\langle\bar{1}011\rangle$	85	$\langle11\bar{2}0\rangle$

生系统的旋转角度和共同轴线。在图 6-34 中，表 6-4 所示具有理想取向关系（误差在 5°以内）的边界被标记为孪晶边界。

在 200℃下压缩后，只观察到一种孪生系统，即$\{11\bar{2}1\}\langle\bar{1}\bar{1}26\rangle$拉伸孪晶。如图 6-34 中 MAD 图所示，在 35°附近有一个明显的取向差角峰值。孪晶的晶界以 35°/$\langle10\bar{1}0\rangle$关系为特征，因此它们对应于$\{11\bar{2}1\}\langle\bar{1}\bar{1}26\rangle$拉伸孪晶。$\{11\bar{2}1\}$孪晶的宽度非常窄，平行的孪晶带在晶界处形核，并在基体晶粒内部生长。在绝大多数晶粒中，只有一种或两种$\{11\bar{2}1\}$孪生变体被激活，不同的孪生变体相互交叉和相互作用，阻碍孪晶生长。在 400℃下压缩后，$\{11\bar{2}1\}\langle\bar{1}\bar{1}26\rangle$拉伸孪晶仍是主要的孪生机制，但如 MAD 图所示，在 85°附近有一个取向差角峰值，孪晶的晶界以 85°/$\langle11\bar{2}0\rangle$关系为特征，因此它们对应于$\{10\bar{1}2\}\langle\bar{1}011\rangle$拉伸孪晶，观察到的$\{10\bar{1}2\}\langle\bar{1}011\rangle$拉伸孪晶数量较少。如图 6-34 中 MAD 图所示，在 600℃、800℃和 1000℃下压缩后，在 35°附近的峰值显著减小并向两边扩散，85°的峰值增高。在所有温度下压缩后，小角度晶界均明显增多，占比约为 55%，表明位错滑移也是塑性变形时主导的机制之一。

图 6-35 显示了图 6-34 中的$\{11\bar{2}1\}$孪晶和$\{10\bar{1}2\}$孪晶的数量及面积分数。孪晶面积分数是根据孪晶总面积与扫描总面积之比计算得出的。在 200℃时，孪晶 100%为$\{11\bar{2}1\}$孪晶。随着压缩温度的升高，$\{11\bar{2}1\}$孪晶的数量和面积分数都逐渐减少，$\{10\bar{1}2\}$孪晶的数量和面积分数逐渐增加。在 800～1000℃时，$\{11\bar{2}1\}$孪晶的数量急剧下降，而$\{10\bar{1}2\}$孪晶的数量变化不大，但面积分数迅速增加，并首

次超过了$\{11\bar{2}1\}$孪晶的面积分数。在整个温度范围内，孪晶总面积的比例基本保持不变。孪晶始终是低温和高温下塑性变形的主要变形机制之一，温度会影响不同孪晶机制的优先激活，$\{11\bar{2}1\}$孪晶在 800℃及以下的温度下占主导地位，而$\{10\bar{1}2\}$孪晶在 800℃以上占主导地位。

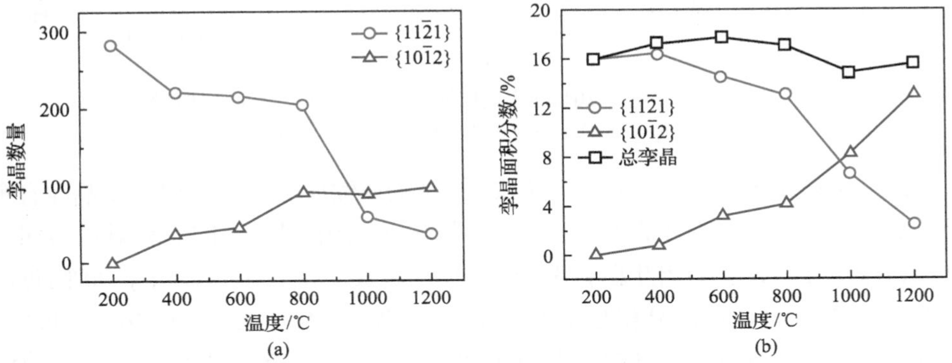

图 6-35　不同温度下的孪晶统计

(a) 孪晶数量；(b) 孪晶面积分数

图 6-36 进一步揭示了孪晶的演变过程，EBSD 结果以 IPF 图、GB 图与 MAD 图表示。$\{11\bar{2}1\}\langle\bar{1}\bar{1}26\rangle$拉伸孪晶界（$35°\pm5°/\langle10\bar{1}0\rangle$）和$\{10\bar{1}2\}\langle\bar{1}011\rangle$拉伸孪晶界（$85°\pm5°/\langle11\bar{2}0\rangle$）分别用红线和蓝线标出。此外，还突出显示了孪晶-孪晶边界（TTB），包括$\{11\bar{2}1\}$-$\{11\bar{2}1\}$TTB（$70°\pm5°/\langle10\bar{1}0\rangle$，绿色线），以及$\{11\bar{2}1\}$-$\{10\bar{1}2\}$TTB（$55°\pm5°/\langle21\bar{3}0\rangle$，青色线）。

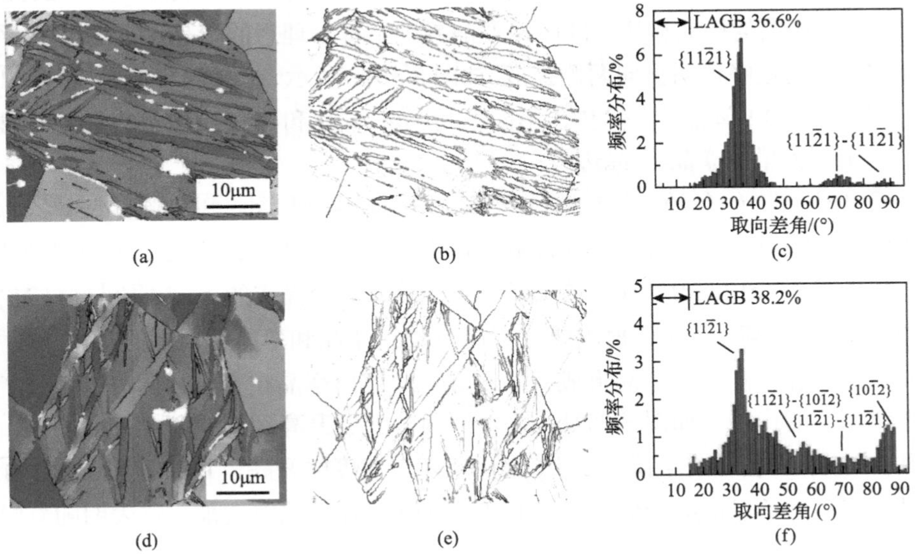

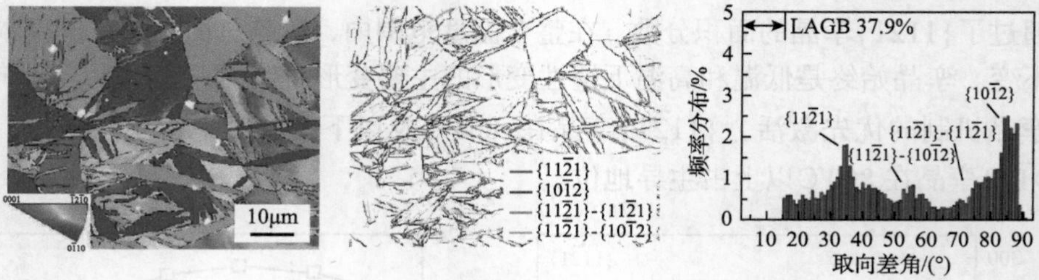

(g)　(h)　(i)

图 6-36　不同温度下 20%形变量压缩的 IPF 图、GB 图和 MAD 图

(a) (b) (c) 200℃；(d) (e) (f) 600℃；(g) (h) (i) 1000℃

如图 6-36(a)所示，在 200℃下压缩，持续的压缩应变导致$\{11\bar{2}1\}$孪晶在有利于激活拉伸孪晶的晶粒中形核、生长。例如，位于中间位置的晶粒显示出四个$\{11\bar{2}1\}$孪生变体，它们相互影响并抑制变体的生长。在图 6-36(c)中，70°附近的峰值与$\{11\bar{2}1\}$-$\{11\bar{2}1\}$孪晶相互作用相对应。此外，次生$\{11\bar{2}1\}\langle\bar{1}\bar{1}26\rangle$拉伸孪晶在$\{11\bar{2}1\}$孪晶中激活。在不利于拉伸孪晶的晶粒中，也可以观察到多个$\{11\bar{2}1\}$孪晶，以适应局部应力相容性。如 GB 图所示，并非所有的$\{11\bar{2}1\}$孪晶界都用红线识别出，一些$\{11\bar{2}1\}$孪晶界并不符合理想的孪晶-基底取向关系，即晶界的特征为 35°/$\langle 10\bar{1}0\rangle$关系。如图 6-36(d)所示，在 600℃下压缩，除了$\{11\bar{2}1\}\langle\bar{1}\bar{1}26\rangle$拉伸孪晶和$\{11\bar{2}1\}$-$\{11\bar{2}1\}$孪晶相互作用外，$\{10\bar{1}2\}$孪晶也在多个晶粒中被激活，对应于图 6-36(f)中 85°附近的峰值。$\{10\bar{1}2\}$孪晶可以在晶粒边界和$\{11\bar{2}1\}$孪晶界成核，其生长受到$\{11\bar{2}1\}$孪晶的抑制。$\{11\bar{2}1\}$-$\{10\bar{1}2\}$孪晶相互作用形成了新的晶界。如图 6-36(f)所示，测得$\{11\bar{2}1\}$-$\{10\bar{1}2\}$孪晶之间的孪晶-基底取向为 55°±5°/$\langle 21\bar{3}0\rangle$。与 200℃下压缩的样品相比，$\{11\bar{2}1\}$孪晶界中不符合理想的孪晶-基底取向关系明显增多，35°附近峰值明显向两侧扩散。如图 6-36(i)所示，在 1000℃下压缩，$\{10\bar{1}2\}$孪晶界比$\{11\bar{2}1\}$孪晶界占优势，不同的$\{10\bar{1}2\}$孪晶和$\{11\bar{2}1\}$孪晶在晶粒中被激活，产生了大量的孪晶-孪晶边界。

图 6-37 为图 6-36 中所示三个典型区域的 KAM 图，可反映几何必要位错(GND)密度分布，还对$\{11\bar{2}1\}$孪晶和$\{10\bar{1}2\}$孪晶的 KAM 值进行了单独识别和分析。如图 6-37(a)和(d)所示，在 200℃下压缩，整个晶粒的 KAM 值与$\{11\bar{2}1\}$孪晶的几乎相同。高的 KAM 值主要分布在$\{11\bar{2}1\}$孪晶和孪晶界周围的基体晶粒中。因此，为了适应$\{11\bar{2}1\}$孪晶形成后的变形，$\{11\bar{2}1\}$孪晶在变形的同时也起到了滑移系统调节的作用。如图 6-37(b)和(c)所示，温度升高到 600℃和 1000℃时，整个晶粒的KAM 值略有下降，这应该是由于随着温度的升高，$\{11\bar{2}1\}$孪晶和$\{10\bar{1}2\}$孪晶更容易激活以适应变形。$\{11\bar{2}1\}$孪晶的 KAM 值略有增加，这表明随着温度

的升高，$\{11\bar{2}1\}$孪晶调节滑移系统的能力变得更强。相比之下，$\{10\bar{1}2\}$孪晶的 KAM 值低于$\{11\bar{2}1\}$孪晶，似乎$\{11\bar{2}1\}$孪晶和$\{10\bar{1}2\}$孪晶具有不同的适应塑性变形机制。

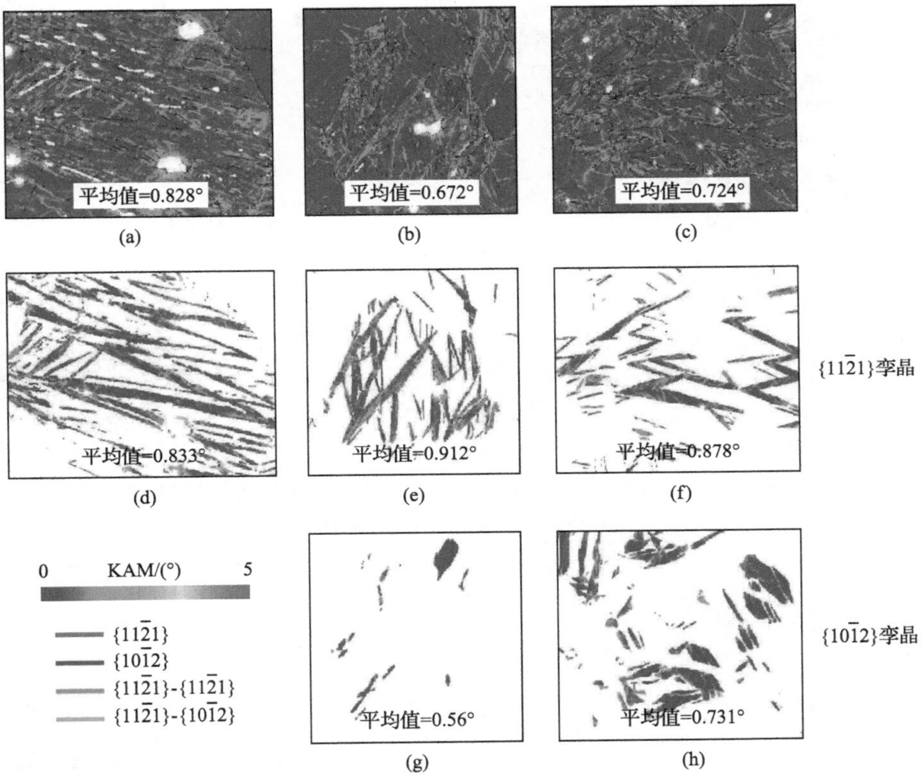

图 6-37　不同温度下 20%形变量压缩的 KAM 图

(a) (d) 200℃；(b) (e) (g) 600℃；(c) (f) (h) 1000℃

通过分阶段压缩试验确定了$\{11\bar{2}1\}$孪晶和$\{10\bar{1}2\}$孪晶诱导塑性变形的贡献。样品在 600℃和 1000℃下分别加载 4.5%和 9%的形变量，对应于第三阶段中加工硬化率增加的末期和第四阶段加工硬化率下降的末期。如图 6-38 所示，在第三阶段结束时，有利于拉伸孪晶取向的晶粒中出现了平行的$\{11\bar{2}1\}$孪晶带和多个$\{10\bar{1}2\}$孪晶，$\{10\bar{1}2\}$孪晶仅在少数晶粒中被激活。在 600℃和 1000℃时，微观结构没有很大差别，面积分数分别为 3.2%和 2.9%。

图 6-39 显示了变形至 9%的微观结构。在 600℃和 1000℃时，面积分数分别达到 4.5%和 9.8%。在 600℃时，多个$\{11\bar{2}1\}$孪生变体在晶粒中生长并相互作用，而$\{10\bar{1}2\}$孪晶仍仅存在少数晶粒中。MAD 图也显示，$\{10\bar{1}2\}$孪晶的峰值从 4.5%

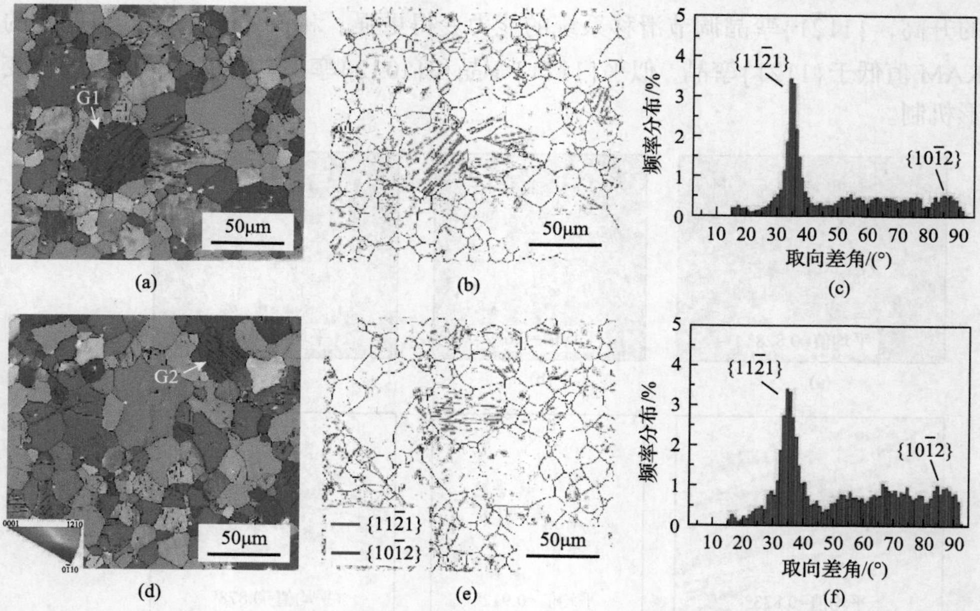

图 6-38　不同温度下 4.5%形变量压缩的 IPF 图、GB 图和 MAD 图

(a) (b) (c) 600℃；(d) (e) (f) 1000℃

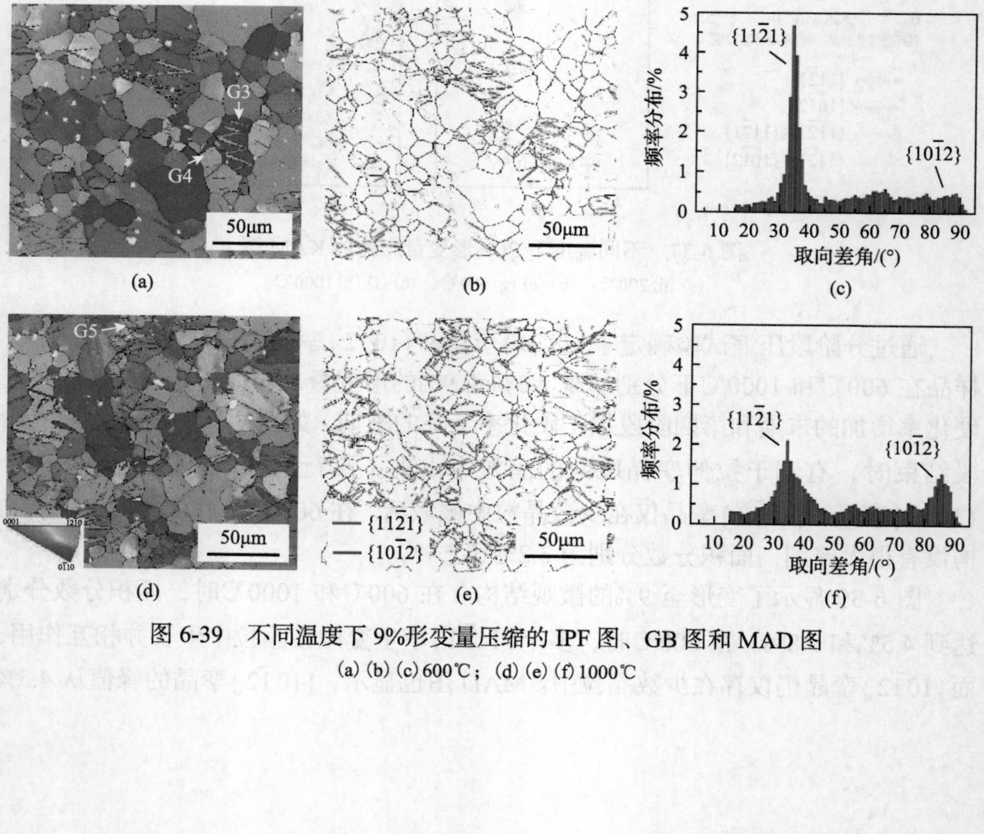

图 6-39　不同温度下 9%形变量压缩的 IPF 图、GB 图和 MAD 图

(a) (b) (c) 600℃；(d) (e) (f) 1000℃

形变量到 9%形变量没有显著变化。然而，在 1000℃时，从 4.5%形变量到 9%形变量，{11$\bar{2}$1}孪晶的生长似乎非常缓慢，{10$\bar{1}$2}孪晶发生了持续的成核和生长。MAD 图显示，不符合理想孪晶-基底取向关系的{11$\bar{2}$1}孪晶界有所增加，温度的升高似乎改变了{11$\bar{2}$1}孪晶激活后的变形机制，使得{10$\bar{1}$2}孪晶得以大量激活。

通过上述分析发现，在 200℃的压缩条件下，{11$\bar{2}$1}孪晶是唯一被激活的孪生系统，这和室温下的结果是一致的。随着温度的升高，{10$\bar{1}$2}孪晶在变形过程中被激活。在压缩温度为 800℃时，{10$\bar{1}$2}孪晶的面积分数超过了{11$\bar{2}$1}孪晶的面积分数。不同温度下的加工硬化率曲线相似，分阶段压缩实验表明，{11$\bar{2}$1}孪晶主导了加工硬化率增加的阶段。下面讨论观察到的不同温度下压缩过程中滑移和孪晶系统的激活机制，以及滑移和孪晶变形模式对多级加工硬化率的影响。

直观地说，根据宏观施密特因子的值，可以预计在剪切方向上具有最大解析剪应力的孪生变体将首先被激活。在对 HCP 金属拉伸孪生的大量研究中都观察到了这一规律。图 6-40 显示了 200℃、600℃和 1000℃下激活的{11$\bar{2}$1}孪生变体的 SF 和 SF_{rank}分布。在这三个温度下，{11$\bar{2}$1}孪生变体表现出相似的规律性。大约一半的{11$\bar{2}$1}孪生变体的 SF_{rank}为 1，一半以上的孪生变体的 SF 大于 0.3。由于{11$\bar{2}$1}孪生变体的 CRSS 较低，它在低应力下优先被激活。因此，选择表现出典型的“施密特行为”是合理的，即优先激活 SF 最高的孪生变体。这表明{11$\bar{2}$1}孪晶在宏观应力下更容易被激活以适应变形。

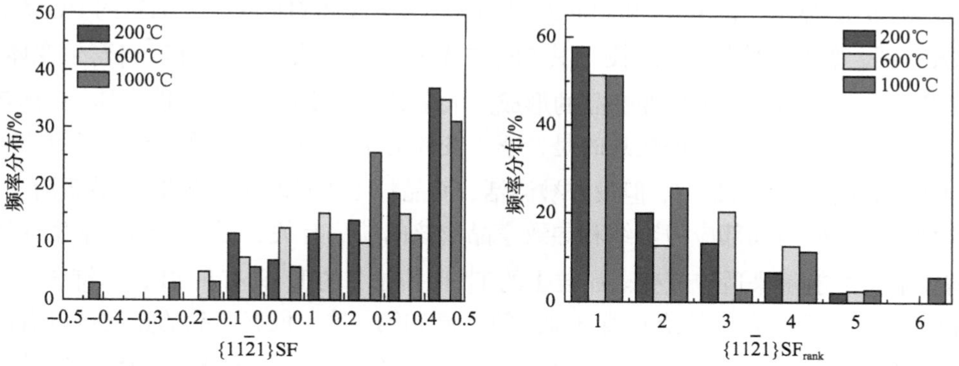

(a)　(b)

图 6-40　{11$\bar{2}$1}孪生变体的 SF 和 SF_{rank}分布

图 6-41 显示了 200℃、600℃和 1000℃下激活的{10$\bar{1}$2}孪生变体的 SF 和 SF_{rank}分布。{10$\bar{1}$2}孪生变体的 SF 显示了一个有趣的现象：大约一半的 SF 为负值，一半以上的 SF 绝对值大于 0.3，这表明塑性加工过程中局部应变与宏观应变之间存在严重偏差。

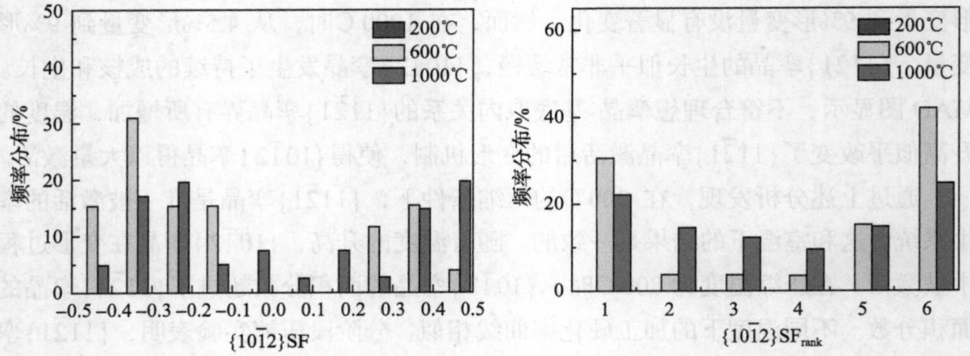

(a)　(b)

图 6-41　{$10\bar{1}2$}孪生变体的 SF 和 SF_{rank} 分布

提取了孪晶和基体的应变场分布，以探索局部应变对{$11\bar{2}1$}和{$10\bar{1}2$}孪生变体选择的影响。所有 EBSD 分析都是针对形变量为 9%时的微观结构。符号 T_i^{I} 表示六个{$11\bar{2}1$}孪生变体，T_i^{II} 表示六个{$10\bar{1}2$}孪生变体，其中 i=1,2,⋯,6。下标 i 通过绕晶体的 c 轴逆时针旋转而增加。按照参考文献中的标注习惯，T_1^{I} 对应于{$\bar{1}2\bar{1}1$}<$1\bar{2}16$>孪生变体，T_1^{II} 对应于{$10\bar{1}2$}<$\bar{1}011$>孪生变体。次级孪晶由激活序列中的单个孪生变体表示。例如，T_i^{I}-T_i^{II} 表示{$11\bar{2}1$}-{$10\bar{1}2$}二次孪晶，即在 T_i^{I} {$11\bar{2}1$}<$\bar{1}\bar{1}26$>孪生变体中激活了二次 T_i^{II} {$10\bar{1}2$}孪生变体。

图 6-42 显示了图 6-38 和图 6-39 中晶粒 1、2 和 3（G1、G2 和 G3）的 BC 图、KAM 图、孪生变体的 KAM 图及其 SF。在晶粒 1 中形成了四种{$11\bar{2}1$}孪生变体，其基体晶粒取向有利于拉伸孪晶的形成。大多数孪生变体为 T_6^{I} 和 T_3^{I}，其 SF 排名分别为第一和第二。值得注意的是，孪生变体的选择并不严格遵循施密特定律。例如，T_2^{I} 的 SF 排名第三，但没有被激活，而晶粒 1 中排名最低的 T_1^{I} 却被激活了。这种现象可能与局部应力容纳和导致孪晶成核的缺陷有关。通常，选择孪生变体需要最小的能量来适应应变。晶粒 1 的 T_4^{II} 和晶粒 2 的 T_4^{II} 具有负 SF，不符合“施密特行为”，但是它们的绝对值分别是第一高和第二高。根据孪晶的宽度可以看出孪晶的生长方向。在晶粒 1 和晶粒 2、晶粒 1 和晶粒 3 的晶界处，晶粒 1 的 T_4^{II} 和晶粒 2 的 T_4^{II} 在晶界处成核并向晶粒方向生长。结合 KAM 图，{$11\bar{2}1$}孪晶-晶粒边界和{$11\bar{2}1$}-{$11\bar{2}1$}孪晶相互作用的偏好会导致局部交界处的应力集中，从而激活了 SF 为负的{$10\bar{1}2$}孪生变体。

图 6-43 显示了图 6-39（a）中晶粒 4（G4）的 BC 图、KAM 图、孪生变体的 KAM 图及其 SF。在 1000℃时，{$10\bar{1}2$}孪生变体与{$11\bar{2}1$}孪生变体在同一晶粒中更容

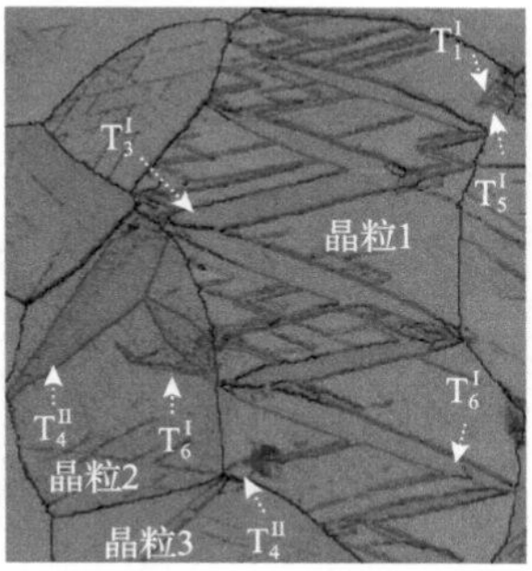

(a)

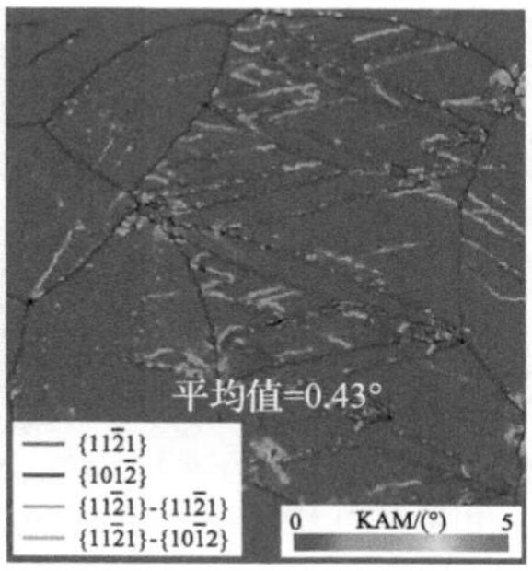

(b)

(c)

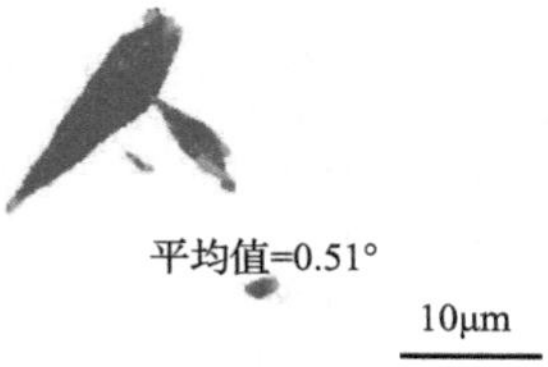

(d)

孪生变体	晶粒1 {11$\bar{2}$1}SF	晶粒1 {10$\bar{1}$2}SF	晶粒2 {11$\bar{2}$1}SF	晶粒2 {10$\bar{1}$2}SF
1	0.0461	−0.3851	0.0099	−0.4899
2	0.0964	−0.0003	0.1483	0.0692
3	0.2482	0.3595	0.273	0.1876
4	0.0613	−0.3901	0.1997	−0.4844
5	0.0772	0.0001	0.0006	−0.0671
6	0.3144	−0.3548	0.2123	−0.01910

(e)

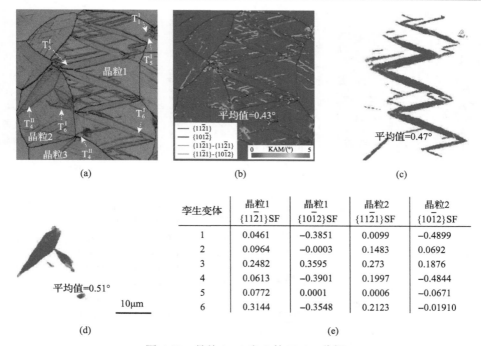

图 6-42　晶粒 1、2 和 3 的 EBSD 分析

(a) BC 图；(b) KAM 图；(c) {11$\bar{2}$1} 孪晶的 KAM 图；(d) {10$\bar{1}$2} 孪晶的 KAM 图；(e) 晶粒 1、2 中孪生变体的 SF

易被激活。这可能是由于温度升高导致非基底滑移系统的临界剪切应力发生了变化。在图 6-42 中，{10$\bar{1}$2}孪生变体只在晶界处形核。而在图 6-43 中，{10$\bar{1}$2}孪生变体也可以在{11$\bar{2}$1}孪晶界处形核。KAM 图显示，当温度从 600℃升高到 1000℃时，{11$\bar{2}$1}孪生变体内部的变形增加。在{11$\bar{2}$1}<$\bar{1}\bar{1}$26>孪晶界处出现了局部应力集中，从而激活了 SF 为负的{10$\bar{1}$2}孪生变体。

He 等[7]利用原位透射法观察了{10$\bar{1}$2}孪晶的形核过程，这是一种双步孪晶形核机制。形核始于柱面/基面滑移界面上的断开，随后通过重新排列形成相干的孪晶边界。这可以很好地解释激活的{10$\bar{1}$2}孪生变体并不总是孪晶平面上解析剪应力最大的变体。这种孪晶形核机制可能受到孪晶平面法向应力的影响。结果表明，随着温度的升高，在多晶块状样品中，局部应力集中可为{10$\bar{1}$2}孪生变体的形核提供等效应力条件。

由于基底滑移和{11$\bar{2}$1}拉伸孪晶的 CRSS 相对较低，它们是压缩形变早期的主要变形模式。在大剪切变形下，激活锥面滑移和非基面柱面滑移适应塑性变形，并可能导致加工硬化率下降，这可以很好地解释在第四阶段观察到的加工硬化率下降现象。几何硬化在第二阶段(ε=0.015～0.045)表现突出，分阶段压缩试验证

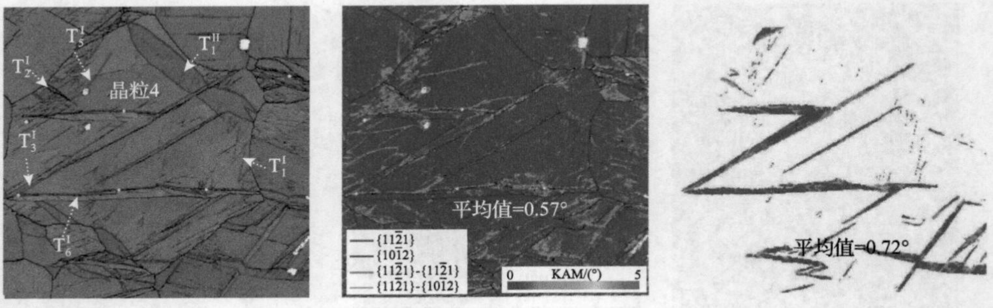

(a)　　(b)　　(c)

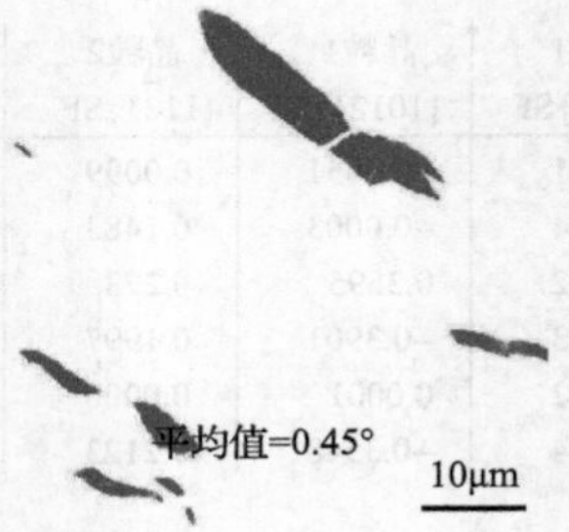

(d)

孪生变体	晶粒4 {11$\bar{2}$1}SF	晶粒4 {10$\bar{1}$2}SF
1	0.0410	−0.4628
2	0.0454	0.0298
3	0.3693	−0.2538
4	0.2242	−0.4580
5	−0.0207	−0.0286
6	0.1288	−0.2574

(e)

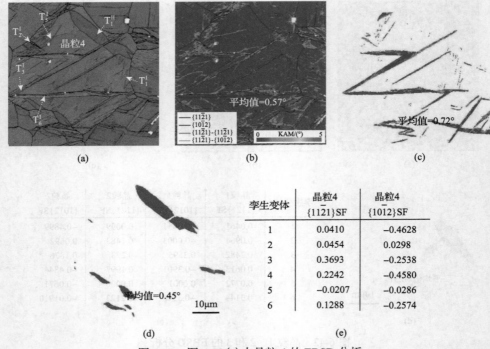

图 6-43　图 6-39(a)中晶粒 4 的 EBSD 分析

(a)BC 图；(b)KAM 图；(c){11$\bar{2}$1}孪晶的 KAM 图；(d){10$\bar{1}$2}孪晶的 KAM 图；(e)晶粒 4 中孪生变体的 SF

实了孪晶诱导的塑性变形的重要作用。在第二和第三阶段，{11$\bar{2}$1}孪晶是主要的变形机制。而在第四阶段，大量的{10$\bar{1}$2}孪晶开始成核和生长。{11$\bar{2}$1}孪晶诱导的几何硬化效应主要来源于孪晶界的晶粒细化(动态霍尔-佩奇效应)[8]、孪晶-滑移相互作用[9]和孪晶-孪晶相互作用[10]。{10$\bar{1}$2}孪晶的非施密特行为将发生在局部应变分布不均匀的区域，这释放了{11$\bar{2}$1}孪晶和基底滑移诱导的几何硬化。{10$\bar{1}$2}孪晶可使基体晶粒的取向发生偏转，从而促进锥面滑移和非基面柱面滑移的激活。室温下锥面滑移和非基面柱面滑移的 CRSS 远高于拉伸孪晶的 CRSS，基面滑移、柱面滑移和锥面滑移之间的 CRSS 差异可通过提高变形温度来缩小。因此，{10$\bar{1}$2}孪晶的活化会导致局部几何软化，反而会促进加工硬化率的降低。

2. 1150～1550℃高温变形行为

图 6-44(a)展示了在变形温度为 1150℃、1350℃和 1550℃的真应力-应变曲线，流动应力演变分为三个阶段：①线性硬化阶段；②应变硬化阶段；③软化阶段。在初始变形阶段，真应力迅速增加，并伴随着明显的加工硬化。随着应变的增加，位错密度达到临界值，动态回复(DRV)和动态再结晶(DRX)诱导的软化机制抵消

了加工硬化。随后，流动曲线逐渐向单一应力峰靠拢。随着变形的继续，流动曲线在流动软化的主导下缓慢下降，最终会达到以加工硬化和流动软化之间的动态平衡为特征的稳态流动，但本实验中未出现稳态阶段。流动应力曲线显示，随着应变率的降低或变形温度的升高，流动应力水平持续降低。变形温度从 1150℃升至 1550℃，峰值应力降低了 321.3MPa。图 6-44(b)为不同温度下相应的加工硬化率曲线。不同应变下的加工硬化率是根据测得的真应力-应变数值斜率计算得出的。在第一阶段，加工硬化率均急剧下降，直到 $\varepsilon\approx0.015$，即弹塑性转变阶段；随后，在第二阶段，加工硬化率下降变缓，直到 $\varepsilon\approx0.05$；之后，在第三阶段，加工硬化率下降很慢，直到 $\varepsilon\approx0.40$。

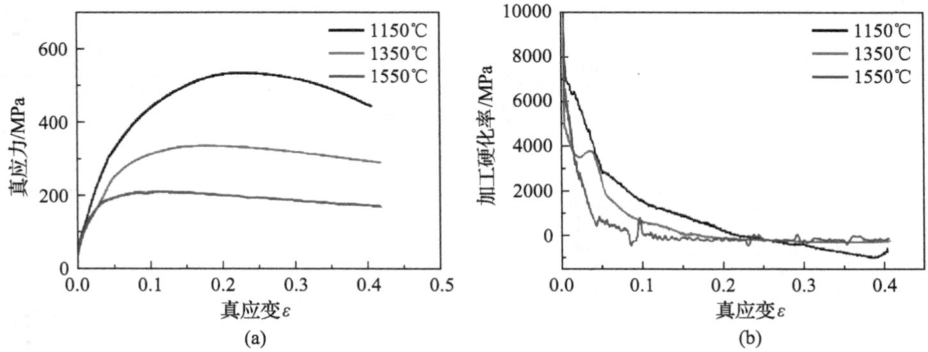

图 6-44　不同温度下的(a)真应力-应变曲线和(b)加工硬化率曲线

图 6-45 为变形温度 1150～1550℃、应变为 0.35 下试样中心区域的 IPF 图、GB 图和 MAD 图。图中，大角度晶界(15°～90°)和小角度晶界(2°～15°)分别用黑色和银色线条标出。变形后的微观结构可分为两部分，第一部分为激活孪晶及存在 DRX 晶粒的晶粒；第二部分为未激活孪晶，以位错滑移变形为主的晶粒。如图 6-45(a)所示，在变形温度 1150℃下，部分晶粒中可观察到大量孪晶，孪晶界在应力作用下呈现波浪状形态，在孪晶界处存在新形成的细小 DRX 晶粒。而在未出现孪晶和 DRX 晶粒的基体晶粒内部存在严重的取向差异。在变形温度 1150℃下，再结晶速率非常有限。随着变形温度升高到 1350℃，孪晶薄片的球化更加明显，孪晶界附近的 DRX 晶粒也变得更多。在孪晶-孪晶和孪晶-晶界相互作用区域，大多数孪晶失去了原有形态，被 DRX 晶粒取代。在变形温度 1550℃下，拉长的孪晶薄片完全球化，由于高温下 DRX 驱动力的增加，DRX 晶粒的成核区域变得更多，从而导致 DRX 晶粒尺寸和面积分数增加。在 GB 图中，$\{11\bar{2}1\}$和$\{10\bar{1}2\}$拉伸孪晶均被激活，这两种拉伸孪晶可以很好地容纳垂直于 c 轴压缩的应变。变形后大多数波浪状孪晶边界不符合理想的孪晶-基体取向关系(晶界为 35°/$\langle10\bar{1}0\rangle$或 85°/

⟨11$\bar{2}$0⟩取向关系）。在孪晶界附近存在着大量的小角度晶界，孪晶界是孪晶形成后位错优先聚集的区域。此外在取向差很大的晶粒内部也观察到大量的小角度晶界。在 MAD 图中，小角度晶界的比例为 69.1%。在 1350℃和 1550℃下，小角度晶界的比例分别为 66.9%和 57.1%。变形温度的升高会加剧原子扩散，促进晶界迁移和 DRX 的成核长大。温度升高到 1550℃时，细长状的孪晶完全消失，在粗大晶粒中，小角度晶界的湮灭速度也会加快。

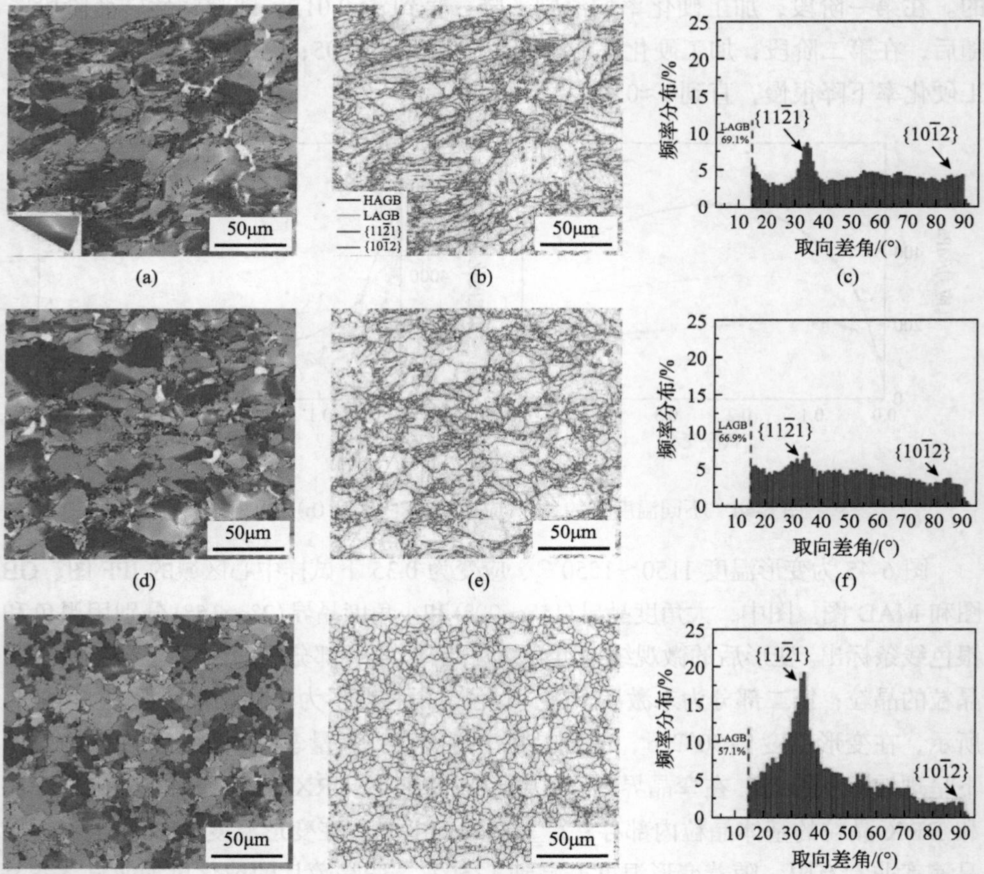

图 6-45　不同温度下 0.35 应变的 IPF 图、GB 图和 MAD 图

(a) (b) (c) 1150℃；(d) (e) (f) 1350℃；(g) (h) (i) 1550℃

图 6-46 为变形温度 1150～1550℃、应变为 0.35 下试样中心区域的{0001}极图。如图所示，压缩后的组织织构为双峰的非基面织构。在图 6-46 中还可看出，晶粒的颜色基本为蓝色和绿色，也表明红色{0001}基面织构的晶粒较少。在形变

过程中，晶粒内发生的位错滑移可以旋转基体取向。

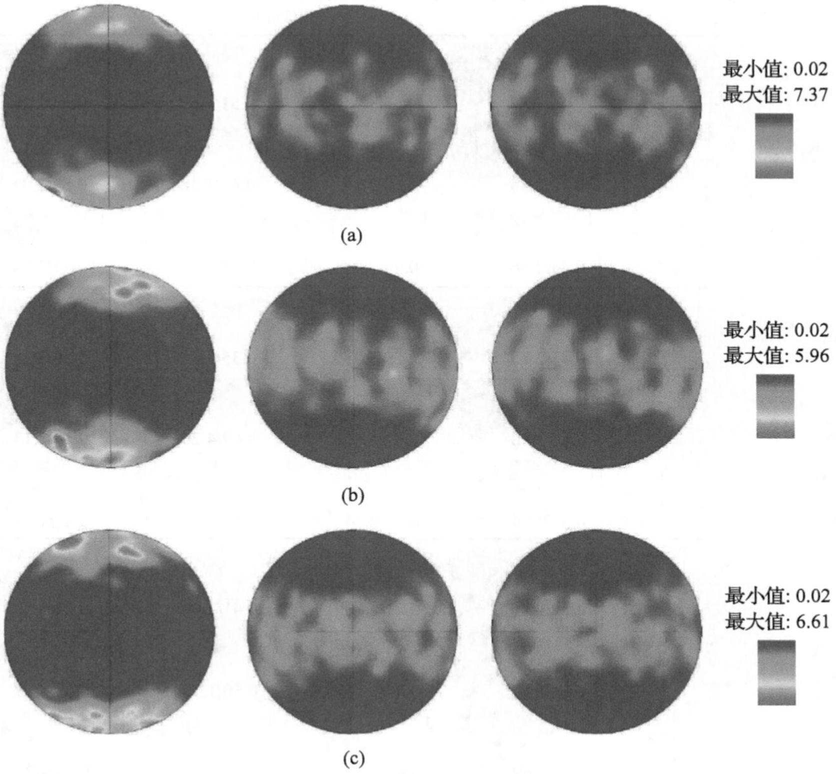

图 6-46　不同温度下 0.35 应变的{0001}极图

(a) 1150℃；(b) 1350℃；(c) 1550℃

为了研究变形温度对滑移系统的影响，基于晶内取向差轴(in-grain misorientation eaxe, IGMA)分析了各滑移系统的激活。在金属铼中，基面滑移的 CRSS 最低，是低应力下的主要变形方式之一，并且对变形温度的敏感性较小。图 6-47 为图 6-45 中三种不同变形温度下变形晶粒的 IGMA 分析。由于金属铼是 HCP 金属，本节主要分析 1.2°～2°的晶内取向差轴。对于变形温度为 1150℃、应变速率为 0.003s^{-1}样品，晶粒 A、D～F 和 H～K 的 IGMA 分布集中在〈0001〉轴周围，这几个晶粒内主要的滑移系为柱面〈a〉滑移。晶粒 L 的 IGMA 分布集中在〈$01\bar{1}0$〉轴附近，这是柱面〈a〉滑移或锥面〈c+a〉滑移的激活所致。晶粒 B、C 和 G 的 IGMA 分布集中在〈0001〉、〈$01\bar{1}0$〉和〈$\bar{1}2\bar{1}0$〉轴附近，表明多种滑移机制在这几个晶粒内激活。当温度升高到 1350℃或 1550℃时，集中在〈0001〉轴周围的 IGMA 最大强度明显增强，〈$01\bar{1}0$〉和〈$\bar{1}2\bar{1}0$〉轴周围的 IGMA 最大强度变化不显著，表明温度的升高使柱面⟨*a*⟩滑移的激活增大。

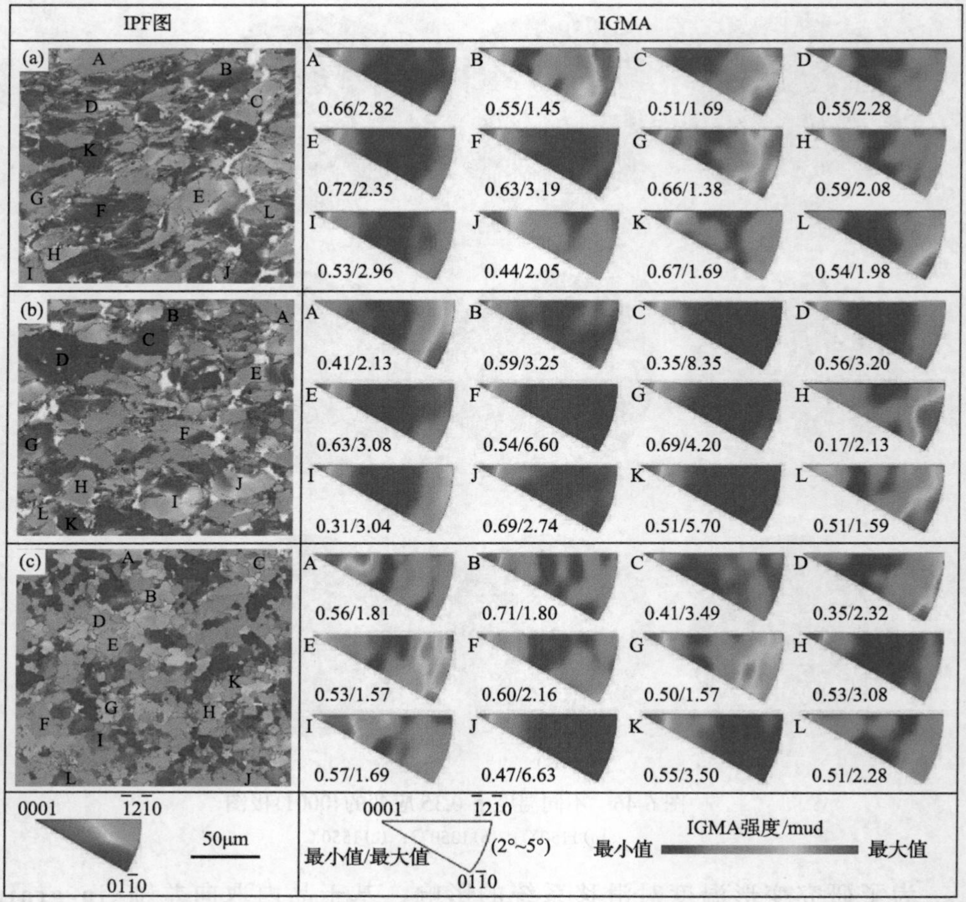

图 6-47　不同温度下 0.35 应变的变形晶粒 IGMA 分析

(a) 1150℃；(b) 1350℃；(c) 1550℃

为了阐明热变形中的再结晶机制，在变形温度为 1350℃、应变速率为 $0.003s^{-1}$ 下，压缩到不同的应变。图 6-48 显示了相应的真应力-应变曲线。在不同应变下的真应力-应变曲线相差不大，表明实验结果是可靠的。

图 6-49 展示了图 6-48 中不同应变下试样的 IPF 图、GB 图和晶粒取向散布(grain orientation spread，GOS)图。如图 6-49(a)所示，在应变为 0.10 时，微观结构由粗晶粒和孪晶组成，没有 DRX 晶粒。可以看到，基体晶粒上出现了各种细长的{$11\bar{2}1$}孪生变体，宽度仅为几微米。此外，一些{$10\bar{1}2$}孪晶在晶界处新形核，并向基体晶粒传播。与{$11\bar{2}1$}孪晶相反，{$10\bar{1}2$}孪晶可以通过增厚来适应进一步

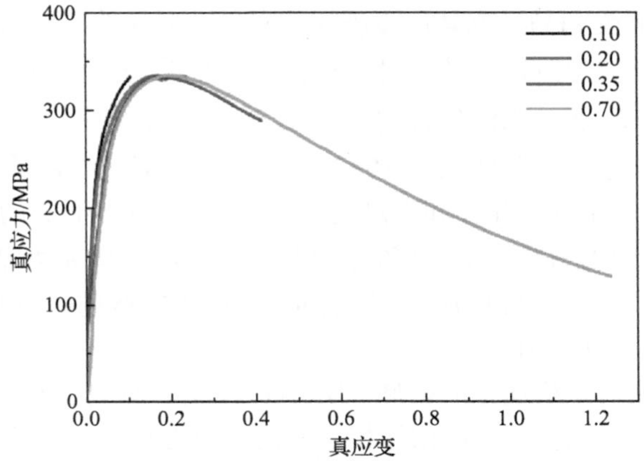

图 6-48　1350℃和 0.003s^{-1} 应变率下不同应变的真应力-应变曲线

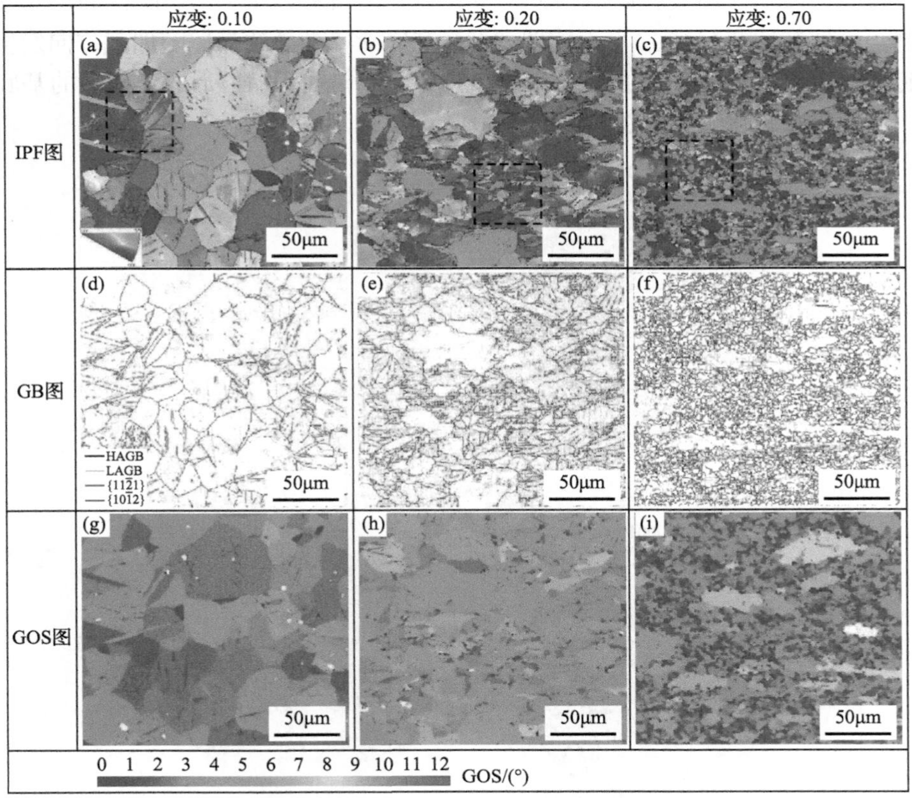

图 6-49　1350℃下不同应变的 IPF 图、GB 图和 GOS 图

(a) (d) (g) 0.10；(b) (e) (h) 0.20；(c) (f) (i) 0.70

的塑性变形，直到受到晶界或其他障碍物的阻碍。前面的实验结果表明，在温度超过 800℃的初始变形阶段，基面滑移和$\{11\bar{2}1\}$孪晶是主要的变形机制。当变形大于 5%时，$\{10\bar{1}2\}$孪晶取代$\{11\bar{2}1\}$孪晶成为主要变形机制。当应变为 0.20 时，微观结构变得不均匀，主要原因是$\{10\bar{1}2\}$孪晶显著增加，细化了一些晶粒。此外，大晶粒 GOS 值显著增加，晶界和孪晶边界出现 GOS 值小于 2°的小晶粒。当应变增加到 0.70 时，不均匀微观结构变得更加明显。$\{10\bar{1}2\}$孪晶边界完全消失，取而代之的是细小晶粒。如 GOS 图所示，随着应变的增加，蓝色区域的比例明显增加，表明 DRX 晶粒的比例上升。

为了研究应变对织构演化的影响，图 6-50 给出了对应于 0.10、0.20、0.35 和 0.70 应变的{0001}极图。与原始试样相比，在应变为 0.10 时，变形试样的基底保持随机取向，并且高极密度归因于孪生行为。当应变为 0.20 时，织构开始向 ND 方向偏转，表明晶体旋转以协调进一步变形。孪晶是热变形初始阶段的重要变形机制，可使基体绕⟨$11\bar{2}0$⟩平面旋转 85°。基底滑移是导致晶体随加载方向发生 c 轴旋转的主要变形方式。在 0.35 和 0.70 应变下，单轴压缩后形成了较强的基底织构。这表明在软化阶段存在典型的⟨0001⟩//ND 强基底织构。

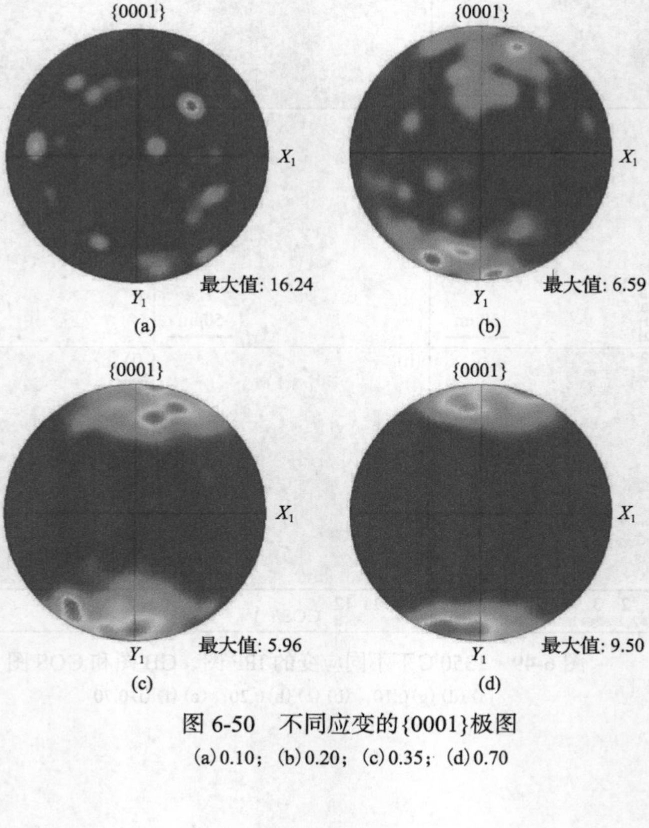

图 6-50　不同应变的{0001}极图

(a) 0.10；(b) 0.20；(c) 0.35；(d) 0.70

为了更深入地了解 DRX 机制，对 0.20 和 0.35 应变下的两个区域进行了详细分析，图 6-51 显示了 0.20 和 0.35 应变下的高倍 EBSD 结果。在图 6-51(a)和(b)中，随着变形的进行，$\{11\bar{2}1\}$和$\{10\bar{1}2\}$孪晶边界逐渐不符合理想的孪晶-基体取向关系。邻近晶粒(孪晶)之间的局部应变和应力集中引起大角度晶界两侧位错密度的变化，使直晶界转变为锯齿形。当晶界处局部位错密度达到再结晶形核的临界密度时，再结晶晶粒在晶界处形核。这一显微组织特征表明铼的 DRX 机制为不连续动态再结晶(DDRX)。由于 DDRX 中大角度晶界的形成速度明显快于 CDRX，DDRX 同时发生在多个晶界，可以快速消耗位错。当应变进一步增加到 0.35 时，广泛的位错滑移或交叉滑移集中在孪晶界或晶界处，为 DRX 形核创造了有利条件。在孪晶-孪晶界和孪晶界相互作用区，孪晶完全破碎转化为细晶，DRX 晶粒数量增多，呈链状分布。值得注意的是，大颗粒内部 GOS 逐渐增加，为后续的 DRV 和 DRX 提供了条件。

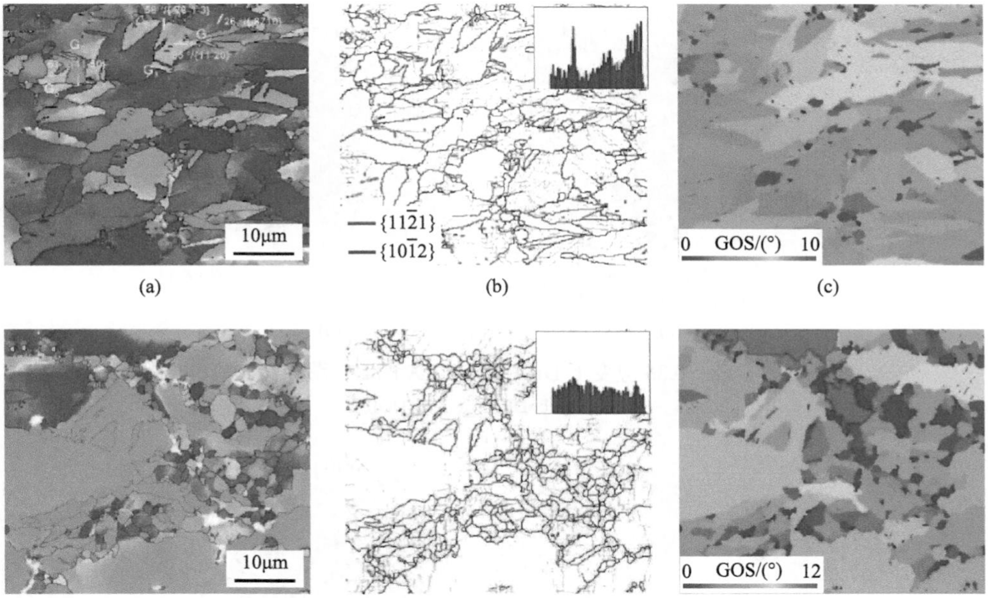

图 6-51　不同应变的 IPF 图、GB 图和 GOS 图

(a)(b)(c)0.20；(d)(e)(f)0.35

图 6-52 和图 6-53 为 0.35 应变和 0.70 应变下 DRX 晶粒和 DDRX 晶粒的 IPF 图和{0001}PF 图。0.35 应变下，单层的 DRX 晶粒出现在孪晶边界附近。由于晶界附近的不均匀变形和位错积累，晶粒内部的取向梯度远小于晶界附近。高局部

应变显著改变了晶格取向，使得 DDRX 诱导的晶粒取向比基体晶粒的取向更具随机性。DDRX 晶粒内部在位错滑移的作用下，基体晶粒向⟨0001⟩//ND 转变。应变增加至 0.70 时，基体晶粒的非基面织构强度增大，DRX 晶粒在外应力的作用下，也向⟨0001⟩//ND 方向偏转。

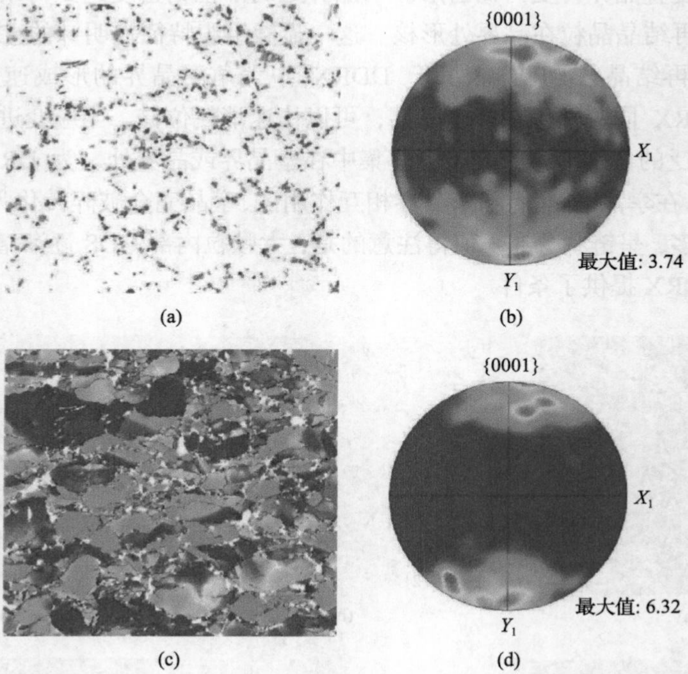

图 6-52　0.35 应变下 DRX 和 DDRX 的 IPF 图和{0001}PF 图

(a) (b) DRX；(c) (d) DDRX

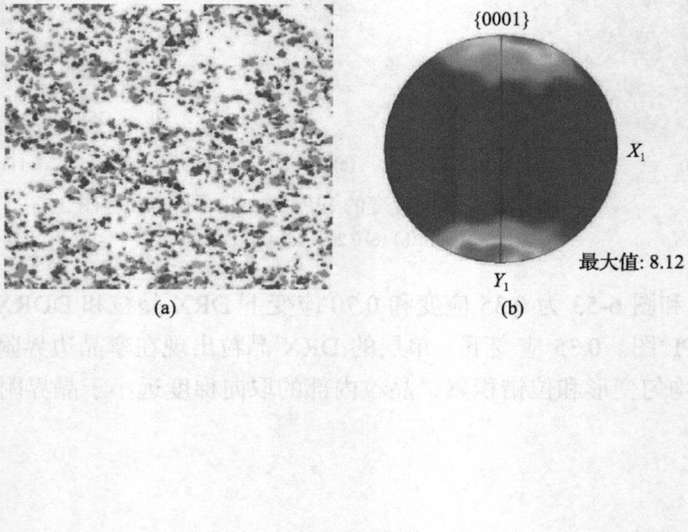

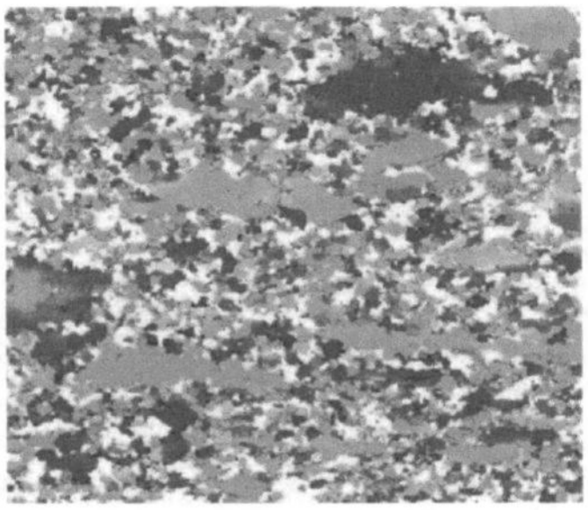

(c)

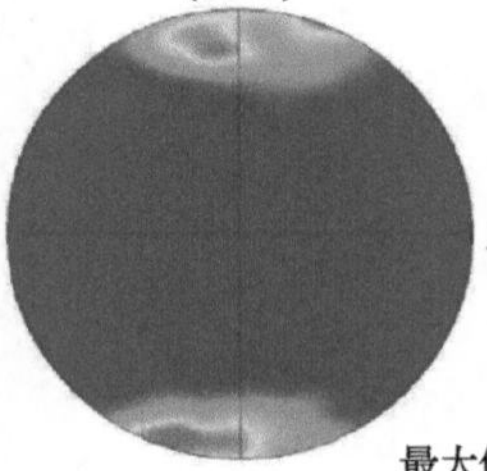

(d)

图 6-53　0.70 应变下 DRX 和 DDRX 的 IPF 图和{0001}PF 图

(a) (b) DRX； (c) (d) DDRX

6.2.3　织构或晶粒取向与外应力方向

通过预成形和退火制备出具有强基面织构的铼样品，具体试验方法为：将纯铼粉末压成 6.4cm×6.4cm 的方棒，在 2350℃下烧结，随后进行轧制和锻压，中间退火温度为 1650℃。最后，铼棒被拉直并磨至直径 3mm，并在 1650℃下退火。对于所有涉及孪晶诱导塑性的宏观试验，样品织构是非常重要的，以便确定孪晶主导下的形变方式。在本节中，压缩样品几乎完全具有与压缩轴平行的$\{11\bar{2}0\}$或$\{10\bar{1}0\}$面，而拉伸样品是相反的，几乎完全具有与拉伸轴垂直的{0001}面。

1. 压缩试验

图 6-54 为不同压缩应变下的 EBSD 结果，在 1%的低应变下，$\{11\bar{2}1\}$孪晶立即激活，宽度只有几微米的孪晶穿过宽度为几十微米的晶粒。不是所有晶粒都激活了孪晶，但 1%的变形样品显示出孪晶对应变调节的重要性，孪晶的平均面积分数为 4.3%。在 5%应变的样品中，激活的$\{11\bar{2}1\}$孪晶增多，在有利于孪晶的晶粒中，晶粒内部低的取向偏差表明位错塑性是较少的，局部错取向在 1.5°处的饱和可能是由于孪晶对加工硬化的抵抗。在初始位错运动和孪晶形成后，进一步扩展位错所需的应力增加，导致在达到相当于 1.5°错取向的位错塑性后优先孪晶成核。在 28%应变的样品中，晶界的区分变得越来越困难，晶粒内部大量的孪晶使晶界和孪晶的交界变得模糊，形成了细条纹的孪晶+基体结构。孪晶并非在所有晶粒中普遍存在，因为$\{11\bar{2}1\}$孪晶不能单独适应单轴压缩过程中的所有应变。图 6-54(e)表明，当晶粒 c 轴与压缩轴差角在约 20°范围内时，不会在晶粒内部形核，也不会从相邻晶粒中传递孪晶。基体内部变形严重，取向偏差很大，表明施加的应力完全通过位错滑移来调节[11]。

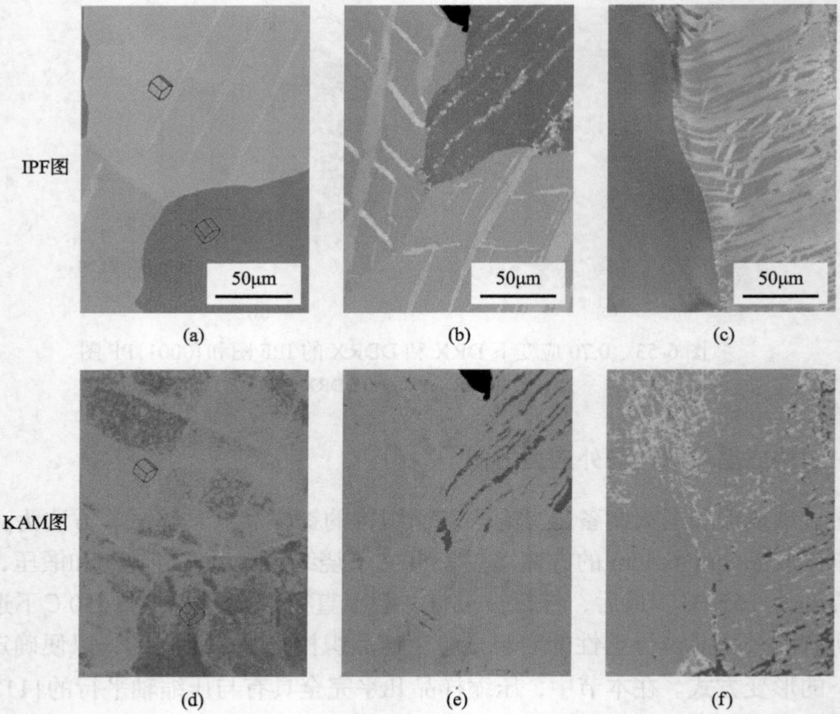

图 6-54　不同压缩应变下的 IPF 图和 KAM 图

(a) (d) 1%应变；(b) (e) 5%应变；(c) (f) 28%应变

图 6-55 为 TEM 观察到的一个$\{11\bar{2}1\}$孪晶，长度超过了 3μm，较大的孪晶是由许多不同的小孪晶聚集而成的。这种行为似乎在任何大于几十纳米厚的孪晶中都可以观察到。

图 6-55　$\{11\bar{2}1\}$孪晶的 TEM 形貌

图 6-56 为不同压缩应变下的 TEM 图，在 1%的低应变下，孪晶通常非常窄，有些只有 10nm 宽，具有极高的长宽比，或者由聚集孪晶组成，其中许多较小的孪晶聚集形成一个较大的孪晶区域。随着应变的增加，通常在整个样品中看到更大的聚集孪晶，在孪晶界和孪晶周围聚集位错。由于在低应变下没有看到孪晶界附近的高密度位错，说明位错聚集不是由孪晶在基体中存在的不相容应变引起的，而是在变形过程中引起的。这意味着位错对变形孪晶的形成没有直接的作用。虽

然 EBSD 可以看到一些滑移带通过孪晶传播，但大多数位错会受到孪晶界的阻碍，无法进入孪晶内部。在非常大的应变下，基体中位错饱和，位错不再仅聚集在孪晶界周围。

(a)　(b)　(c)

图 6-56　不同压缩应变下的 TEM 图

(a) 1%应变；(b) 5%应变；(c) 28%应变

为了确定基体中孪晶界处存在的位错类型，在 5%应变的样品中，采用双光束{0002}和{$11\bar{2}0$}，对孪晶界周围的基体进行弱光束暗场成像。在{0002}条件观察到沿孪晶界及周围存在〈*c*+*a*〉型位错，图 6-57(a) 和 (b) 显示，虽然在孪晶界附近存在相当常见的〈*c*+*a*〉型位错，但在基体中的孪晶/基体界面上却不常见。这可能是由于与〈*a*〉型位错相比，〈*c*+*a*〉型位错相对较少，减少了发现的可能性，只有在孪晶界形成与固定位错相交的情况下才可能被观察到。在{$11\bar{2}0$}条件下来观察〈*a*〉型位错，表明沿基体边界和孪晶附近的密度都要高得多。〈*a*〉型位错的间距相对规则，往往不完全沿着孪晶纵向分布，这表明可能存在有利于位错通过孪晶边界传播的结构。

2. 拉伸试验

图 6-58 为不同拉伸应变下的 EBSD 结果。由图可见，在 1.9%的低应变下，高 SF 的晶粒中可以看到孪晶的生成，而在大多数晶粒中没有孪晶出现，均为明显的晶粒内部颜色梯度，这可能是由基面位错滑移造成的；当变形达到 3.3%应变时，在所有具有高 SF 的晶粒中激活了{$11\bar{2}1$}孪晶；在 8.6%应变下，观察到的激活孪晶晶粒相对于未激活孪晶晶粒的比例并没有明显增加，表明孪晶主要在低应变下激活，位错可容纳孪晶饱和后的额外应变，较高的初始加工硬化率主要由大规模孪晶形成引起。在低应变和中应变下，具有明显变形孪晶的晶粒都有较高的基面滑移 SF 和局部取向差。将这种基面滑移在低应变下占主导地位的行为与变形孪晶结合，可以看出动态变化的变形模式似乎是铼适应变形的重要操作机制。

当晶体中的孪晶饱和时，孪晶中的基面滑移被激活，加工硬化导致高应力水平下锥面滑移的激活。高初始加工硬化率是由大量的孪晶引起的，孪晶很快被基面滑移和锥面滑移所取代[12]。

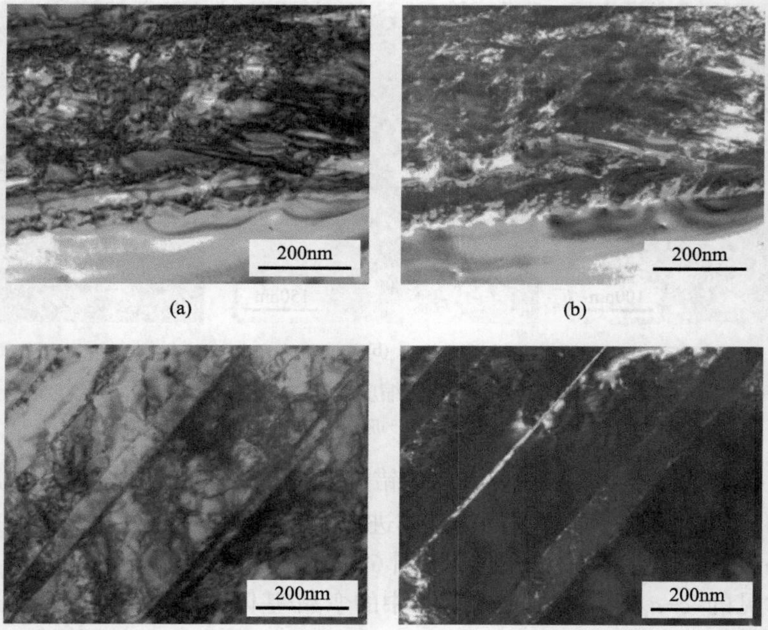

图 6-57　5%应变试样中孪晶的双光束明场和暗场 TEM 图

(a) (b) {0002}；(c) (d) $\{11\bar{2}0\}$

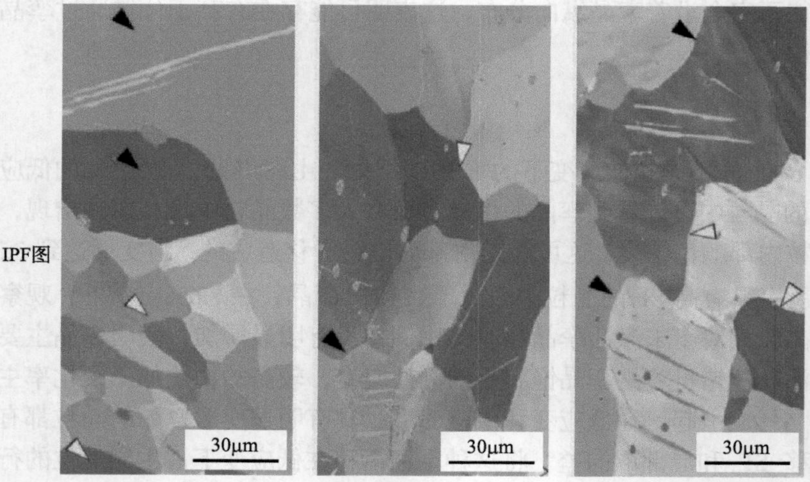

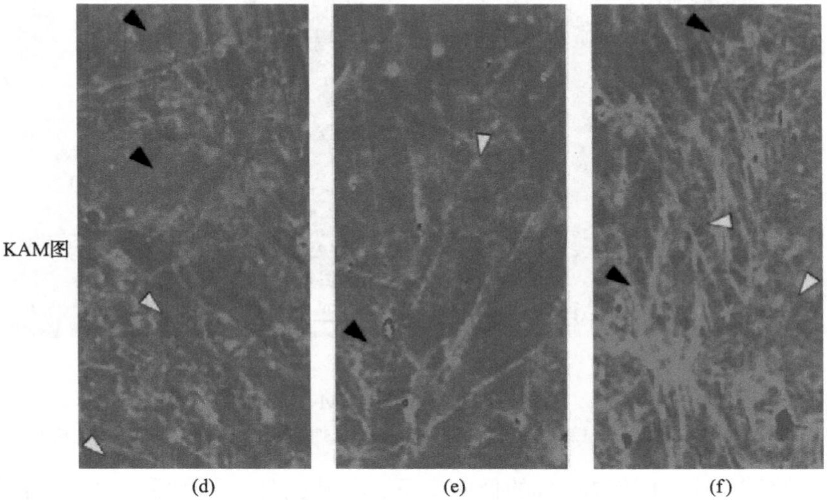

图 6-58　不同拉伸应变下的 IPF 图和 KAM 图

(a)(d) 1.9%应变；(b)(e) 3.3%应变；(c)(f) 8.6%应变

图 6-59 为 0.4%和 1.9%应变的暗场 TEM 图以及 3.3%和 8.6%应变的扫描透射电子显微镜(STEM)图。位错倾向于彼此定向，从而形成长位错滑移带，穿过孪晶界。在较大应变的样品中可以看到很长的薄孪晶，而在低应变的样品中，薄孪晶更难观察到。在 0.4%应变样品中看到的两个孪晶界在较低应变中更常见，其中形成了较宽的孪晶界，TEM 中只观察到⟨a⟩型位错，通常在孪晶界之间。随着应变的增加，孪晶往往会形成非常高的长宽比，长度为几十微米，而厚度仅为几百纳米。位错密度随外加总应变的增加而稳步增加。从应变为 1.9%的试样到应变为 3.3%的试样，孪晶密度的增加明显大于其他过程。拉伸应力诱导的$\{11\bar{2}1\}$孪晶比压缩形成的更具有典型孪晶结构的特征，孪晶边界更为清晰。

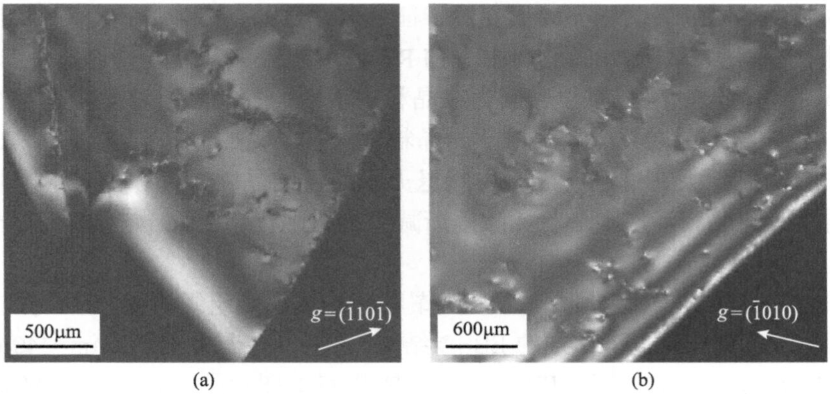

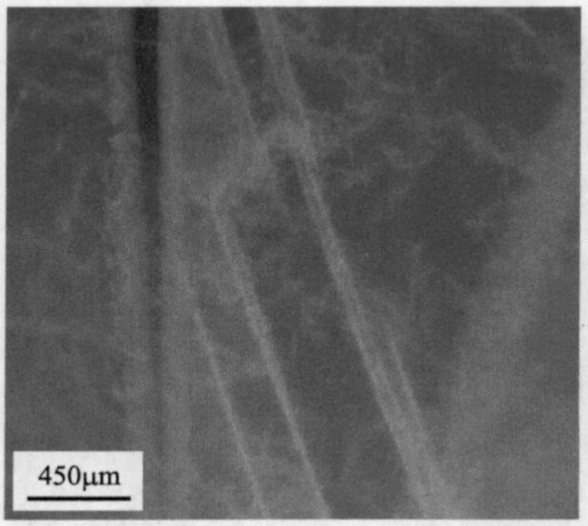

(c)

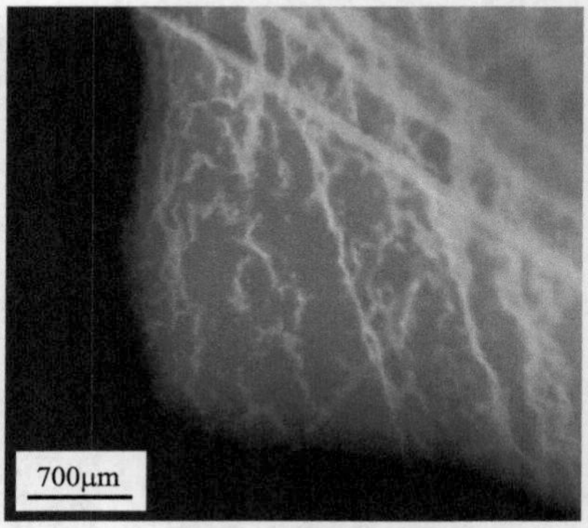

(d)

图 6-59　不同拉伸应变下的 TEM 图和 STEM 图

(a) 0.4%应变暗场 TEM 图；(b) 1.9%应变暗场 TEM 图；(c) 3.3%应变 STEM 图；(d) 8.6%应变 STEM 图

在压缩试验中，即使在 1%的低应变下，孪晶也会立即激活，宽度只有几微米的孪晶就能明显被观察到。随着应变增加，孪晶在铼晶粒上交叉并通过晶界传播。应变达 5%时，晶粒内部的孪晶数量增多。而在拉伸下，随着应变的增加，观察到的孪晶晶粒与未激活晶粒的比例基本保持在 1∶3。在晶粒中出现大的内部取向差，导致许多较大晶粒的内部结构看上去呈条纹状，这种内部取向差在断裂后达到饱和。拉伸过程中，变形孪晶主要是在低应变下激活的，在孪晶饱和后，位错塑性可以容纳额外的应变，而铼的异常高初始加工硬化率主要由大规模孪晶及基面滑移引起。

6.3　铼在轧制过程的微观组织演变

6.3.1　纯铼在 10%～45%形变量的组织演变

本节中不同的轧制样品以形变量特征命名，例如，Re-10%代表 10%形变量的纯铼。图 6-60 为 Re-10%、Re-30%和 Re-45%的 SEM 图。与烧结态纯铼相比，Re-10%的晶粒尺寸略有减小，因为在晶粒中激活的孪晶和滑移发生了部分晶粒破碎。Re-30%的晶粒尺寸明显减小，晶粒破碎基本完成，晶粒被细化。Re-45%的晶粒有明显长大，这可归因于中间退火中的再结晶。另外，随着形变量的增加，初始的圆形和不规则形状孔隙逐渐减少和扁平化，在 Re-45%中仍存在部分残留孔隙。

采用 EBSD 的表征手段深入研究冷轧过程中的微观组织演变。图 6-61 显示了冷轧纯铼板不同轧制压下试样的 EBSD 结果，图片采集尺寸为 300μm×240μm，包括以 ND 为基准的取向成像(IPF-TD)图、晶界(GB)图和晶界取向差角(MAD)图。

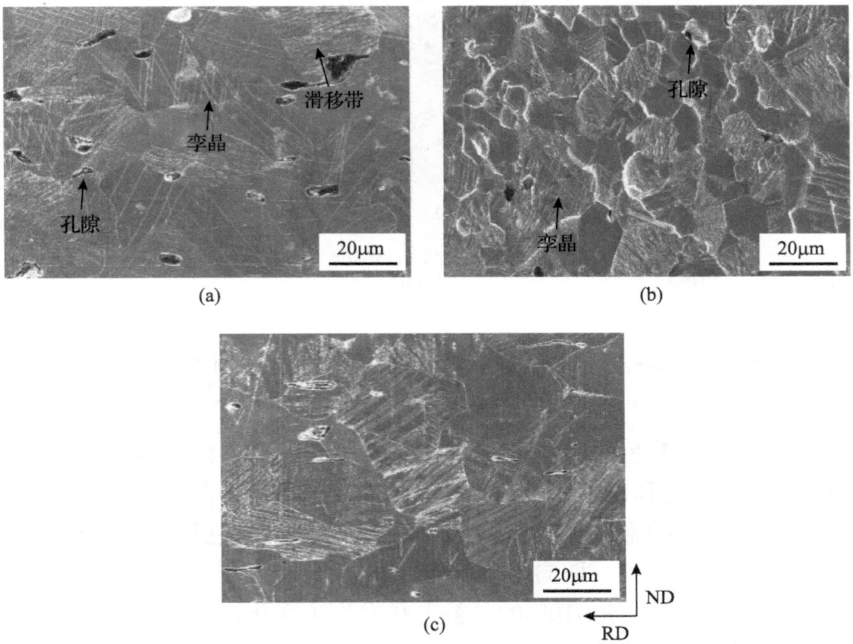

图 6-60　纯铼经过不同形变量冷轧后 RD-ND 面的 SEM 图

(a) Re-10%；(b) Re-30%；(c) Re-45%

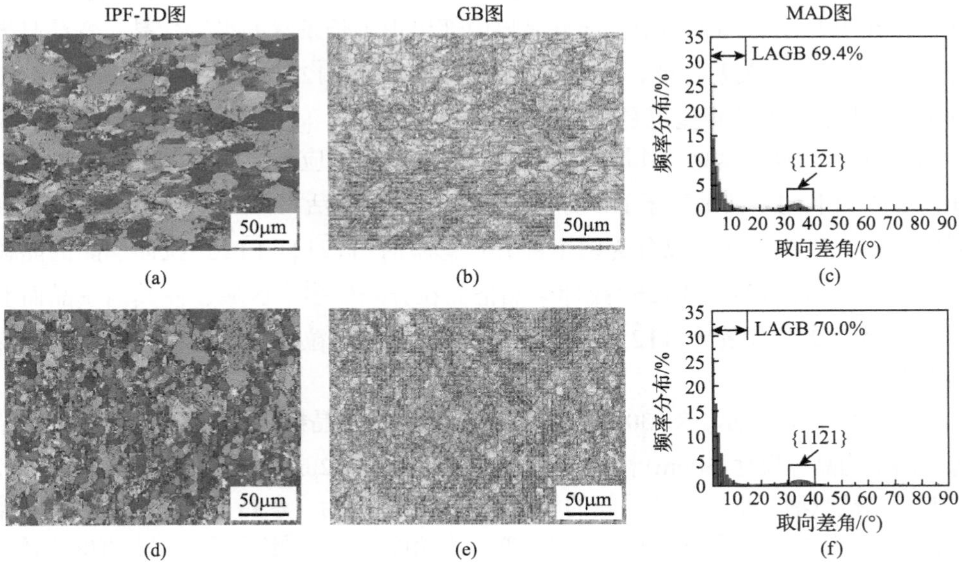

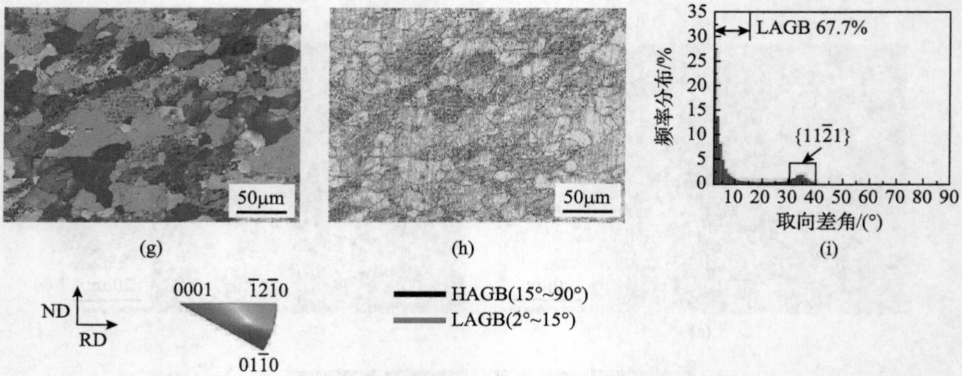

图 6-61　纯铼经过不同形变量冷轧后的 IPF-TD 图、GB 图和 MAD 图

(a)(b)(c) Re-10%；(d)(e)(f) Re-30%；(g)(h)(i) Re-45%

IPF-TD 图显示不同颜色的晶体取向，其中大角度晶界(15°～90°)和小角度晶界(2°～15°)分别用黑色和银色线显示。晶界图能清晰显示出晶粒尺寸和形状，其中大角度晶界(15°～90°)和小角度晶界(2°～15°)分别用黑色和红色线显示。MAD 图从 GB 图的数据中得到，取向差角低于 2°的不显示。

与烧结态纯铼相比，Re-10%的晶粒形状发生了变化，从等轴晶形状变成略微扁平状，在大部分晶粒内部观察到取向颜色梯度变化，说明大部分晶粒内部发生了明显形变。如对应的 GB 图所示(图 6-61(b))，晶粒内部有大量的红色小角度晶界出现，这对应着位错滑移的形成，在 MAD 图中，小角度晶界的占比为 69.4%。此外，在 IPF 图和 GB 图中，部分晶界内部出现了长条状的平行孪晶，孪晶晶界为 35°/$\langle 10\bar{1}0\rangle$的关系特征，因此对应的是$\{11\bar{2}1\}\langle\bar{1}\bar{1}26\rangle$拉伸孪晶[13]，和 MAD 图中 35°附近突出的峰值也是对应的。值得注意的是，$\{11\bar{2}1\}\langle\bar{1}\bar{1}26\rangle$拉伸孪晶仅可以适应沿 c 轴的形变，其形变容纳的局限性取决于应力方向和 c 轴的角度，因此仅在少数取向 c 轴垂直于 ND 方向的晶粒中容易激活$\{11\bar{2}1\}\langle\bar{1}\bar{1}26\rangle$拉伸孪晶。因此，微观组织演化可以分为两个部分：①激活$\{11\bar{2}1\}\langle\bar{1}\bar{1}26\rangle$拉伸孪晶的晶粒中，长条状的$\{11\bar{2}1\}\langle\bar{1}\bar{1}26\rangle$拉伸孪晶把晶粒分隔成多个区域，使其因孪晶而变形和破碎；②没有激活$\{11\bar{2}1\}\langle\bar{1}\bar{1}26\rangle$拉伸孪晶的晶粒中，仅存在位错滑移的激活而发生变形。

如图 6-61(d)所示，Re-30%的晶粒发生明显细化，晶粒转变为等轴形状。与烧结铼坯的平均晶粒尺寸(30μm)相比，孪晶宽度仅为 0.5～2μm，更多的$\{11\bar{2}1\}\langle\bar{1}\bar{1}26\rangle$拉伸孪晶被激活，形成了孪晶间的相互作用。一般认为，孪晶是位错传输的有效障碍，同时由位错堆积形成的亚结构将转变为大角度晶界，最终导致微观结构的细化，晶粒恢复到等轴的形状。如图 6-61(g)所示，由于中间退火的原因，Re-45%的晶粒明显长大，在 GB 图中，由小角度晶界构成的亚结构减弱，在有利于激活孪晶的晶粒中发现了更多的孪晶和孪晶间的相互作用。还注意到，存在一些由小角度晶界组成的穿过多个晶粒的条带结构，在后面的章节中将证明其为绝热剪切带。MAD 图可以很好地反映轧制过程的形变机制变化，即使在冷轧中进行了退火处理，LAGB 的比例也一直很高，说明位错滑移始终为主要的形变机制之一。

图 6-62 给出了 Re-10%、Re-30%和 Re-45%的 RD-ND 面的 KAM 图和 KAM 统计，其计算原理是 3×3 像素点阵之间的取向差的平均值，可以反映缺陷、亚结构和几何必要位错(GND)密度分布[14]。在冷轧过程，由于多晶铼晶体取向的不同，一些晶粒缺乏足够的滑移系统来适应变形，这反映在具有低 KAM 值的晶粒中，而激活

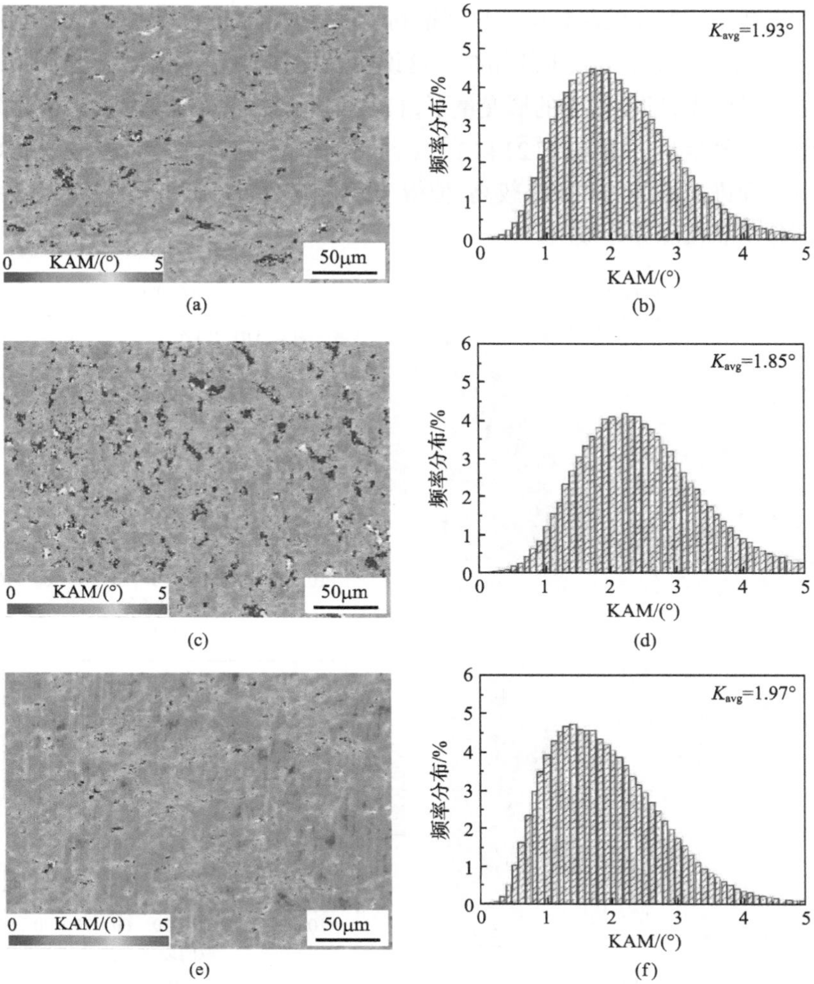

图 6-62　纯铼经过不同形变量冷轧后 RD-ND 面的 KAM 图和 KAM 统计

(a)(b) Re-10%；(c)(d) Re-30%；(e)(f) Re-45%

$\{11\bar{2}1\}\langle\bar{1}\bar{1}26\rangle$拉伸孪晶的晶粒中有着高 KAM 值，表明孪晶激活可以诱导更多的滑移系统激活。

为了更具体地了解纯铼在冷轧前中期微观组织演变，图 6-63 给出较高倍数下的 EBSD 结果，包括 IPF-TD 图和 MAD 图。IPF-TD 图的白色部分是 EBSD 测试时未标定区域。此外，还统计了孪晶面积分数。如图 6-63(a)所示，在 Re-10%中，孪晶面积分数为 5.2%，小部分晶粒内激活了孪生系统，通过检查其与基体之间的取向关系，确定均为同种类型的孪生系统，即$\{11\bar{2}1\}\langle\bar{1}\bar{1}26\rangle$拉伸孪晶。孪生系统类型也可以由图 6-63(b)中的取向差角峰值确定，并标注对应的对称轴和旋转角度。在大多数激活孪晶的晶粒中，只观察到一种具有高 SF 的孪生变体，宽度为几微米的平行孪晶带穿过几十微米的晶粒。这说明在那些取向容易激活$\{11\bar{2}1\}\langle\bar{1}\bar{1}26\rangle$拉伸孪晶的晶粒中，即使很小的形变量下，$\{11\bar{2}1\}\langle\bar{1}\bar{1}26\rangle$拉伸孪晶也会被立刻激活，并跨越整个晶粒生长，因为$\{11\bar{2}1\}\langle\bar{1}\bar{1}26\rangle$拉伸孪晶和基面滑移都有较低的 CRSS，而柱面滑移和锥面滑移的 CRSS 较高。值得注意的是，大部分孪晶可以跨越晶界传播，只有小部分孪晶在晶界处被阻碍。

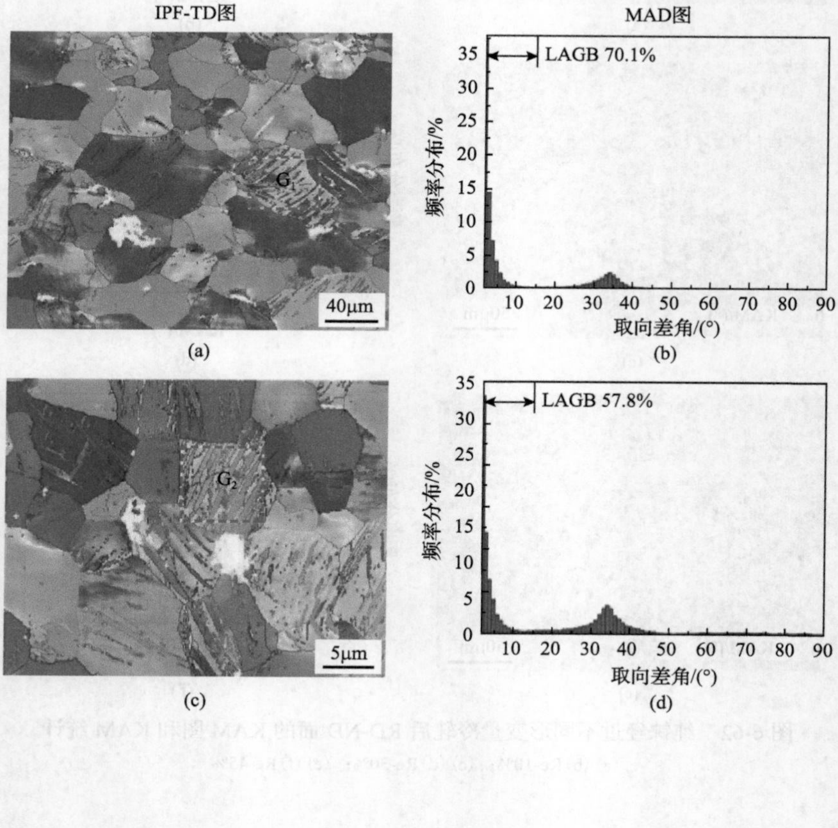

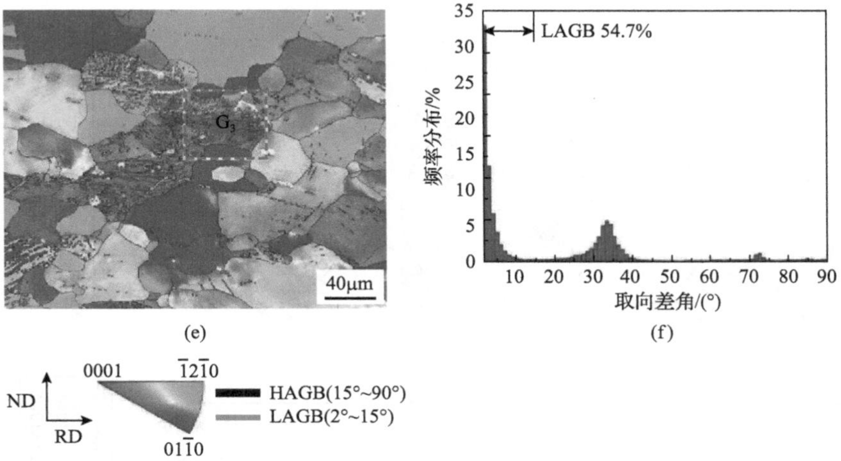

图 6-63　纯铼经过不同形变量冷轧后的 IPF-TD 图和 MAD 图

(a)(b)Re-10%；(c)(d)Re-30%；(e)(f)Re-45%

在 Re-30%中，孪晶占比达到 13.7%，激活的孪晶数量和种类增多了，但$\{11\bar{2}1\}\langle\bar{1}\bar{1}26\rangle$拉伸孪晶的宽度没有变化。在 Re-45%中，如图 6-63(e)和(f)所示，随着应变的增加，激活的$\{11\bar{2}1\}\langle\bar{1}\bar{1}26\rangle$孪生变体数量和种类逐渐增多，达到饱和，此时依然只检测到$\{11\bar{2}1\}\langle\bar{1}\bar{1}26\rangle$拉伸孪晶，无其他孪生系统激活。在 MAD 图中，约 70°处出现一个峰值，对应$\{11\bar{2}1\}$-$\{11\bar{2}1\}$孪晶相互作用。

在图 6-63 中标记了 G_1、G_2 和 G_3 三个典型晶粒，采用高倍 EBSD 对孪晶组织进行了详细的分析，进一步揭示冷轧过程中的孪晶演化，EBSD 结果如图 6-64 所示，包含 IPF 图、KAM 图、MAD 图和{0001}极图。以极点的名称命名极图名称，{0001}极图代表{0001}极点在样品坐标系中的极射投影。

图 6-64(a)为 Re-10%的典型晶粒 G_1，有四个不同$\{11\bar{2}1\}\langle\bar{1}\bar{1}26\rangle$孪生变体被激活，经分析分别为 T_2、T_3、T_4 和 T_6 孪生变体。这四个孪生变体中 T_3 是主要的，其形核位置是在晶界处多个位置，并随后同时向晶内生长，形成了绝大部分孪晶界。其余的孪生变体在适应形变的过程中依次激活。KAM 值会随着变形的增加而逐渐增加，可以反映 GND 密度分布。KAM 值的增加主要发生在孪晶内部和孪晶周围，使得部分孪晶-基体取向关系与理想孪晶-基体取向关系有很大差异，说明孪晶形成后在其周围积累了大量的位错。

图 6-64(b)为 Re-30%的典型晶粒 G_2，有三个不同$\{11\bar{2}1\}\langle\bar{1}\bar{1}26\rangle$孪生变体被激活，分别为 T_2、T_3 和 T_6 孪生变体。T_3 孪生变体消耗了大部分的基体，在 T_6 孪生变体中激活了二次孪晶 T_6-T_5，尽管二次孪晶 T_6-T_5 非常小，但也是首次在金属铼中观察到其生成。T_2、T_3 和 T_6 孪生变体相互作用，阻碍彼此的生长，例如，T_2 和 T_6 孪生变体生长受到 T_3 的阻碍，同样，T_3 孪生变体也受到 T_2 和 T_6 的限制。孪

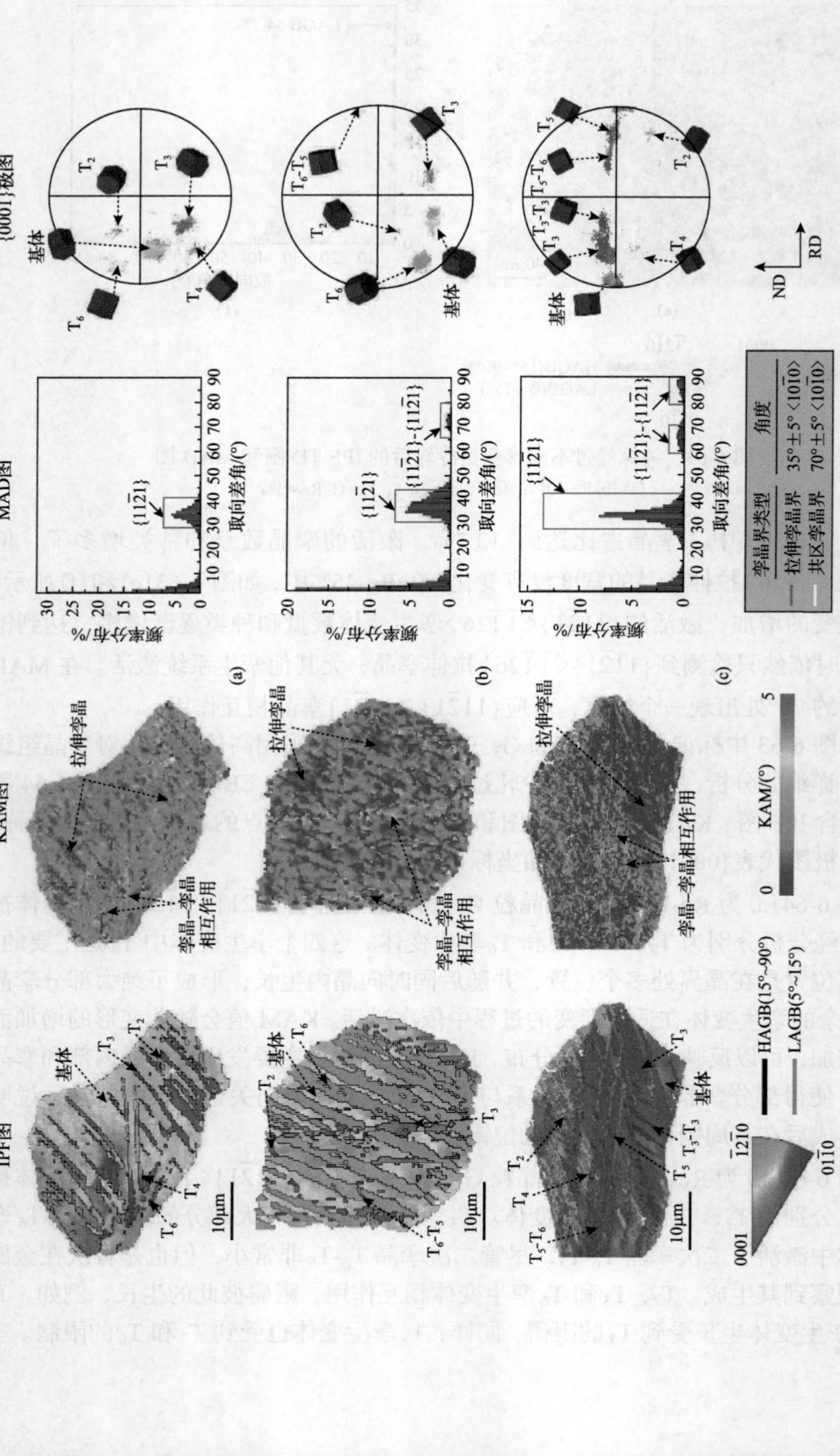

图6-64 G_1、G_2、G_3晶粒的EBSD分析

(a) G_1; (b) G_2; (c) G_3

生变体间的相互作用形成了共区$\{11\bar{2}1\}$-$\{11\bar{2}1\}$晶界(twin-twin boundaries，TTB)($70°\pm5°\langle 10\bar{1}0\rangle$)，如 KAM 图中的白线所示。孪晶之间的相互作用有效阻碍了孪晶的进一步生长，例如，T_2和 T_3孪晶生长受到 T_1的阻碍，同样，T_1孪晶也受到 T_2和 T_2孪晶的限制。孪晶-孪晶相互作用是一种有效的位错势垒，在共区孪晶界周围观察到高的 KAM 值和 GND 密度。

图 6-64(c)为 Re-45%的典型晶粒 G_3，有四个不同$\{11\bar{2}1\}\langle\bar{1}\bar{1}26\rangle$孪生变体被激活，分别为 T_2、T_3、T_4和 T_5孪生变体。这一阶段的外应力足以使晶粒 G_3完全被孪晶占据，但晶粒 G_3中$\{11\bar{2}1\}\langle\bar{1}\bar{1}26\rangle$孪生变体的长径比很大，并且由于孪晶-孪晶相互作用和位错滑移的阻碍，仍存在少数基体没有被孪生变体消耗。此外，还观察到了较多数量的二次孪晶被激活，在 T_3和 T_5中分别激活了 T_3-T_3和 T_5-T_6二次孪晶，通过取向分析它们均为$\{11\bar{2}1\}$-$\{11\bar{2}1\}$孪晶。值得注意的是，此时约 35°峰值向两边扩散，这种模式表明，随着形变量增加，理想的孪晶-基体取向关系被孪晶和基体晶粒的滑移所影响，以适应孪晶形成后的基体晶粒形变。共区$\{11\bar{2}1\}$-$\{11\bar{2}1\}$晶界角度也发生了大的变化，从约 70°峰值转变为约 65°和约 85°两个峰值。

图 6-65 为形变量 10%、30%和 45%的 TEM 图和选定区域电子衍射(SAED)结果。让人意外的是，EBSD 中观察到的宽度为 0.5～2μm 的孪晶是由许多宽度为 40～150nm 的平行孪晶聚集组成的，这些纳米孪晶具有极高的长径比。在 Re-30%的晶粒内部(图 6-65(b))，位错沿着孪晶界富集，大部分的位错被孪晶界阻碍，无法进入孪晶内部，说明位错并不能帮助孪晶的形成，反而在形变时，随着孪晶的生长和位错在基体中的移动，位错会在孪晶界聚集。在 Re-45%中(图 6-65(c))，基体晶粒中位错逐渐饱和，形成了规则空间排列的高密度交叉孪生体，这说明孪晶界不容易发生移动，往往是通过新的孪晶激活来容纳变形。图 6-65(d)为 Re-30%的 TEM 图中红色圆圈区域的选定区域电子衍射结果，衍射分析证实孪晶为$\{11\bar{2}1\}\langle\bar{1}\bar{1}26\rangle$拉伸孪晶。

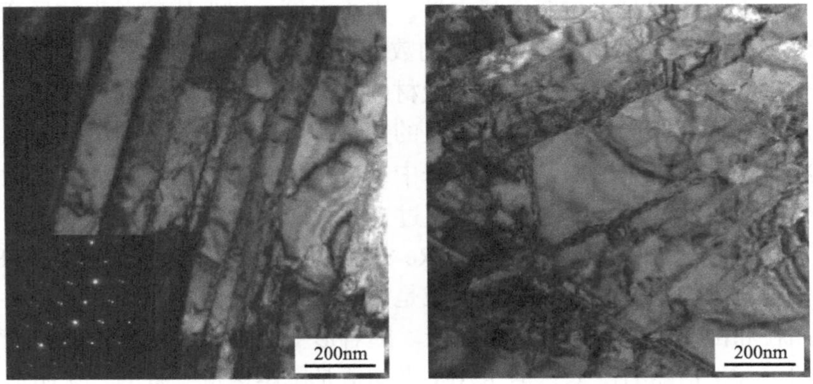

(a)　(b)

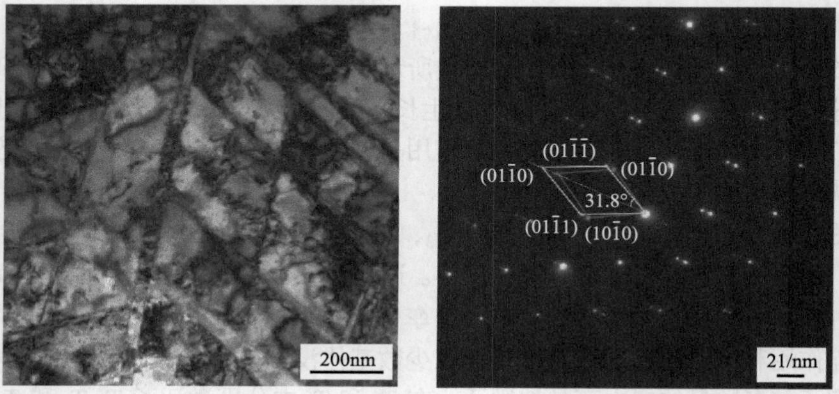

(c)　(d)

图 6-65　纯铼经过不同形变量冷轧后的 TEM 图和 SAED 图

(a) Re-10%；(b) Re-30%；(c) Re-45%；(d) (b) 中红圈的变形双孪晶的 SAED 图

纯铼形变量 10%～45%的过程中，在冷轧前中期，微观组织变化可以分为两个部分：①激活孪晶的晶粒中，随着形变量增加，晶粒内部激活$\{11\bar{2}1\}\langle\bar{1}\bar{1}26\rangle$拉伸孪晶、平行孪晶带在晶内生长、多种孪生变体在晶内相互作用、孪晶饱和，位错分布主要受到孪晶的影响；②未激活孪晶的晶粒中，位错滑移是主要的形变机制。

6.3.2　纯铼在 60%～82%形变量的组织演变

图 6-66 为 Re-60%、Re-70%和 Re-82%的 SEM 图。在 Re-60%中，孔隙基本消失，晶粒内部存在严重的塑性变形，在部分晶粒中存在大量的滑移带和孪晶，出现了很多贯穿多个晶粒、方向为竖向的滑移带。在 Re-70%和 Re-82%中，滑移带更加明显。

图 6-67 显示了冷轧纯铼板在不同轧制压下试样的 EBSD 结果，包括 IPF 图、GB 图和 MAD 图。与 Re-45%的微观组织相比，随后的冷轧阶段，孪晶结构没有明显变化，变形主要是由位错滑移主导，由小角度晶界形成的条带数量变多。从 MAD 图的约 35°孪晶峰值来看，孪晶的数量是略微降低的，这是因为铼板极高的加工硬化率导致的频繁中间退火，使板材内应力降低，部分孪晶发生了再结晶。在整个的冷轧后期，晶粒大小没有明显的变化，晶粒形状发生扁平化，但没有形成纤维状结构，其根本原因是在金属铼中难以发生严重的塑性流动，文献报道中的冷轧铼晶粒尺寸的长径比一般不会超过 3∶1。

图 6-68 给出了 Re-60%、Re-70%和 Re-82%的 KAM 图和 KAM 统计。与 Re-45%铼板的微观组织相比，高 KAM 值区域是一致的，为激活孪晶的晶粒、发生严重变形的晶粒和由小角度晶界形成的条带。随着形变量增加，由于中间退火，部分晶粒内的 KAM 值略有降低，但 KAM 平均值是基本保持一致的，说明形变集中

发生在由小角度晶界形成的条带附近。

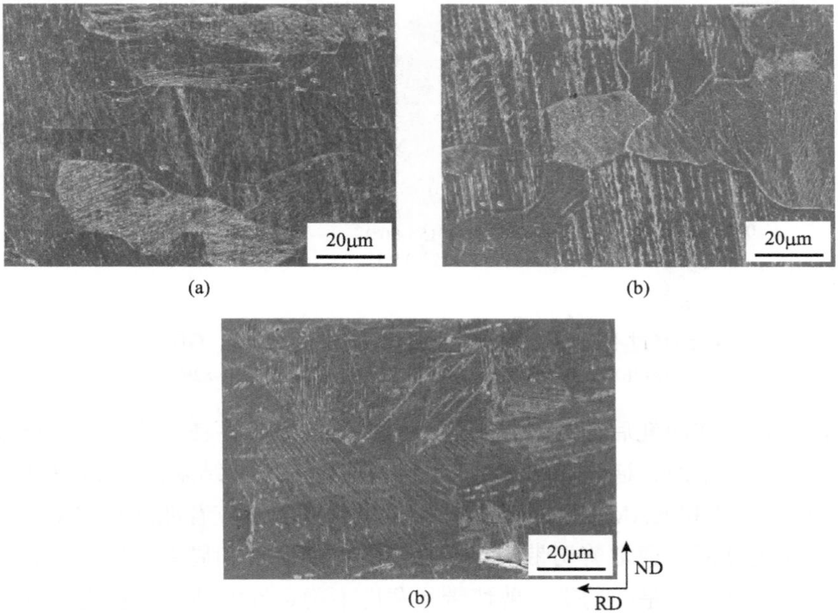

(a)　(b)　(b)

图 6-66　纯铼经过不同形变量冷轧后 RD-ND 面的 SEM 图

(a) Re-60%；(b) Re-70%；(c) Re-82%

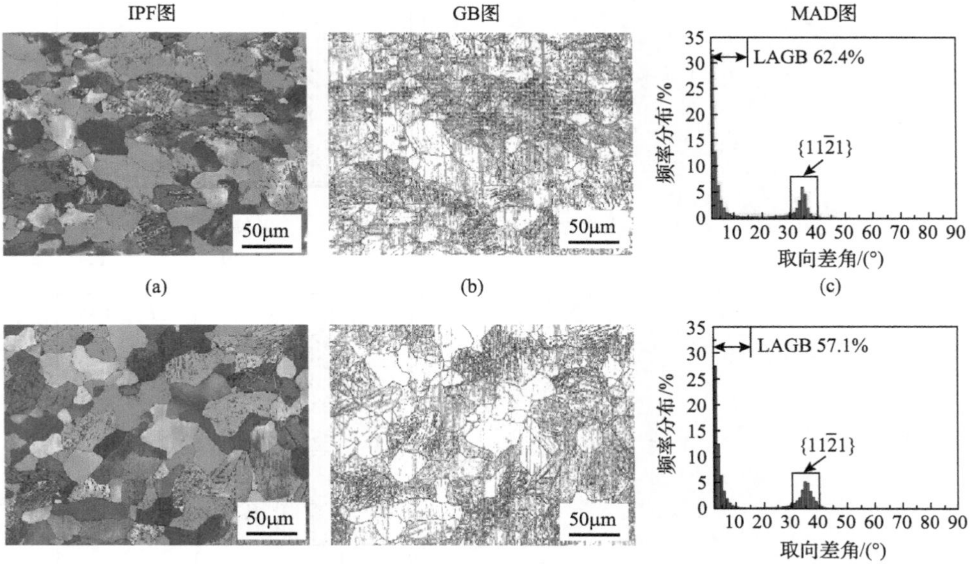

(a)　(b)　(c)

(d)　(e)　(f)

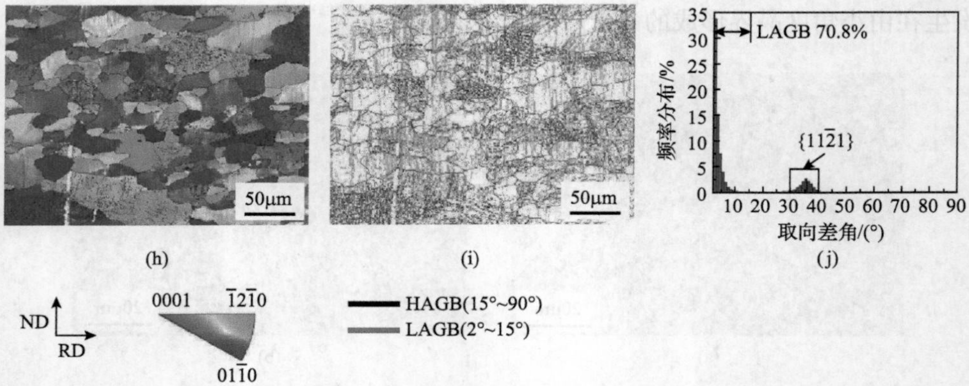

图 6-67　纯铼经过不同形变量冷轧后 RD-ND 面的 IPF 图、GB 图和 MAD 图

(a) (b) (c) Re-60%； (d) (e) (f) Re-70%； (g) (h) (i) Re-82%

如前所述，在冷轧后期的铼板中观察到大量的条带存在。为了更加详细地表征条带的类型和来源，通过高倍 EBSD 分析了 Re-60%，结果如图 6-69 所示，包含 IPF 图、BC 图和 KAM 图。在 BC 图中，黑色区域对应着低的对比度，表明该区域晶格完美度低。通常剪切带中存在强烈的剪切应变和局部变形，因此，黑色的长条形区域被认为是剪切带。剪切带是塑性不稳定性的结果，在变形过程中，

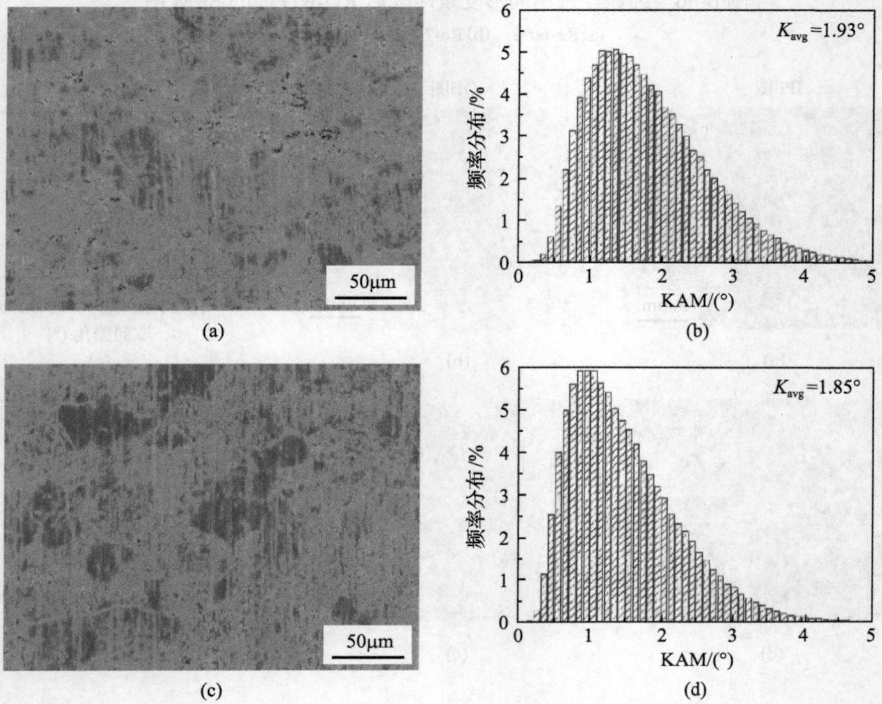

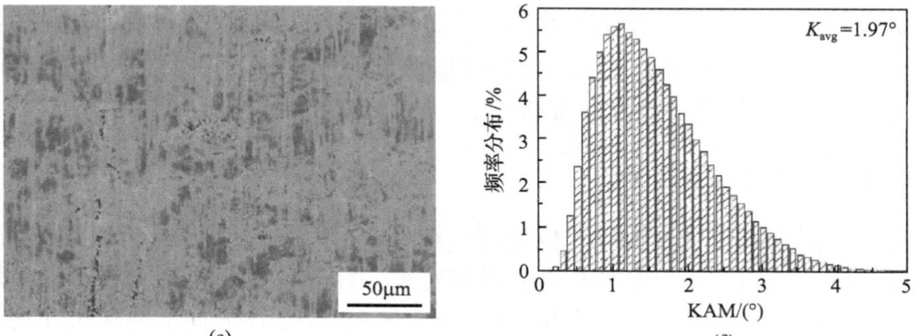

图 6-68　纯铼经过不同形变量冷轧后 RD-ND 面的 KAM 图和 KAM 统计

(a)(b) Re-60%；(c)(d) Re-70%；(e)(f) Re-82%

图 6-69　变形量 60%的冷轧纯铼 EBSD 结果

(a) IPF 图；(b) BC 图；(c) KAM 图

应变倾向于集中在连续流动阻力先丧失的区域。因此，剪切带的形成可以用应变引起的软化来解释，软化可以由多种原因引起，如几何软化、动态再结晶和热软化[15-17]。轧制过程是在室温下进行的，因此不考虑动态再结晶的影响。同样，由于较小的单道次形变量和金属铼的高导热性，热软化不太可能与观察到的剪切带相关联。几何软化是导致剪切带形成的可能机制。在冷轧中后期，铼板的强基面织构对基底滑移、棱柱滑移和张力孪晶的形成不利，对非基面滑移有利。同时，铼有着极高加工硬化，铼板在冷轧过程中表现出对均匀变形的抵抗力，这将导致局部应力累积。高密度的拉伸孪晶为基底〈a〉滑移提供了有利的路径，这可能导致孪晶的晶体软化，大量位错滑移聚集在孪晶界周围。同时，高密度的孪晶边界网格是位错滑移的有效障碍。因此，剪切带应该起源于冷轧过程中高密度的{11$\bar{2}$1}〈$\bar{1}\bar{1}$26〉孪晶及晶界附近的高密度位错。

6.3.3 微观组织参数定量分析

用线性截距法定量分析各个板材的晶粒尺寸，由于冷轧后晶粒产生各向异性，分别沿轧向和法向统计出晶粒长度和晶粒宽度。图 6-70 为不同形变量下的平均晶粒尺寸以及长径比随形变量的变化。Re-10%在 RD 和 ND 方向上晶粒尺寸均有所减少，晶粒长度略高于晶粒宽度，晶粒长径比为 1.74。Re-30%的微观结构显著细化，晶粒长度和晶粒宽度约为 10.5μm，晶粒恢复为等轴状。随着进一步的轧制，晶粒长度随形变量而单调增大，由于中间退火，晶粒宽度随形变量总体上缓慢增大，晶粒被拉长，但总体上晶粒的长径比增加趋势不明显，始终保持在 3∶1 以下。

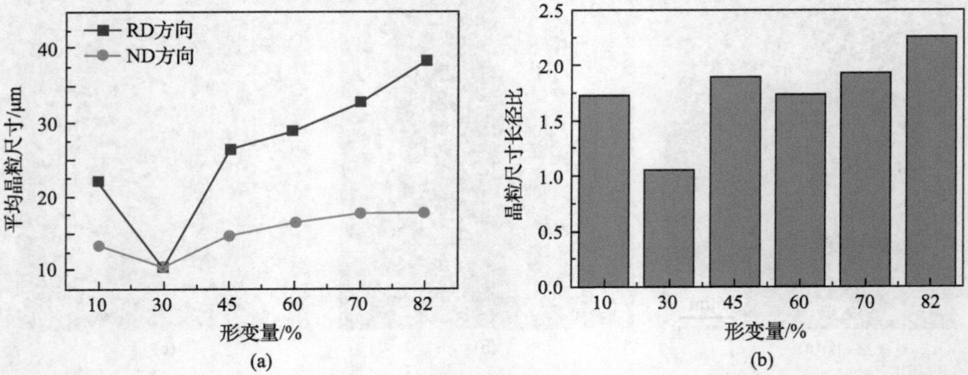

图 6-70　(a)不同形变量下的平均晶粒尺寸以及(b)由(a)计算出的晶粒长径比

图 6-71 为纯铼板在 10%、30%、45%、60%、70%和 82%形变量下的{0001}、{11$\bar{2}$0}和{10$\bar{1}$0}极图。晶体平面的立体投影的中心点代表{0001}晶面平行于 RD-TD 面。Re-10%已经显示出{0001}基面织构，最高的极点强度为 5.13。随着晶粒破碎，Re-30%表现出无明显择优取向，最高的极点强度仅为 2.73。随着应变的增加，Re-45%重新回到{0001}基面织构，最高的极点强度为 7.46。Re-60%后，{0001}基面织构分裂成 *c* 轴向 TD 方向偏转的双峰基面织构分布。

图 6-72 为通过 XRD 测得的 RD-TD 面下各形变量纯铼板的{0001}和{10$\bar{1}$0}宏观织构。图 6-71 的结果是根据 RD-ND 面的 EBSD 结果得到的微观织构，而图 6-72 为轧制板材上表面的宏观织构，可以反映轧制过程中轧板表面微观组织的演变。Re-10%的宏观织构显示出以{0001}为中心点的基面织构，最高的极点强度为 4.55，和微观织构的结果是一致的。Re-30%的宏观织构显示出以{10$\bar{1}$0}为中心

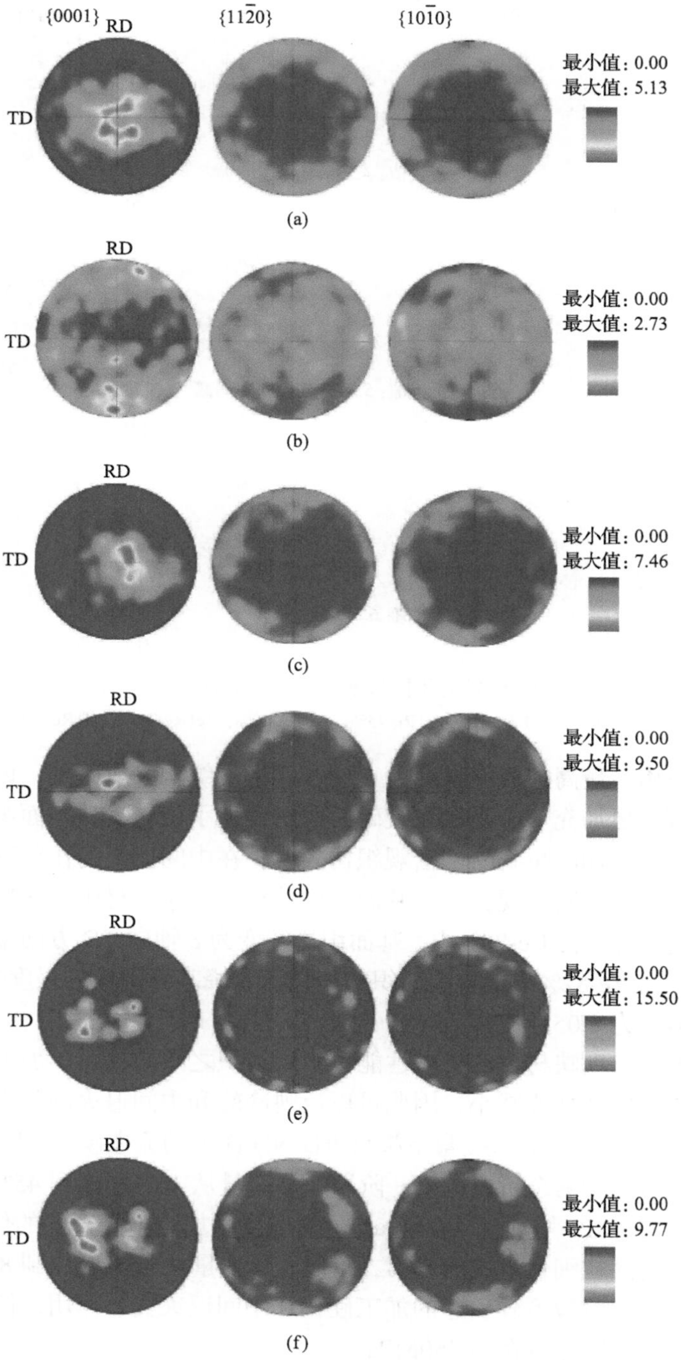

图 6-71　纯铼经不同形变量冷轧后的{0001}、{11$\bar{2}$0}和{10$\bar{1}$0}极图

(a) Re-10%；(b) Re-30%；(c) Re-45%；(d) Re-60%；(e) Re-70%；(f) Re-82%

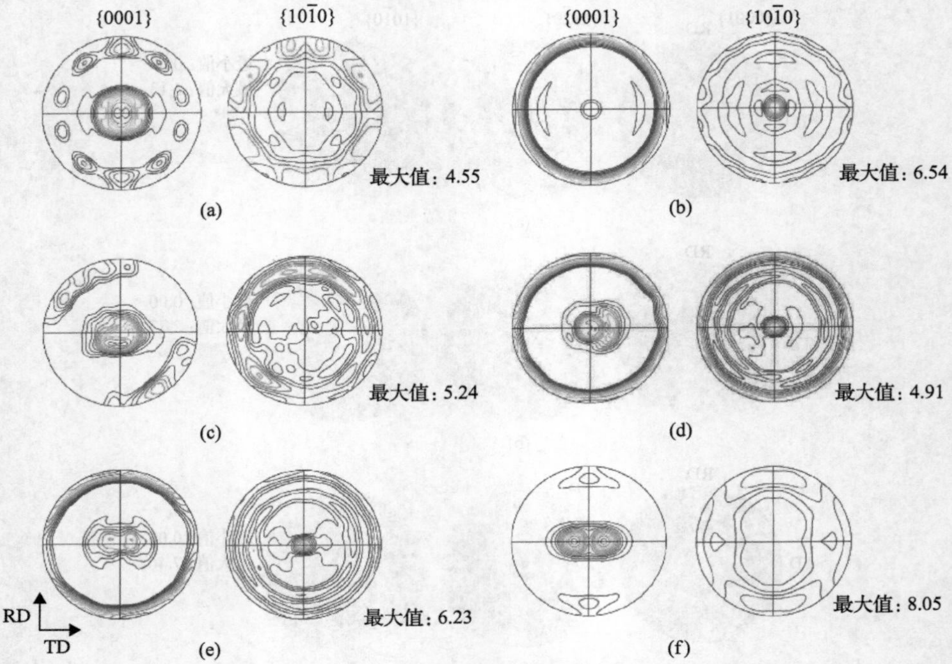

图 6-72　纯铼经不同形变量冷轧后表面的宏观织构

(a) Re-10%；(b) Re-30%；(c) Re-45%；(d) Re-60%；(e) Re-70%；(f) Re-82%

点的非基面织构，最高的极点强度为 6.54，和微观织构有所区别，说明轧板表面区域的晶粒破碎更加充分，晶粒在破碎后取向发生了旋转，从基面织构转变为非基面织构。Re-45%和 Re-60%的宏观织构表明，在中间退火的作用下，非基面织构减弱，基面织构重新出现，和非基面织构共存，此时板材中心区域的微观织构无非基面织构存在。在 Re-70%中，基面织构转变为 c 轴向 TD 方向偏转的双峰基面织构分布。在 Re-82%中，非基面织构消失，双峰基面织构的强度进一步增加，最高的极点强度为 8.05。

显微硬度可以反映材料的机械性能和微观组织之间的关系。加工硬化和再结晶可以导致硬度的增加或减小，因此可以反映冷轧和中间退火的微观组织演变。图 6-73 为纯铼在不同冷轧形变量下板材 RD-ND 面上的显微硬度($HV_{0.1}$)。图 6-73 中的硬度变化可分为两个阶段：第一阶段，形变量从 10%增加到 45%，显微硬度快速增加，从 339MPa 增加到 442MPa。显微硬度增加是由高密度的位错、大量的孪晶边界导致的晶粒细化造成的。第二阶段，形变量从 45%增加到 82%，显微硬度变化很小，这一阶段冷轧引起的加工硬化和中间退火交替作用，微观组织变化不大，使得显微硬度保持在约 450MPa。

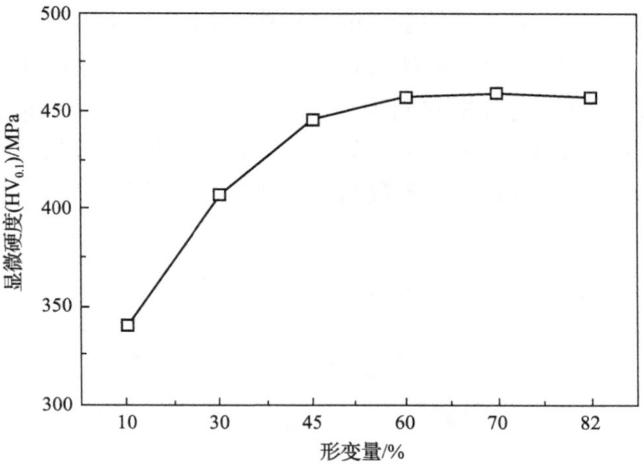

图 6-73　纯铼经不同形变量冷轧后的显微硬度

金属铼在冷轧过程中孪晶的激活表现出了其对形变程度的显著依赖性。在形变量为 45%以下，孪晶是活跃的，包括平行的孪晶带和孪晶-孪晶的相互作用。主动的孪晶行为归因于有限的位错滑移，众所周知，六方金属可启动的基面滑移数量很少，无法满足均匀塑性变形需要五个独立的滑移系来协调的要求，降低了相邻晶粒之间适应局部应变相容性的能力，导致轧制样品中低的应变相容性和晶界附近高的局部应力。在室温下，孪晶比非基底滑移具有更低的 CRSS 以适应塑性变形，有限的位错滑移和晶界附近高的局部应力导致大量的孪晶激活。在那些取向不利于激活孪晶的晶粒中，EBSD 的微观结构分析表明没有孪晶，这支持了棱柱滑移和棱锥滑移的发生。本节使用的初始高纯铼烧结坯具有相对较大的晶粒尺寸，这为孪晶激活提供了有利条件。EBSD 结果表明，在冷轧初期，孪晶的数量和密度随着形变量增加而增加，大量的$\{11\bar{2}1\}\langle\bar{1}\bar{1}26\rangle$拉伸孪晶和孪晶-孪晶相互作用分割了晶粒，导致微观结构的显著细化。而对于较高形变量下的轧制，孪晶似乎被抑制，没有起到形变调节的作用，此时位错滑移是形变的主要机制。当形变量为 45%时，孪晶达到饱和，无法进一步适应形变。由于变形机制的减少，在晶界处出现位错的堆积和局部高的应力，导致剪切带的逐渐形成，以适应塑性应变。

除了考虑 CRSS，施密特因子(SF)在变形过程中也很重要。SF 较高的变形模式可以从载荷应力中获得较大的剪切应力。为了便于分析轧制过程中的主动变形模式，如图 6-74 所示，作者基于 EBSD 结果计算了各形变量下每种变形模式的平均 SF。如上所述，轧制样品中的孪晶总是由$\{11\bar{2}1\}\langle\bar{1}\bar{1}26\rangle$拉伸孪晶组成。还注意到，在整个轧制过程中，位错滑移也远未停止，非基底滑移的平均 SF 相对较高(约 0.35)。因此，一旦在轧制时超过其 CRSS，相当大的剪切应力就会导致这种滑移。LAGB 的比例也表明，在轧制过程中，滑移所起的作用也很重要。形变量为 30%时，在有利于激活拉伸孪晶的晶粒中激活了大量的不同孪生变体，导致广泛的孪晶边界的形成，同时也观察到了次级孪晶的生长，例如 T_1 和 T_2 中被激活的次级孪晶，通过取向分析它们为$\{11\bar{2}1\}$-$\{11\bar{2}1\}$孪晶。有趣的是，这一阶段的外部应力足够高，足以在有利的完全孪晶区域形成张力孪晶，但由于孪晶-孪晶相互作用和位错滑移的阻碍，大多数基体被孪生变体消耗。

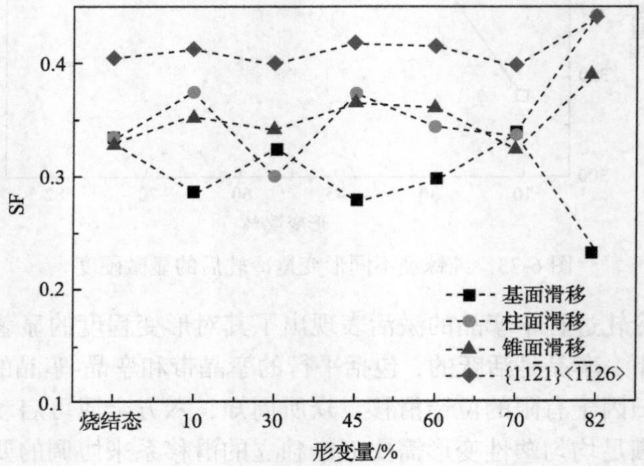

图 6-74　纯铼经不同形变量冷轧后滑移和孪晶系统的 SF

图 6-75 显示了铼板在冷轧过程中微观组织演变示意图，包括$\{11\bar{2}1\}\langle\bar{1}\bar{1}26\rangle$拉伸孪晶的激活和饱和、晶粒破碎、各滑移系统的激活和剪切带的形成。因此，冷轧的各个阶段可以用以下相应的机制来解释：

(1) 在轧制初期，在有利于激活拉伸孪晶的晶粒中，主要变形机制为$\{11\bar{2}1\}\langle\bar{1}\bar{1}26\rangle$拉伸孪晶，在晶界和孪晶界附近有较高的 KAM 值，表明位错密度较高。多个$\{11\bar{2}1\}\langle\bar{1}\bar{1}26\rangle$拉伸孪晶同时在晶界处形核长大，不同的孪生变体在基体晶粒内相互作用，在孪晶界周围也积累了大量的位错，限制了孪晶的生长，直至饱和。在难以激活孪晶的晶粒中，通过柱面滑移和锥面滑移激活适应塑性变形。晶粒的细化和破碎主要归因于$\{11\bar{2}1\}\langle\bar{1}\bar{1}26\rangle$拉伸孪晶细化了微观组织。

(2) 在轧制中期，孪晶饱和后，非基面滑移为主要的形变机制。在孪晶周围的变形使得有些孪晶呈波浪状，孪晶在大的形变量下发生了剪切现象。高密度的拉伸孪晶为⟨a⟩基面滑移提供了有利的途径，导致晶体软化并引发晶粒内的局部变形。同时，高密度的孪晶界晶格是位错滑移的有效障碍，大量位错滑移在孪晶界周围堆积，最终形成穿越多个晶粒的剪切带。

纯铼在冷轧过程中的变形行为主要受孪晶-孪晶、位错-孪晶和位错-孪晶的相互作用控制，变形孪晶在整个过程中对塑性变形起着重要作用。变形孪晶可以改

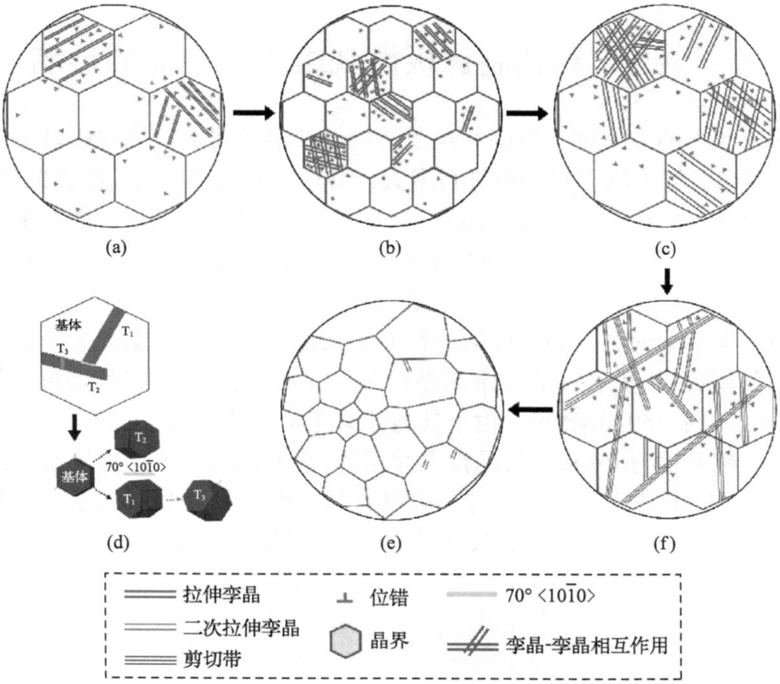

图 6-75　铼板在冷轧过程中的微观组织演变示意图

善金属的强度-延性组合，特别是对于低层错能金属和合金。与晶界的作用类似，孪晶界也可以作为位错滑移的障碍，从而有助于加工硬化，这被描述为变形过程中的“动态霍尔-佩奇效应”[18]。同时，孪晶界也是高度有序的界面，既可以作为位错的障碍，也可以作为位错的储存位置。当多个$\{11\bar{2}1\}\langle\bar{1}\bar{1}26\rangle$拉伸孪晶在晶界处同时形核长大，会形成平行孪晶片层。孪晶的数量对变形过程硬化有显著影响，变形过程中孪晶界的增加可以减少平均自由位错路径，并通过位错与变形孪晶的相互作用产生加工硬化。变形逐渐增加，多个孪生变体激活在基体晶粒中相互作用，孪晶-孪晶相互作用对晶粒细化和高加工硬化率的贡献很大。孪生变体在形变量 45%时达到饱和，开始产生剪切带以适应塑性应变。在变形过程中，应变往往集中在对连续流动的应力首先丧失的区域，轧制时往往会导致剪切带的形成。因此，剪切带的形成可以用应变诱导的几何软化来解释。在轧制中后期，由于$\langle a\rangle$基面滑移和$\langle a\rangle$柱面滑移无法适应沿 c 轴方向的变形，板材会出现局部应力积聚。拉伸孪晶是有利于基面滑移的激活，这会发生几何软化，从而在晶粒内部出现局部变形，导致剪切带形成。

6.4　退火对轧制铼板微观组织和性能的影响

冷轧使铼板的致密度、厚度和尺寸达到了产品的要求，当铼板轧制到使用要求时，需要在氢气气氛下对铼板进行退火，消除高的内部应力，提高铼板的塑性。图 6-76 为 Re-82%在 1600℃和 1800℃下退火 1h 的 EBSD 结果，图片采集尺寸为 200μm×180μm，包括以 ND 为基准的取向成像图（IPF-TD）和晶粒尺寸分布统计图。由上文可知，Re-82%中存在大量孪晶和高密度的位错及剪切带。退火后，晶粒内部的取向差异基本消失，高密度的位错和绝大部分的孪晶在退火后消失，但即使在 1800℃下退火后，仍有一些残余孪晶存在。在晶界处存在一些静态再结晶（SRX）晶粒，这归因于高的位错密度，由于其高存储能而成为最佳成核位置。1600℃退火下的平均晶粒尺寸与 Re-82%的晶粒尺寸相似，表明此温度下的主要微观组织变化是由内应力消除和静态再结晶主导，而没有晶粒粗化。与 1600℃退火的晶粒尺寸相比，1800℃退火后的平均晶粒尺寸从 25.6μm 增加到 30.2μm，发生了晶粒长大。

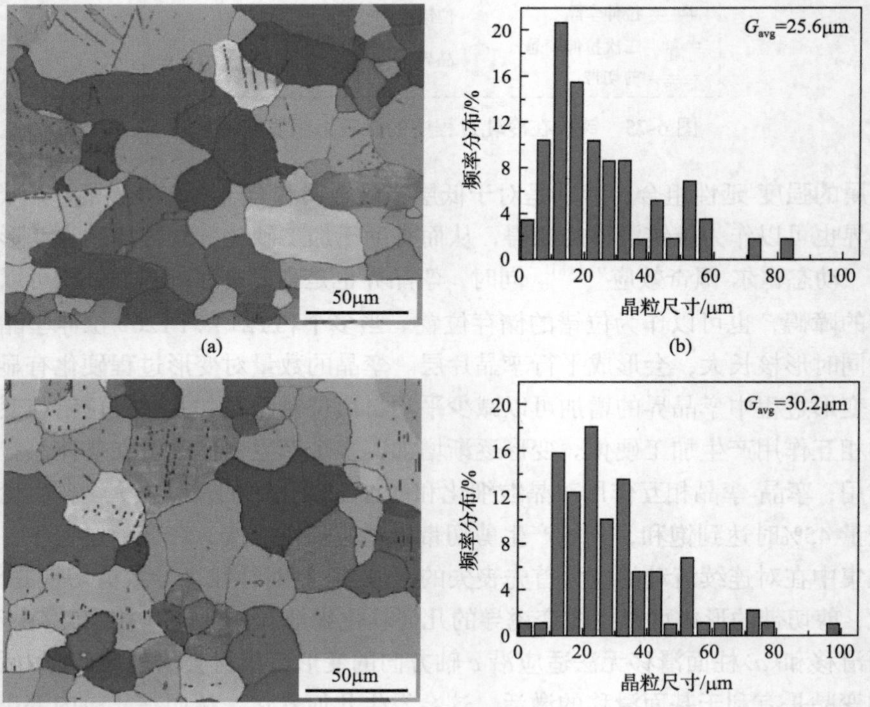

图 6-76　Re-82%在不同温度退火 1h 后的 IPF-TD 图和晶粒尺寸统计图

(a)(b) 1600℃；(c)(d) 1800℃

图 6-77 显示了 Re-82%在 1600℃和 1800℃下退火 1h 后的宏观织构。在 1600℃下退火，宏观织构的强度略有下降，这归因于再结晶晶粒的取向随机。退火温度增大后，晶粒粗化长大，宏观织构的强度增加。

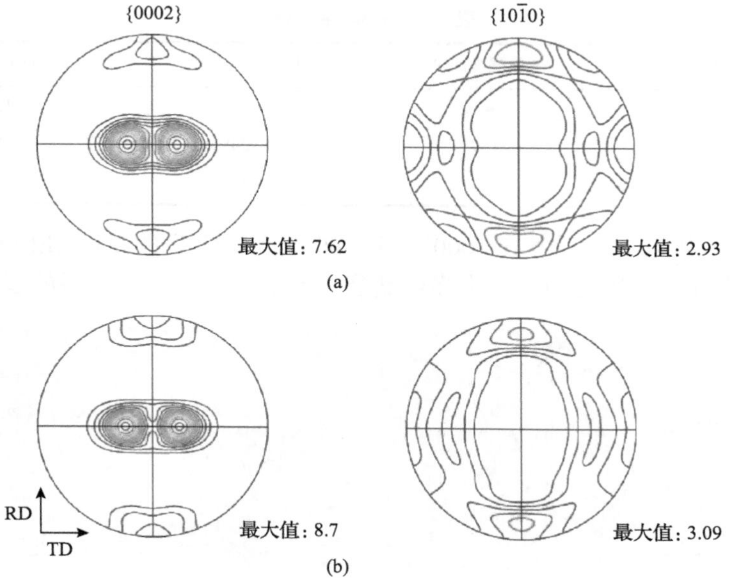

图 6-77　Re-82%在不同温度退火 1h 后的宏观织构

(a) 1600℃；(b) 1800℃

图 6-78 显示了 Re-82%及其在 1600℃和 1800℃退火 1h 后的工程应力-应变曲线。很明显，退火处理后屈服强度降低。通常，退火过程中位错密度降低，晶粒

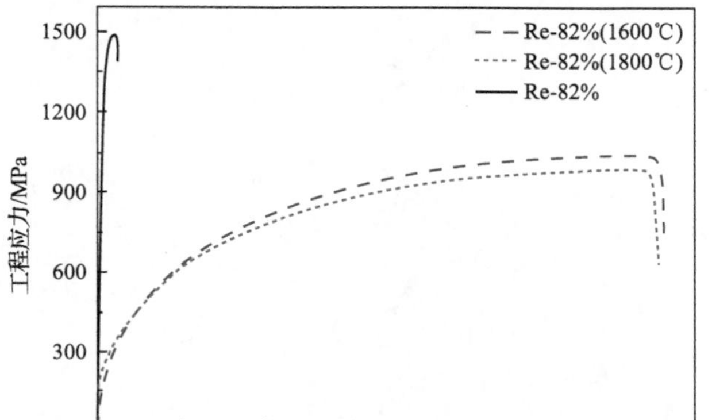

图 6-78　Re-82%及其在退火处理后的工程应力-应变曲线

长大，导致屈服强度降低。此外，从表 6-5 中可以看出，在 1600℃和 1800℃退火后，拉伸强度分别降低到 1048MPa 和 993MPa。然而，它们在断裂后的伸长率分别为 32%和 31.4%。

表 6-5　拉伸性能统计

试样	屈服强度/MPa	极限强度/MPa	伸长率/%
Re-82%	1444	1490	1.15
Re-82%（1600℃）	189	1048	32
Re-82%（1800℃）	240	993	31.4

图 6-79 为 Re-82%及其在 1600℃和 1800℃退火 1h 后的断口 SEM 图。Re-82%的断裂形态显示为脆性断裂，大多数断裂形态显示出沿晶界扩展的裂纹（黑色箭

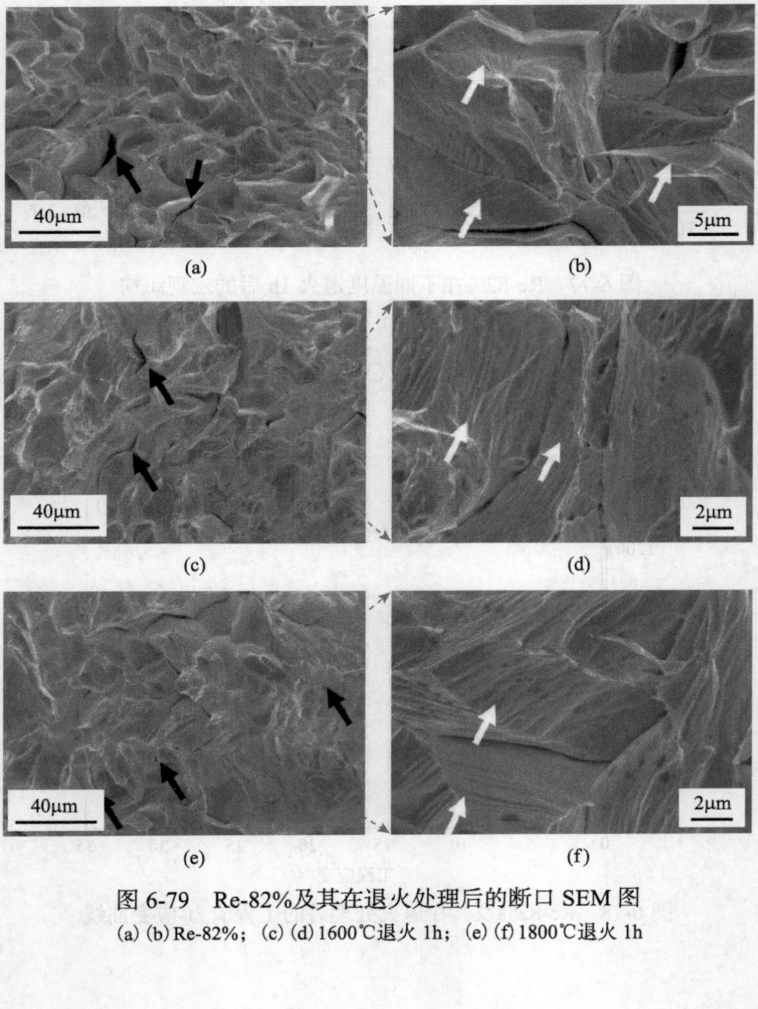

图 6-79　Re-82%及其在退火处理后的断口 SEM 图
(a)(b) Re-82%；(c)(d) 1600℃退火 1h；(e)(f) 1800℃退火 1h

头)。塑性变形是可见的，但只发现了几个新激活的孪晶和滑移(白色箭头)。然而，退火样品的断裂形态显示出广泛的塑性变形和塑性穿晶断裂。晶界处存在裂纹，但在三角形晶界处，裂纹不会沿晶界延伸，因为通过位错滑移和孪晶，每个相邻晶粒都很好地适应了局部应力兼容性。放大后的视图显示了由于滑移带和孪晶的形成而导致的晶粒塑性变形，从而形成了阶梯状的侧面(白色箭头)。

图 6-80 显示了 Re-82%在 1600℃和 1800℃退火 1h 后拉伸断口 EBSD 结果。如 IPF 图所示，$\{11\bar{2}1\}\langle\bar{1}\bar{1}26\rangle$孪晶分布广泛，可容纳沿 c 轴最多 0.619 的塑性应变。在室温下，$\{11\bar{2}1\}\langle\bar{1}\bar{1}26\rangle$孪晶的 CRSS 低于优先激活的棱柱和棱锥滑移的 CRSS。同时，在激活孪晶的晶粒中，可以在孪晶周围看到高 KAM 值。当孪晶达到饱和时，棱柱和棱锥滑移将成为主要的变形机制，以进一步适应变形。KAM 图还说明了在晶粒内部观察到的大取向差异，这种取向不容易被孪晶激活。在纯铼的冷轧过程中，中间退火是必要的，以释放储存的应变能并提高适应塑性变形的能力，这会有利于后续的轧制。结果表明，退火对纯铼板的拉伸性能有显著影响，对于轧后板材，大量的位错纠缠和堆积、高密度的孪晶和剪切带导致高屈服强度和极低的伸长率。在退火过程中，板材的高密度位错和剪切带逐渐减小，大多数

IPF图　　KAM图

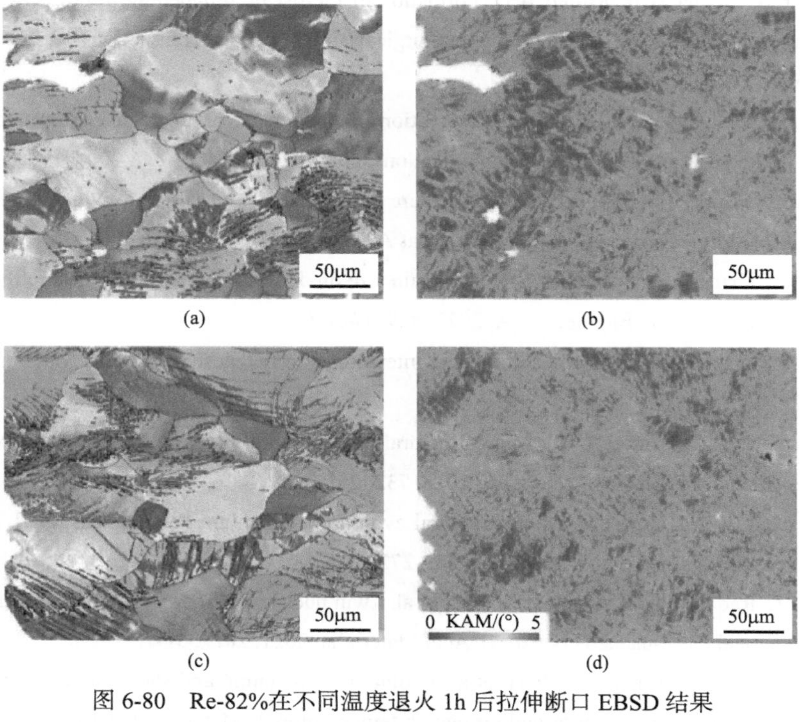

图 6-80　Re-82%在不同温度退火 1h 后拉伸断口 EBSD 结果

(a)(b) 1600℃；(c)(d) 1800℃

的拉伸孪晶发生恢复并几乎消除。还注意到，即使在1800℃的高温下，晶粒尺寸的增加也很少。这导致退火铼板在有着高的伸长率的同时，也有约 1GPa 的拉伸极限强度。

参 考 文 献

[1] Wang G, Xiong N, Liu G, et al. Effect of powder characteristics on sintering densification of pure rhenium[J]. Xiyou Jinshu/Chinese Journal of Rare Metals, 2021, 45(4): 507-512.

[2] Kacher J, Minor A M. Twin boundary interactions with grain boundaries investigated in pure rhenium[J]. Acta Materialia, 2014, 81: 1-8.

[3] Kacher J, Sabisch J E C, Minor A M. Statistical analysis of twin/grain boundary interactions in pure rhenium[J]. Acta Materialia, 2019, 173: 44-51.

[4] Wei K, Hu R, Yin D D, et al. Grain size effect on tensile properties and slip systems of pure magnesium[J]. Acta Materialia, 2021, 206: 116604.

[5] Della Ventura N M, Schweizer P, Sharma A, et al. Micromechanical response of pure magnesium at different strain rate and temperature conditions: Twin to slip and slip to twin transitions[J]. Acta Materialia, 2023, 243: 118528.

[6] Choi Y S, Piehler H R, Rollett A D. Formation of mesoscale roughening in 6022-T4 Al sheets deformed in plane-strain tension[J]. Metallurgical and Materials Transactions A, 2004, 35(2): 513-524.

[7] He Y, Li B, Wang C, et al. Direct observation of dual-step twinning nucleation in hexagonal close-packed crystals[J]. Nature Communications, 2020, 11(1): 2483.

[8] Song S G, Gray G T. Influence of temperature and strain rate on slip and twinning behavior of Zr[J]. Metallurgical and Materials Transactions A, 1995, 26(10): 2665-2675.

[9] Wei Z C, Zhang L, Li X Y, et al. Effect of grain size on deformation behavior of pure rhenium[J]. Materials Science and Engineering A, 2022, 829: 142170.

[10] Yu Q, Wang J, Jiang Y Y, et al. Twin-twin interactions in magnesium[J]. Acta Materialia, 2014, 77: 28-42.

[11] Sabisch J E C, Minor A M. Microstructural evolution of rhenium Part I: Compression[J]. Materials Science and Engineering A, 2018, 732: 251-258.

[12] Sabisch J E C, Minor A M. Microstructural evolution of rhenium Part II: Tension[J]. Materials Science and Engineering A, 2018, 732: 259-272.

[13] Jiang L, Radmilović V R, Sabisch J E C, et al. Twin nucleation from a single <*c*+*a*> dislocation in hexagonal close-packed crystals[J]. Acta Materialia, 2021, 202: 35-41.

[14] Zhang K, Zheng J H, Huang Y H, et al. Evolution of twinning and shear bands in magnesium alloys during rolling at room and cryogenic temperature[J]. Materials and Design, 2020, 193:

108793.

[15] Peng R Z, Wang B J, Xu C, et al. The formation of the cross shear bands and its influence on dynamic recrystallization and mechanical properties under turned-reverse rolling[J]. Materials Today Communications, 2021, 26: 102078.

[16] Changizian P, Zarei-Hanzaki A, Ghambari M, et al. Flow localization during severe plastic deformation of AZ81 magnesium alloy: Micro-shear banding phenomenon[J]. Materials Science and Engineering A, 2013, 582: 8-14.

[17] Guan D, Rainforth W M, Gao J, et al. Individual effect of recrystallisation nucleation sites on texture weakening in a magnesium alloy: Part 2— Shear bands[J]. Acta Materialia, 2018, 145: 399-412.

[18] Li Y, Dai L, Cao Y, et al. Grain size effect on deformation twin thickness in a nanocrystalline metal with low stacking-fault energy[J]. Journal of Materials Research, 2019, 34(13): 2398-2405.